基于 Multisim 10 的电子仿真实验与设计

王连英　主编

北京邮电大学出版社
·北京·

内容简介

本书是为配合《电路基础》、《电工学》(电工技术和电子技术)、《电路分析》、《模拟电子技术》、《数字电子技术》、《电子测量》、《电子线路设计》、《电子系统设计》等课程教学和电子设计制作竞赛而编写的课程实验、设计和电子设计制作竞赛指导书。

本书主要内容包括:Multisim 10电子电路仿真软件简介,电路基础仿真设计实验,模拟电子技术仿真设计实验,数字电子技术仿真设计实验,电子电路综合仿真设计。

本书以培养学生的动手能力、工程综合能力和创新能力为目的,强调工程设计和实践,注重方法和思想的讨论,设计安排了一些科目的仿真设计实验内容,展示了电子设计的全过程,可根据专业和教学进程的需要作适当选择。

为配合教学,订购本教材的教师可向出版社索取配套光盘。配套光盘收录了全书主要仿真实例及Multisim 10基本操作和基本分析方法演示课件。

本书内容丰富,大量实例翔实可靠,与理论教学配合相得益彰,生动直观。本书深入浅出,是一本适应面广、实用性强的课程设计、实验、实训的教材,也可作为高等院校电类、机电类、计算机类等专业相关课程的实验、设计参考书和学生电子设计制作竞赛的指导书,同时可供有关的工程技术人员学习和参考。

图书在版编目(CIP)数据

基于Multisim 10的电子仿真实验与设计/王连英主编. --北京:北京邮电大学出版社,2009.8(2023.8重印)
ISBN 978-7-5635-2042-8

Ⅰ.基… Ⅱ.王… Ⅲ.电子电路—电路设计:计算机辅助设计—应用软件,Multisim 10 Ⅳ.TN702

中国版本图书馆CIP数据核字(2009)第119604号

书　　名:基于Multisim 10的电子仿真实验与设计
主　　编:王连英
责任编辑:彭　楠
出版发行:北京邮电大学出版社
社　　址:北京市海淀区西土城路10号(邮编:100876)
发 行 部:电话:010-62282185　传真:010-62283578
E-mail:publish@bupt.edu.cn
经　　销:各地新华书店
印　　刷:北京虎彩文化传播有限公司
开　　本:787 mm×1 092 mm　1/16
印　　张:18.25
字　　数:451千字
版　　次:2009年8月第1版　2023年8月第12次印刷

ISBN 978-7-5635-2042-8　　定　价:42.00元

·如有印装质量问题,请与北京邮电大学出版社发行部联系·

前　言

本书是为配合《电路基础》、《电工学》(电工技术和电子技术)、《电路分析》、《模拟电子技术》、《数字电子技术》、《电子测量》、《电子线路设计》、《电子系统设计》等课程教学和电子设计制作竞赛而编写的课程实验、设计和电子设计制作竞赛指导书。

Multisim 10 是美国 NI(National Instruments)公司开发的 EWB(Electronics Workbench EDA)仿真软件,是早期 EWB 5.0、Multisim 2001、Multisim 7、Multisim 8、Multisim 9 等版本的升级换代产品。该软件基于 PC 平台,采用图形操作界面虚拟仿真了一个与实际情况非常相似的电子电路实验工作台,它几乎可以完成在实验室进行的所有的电子电路实验,已被广泛地应用于电子电路分析、设计、仿真等项工作中,是目前世界上最为流行的 EDA 软件之一,已被广泛应用于国内外的教育界和电子技术界。

随着电子技术的高速发展和计算机技术的普遍应用,计算机辅助设计和电子虚拟仿真软件作为电路设计验证和辅助调试的有效工具和先进的电化教学方法,已成为电子课程教学环节中不可或缺的一种先进的工具和手段。

本书以培养学生的动手能力、工程综合能力和创新能力为目的,强调工程设计和实践,注重方法和思想的讨论,设计安排了一些科目的仿真设计实验内容,展示了电子设计的全过程,可根据专业和教学进程的需要作适当选择。

电路设计首先应有明确的整体设计思想,通过分析选择合适的单元电路,计算、设定电路的直流参数(功能),再进行交流设计(整体功能)等。应该指出的是,电路仿真可以作为电路设计的辅助工具和手段,对实际电路设计具有很好的指导意义(仿真成功的电路,在实际制作时只需作少量微调),但却不能替代整个电路设计和思考及实体电路的调试过程。不进行仔细的电路分析、计算和调试,直接在仿真软件上进行参数尝试,是不可取的。

本书共分为 5 章,第 1 章 Multisim 10 电子电路仿真软件简介较系统地介绍了 Multisim 10 软件的安装、基本操作,以及 19 种分析功能和菜单项的使用;第 2 章电路基础仿真设计实验主要介绍了电路基础的仿真设计实验方法;第 3 章模拟电子技术仿真设计实验主要介绍了模拟电子技术的基本仿真设计实验方法;第 4 章数字电子技术仿真设计实验主要介绍了数字电子技术的基本仿真设计实验方法;第 5 章电子电路综合仿真设计实验通过一些典型课题的仿真设计实验,简要地介绍了电子电路设计的一般思想和方法。

为配合教学,订购本教材的教师可向出版社索取配套光盘。配套光盘收录了全书主要仿真实例及 Multisim 10 基本操作和基本分析方法演示课件。

本书可供电类、机电类、计算机类等专业选作相关课程的实验、设计和学生电子设计制作竞赛的指导书,也可供有关的工程技术人员参考。

本书由王连英主编。其中,万皓编写了第 1 章,卢威编写了第 2 章,王连英编写了第 3 章,詹华群编写了第 4 章,胡保安编写了第 5 章,全书由王连英和万皓统稿。

由于编者水平有限,时间匆忙,书中难免存在错漏和不妥之处,恳请专家、同行老师和读者批评指正。

编　者

目　录

第1章　Multisim 10 简介与基本应用

第5章　电子电路综合设计与仿真

第1章 Multisim 10简介与基本应用

1.1 Multisim 10 概述

随着电子信息产业的飞速发展,计算机技术在电子电路设计中发挥着越来越大的作用。电子产品的设计开发手段由传统的设计方法和简单的计算机辅助设计(CAD)逐步被EDA(Electronic Design Automation)技术所取代。EDA技术主要包括电路设计、电路仿真和系统分析3个方面内容,其设计过程的大部分工作都是由计算机完成的。这种先进的方法已经成为当前学习电子技术的重要辅助手段,更代表着现代电子系统设计的时代潮流。目前,国内外常用的EDA软件有Protel、Pspice、Orcad和EWB(Electronics Workbench)系列软件。本章介绍EWB系列软件中最新的Multisim 10仿真软件的基本操作方法和仿真功能。

1.1.1 EWB仿真软件简介

EWB仿真软件是Multisim系列仿真软件的前身,该软件是加拿大IIT(Interactive Image Technologies)公司在20世纪80年代后期推出的用于电子电路设计与仿真的EDA软件,EWB工作平台上可建立各种电路进行仿真实验,其元器件库可提供万余种常用元器件由用户任意调用,具有高度集成、界面直观、操作方便等特点,同时还具有多种电路分析手段和各类虚拟测量仪表。

随着时代的发展,为更好地适应新的电子电路的仿真与设计要求,EWB软件也在不断地升级。其版本由EWB 4.0逐步升级到EWB 5.0、5.x,随后IIT公司在保留原版优点基础上对EWB软件进行较大变动,增加了大量功能和内容,特别改进了EWB 5.x软件虚拟仪器调用数量有限制的缺陷,系列名称也变为Multisim,并于2001年推出系列化EDA软件Multisim 2001、Ultiboard 2001和Commsim 2001。其中,Multisim 2001保留了EWB软件的界面直观、操作方便、易学易懂的特点,增强了软件的仿真测试和分析功能,允许用户自定义元器件的属性,可将一个子电路当做元件使用。同时IIT公司开设EdaPARTS.com网站,为用户提供元器件模型的扩充和技术支持。2003年8月,IIT公司又对Multisim 2001进行了较大的改进,升级为Multisim 10。Multisim 10功能已经相当强大,增加了3D元件以及安捷伦万用表、示波器、函数信号发生器等仿实物虚拟仪表,能胜任各种电子电路的仿真和分析,更接近实际的实验平台。2004年加拿大IIT公司又相继推出Multisim 8.0、8.x等版本,Multisim 8.x与Multisim 10相比,除了将电阻单位由“Ohm”改为常用的“Ω”、增加了一些元器件和功能之外,并没有太大区别。

2005年开始,加拿大IIT公司隶属于美国国家仪器公司(NI,National Instrument)麾下，并于同年 12 月推出 Multisim 9.0 软件。Multisim 9.0 包括 Ultiboard 9 和 Ultiroute 9，它与之前加拿大 IIT 公司推出的 Multisim 10 版本有着本质的区别，虽然在界面和基本操作上保留了 EWB 系列的优良传统，但软件的内容和功能已大不相同，第一次增加了单片机和三维先进的外围设备，这标志着设计技术的根本转变。工程师有了一个从采集到模拟，再到测试及运用的紧密集成的电子设计解决方案。

1.1.2 Multisim 10 的特点

2007 年 3 月，美国 NI 公司又推出最新的 NI Circuit Design Suit 10 软件，NI Multisim 10 是其中的一个重要组成部分，它可以实现原理图的捕获、电路分析、交互式仿真、电路板设计、仿真仪器测试、集成测试、射频分析、单片机等高级应用。其数量众多的元器件数据库、标准化的仿真仪器、直观的捕获界面、更加简洁明了的操作、强大的分析测试功能、可信的测试结果，将虚拟仪器技术的灵活性扩展到了电子设计者的工作平台上，弥补了测试与设计功能之间的缺口，缩短了产品研发周期，强化了电子实验教学。其特点如下。

(1) 直观的图形界面

整个界面就像是一个电子实验工作平台，绘制电路所需的元器件和仿真所需的仪器仪表均可直接拖放到工作区中，轻点鼠标即可完成导线的连接，软件仪器的控制面板和操作方式与实物相似，测量数据、波形和特性曲线如同在真实仪器上看到的一样。

(2) 丰富的元器件库

NI Multisim 10 大大扩充了 EWB 的元件库，包括基本元件、半导体元件、TTl，以及 CMOS 数字 IC、DAC、ADC、MCU 和其他各种部件，且用户可通过元件编辑器自行创建和修改所需元件模型，还可通过公司官方网站和代理商获得元件模型的扩充和更新服务。

(3) 丰富的测试仪器仪表

除了 EWB 具备的数字万用表、函数信号发生器、示波器、扫频仪、字信号发生器、逻辑分析仪和逻辑转换仪外，还新增了瓦特表、失真分析仪、频谱分析仪和网络分析仪，且所有仪器均可多台同时调用。

(4) 完备的分析手段

除了 EWB 提供的直流工作点分析、交流分析、瞬态分析、傅里叶分析、噪声分析、失真分析、参数扫描分析、温度扫描分析、极点-零点分析、传输函数分析、灵敏度分析、最坏情况分析和蒙特卡罗分析外，新增了直流扫描分析、批处理分析、用户定义分析、噪声图形分析和射频分析等，能基本满足电子电路设计和分析的要求。

(5) 强大的仿真能力

NI Multisim 10 既可对模拟电路或数字电路分别进行仿真，也可进行数模混合仿真，尤其新增了射频(RF)电路的仿真功能。仿真失败时会显示错误信息、提示可能出错的原因，仿真结果可随时存储和打印。

(6) 完美的兼容能力

NI Multisim 10 软件可方便地将模拟结果以原有文档格式导入 LABVIEW 或者 Signal Express 中。工程人员可更有效地分享及比较仿真数据和模拟数据，而无须转换文件格式，在分享数据时减少了失误，提高了效率。

1.1.3　安装 Multisim 10

1. 系统最低要求

运行 Multisim 10 时，推荐系统基本配置要求：

- 操作系统 Windows 2000 SP3/XP；
- 中央处理器 Pentium 4 以上；
- 内存 512 MB 以上；
- 显示器分辨率 1 024×768 像素；
- 光驱安装时需要使用；
- 硬盘至少有 1.5 GB 以上空间。

2. 安装 Multisim 10

Multisim 10 的安装过程只需根据提示进行相应的设置即可，但最后需要重新启动计算机才能完成安装。安装成功后其启动界面如图 1.1.1 所示。

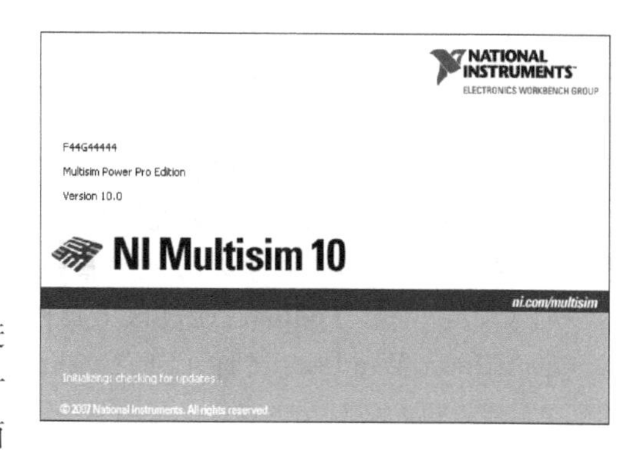

图 1.1.1　Multisim 10 启动界面

1.2　Multisim 10 软件基本界面

对 Multisim 技术的发展有了一个系统的了解后，本节将详细地介绍 Multisim 10 的用户基本界面的设置和操作。单击“开始”→“程序”→“National Instrument”→“Circuit Design Suit 10.0”→“Multisim”，或者双击桌面上的 Multisim 图标，弹出如图 1.2.1 所示的 Multisim 10 的软件基本界面。

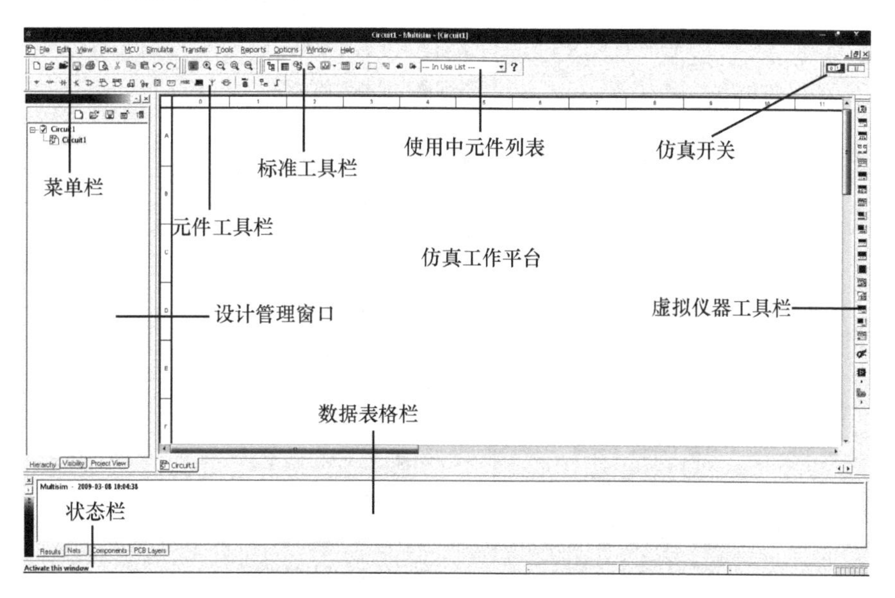

图 1.2.1　Multisim 10 的基本界面

1.2.1 Multisim 10 基本界面简介

Multisim 10 是 NI Circuit Design Suit 10 软件中捕获原理图和仿真的软件，主要是辅助设计人员完成原理图的设计并提供仿真，为制作 PCB 作好准备。其基本界面主要由 Menu Toolbar(菜单栏)、Standatd Toolbar(标准工具栏)、Design Toolbox(设计管理窗口)、Component Toolbar(元件工具栏)、Circuit Window(仿真工作平台)、Spreadsheet View(数据表格栏)、Instrument Toolbar(虚拟仪器工具栏)等组成。

(1) Menu Toolbar：Multisim 10 软件的所有功能命令均可在此查找。

(2) Standatd Toolbar：包括一些常用的功能命令。

(3) Design Toolbox：用于宏观管理设计项目中的不同类型文件，如原理图文件、PCB 文件和报告清单文件，同时可以方便地管理分层次电路的层次结构。

(4) Component Toolbar：通过该工具栏选择、放置元件到原理图中。

(5) Circuit Window：又称工作区，是设计人员创建、设计、编辑电路图和仿真分析的区域。

(6) Spreadsheet View：方便快速地显示所编辑元件的参数，如封装、参考值、属性等，设计人员可通过该窗口改变部分或全部元件的参数。

(7)Instrument Toolbar：提供了 Multisim 10 中所有仪器的功能按钮。

1.2.2 Multisim 10 菜单栏和工具栏简介

1. Menu Toolbar(菜单栏)

(1) File(文件)菜单，如图 1.2.2 所示。

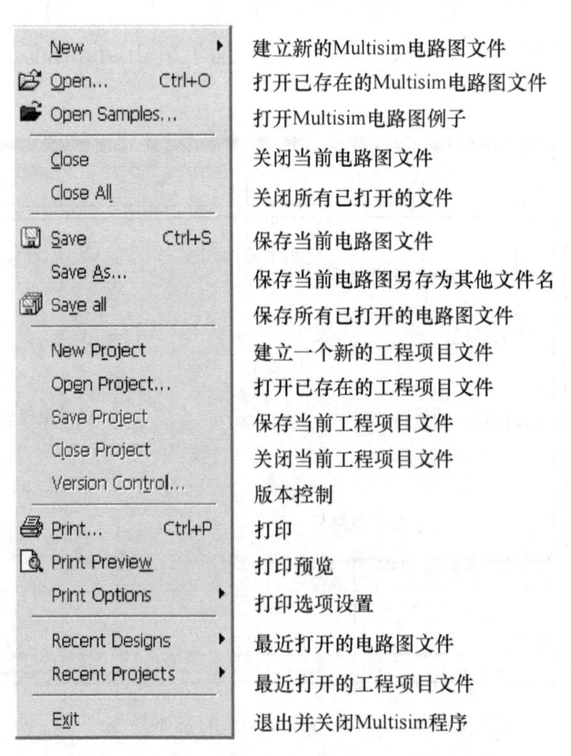

图 1.2.2 File(文件)菜单

(2) Edit(编辑)菜单,如图 1.2.3 所示。

图 1.2.3　Edit(编辑)菜单

(3) View(视图)菜单,如图 1.2.4 所示。

图 1.2.4　View(视图)菜单

(4) Place(放置)菜单,如图 1.2.5 所示。

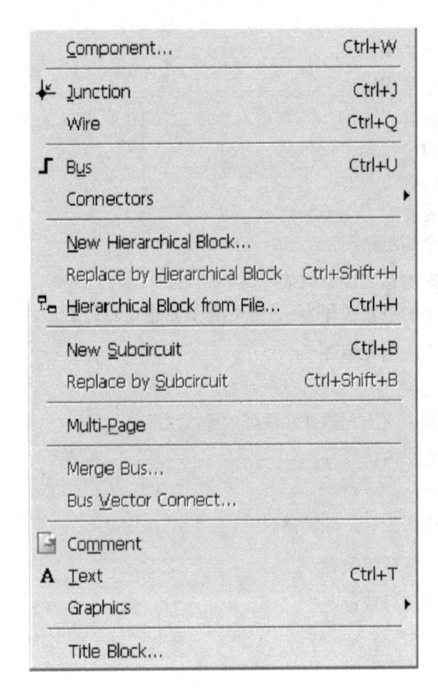

图 1.2.5　Place(放置)菜单

(5) Simulate(仿真)菜单,如图 1.2.6 所示。

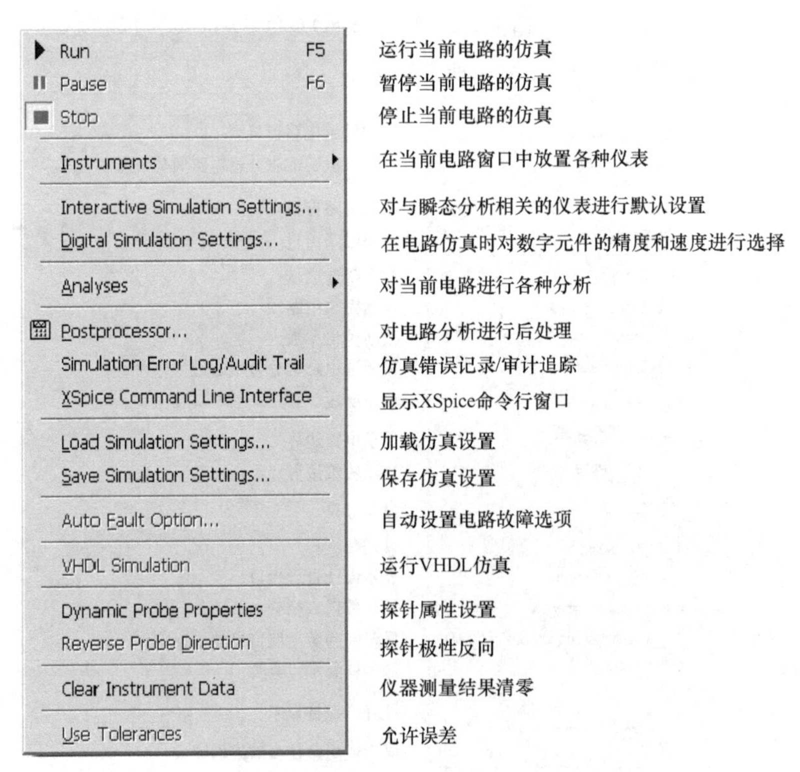

图 1.2.6　Simulate(仿真)菜单

(6) Tools(工具)菜单,如图 1.2.7 所示。

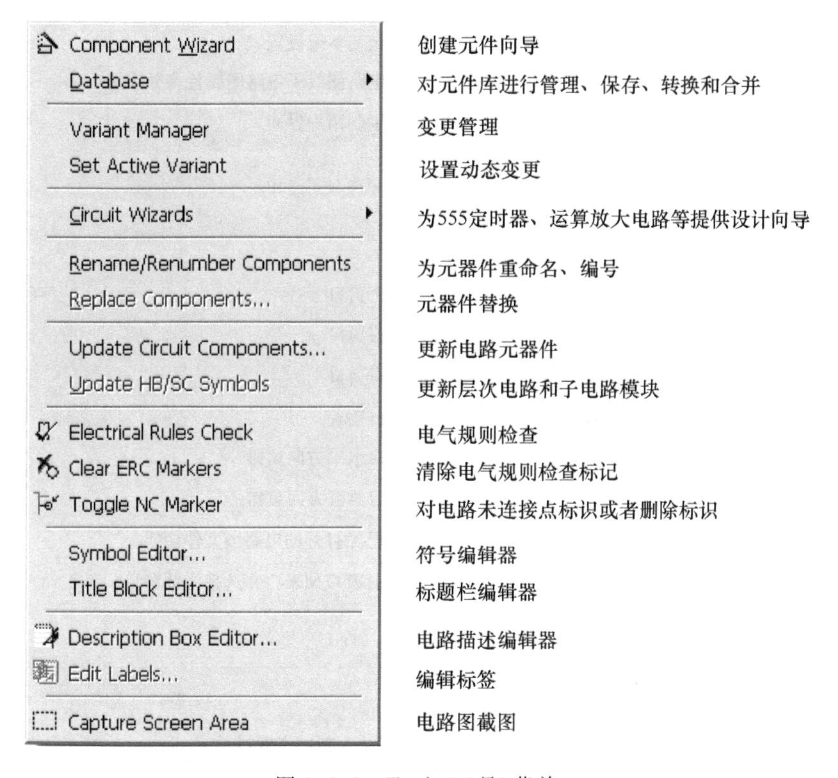

图 1.2.7　Tools(工具)菜单

(7) Transfer(转换)菜单,如图 1.2.8 所示。

图 1.2.8　Transfer(转换)菜单

(8) Reports(报表)菜单,如图 1.2.9 所示。

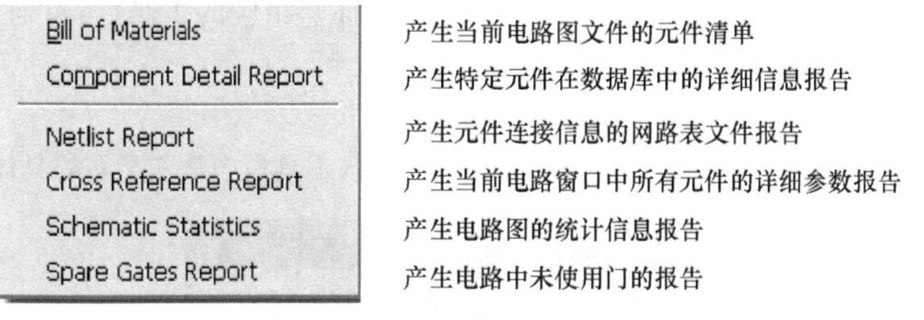

图 1.2.9　Reports(报表)菜单

(9) Option(选项)菜单,如图 1.2.10 所示。

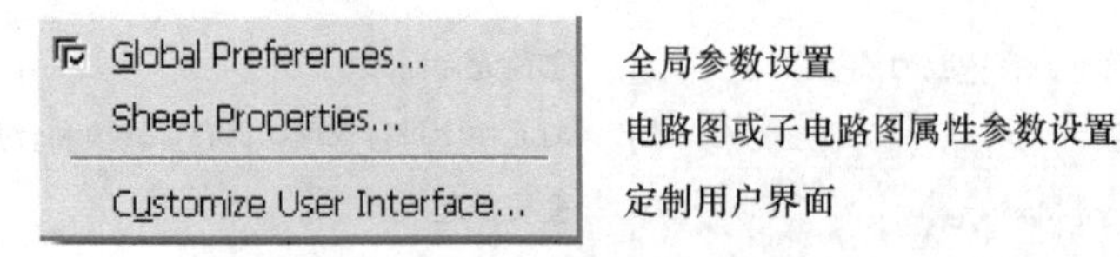

图 1.2.10　Option(选项)菜单

(10) Window(窗口)菜单,如图 1.2.11 所示。

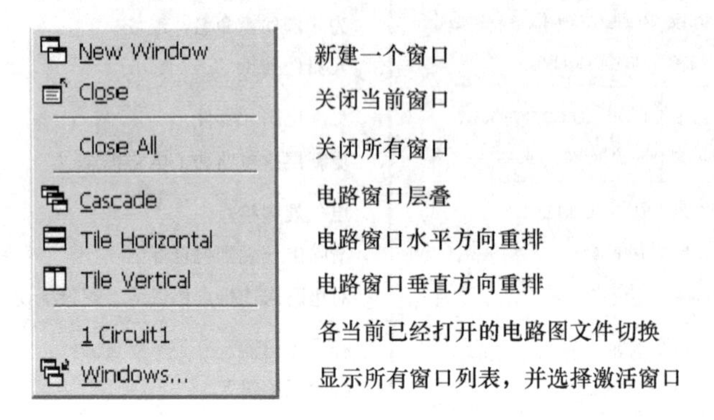

图 1.2.11　Window(窗口)菜单

(11) Help(选项)菜单,如图 1.2.12 所示。

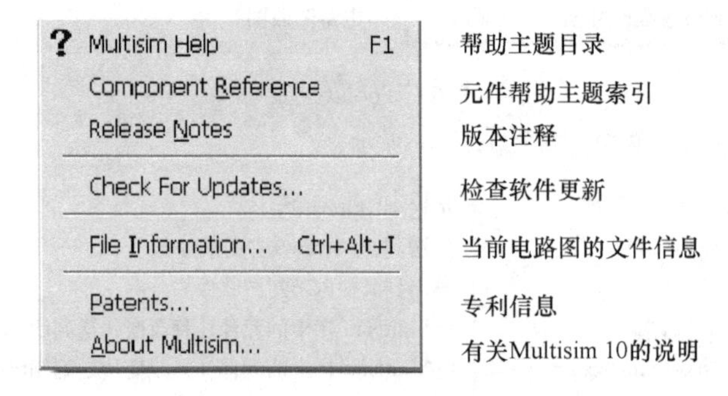

图 1.2.12　Help(帮助)菜单

2. 工具栏

Multisim 10 的工具栏主要包括 Standatd Toolbar(标准工具栏)、Main Toolbar(系统工具栏)、View Toolbar(视图工具栏)、Component Toolbar(元件工具栏)、Virtual Toolbar(虚拟元件工具栏)、Graphic Annotation Toolbar(图形注释工具栏)、Status Toolbar(状态栏)和 Instrument Toolbar(虚拟仪器工具栏)等。若需打开相应的工具栏,可通过单击“View”→“Toolbars”菜单项,在弹出的级联子菜单中即可找到。

(1) Standatd Toolbar(标准工具栏)

Standatd Toolbar(标准工具栏)如图 1.2.13 所示,该工具栏中从左至右的具体功能如下。

图 1.2.13　Standatd Toolbar(标准工具栏)

- ：“新建”按钮，新建一个电路图文件。
- ：“打开”按钮，打开已存在的电路图文件。
- ：“打开图例”按钮，打开 Multisim 电路图例图。
- ：“保存”按钮，保存当前电路图文件。
- ：“打印”按钮，打印当前电路图文件。
- ：“打印预览”按钮，预览将要打印的电路图。
- ：“剪贴”按钮，剪贴所选内容并放入 Windows 剪贴板。
- ：“复制”按钮，复制所选内容并放入 Windows 剪贴板。
- ：“粘贴”按钮，将 Windows 剪贴板中内容粘贴到鼠标所指位置。
- ：“撤销”按钮，撤销最近一次的操作。
- ：“重做”按钮，重做最近一次的操作。

(2) Main Toolbar(系统工具栏)

Main Toolbar(系统工具栏)如图 1.2.14 所示，该工具栏中从左至右的具体功能如下。

图 1.2.14　Main Toolbar(系统工具栏)

- ：“显示/隐藏设计管理窗口”按钮，显示或隐藏设计管理窗口。
- ：“显示/隐藏数据表格栏”按钮，显示或隐藏数据表格栏。
- ：“元件库管理”按钮，打开元件库管理对话框。
- ：“创建元件”按钮，打开元件创建向导对话框。
- ：“图形/分析列表”按钮，将分析结果图形化显示。
- ：“后处理”按钮，打开 Postprocessor 窗口。
- ：“电气规则检查”按钮，检查电路的电气连接情况。
- ：“区域截图”按钮，将所选区域截图。
- ：“跳转到父电路”按钮，跳转到相应的父电路。
- ：Ultiboard 后标注。
- ：Ultiboard 前标注。
- --- In Use List --- ：列出当前电路元器件的列表。
- ?：“帮助”按钮，打开 Multisim 10 帮助。

(3) View Toolbar(视图工具栏)

View Toolbar(视图工具栏)如图 1.2.15 所示，该工具栏功能和普通应用软件类似，所以不再赘述。

图 1.2.15　View Toolbar(视图工具栏)

(4) Components Toolbar(元件工具栏)

Components Toolbar(元件工具栏)如图 1.2.16 所示，该工具栏中从左至右的具体功能如下。

图 1.2.16　Components Toolbar(元件工具栏)

- ："电源库"按钮,放置各类电源、信号源。
- ："基本元件库"按钮,放置电阻、电容、电感、开关等基本元件。
- ："二极管库"按钮,放置各类二极管元件。
- ："晶体管库"按钮,放置各类晶体三极管和场效应管。
- ："模拟元件库"按钮,放置各类模拟元件。
- ："TTL 元件库"按钮,放置各种 TTL 元件。
- ："CMOS 元件库"按钮,放置各类 CMOS 元件。
- ："其他数字元件库"按钮,放置各类单元数字元件。
- ："混合元件库"按钮,放置各类数模混合元件。
- ："指示元件库"按钮,放置各类显示、指示元件。
- ："电力元件库"按钮,放置各类电力元件。
- MISC："杂项元件库"按钮,放置各类杂项元件。
- ："先进外围设备库"按钮,放置先进外围设备。
- ："射频元件库"按钮,放置射频元件。
- ："机电类元件库"按钮,放置机电类元件。
- ："微控制器元件库"按钮,放置单片机微控制器元件。
- ："放置层次模块"按钮,放置层次电路模块。
- ："放置总线"按钮,放置总线。

(5) Virtual Toolbar(虚拟元件工具栏)

Virtual Toolbar(虚拟元件工具栏)如图 1.2.17 所示,该工具栏共有 9 个按钮,单击每个按钮都可打开相应的子工具栏,利用该工具栏可放置各种虚拟元件,与元件工具栏中的元件不同的是,虚拟元件都没有封装等特性。其从左至右的具体功能如下。

图 1.2.17　Virtual Toolbar(虚拟元件工具栏)

- ："虚拟模拟元件"按钮,放置各种虚拟模拟元件,其子工具栏如图 1.2.18 所示,其具体功能从左至右依次为

:限流器

:理想运算放大器

:理想运算放大器

- :"基本元件"按钮,放置各种常用基本元件,其子工具栏如图 1.2.19 所示,其具体功能从左至右依次为

:电容器

:无心线圈

:电感线圈

:磁心线圈

:非线性变压器

:电位器

:继电器

:磁性继电器

:变压器

:变压器

:可变电容器

:Pull up

:继电器

:电阻器

:变压器

:变压器

:可变电感线圈

:变压器

图 1.2.18　Analog Components
（虚拟模拟元件工具栏）

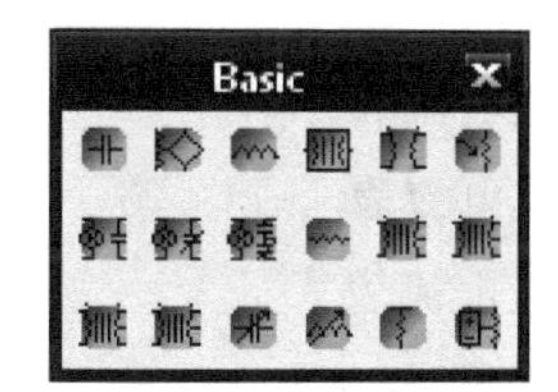

图 1.2.19　Basic Components
（虚拟基本元件工具栏）

- :"虚拟二极管元件"按钮,放置虚拟二极管元件,其子工具栏如图 1.2.20 所示,其具体功能从左至右依次为

:虚拟二极管

:齐纳二极管

- :"虚拟 FET 元件"按钮,放置各种虚拟 FET 元件,其子工具栏如图 1.2.21 所示,其具体功能从左至右依次为

:虚拟 4 端子双极结 NPN 晶体管

:虚拟双极结 NPN 晶体管

:虚拟 4 端子双极结 PNP 晶体管

:虚拟双极结 PNP 晶体管

:虚拟 N 沟道砷化镓场效应晶体管

:虚拟 P 沟道砷化镓场效应晶体管

:虚拟 N 沟道结型场效应晶体管

:虚拟 P 沟道结型场效应晶体管

:N 沟道耗尽型金属氧化物场效应晶体管

:P 沟道耗尽型金属氧化物场效应晶体管

:N 沟道增强型金属氧化物场效应晶体管

:P 沟道增强型金属氧化物场效应晶体管

:N 沟道耗尽型金属氧化物场效应晶体管

:P 沟道耗尽型金属氧化物场效应晶体管

:N 沟道耗尽型金属氧化物场效应晶体管

:P 沟道耗尽型金属氧化物场效应晶体管

图 1.2.20 Diode Components
(虚拟二极管工具栏)

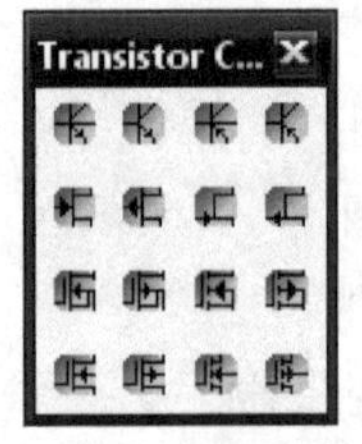

图 1.2.21 Transistor Components
(虚拟 FET 元件工具栏)

- :“虚拟测量元件”按钮,放置各种虚拟测量元件,其子工具栏如图 1.2.22 所示,其具体功能从左至右依次为

:直流电流表

:直流电压表

:直流电流表

:直流电压表

:直流电流表

:直流电压表

:直流电流表

:直流电压表

:各色逻辑指示灯

- :“虚拟杂项元件”按钮,放置各种虚拟杂项元件,其子工具栏如图 1.2.23 所示,其具体功能从左至右依次为

:虚拟 555 定时器

:单稳态虚拟器件

:四千门系列集成电路系统

:直流电动机

:晶振

:光耦合器

:译码七段数码管

:相位锁定回路器件

:熔丝

:七段数码管(共阳极)

:灯泡

:七段数码管(共阴极)

图 1.2.22 Measurement Components
(虚拟测量元件工具栏)

图 1.2.23 Miscellaneous Components
(虚拟杂项元件工具栏)

- :“虚拟电源”按钮,放置各种虚拟电源,其子工具栏如图 1.2.24 所示,其具体功能从左至右依次为

:交流电压源

:直流电压源

:接地(数字) :VCC 电压源
:接地 :VDD 电压源
:3 相电源(三角形) :VEE 电压源
:3 相电源(星型) :VSS 电压源

- :“虚拟定值元件”按钮,放置各种虚拟定值元件,其子工具栏如图 1.2.25 所示,该工具栏中的虚拟元件可随意设置各种元件参数值,其具体功能从左至右依次为
  :NPN 双极结晶体管 :电动机
  :PNP 双极结晶体管 :继电器
  :电容器 :继电器
  :二极管 :继电器
  :电感线圈 :电阻器

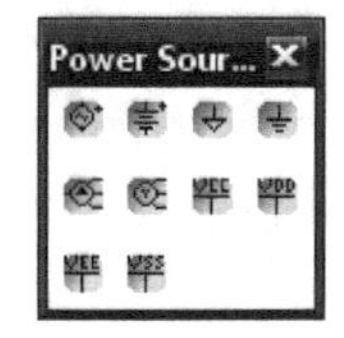

图 1.2.24 Power Source Components
(虚拟电源工具栏)

图 1.2.25 Rated Virtual Components
(虚拟定值元件工具栏)

- :“虚拟信号源”按钮,放置各种虚拟信号源,其子工具栏如图 1.2.26 所示,其具体功能从左至右依次为
  :交流电流信号源
  :交流电压信号源
  :调幅电压源
  :时钟脉冲电流源
  :时钟脉冲电压源
  :直流电流信号源
  :指数电流电流源
  :指数电压电压源
  :调频电流源 :分段线性电压源
  :调频电压源 :脉冲电流源
  :分段线性电流源 :脉冲电压源

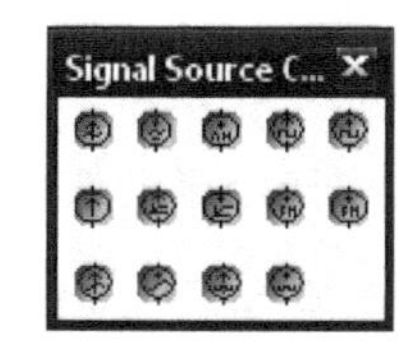

图 1.2.26 Signal Source Components
(虚拟信号源工具栏)

(6) Graphic Annotation Toolbar(图形注释工具栏)

Graphic Annotation Toolbar(图形注释工具栏)如图 1.2.27 所示,该工具栏中从左至右的具体功能如下。

- :“图片”按钮,插入图片。

- ：“多边形”按钮，绘制多边形。
- ：“圆弧”按钮，绘制圆弧。
- ：“椭圆”按钮，绘制椭圆。
- ：“矩形”按钮，绘制矩形。
- ：“折线”按钮，绘制折线。
- ：“直线”按钮，绘制直线。
- ：“文本”按钮，放置文本。
- ：“注释”按钮，放置注释。

图 1.2.27 Graphic Annotation Toolbar
（图形注释工具栏）

(7) Instruments Toolbar(虚拟仪器工具栏)

Instruments Toolbar(虚拟仪器工具栏)如图 1.2.28 所示，该工具栏中从左至右的具体功能如下。

图 1.2.28 Instruments Toolbar(虚拟仪器工具栏)

- ：数字万用表(Multimeter)
- ：失真分析仪(Distortion Analyzer)
- ：函数信号发生器(Function Generator)
- ：瓦特表(Wattmeter)
- ：双踪示波器(Oscilloscope)
- ：频率计数器(Frequency Counter)
- ：安捷伦函数信号发生器(Agilent Function Generator)
- ：4 通道示波器(Four Channel Oscilloscope)
- ：波特图仪(Bode Plotter)
- ：IV 分析仪(IV Analyzer Oscilloscope)
- ：字信号发生器(Word Generator)
- ：逻辑转换仪(Logic Converter)
- ：逻辑分析仪(Logic Analyzer)
- ：安捷伦示波器(Agilent Oscilloscope)
- ：安捷伦数字万用表(Agilent Multimeter)
- ：频谱分析仪(Spectrum Analyzer)
- ：网路分析仪(Network Analyzer)
- ：泰克示波器(Textronix Oscilloscope)
- ：电流探针(Current Probe)

- :LabVIEW 仪器(LabVIEW Instrument)
- :测量探针(Measurement Probe)

1.2.3　Multisim 10 界面的定制

Multisim 10 允许用户根据自己的习惯设置软件的界面,包括工具栏、电路颜色、页面尺寸、聚焦倍数、连线粗细、自动存储时间、打印设置和元件符号系统(美式 ANSI 或欧式 DIN,本书图形基本采用的是美式 ANSI 符号)设置等,所定制的设置可与电路文件一起保存,因此可以将不同的电路定制成不同的颜色。这样就可以根据电路要求及个人爱好设置相应的用户界面了。

定制当前电路的界面,一般可通过"Options"菜单中的"Global Preferences"和"Sheet Properties"两个选项进行设置。

1. Preferences 对话框

单击菜单"Options"→"Global Preferences"选项,即会弹出"Preferences"对话框,如图 1.2.29 所示。该对话框共有 4 个标签页,每个标签页都有相应功能设置选项,基本包括 Multisim 10 界面全部的设置选项。

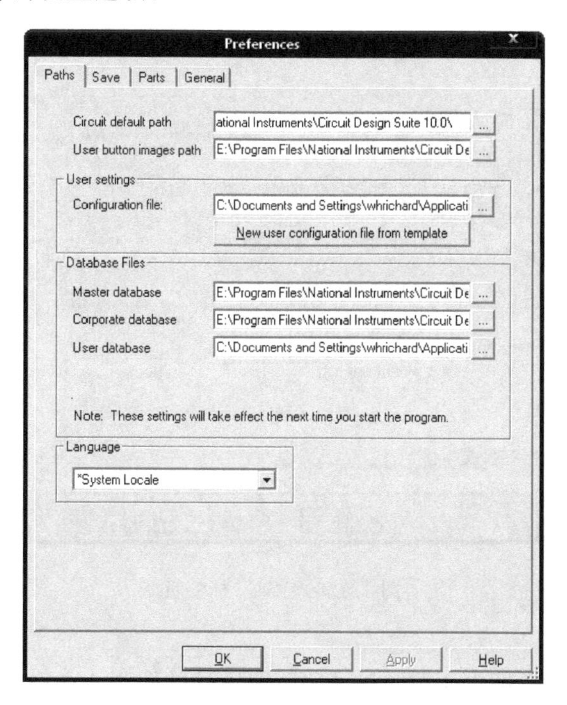

图 1.2.29　Preferences 对话框

(1) Paths 标签页

该标签页主要用于改变元件库文件、电路图文件和用户文件的存储目录设置,系统默认的目录为 Multisim 10 的安装目录。如图 1.2.29 所示,该标签页的各项具体功能如下。

- Circuit default path: Multisim 10 电路图文件默认存储目录,建议单独建立。
- User button images path:用户自己设计的按钮图形的存储目录。
- Configuration file:用户自定义界面后的配置文件存储目录。
- New user configuration file from template:从模板得到配置文件。

- Databases Files：用来设定元件库 Master Databases、Corporate Databases、User Databases 的存储目录。

(2) Save 标签页

单击"Preferences"对话框中"Save"标签，即可打开如图 1.2.30 所示的 Save 标签页。该标签页主要用于设置自动保存、仿真数据和电路图的备份，其具体功能如下。

- Crate a "Security Copy"：是否设置电路图文件的安全备份。
- Auto-backup：是否进行电路图自动保存，若选中则在指定的时间间隔将自动保存电路图。
- Auto-backup interval：自动保存时间间隔，单位为分钟。
- Save simulation data with instruments：是否将仿真结果一起保存。若选中则将仿真结果与电路图一起保存，当文件大小超过指定仿真数据大小时，会弹出警告提示。
- Maximum size：指定保存仿真数据结果的大小，单位为兆比特(Mbit)。

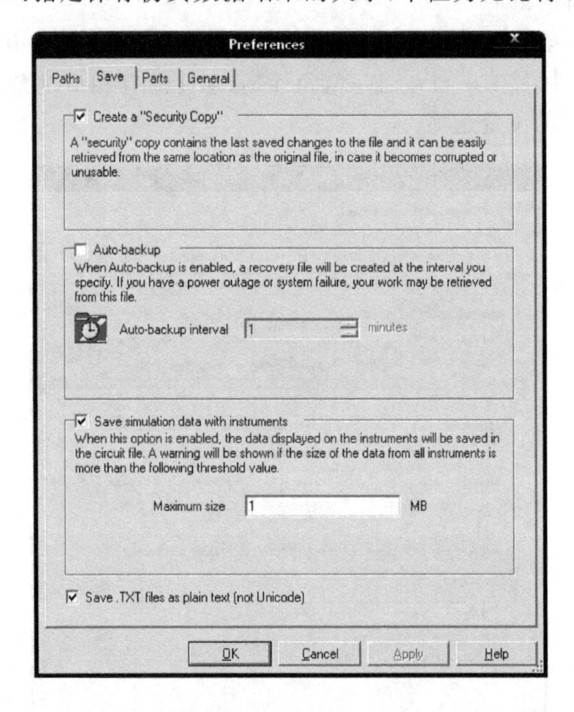

图 1.2.30　Save 标签页

(3) Parts 标签页

单击"Preferences"对话框中"Parts"标签，即可打开如图 1.2.31 所示的 Parts 标签页。该标签页主要用于设置元件放置模式、元件符号标准、图形显示方式和数字电路仿真设置等，其具体功能如下。

① Place component mode(设置元件放置模式选项组)

- Return to Component Browser after placement：在电路图中放置元器件后是否返回元件选择窗口，可根据需要选择。
- Place single component：每次只能放置一个选中的元器件。
- Continuous placement for multi-section part only(ESC to quit)：可以连续放置集成封装元件中的单元，如 74LS08，按 ESC 或右键结束放置。

- Continuous placement(ESC to quit)：可以连续放置多个选中的器件，按 ESC 或右键结束放置。

② Symbol standard(元器件符号标准选项组)

- ANSI：美国电气标准。
- DIN：欧洲标准，与我国符号标准接近。

注意：切换符号标准后，仅对以后编辑电路有效，而对已有电路元件无效。

③ Positive Phase Shift Direction(图形显示方式选项组)

- Shift right：图形曲线右移。
- Shift left：图形曲线左移。

注意：该选项设置仅对 AC 信号有效。

④ Digital Simulation Settings(数字电路放置设置选项组)

- Ideal：按理想器件模型仿真，仿真速度快。
- Real：按实际器件模型仿真，要求必须有电源和数字地，仿真数据精确，但速度较慢。

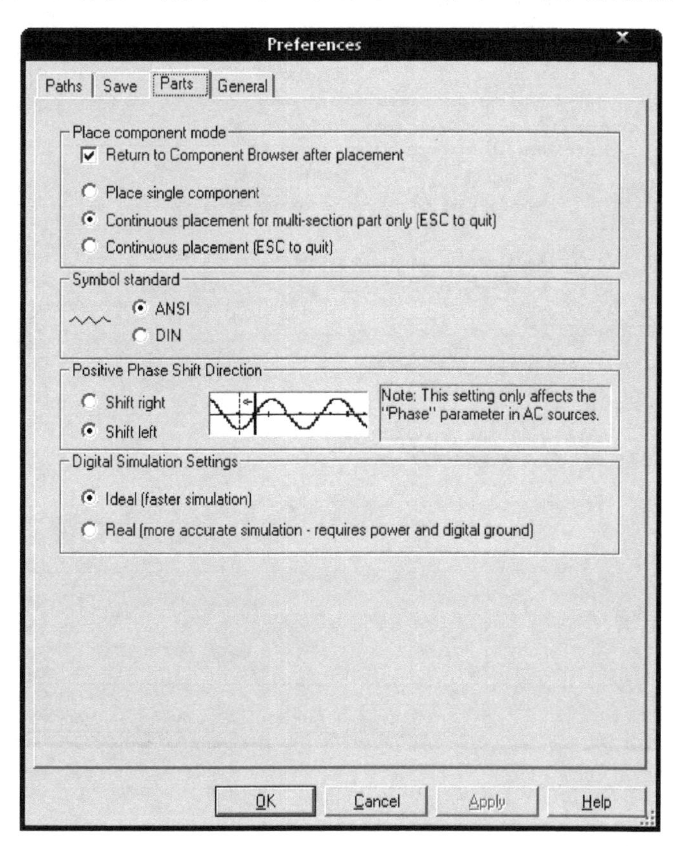

图 1.2.31　Parts 标签页

(4) General 标签页

单击“Preferences”对话框中“General”标签，即可打开如图 1.2.32 所示的 General 标签页。该标签页主要用于设置选择方式、鼠标操作模式、总线连接和自动连线模式等，其具体功能如下。

① Selection Rectangle(设置选择方式)

- Intersecting:选择选择框所包括的。
- Fully enclosed:包围式全部选择。

注意:可以在选择过程中通过按 Z 键来切换选择方式。

② Mouse Wheel Behavior(鼠标滚轮操作方式)

- Zoom workspace:滚动鼠标滚轮可以实现放大或缩小电路图。
- Scroll workspace:滚动鼠标滚轮可以实现电路图的翻页操作。

③ Autowire(自动连线)

- Autowire when pins are touching:当引脚接触时自动连线。
- Autowire on connection:对连接好的自动连线。
- Autowire on move:在移动时自动连线。

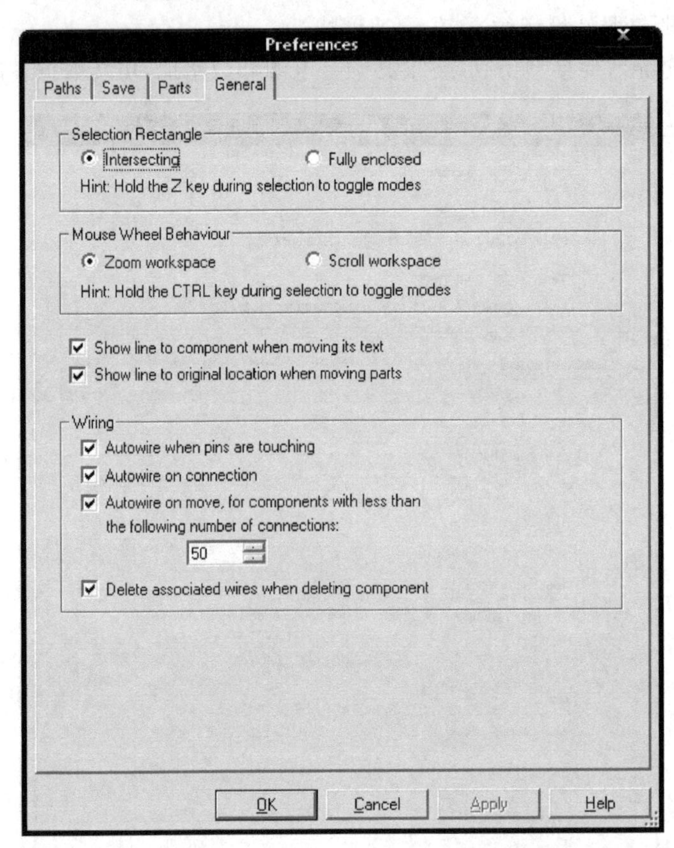

图 1.2.32　General 标签页

2. Sheet Properties 对话框

单击菜单"Options"→"Sheet Properties"选项,即会弹出 Sheet Properties 对话框,如图 1.2.33 所示。该对话框共有 6 个标签页,每个标签页都有相应功能设置选项,基本包括 Multisim 10 电路仿真工作区全部的界面设置选项。

(1) Circuit 标签

该标签页有两个选项组,主要用于设置电路仿真工作区中元件的标号、节点的名称、电路图的颜色等。如图 1.2.33 所示，该标签页的各项具体功能如下。

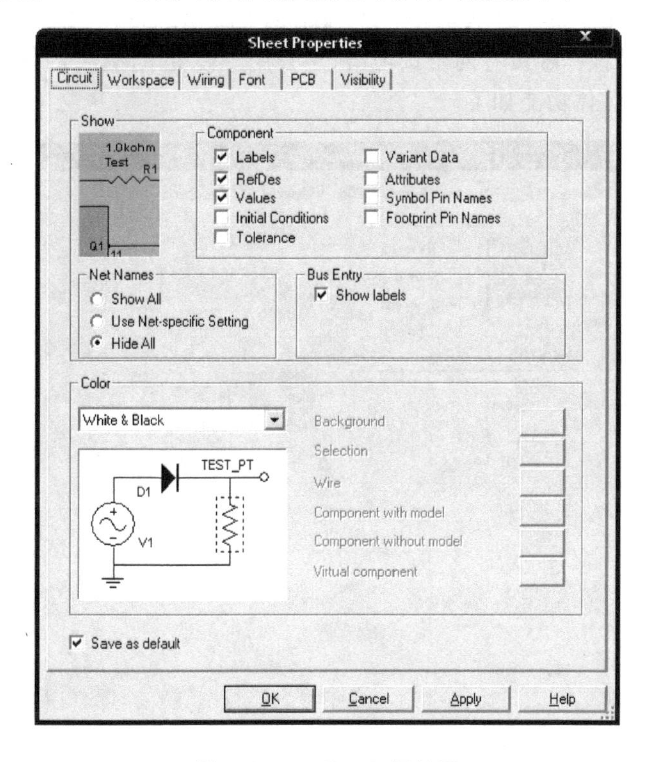

图 1.2.33　Circuit 标签页

① Show(显示选项组)：设置元件、网络、连线上显示的标号等信息，分为元件、网络和总线 3 个子选项组。

a. Component(元器件子选项组)

- Labels：是否显示元器件的标注。
- RefDes：是否显示元器件的序号。
- Values：是否显示元器件的参数。
- Initial Conditions：是否显示元器件的初始条件。
- Tolerance：是否显示公差。
- Variant data：是否显示变量数据。
- Attributes：是否显示元器件的属性。
- Symbol pin names：是否显示符号引脚名称。
- footprint pin names：是否显示封装引脚名称。

b. Net Name(网络名称子选项组)

- Show All：是否全部显示网络名称。
- Use Net-Specific Setting：是否特殊设置网络名称显示。
- Hide All：是否全部隐藏网络名称。

c. Bus Entry(总线子选项组)

- Show labels：是否显示总线标识。

② Color(颜色选项组)

- 通过下拉菜单可改变电路仿真工作区的颜色。

(2) Workspace 标签

单击“Sheet Properties”对话框中“Workspace”标签，即可打开如图 1.2.34 所示的 Workspace 标签页。该标签页有两个选项组，主要用于设置电路仿真工作区显示方式、图纸的尺寸和方向等，其具体功能如下。

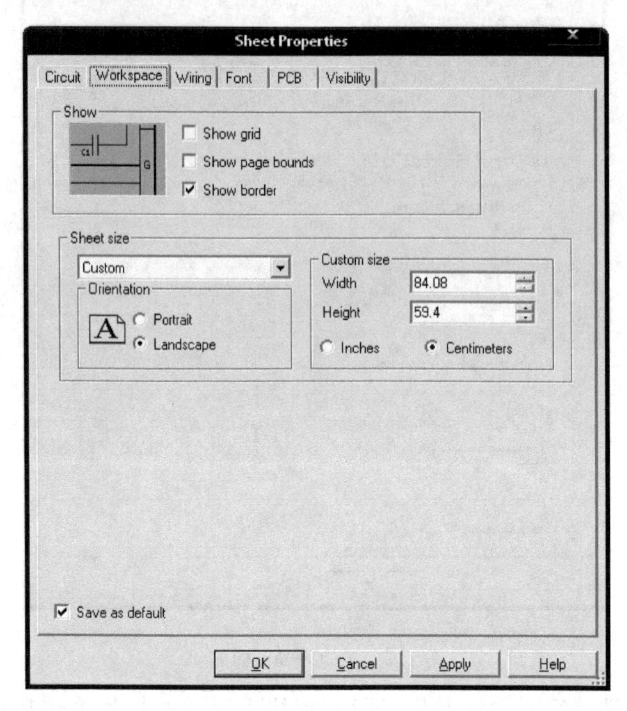

图 1.2.34　Workspace 标签页

① Show(显示子选项组)

- Show grid：是否显示栅格。
- Show page bounds：是否显示页边界。
- Show border：是否显示图纸边框。

② Sheet size(图纸尺寸设置子选项组)

- 下拉菜单可选择常用纸张大小，如 A4 等。
- Orientation：设置纸张方向，Landscape(横放)或者 Portrait(竖放)。
- Custom size：设置自定义纸张的 Width(宽度)和 Height(高度)，单位为 Inches(英寸) 或者 Centimeters(厘米)。

(3) Wiring 标签

单击“Sheet Properties”对话框中“Wiring”标签，即可打开如图 1.2.35 所示的 Wiring 标签页。该标签页有两个选项组，主要用于设置电路连线的属性，其具体功能如下。

①Drawing Option：设置 Wire width(连线宽度)和 Bus width(总线宽度)，单位为像素。

②Bus Wiring Mode：设置总线连接方式是 Net 还是 Busline。

(4) Font 标签

单击“Sheet Properties”对话框中“Font”标签，即可打开如图 1.2.36 所示的 Font 标签页。该标签页有主要用于设置字体、选择字体应用项目及应用的范围，方法与其他应用软件基本相同。

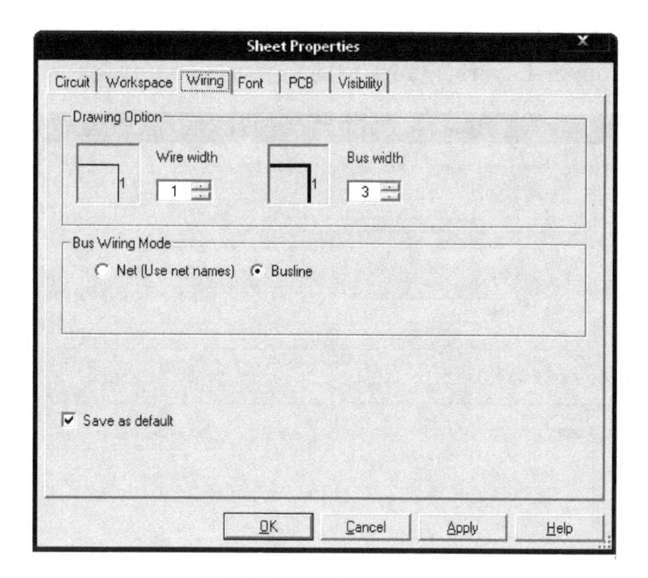

图 1.2.35　Wiring 标签

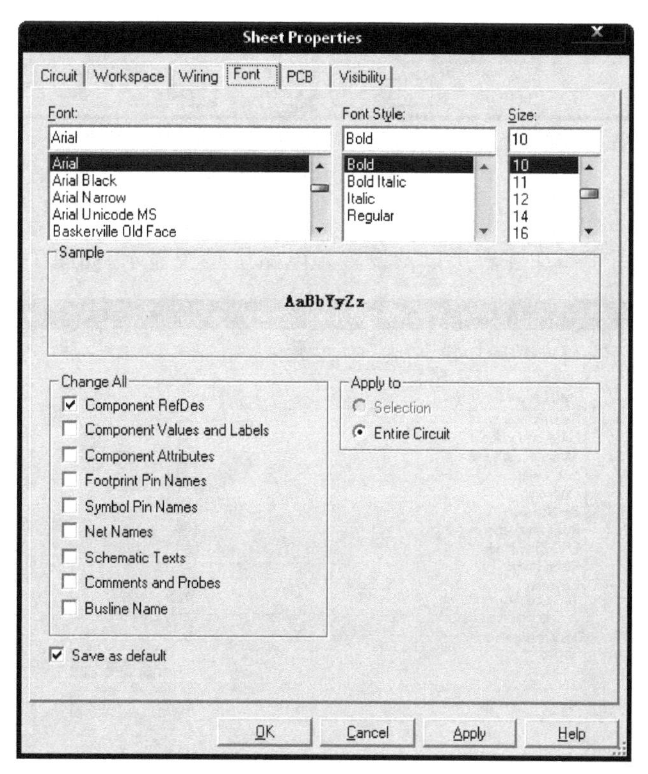

图 1.2.36　Font 标签页

- Font 选项组:设置选择字体。
- Change All 选项组:选择字体应用项目。
- Apply to 选项组:字体的应用范围。

(5) PCB 标签

该标签页主要用于设置生成制作 PCB 文件的参数,如图 1.2.37 所示。

- Ground Option 选项组:是否将数字地与模拟地相连接。

- Export Settings 选项组：导出文件的尺寸单位是 mm(毫米)还是 mil(毫英寸)。
- Number of Copper Layers：电路铺铜的层数，如 Top(顶层)或 Bottom(底层)。

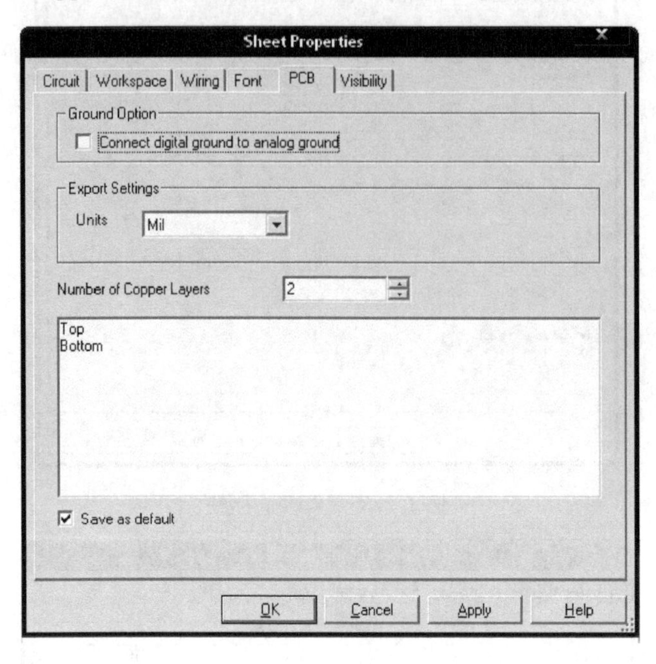

图 1.2.37　PCB 标签页

(6) Visibility 标签

该标签页主要用于添加注释层以及设置各电路层是否显示，如图 1.2.38 所示。

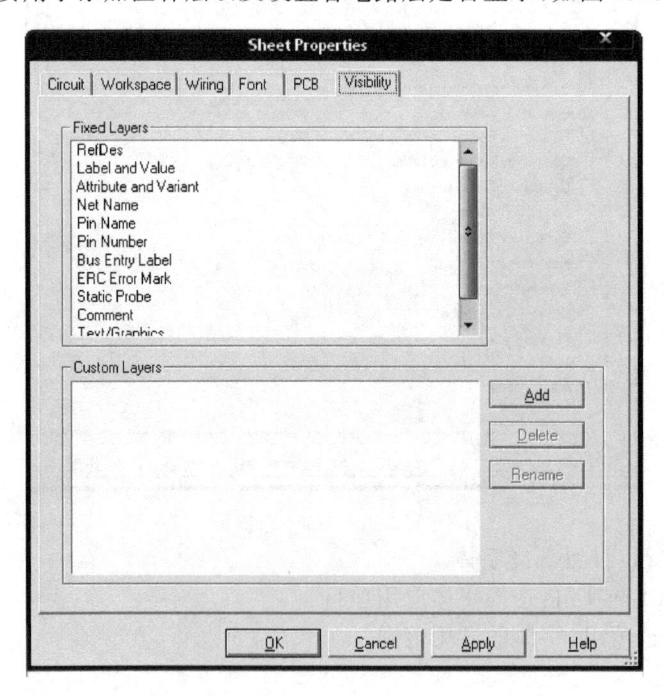

图 1.2.38　Visibility 标签页

1.3　Multisim 10 右键菜单功能

Multisim 10 软件除了以上介绍的各种菜单和工具栏之外，还有很多更方便更快捷的命令和菜单，其中各种右键菜单就是比较常用的一类快捷菜单。

1.3.1　在仿真工作区空白处单击鼠标右键弹出的快捷菜单

在电路仿真工作区中的空白部分，直接单击鼠标右键，即会弹出如图 1.3.1 所示的快捷菜单，该快捷菜单中共包括 16 个命令和 22 个子命令，具体功能如表 1.3.1 所示。

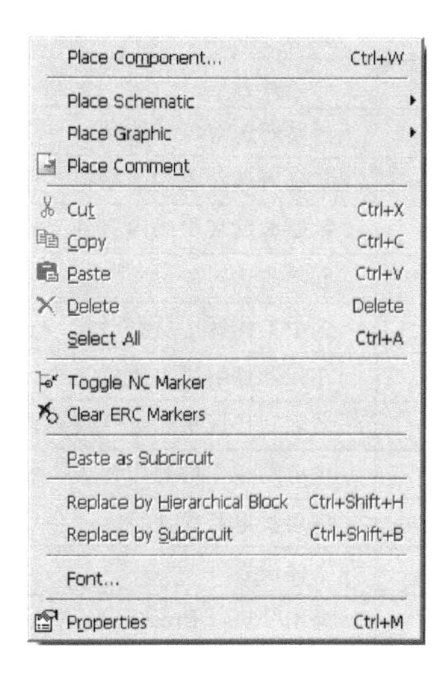

图 1.3.1　在仿真工作区空白处单击鼠标右键弹出的快捷菜单

表 1.3.1　在仿真工作区空白处单击鼠标右键弹出的快捷菜单

命令名称		功能注释
Place Component		在元器件库中选择并放置元件
Place Schematic	Component	在元器件库中选择并放置元件
	Junction	放置一个节点
	Wire	在仿真工作区中连线
	Bus	放置总线
	HB/SC Connector	为层次电路或子电路设置端口连接器
	Off-Page Connector	放置 Off-Page 端口连接器
	Bus HB/SC Connector	为层次电路或子电路设置总线端口连接器
	Bus Off-Page Connector	放置 Off-Page 总线连接器
	Hierarchical Block From File	将打开的文件作为内置的层次电路模块
	New Hierarchical Block	新建一个层次电路模块并设置基本属性
	Replace by Hierarchical Block	用层次电路模块替换
	New Subcircuit	新建一个子电路模块
	Replace by Subcircuit	用子电路模块替换

续 表

命令名称		功能注释
Place Schematic	Multi-Page	打开一个新的平铺页面
	Merge Bus	合并选择的总线
	Bus Vector Connect	为多引脚的器件放置连接
Place Graphic	Text	放置文本
	Line	放置直线(无电气特性)
	Multiline	放置折线
	Rectangle	放置矩形
	Ellipse	放置椭圆
	Arc	放置弧线
	Polygon	放置多边形
	Picture	插入图片
Cut		剪贴所选对象到剪贴板
Copy		复制所选对象到剪贴板
Paste		粘贴剪贴板中的内容到工作区中
Delete		删除所选对象
Select All		选中工作区中所有对象
Toggle NC Marker		在元器件引脚上放置一个无连接标记
Clear ERC Markers		清除工作区中的电气规则检查标记
Paste as Subcircuit		将剪贴板中内容作为子电路放置在工作区中
Replace by Hierarchical Block		用层次电路模块替换
Font		字体设置
Properties		弹出"Sheet Properties"对话框

1.3.2 在选中的元件或仪器上单击鼠标右键弹出的快捷菜单

在电路仿真工作区中选中某一元件或者仪器，在该对象上单击鼠标右键，即会弹出如图 1.3.2 所示的快捷菜单。该快捷菜单共包括了 19 个命令，具体功能如表 1.3.2 所示。

表 1.3.2 在选中的元件或仪器上单击鼠标右键弹出的快捷菜单

命令名称	功能注释
Cut	剪贴所选对象到剪贴板
Copy	复制所选对象到剪贴板
Paste	粘贴剪贴板中的内容到工作区中
Delete	删除所选对象
Filp Horizontal	将选中对象水平翻转
Filp Vertical	将选中对象垂直翻转
90 Clockwise	将选中对象顺时针旋转 90°
90 CounterCW	将选中对象逆时针旋转 90°
Bus Vector Connect	显示总线向量连接器对话框

续表

命令名称	功能注释
Replace by Hierarchical Block	用层次电路模块替换
Replace by Subcircuit	用子电路模块替换
Replace Components	用新元件替换当前元件
Edit Symbol/Title Block	编辑当前元件的符号或标题块
Change Color	改变所选对象的颜色
Font	字体设置
Reverse Probe Direction	为选中的仪器探针或电流探针设置反极性
Properties	打开所选元件或仪器的属性对话框

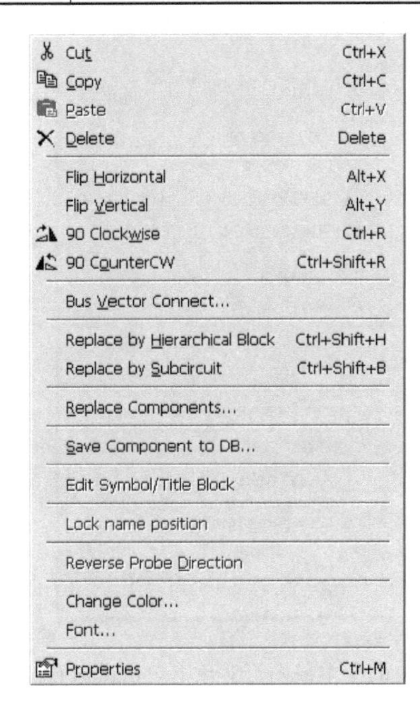

图 1.3.2 在选中的元件或仪器上单击鼠标右键弹出的快捷菜单

1.3.3 在选中的连线(电气连线)上单击鼠标右键弹出的快捷菜单

在电路仿真工作区中,在选中的连线上单击鼠标右键,即会弹出如图 1.3.3 所示的快捷菜单。该快捷菜单共包括 5 个命令,具体功能如表 1.3.3 所示。

图 1.3.3 在选中的连线上单击鼠标右键弹出的快捷菜单

表 1.3.3 在选中的连线上单击鼠标右键弹出的快捷菜单

命令名称	功能注释
Delete	删除所选对象
Change Color	改变所选连线的颜色
Segment Color	在默认值中改变所选连线的颜色
Font	字体设置
Properties	打开所选连线的属性对话框

1.3.4 在选中的文本或图形对象上单击鼠标右键弹出的快捷菜单

在电路仿真工作区中,在选中的文本或图形对象上单击鼠标右键,即会弹出如图 1.3.4 所示的快捷菜单。该快捷菜单共包括 15 个命令和 27 个子命令,具体功能如表 1.3.4 所示。

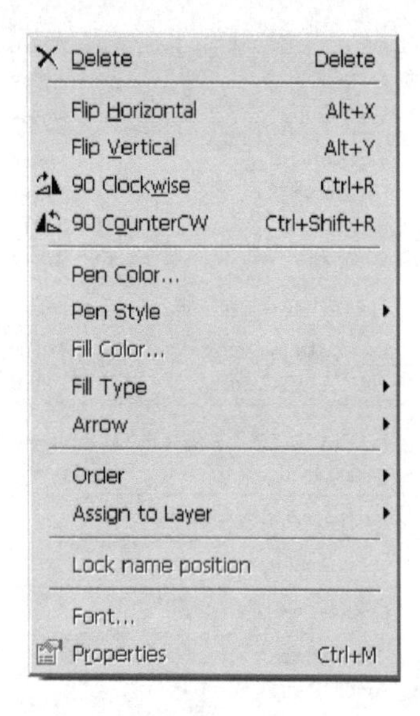

图 1.3.4 在选中的文本或图形对象上单击鼠标右键弹出的快捷菜单

表 1.3.4 在选中的文本或图形对象上单击鼠标右键弹出的快捷菜单

命令名称	功能注释
Delete	删除所选对象
Filp Horizontal	将选中对象水平翻转
Filp Vertical	将选中对象垂直翻转
90 Clockwise	将选中对象顺时针旋转 90°
90 CounterCW	将选中对象逆时针旋转 90°
Pen Color	为选中对象修改颜色
Pen Style	为选中图形修改笔形
Fill Color	为选中图形修改填充颜色
Fill Type	为选中图形修改填充外观
Arrow	放置一个箭头

续 表

命令名称	功能注释
Order	将选中对象前置或后置
Assign to Layer	放置选中对象到相应的层
Font	字体设置
Properties	属性设置

1.3.5 在选中的注释或仪器探针上单击鼠标右键弹出的快捷菜单

在电路仿真工作区中，在选中的标题块上单击鼠标右键，即会弹出如图 1.3.5 所示的快捷菜单。该快捷菜单共包括 9 个命令，具体功能如表 1.3.5 所示。

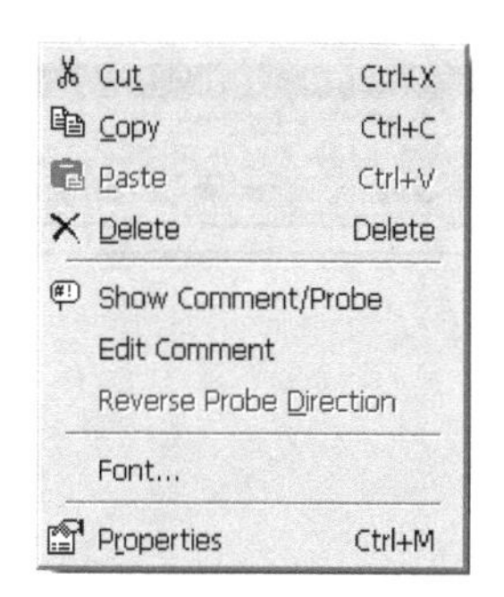

图 1.3.5 在选中的注释或仪器探针上单击鼠标右键弹出的快捷菜单

图 1.3.5 在选中的注释或仪器探针上单击鼠标右键弹出的快捷菜单

命令名称	功能注释
Cut	剪贴所选对象到剪贴板
Copy	复制所选对象到剪贴板
Paste	粘贴剪贴板中的内容到工作区中
Delete	删除所选对象
Show Comment/Probe	显示注释或探针的内容
Edit Comment	编辑所选中的注释
Reverse Probe Direction	翻转所选探针的极性
Font	字体设置
Properties	对象属性设置

1.4 建立电路基本操作

在熟悉了 Multisim 10 的基本界面设置后，本节将介绍如何放置元器件，如何连线，最终建立一个简单的电路并进行仿真。第一步是要确定所需使用的元件，将其放置在电路仿真工作平台中相应的位置上；第二步是整体布局并确定各元件的摆放方向，最后连接元件以及进行其他的设计准备。

下面以一个简单的由十进制计数译码器 4017 构成的十进制计数显示电路为例，介绍创建电路的一般步骤。

1.4.1 创建电路文件

运行 Multisim 10，即会在仿真工作区内自动新建一个文件名为"Circuit1"的空白电路文件，如图 1.4.1 所示。此时，用户可根据自己的喜好设置、定制软件的基本界面，如颜色、图纸尺寸和连线模式等，如不定义即会使用默认设置。若用户要同时建立多个电路图文件，可单击工具栏中的按钮或者执行菜单命令"File"→"New"→"Schematic Capture"项，新建多个空白电路文件。此时众多电路文件会以标签的形式层叠在仿真工作区中，可通过单击标签在多个电路文件间切换，如图 1.4.1 所示。

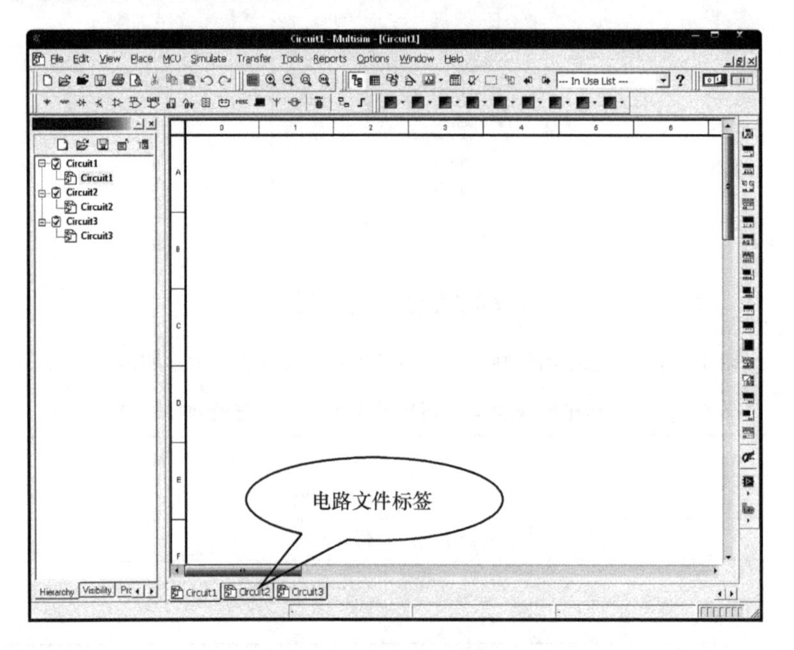

图 1.4.1　创建电路文件

1.4.2 在工作区中放置元件

在建立好电路文件后，即可以在电路仿真工作区中放置元件了。Multisim 10 提供了 3 个层次的元器件数据库，具体包括 Master Database(主元件库)、Corporate Database(合作项目元件库)和 User Database(用户元件库)。其中，主元件库是软件自带的，而其他两个元件库是用户自己在使用过程中逐步建立的。

Multisim 10 中放置元件的方法有很多种：通过执行菜单命令"Place"→"Component"项；通过元件工具栏；在工作区空白处单击鼠标右键，在弹出的快捷菜单中选择"Place Component"项；最简单的就是利用快捷键 Ctrl+W。相应的工具栏和菜单介绍可以参看前两节。

1. 放置一个元件

(1) 放置计数译码器 4017。在元件工具栏中单击(Place CMOS)按钮，或者使用快捷键 Ctrl+W，调出放置元件对话框并在弹出的对话框中的 Group(元件组)栏中选择 CMOS，Family(元件系列)栏中选取 CMOS_5V 系列，并在 Component(具体元件)栏中找到 4017BD_5V 并选中，这就是所需的十进制计数译码器，如图 1.4.2 所示。

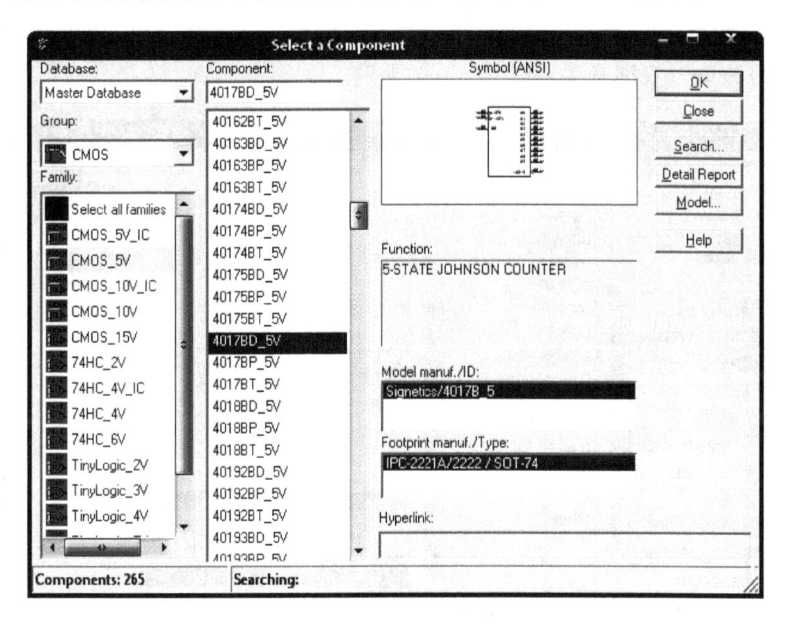

图 1.4.2　放置 4017 对话框

(2) 单击"OK"，4017BD_5V 将会粘贴在鼠标指针上，此时只需将鼠标指针移至所需的位置后再次单击鼠标左键，即可将数码管放置于此，其元件序号默认为 U1。

(3) 若要更改元件的属性或参数等，可在该元件上单击右键，在弹出的快捷菜单中选择 Propties 或者双击该元件即会弹出元件的属性对话框，如图 1.4.3 所示。

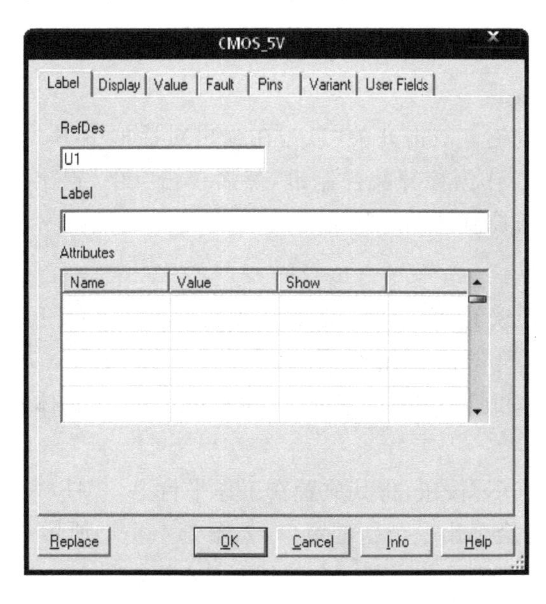

图 1.4.3　4017BD_5V 属性对话框

2. 放置下一个元件

(1) 以放置开关为例。在元件工具栏中单击 (Place Basic)按钮，或者使用快捷键 Ctrl+W，调出放置元件对话框并在弹出的对话框中的 Group(元件组)栏中选择 Basic，Family(元件系列)栏中选取 Switch 系列，并在 Component(具体元件)栏中找到 SPDT 并选中，这就是所需的单刀双掷开关，如图 1.4.4 所示。

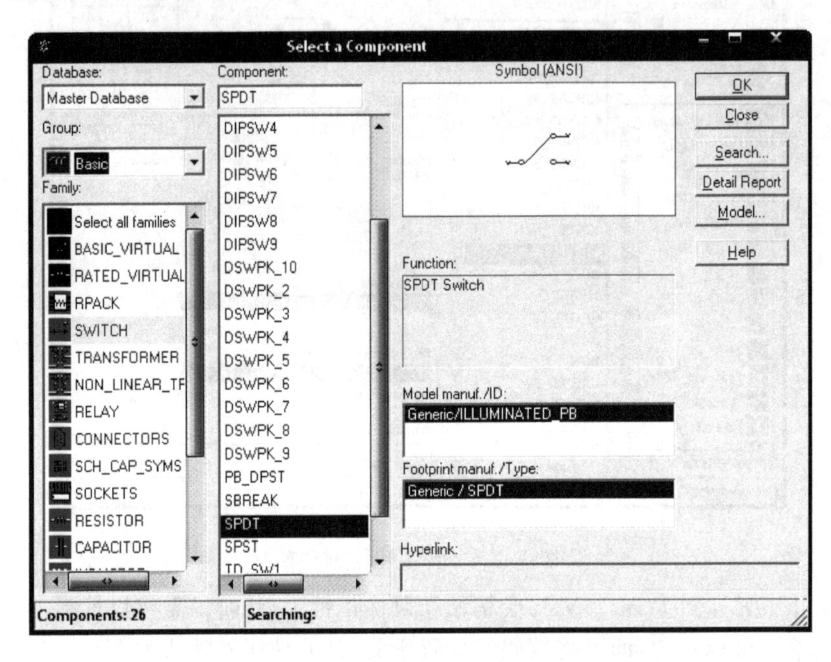

图 1.4.4　放置单刀双掷开关

(2) 为了方便布局和连线，可适当地对元件进行旋转或者翻转。在开关上单击鼠标右键，在弹出的快捷菜单中选择“Filp Horizontal”项，即可将开关进行水平翻转。其效果为翻转前：，翻转后：。

(3) 改变开关的控制键。双击开关“J1”，在弹出对话框中 Key for Switch 右侧的下拉菜单选项中选取一个字符作为该开关控制键，然后单击“OK”退出。例如选取“A”，则表示可通过键盘上的“A”按钮控制开关的状态。

3. 放置多单元元件

(1) 放置反相器 74LS04。在元件工具栏中单击 (Place TTL)按钮，或者使用快捷键 Ctrl+W，调出放置元件对话框并在弹出的对话框中的 Group(元件组)栏中选择 TTL，Family(元件系列)栏中选取 74LS04D 系列，并在 Component(具体元件)栏中找到 74LS04D 并选中。

(2) 单击右上角的“OK”按钮，将其放置在工作平台上。74LS08 中集成了 4 个独立的 6 个反相器单元，因此随即会弹出一个新的窗口，如图 1.4.5(a)所示，其中的“A、B、C、D”分别表示 4 个独立单元，单击“A”即会放置一个与门“U1A”，如图 1.4.6(b)所示。“U1”表示网络标识，标识相同的单元属于同一个集成电路。放置完成后单击“Cancel”，退回放置对话框，若不需再放置其他元件，则可关闭对话框。

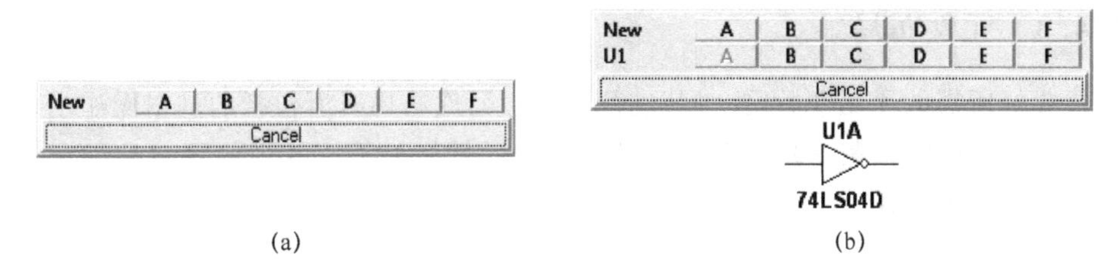

(a)　　　　　　　　(b)

图 1.4.5　放置 74LS04D 单元

（3）为了电路的美观性，可以将大部分单元的标号和元件名称隐藏起来。双击某个单元，在弹出的属性对话框中选择“Display”标签，将所有显示项前的标记全部去除，如图1.4.6所示。这样该元件周围将没有任何标号或名称，效果为去除前：，去除后：。

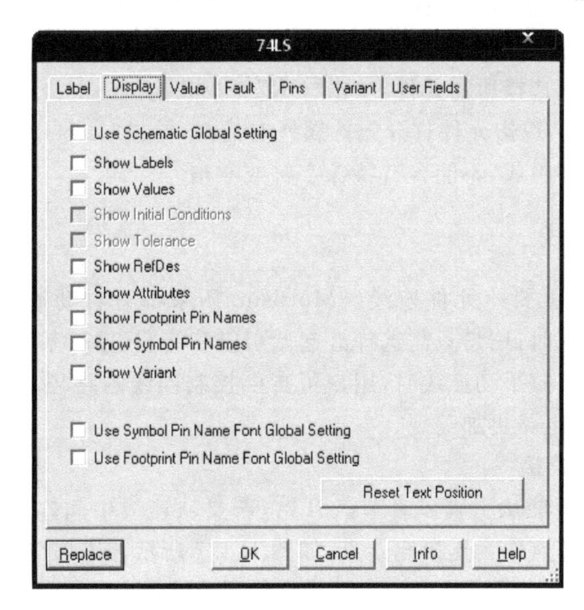

图 1.4.6　元件属性对话框

4. 放置其他元件

按以上方法，将表 1.4.1 中其他元器件放置在仿真工作区中。

表 1.4.1　其他元件列表

元　　件	Group(组)	Family(系列)	Component
5 V 电源 VCC	Souce	POWER_SOURCES	VCC
数字地 DGND	Souce	POWER_SOURCES	
提供时钟脉冲的信号源	Souce	SIGNAL_VOLTAGE_ SOURCES	CLOCK_ VOLTAGE
十-四编码器 74LS147	TTL	74LS	74LS147D
译码数码管	indicators	HEX_DISPLAY	DCD_HEX_BLUE
逻辑指示灯泡	indicators	PROBE	PROBE_RED

1.4.3 元件布局

在放置好所需的元器件后，要对其进行布局。元件布局时所包括的基本操作主要有：删除、移动、旋转、翻转、复制、剪贴、粘贴、替换、修改元件标号等。其中的翻转已经介绍过了，下面主要介绍其他操作。

（1）删除：右键单击该元件，在弹出的快捷菜单中单击“Delete”项；或者选中该元件，按下键盘上的 Delete 键。

（2）移动：单击元件并按住鼠标不放，将其拖动到目标地后松开鼠标即可。

（3）旋转：右键单击该元件，在弹出的快捷菜单中单击“90 Clockwise”（顺时针旋转 90°）项或“90 CounterCW”（逆时针旋转 90°）项。

（4）复制、剪贴和粘贴：通用快捷键 Ctrl＋C、Ctrl＋X 和 Ctrl＋V。

（5）替换：双击元件打开元件属性对话框，如图 1.4.6 所示，单击左下方“Replace”按钮，弹出选择元件窗口，选择所需元件，单击“OK”完成替换。

（6）修改元件标号：双击元件打开元件属性对话框，单击“Label”标签页进行标号修改。标号规定由字母和数字组成，不能含有特殊字符或空格。

1.4.4 电路连线

元件布局完成后，就要给元件连线。Multisim 历来都有自动连线和手动连线两种模式。采用自动连线模式时，用户只需选择好起始引脚和终止引脚，系统会自动在两个引脚间连线，且会避开通过元件；手动连线时，用户可自由控制连线的路径。一般建议采用手动连线以控制连线路径，使电路更加美观。

1. 线与线之间的连接

Multisim 的连线只能从引脚或者节点开始，若要从连线中间连接到另一连线中间时，必须在连线中间添加节点作为连接起始点，如图 1.4.7 所示。添加节点的方式有很多，其中常用的就是单击菜单“Place”→“Junction”，或者使用快捷键 Ctrl＋J。

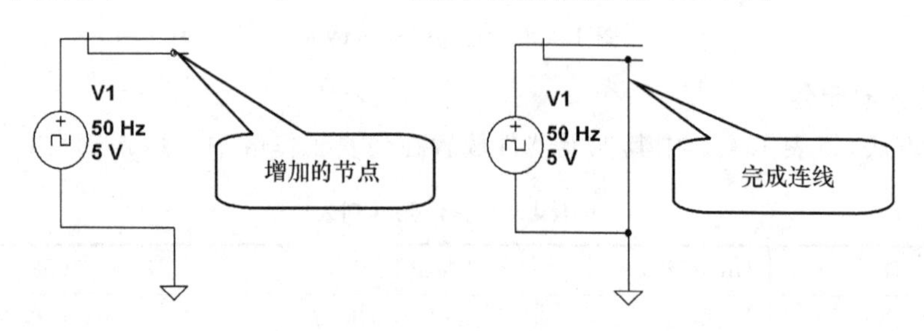

图 1.4.7 线与线间连线

2. 连线的删除

要删除连线，可右键单击该连线，在弹出的菜单中单击“Delete”项，或者选中该连线按下键盘上的 Delete 键。

3. 连线的修改

选中目标连线并将鼠标移至该连线上，鼠标指针会变为上下双箭头模式，此时通过上下移动鼠标可将连线上下平移，左右方向操作同理。

若想改变电路工作区中单根连线的颜色，如将双踪示波器 A、B 两输入端的连线设置成不同颜色，示波器显示的波形颜色就是 A、B 两输入端的连线的颜色。改变电路工作区中单根连线的颜色具体方法是：将鼠标指向欲改变颜色的某根连线并单击右键，弹出如图 1.3.3 所示的快捷菜单。在弹出的快捷菜单中单击“Change Color”命令，弹出 Colors 对话框，在该对话框中选择需要的颜色，单击“OK”按钮即可。

4. 交叉点

Multisim 会自动为丁字交叉线补上节点，而十字交叉线则不会。对此可采用分段连接方法进行连线，先从起点到交叉点，再从交叉点到终点。

通过以上方法完成整个十进制计数器电路的连线，如图 1.4.8 所示。

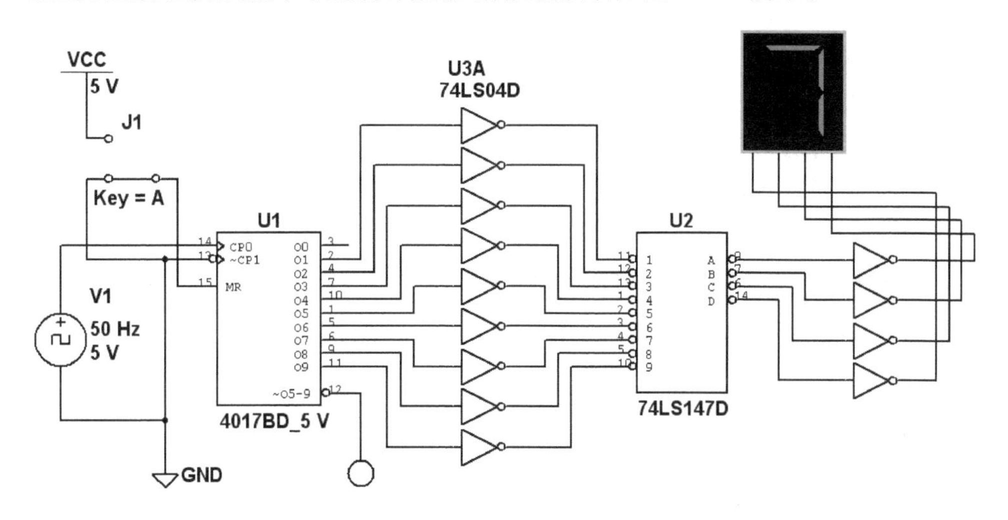

图 1.4.8　十进制计数器电路

1.4.5　保存电路

单击“File”→“Save”菜单项，弹出保存对话框，选择文件保存的路径，输入文件名“计数器”，默认扩展名为“ * . ms10”。单击“保存”按钮，完成对当前电路的保存。

为了防止电路编辑过程中发生意外情况导致电路图文件丢失，要养成随时保存的好习惯。或者通过设置进行自动保存：单击“Option”→“Global Preferences”菜单项，在弹出的“Preferences”对话框中单击“Save”标签，在打开的 Save 标签页中选中“Auto-Backup”项，并在“Auto Backup Interal”(自动保存间隔时间)项中输入自动保存间隔时间，单位为分钟。

1.4.6　子电路与层次电路的设计

子电路是用户自己建立的一种单元电路。将子电路存放在用户器件库中，可以反复调用并使用子电路。利用子电路可使复杂系统的设计模块化、层次化，可增加设计电路的可读性、提高设计效率、缩短电路周期。创建子电路的工作需要以下几个步骤：选择、创建、调用、修改。

1. 子电路选择

把需要创建的电路放到电子工作平台的电路窗口上。为了能对子电路进行外部连接，需要对子电路添加输入/输出符号。单击 Place / HB/SB Connecter 命令或使用快捷键 Ctrl+I 操作，屏幕上出现输入/输出符号，将其与电路的输入/输出信号端进行连接。带有输入/输出符号的子电路才能与外电路连接，如图 1.4.9 所示。按住鼠标左键拖动，完成子电路的选择。

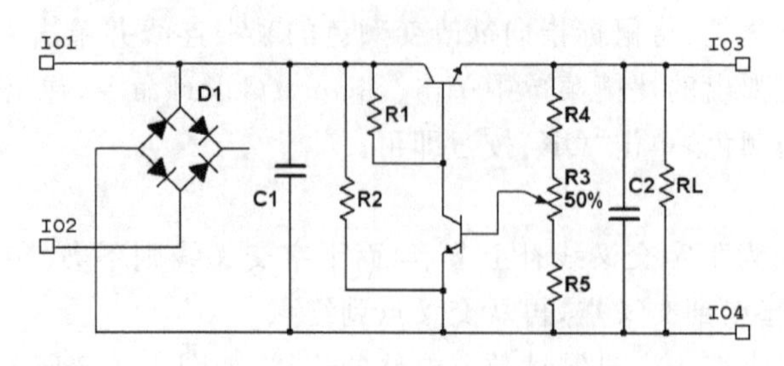

图 1.4.9　带有输入/输出符号的电路

2. 子电路创建

在电路工作区单击“Place”→“Replace by Subcircuit”命令，在屏幕出现 Subcircuit Name 对话框，如图 1.4.10 所示。在图 1.3.29 中输入子电路名称“xf”，单击“OK”，再单击需要放置的位置，该子电路就放置在电路工作区了，即完成了子电路的创建，如图 1.4.11 所示。子电路放置位置可以通过用鼠标拖动该子电路块来改变。

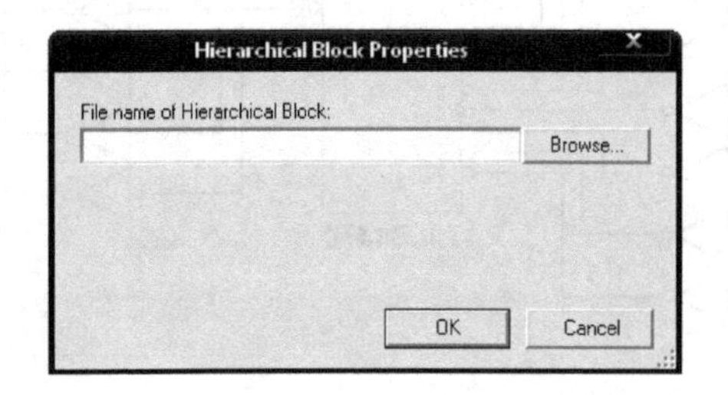

图 1.4.10　Subcircuit Name 的对话框

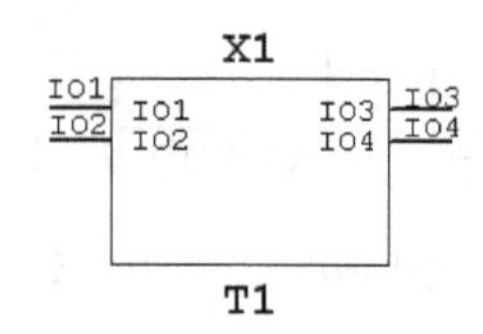

图 1.4.11　子电路块

1.5　元件库与元件

1.5.1　Multisim 10 元件库的管理

Multisim 10 元件存放在 3 种不同的数据库中，单击菜单“Tools”→“Database”→“Database Manager”命令，即可以弹出数据库管理信息对话框，如图 1.5.1 所示。

数据库管理信息对话框中主要包括 Master Database、Corporate Database 和 User Database，这 3 种数据库的功能分别如下。

- Master Database：存放 Multisim 10 提供的所有元件。
- Corporate Database：存放被企业或个人修改、创建和导入的元件，能被选择了该库的企业或个人使用和编辑。这些元件的仿真模型也能被其他用户使用。
- User Database：存放个人修改、创建和导入的元件，仅能由使用者个人使用和编辑。

注意：第一次使用 Multisim 10 时，Corporate Database 和 User Database 是空的，可以导入或由用户自己编辑和创建。

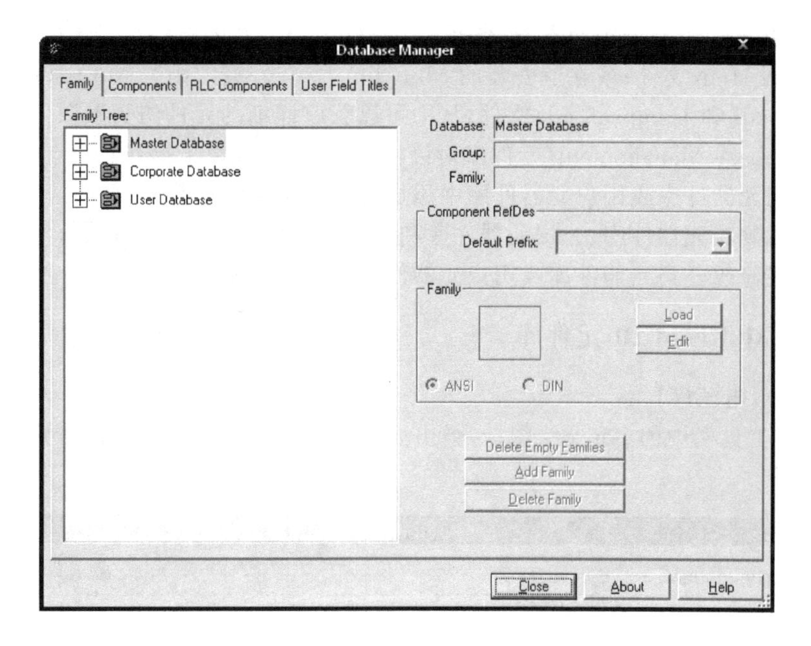

图 1.5.1　数据库管理信息对话框

Master Database 中包括 17 个元件库，如图 1.5.2 所示。其中包含 Sources(电源库)、Basic(基本元件库)、Diodes(二极管库)、Transistors(晶体管库)、Analog（模拟元件库)、TTL(TTL 元件库)、CMOS(CMOS 元件库)、MCU(微控制器库)、Advanced_Peripherals(先进外围设备库)、Misc Digital(数字元件库)、Mixed(混合类元件库)、Indicator(指示元件库)、Power(电力元件库)、Misc(杂项元件库)、RF(射频元件库)、Electro_mechanical(机电类元件库)和 Ladder_Diagrams(电气符号库)。在 Master Database 数据库下面的每个分类元件库中，还包括多个元件系列(Family)，各种仿真元件放在这些元件箱中以供调用。

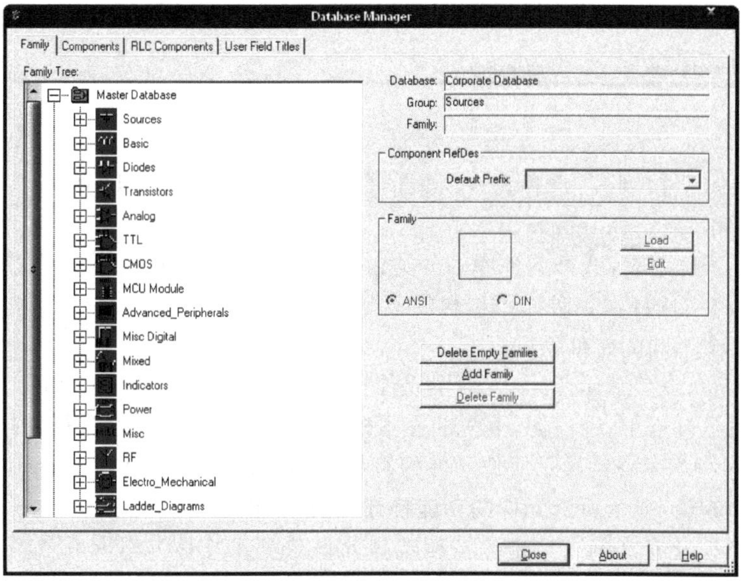

图 1.5.2　元件库对话框

安装 Multisim 10 仿真软件的读者，可以在 Multisim 10 的电路窗口选中元件然后单击鼠标右键，查阅 Help 文件；或在所安装的 Multisim 10 文件夹内浏览 Multisim 10 软件自带的 Userguide. pdf 和 Compref. pdf 文件，从中可以获取详细的元件仿真参数信息。

利用 Database Management（元件库对话框）还可以完成以下操作：

- 在公司元器件库或用户元器件库中添加或删除某个元件系列；
- 建立或修改元器件库、公司元器件库和用户元器件库中用户域标题；
- 添加或修改公司元器件库或用户元器件库中的元件系列图标。

1.5.2 Multisim 10 元件库

1. Sources(电源库)

单击元件工具栏中的 Sources 图标，弹出如图 1.5.3 所示的元件选择对话框，该对话框各项说明如下。

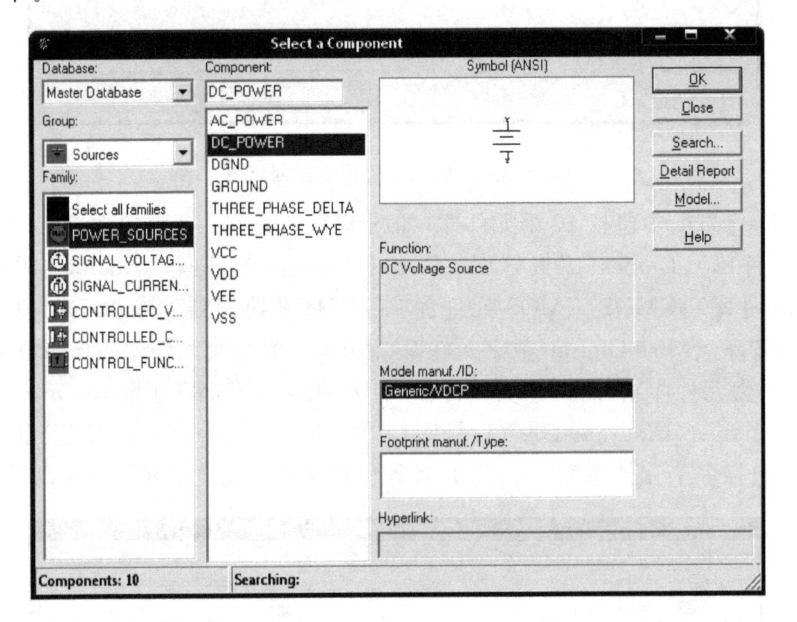

图 1.5.3　元件选择对话框

- Database 下拉列表：选择元件所属的数据库，包括 Master Database、Corporate Database 和 User Database。
- Group 下拉列表：选择元件库的分类，在其下拉列表中包括 17 种库。
- Family 栏：选择在每种库中包含的不同元件系列，如图 1.5.3 所示的 Sources 库中包括 6 个不同的元件系列。
- Component 栏：显示 Family 栏中元件箱所包含的所有元件，POWER_SOURCES 元件系列中包括 10 种电源，上方的文本框中可输入元件关键字进行查找。
- Symbol(ANSI)栏：显示所选元件的符号，此处采用的是 ANSI 标准。
- Function 栏：显示所选元件的功能描述，包括元件模型和封装等。

另外，对话框还有“OK”(单击该按钮选择元件放到工作区)、“Close”(单击该按钮关闭当前对话框)、“Search”(查找)等 6 个按钮。其他元件库的元件选择对话框和按钮功能与图 1.5.3 基本一样，以后将不再详细讲述，仅对 Family 栏中的内容进行说明。

在 Family 栏中包括 6 种类型的电源，分别是 POWER_SOURCES（电源）、SIGNAL_VOLTAGE_SOURCES（电压信号源）、SIGNAL_CURRENT SOURCES（电流信号源）、CONTROL_FUNCTLON_BLOCKS（控制功能模块）、CONTROLLED_VOLTAGE_SOURCES（受控电压源）和 CONTROLLED_CURRENT_SORCES（受控电流源）等。每一系列又含有很多电源或信号源，考虑到电源库的特殊性，所有的电源皆为虚拟组件。在使用过程中要注意以下几点。

（1）交流电源所设置电源的大小皆为有效值。

（2）直流电压源的取值必须大于零，大小可以从微伏到千伏，而且没有内阻。如果它与另一个直流电压源或开关并联使用，必须给直流电压源串联一个电阻。

（3）许多数字器件没有明确的数字接地端，但必须接上地才能正常工作。用 Multisim 10 进行数字电路仿真时，电路中的数字元件要接上示意性的数字接地端，并且不能与任何器件连接，数字接地端是该电源的参考点。

（4）地是一个公共的参考点，电路中所有的电压都是相对于该点的电位差。在一个电路中，一般来说应当有一个且只能有一个地。在 Multisim 10 中，可以同时调用多个接地端，但它们的电位都是 0 V。并非所用电路都需接地，但下列情形应考虑接地：

① 运算放大器、变压器、各种受控源、示波器、波特图仪和函数发生器必须接地，对于示波器，如果电路中已有接地，示波器的接地端可不接地；

② 含模拟和数字元件的混合电路必须接地，可具体分为模拟地和数字地。

（5）V_{CC} 电压源常作为没有明确电源引脚的数字器件的电源，它必须放置在电路图上。V_{CC} 电压源还可以用做直流电压源。通过其属性对话框可以改变电源电压的大小，并且可以是负值。另外，一个电路只能有一个 V_{CC}。

（6）对于除法器，若 Y 端接有信号，X 端的输入信号为 0，则输出端变为无穷大或一个很大的电压（高达 1.69 TV）。

使用举例：设置时钟信号电压源参数，并通过示波器观察波形。

建立如图 1.5.4 所示电路，双击所放置的时钟信号源，弹出如图 1.5.5 所示的信号源属性对话框，其相关参数设置如下：Frequency（频率）为 1 kHz；Duty Cycle（占空比）为 20%；Voltage（幅值）为 5 V。仿真波形如图 1.5.6 所示。

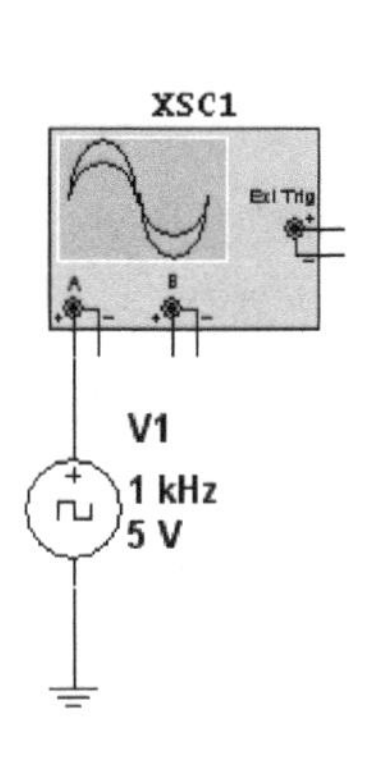

图 1.5.4 时钟信号源测试电路

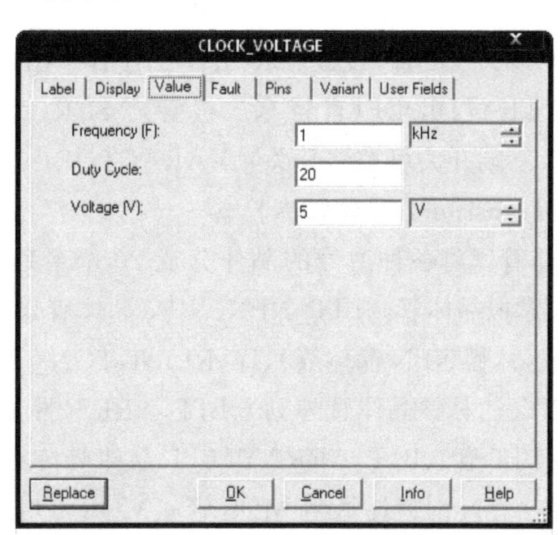

图 1.5.5　时钟信号源参数设置

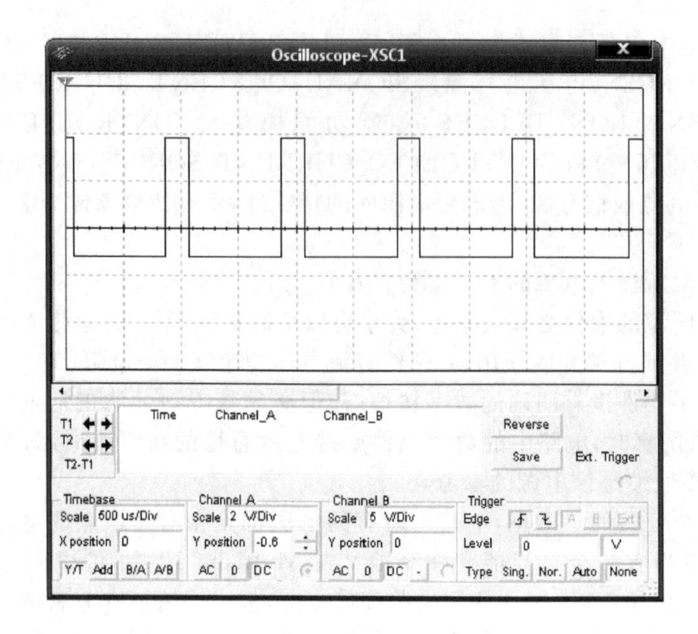

图 1.5.6 时钟信号源输出波形图

2. Basic(基本元件库)

基本元件库有 17 个系列(Family),分别是 BASIC_VIRTUAL(基本虚拟器件)、RATED_VIRTUAL(额定虚拟器件)、PACK(排阻)、SWITCH(开关)、TRANSFORMER(变压器)、NONLINEAR_TRANSFORMER(非线性变压器)、RELAY(继电器)、CONNECTOR(连接器)、SCH_CAP_SYMS(可编辑电路符号)、SOCKT(插座)、RESISTOR(电阻)、CAPACITOR(电容)、INDUCTOR(电感)、CAP ELECTROLIT(电解电容)、VARLABLE_CAPACITO(可变电容)、VARLABLE_INDUCTOR(可变电感)和 POTENTLONMETER(电位器)等。每一系列又含有各种具体型号的元件。

3. Diodes(二极管库)

Multisim 10 提供的二极管库中共有 11 个系列(Family):DIODE VIRTUAL(虚拟二极管)、DIODE(二极管)、ZENER(齐纳二极管)、LED(发光二极管)、FWB(全波桥式整流器)、SCHOTTKY_DIODE(肖特基二极管)、SCR(可控硅整流器)、DIAC(双向开关二极管)、TRIAC(三端开关可控硅开关)、VARACTOR(变容二极管)和 PIN(PIN 二极管)。

4. Transistors(晶体管库)

晶体管库将各种型号的晶体分成 20 个系列(Family),分别是 TRANSISTORS_VIRTUAL(虚拟晶体管)、BJT_NPN(NPN 晶体管)、BJT_PNP(PNP 晶体管)、DARLINGTON_NPN(达林顿 NPN 晶体管)、DARLINGTON_PNP(达林顿 PNP 晶体管)、DARLINGTON_ARRAY(达林顿晶体管阵列)、BJT_NRES(带偏置 NPN 型 BJT 管)、BJT_PRES(带偏置 PNP 型 BJT 管)、BJT_ARRAY(BJT 晶体管阵列)、IGBT(绝缘栅双极型晶体管)、MOS_3TDN(三端 N 沟道耗尽型 MOS 管)、MOS_3TEN(三端 N 沟道增强型 MOS 管)、MOS_3TEP(三端 P 沟道增强型 MOS 管)、JFET_N(N 沟道 JFET)、JFET_P(P 沟道 JFET)、POWER_MOS_N(N 沟道功率 MOSFET)、POWER_MOS_P(P 沟道功率 MOSFET)、

POWER_MOS_COMP(COMP功率MOSFET)、UJT(单结晶体管)和THERMAL_MODELS(热效应管)等系列,每一系又含有具体各型号的晶体管。

5. Analog(模拟集成元件库)

模拟集成元件库(Analog)含有6个系列(Family),分别是ANALOG_VIRTUAL(模拟虚拟器件)、OPAMP(运算放大器)、OPAMP_NORTON(诺顿运算放大器)、COMPARATOR(比较器)、WIDEBAND_AMPS(宽带放大器)和SPECIAL_FUNCTION(特殊功能运算放大器)等,每一系列又含有若干具体型号的器件。

6. TTL(TTL元件库)

TTL元件库共含有9个系列(Family),主要包括74STD_IC、74STD、74S_IC、74S、74LS_IC、74LS、74F、74ALS、74AS。每个系列都含有大量数字集成电路,其中,74STD系列是标准TTL集成电路;74S系列为肖特基型集成电路;74LS系列是低功耗肖特基型集成电路;74F系列为高速型TTL集成电路;74ALS系列为先进低功耗肖特基型集成电路;74AS系列为先进肖特基型集成电路。Multisim 10新增各种IC系列元件库,其中以IC结尾表示使用集成块模式,而没有IC结尾的表示为单元模式。以放置74LS00为例,分别在74LS_IC和74LS两个系列中选择一个74LS00D放置在仿真工作平台上,如图1.5.7所示,其中左图为IC模式,右图为单元模式。

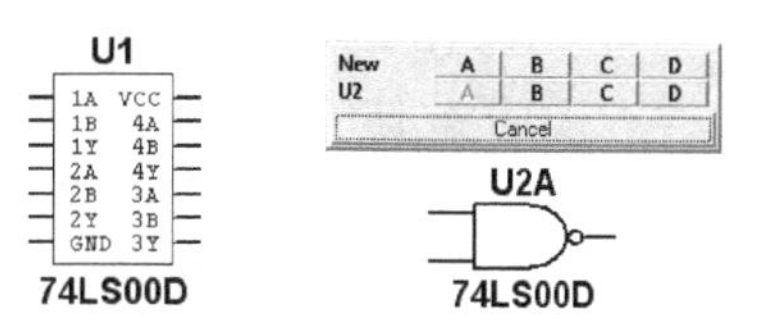

图1.5.7 IC模式集成元件和单元模式集成元件

在使用TTL元件的过程中要注意以下几点。

(1) 若同一器件有数个不同的封装形式,仿真时,可以随意选择;做PCB板时,必须加以区分。

(2) 对含有数字器件的电路进行仿真时,电路图中必须有数字电源符号和数字接地端。

(3) 集成电路的逻辑关系可查阅相关的器件手册,也可以单击该集成电路属性对话框中的"info"按钮,就会弹出器件列表对话框,从中可查阅该集成电路的逻辑关系。

(4) 集成电路的某些电气参数,可以单击该集成电路属性对话框中的"Edit Model"按钮,从打开的EditMode对话框中读取。

7. CMOS(CMOS元件库)

在Multisim 10提供的CMOS系列集成电路中共有14个系列(Family),主要包括74HC系列、4000系列和TinyLogic的NC7系列的CMOS数字集成器件。

在CMOS系列中又分为74C系列、74HC/HCT系列和74AC/ACT系列。对于相同序号的数字集成电路,74C系列与TTL系列的引脚完全兼容,故序号相同的集成电路可以互换,并且TTL系列中的大多数集成电路都能在74C系列中找到相应的序号。74HC/HCT系列是74C系列的一种增强型,与74LS系列相比,74HC/HCT系列的开关速度提高10倍;与74C系列相比,74HC/HCT系列具有更大的输出电流。74AC/ACT系列也称为74ACL系列,在功能上等同于各种TTL系列,对应的引脚不兼容,但74AC/ACT系列的集成电路可以直接使用到TTL系列的集成电路上。74AC/ACT系列在许多方面超过

74HC/HCT 系列,如抗噪声性能、传输延时、最大时钟速率等。74AC/ACT 系列中集成电路的序号也不同于 TTL、74L 和 74AC/ACT 等系列。此外,最近还出现一种新的 CMOS 系列叫做 74AHC,74AHC 系列中的集成电路比 74HC 系列快 3 倍。

Multisim 10 仿真软件根据 CMOS 集成电路的功能和工作电压,将它分成 6 个系列,分别是 CMOS_5V、CMOS_10V、CMOS_15V 和 74HC_2V、74HC_4V 、74HC_6V。COMS 系列与 TTL 系列一样,Multisim 10 也增加了 IC 模式的集成电路,分别是 CMOS_5V_IC、CMOS_10V_IC 和 74HC_4V_IC。

TinyLogic 的 NC7 系列根据供电方式分为 TinyLogic_2V、TinyLogic_3V、TinyLogic_4V、TinyLogic_5V 和 TinyLogic_6V 5 种。

CMOS 元件在具体使用时,注意以下几点。

(1) 当测试的电路中含有 CMOS 逻辑器件时,若要进行精确仿真,必须在电路中放置电源 VCC 为 CMOS 元件提供偏置电压,其电压数值由选择的 CMOS 元件类型决定,且将电源负极接地。

(2) 当某种 CMOS 元件是复合封装或包含多个型号时,处理方法与 TTL 电路相同。

(3) 关于元件的逻辑关系可查看 Multisim 10 的帮助文件。

8. MCU Module(微控制器元件库)

Multisim 10 提供的微控制器元件库分为两大类 4 个系列(Family),主要包括单片机和存储器。805X 系列单片机包括 8051 和 8052 两种;PIC 系列单片机包括 PIC16F84 和 PIC16F84A 两种;存储器包括 RAM(随机存储器)和 ROM(只读存储器)两个系列。

9. Advanced_Peripherals(先进外围设备元器件库)

Multisim 10 提供的先进外围设备元件库共分为 3 个系列(Family),主要包括 KEYPADS(键盘)、LCDS(液晶显示)、TERMINALS(终端设备)。这些外设可以在电路设计中作为输入和输出设备,属于交互式元件,因此不能编辑和修改,只能设置参数。

10. Misc Digital(其他数字元件库)

上述的 TTL 和 CMOS 元件库中的元件都是按元件的序号排列的,有时设计者仅知道器件的功能,而不知具有该功能的器件型号,就会给电路设计带来许多不便。而杂项元件库中的元件则是按元件功能进行分类排列的。它包含了 TIL、DSP、FPGA、PLD、MICROCONTROLLER(微控制器)、MICROPROCESSORS(微处理器)、VHDL、MEMORY(存储器)、LINE_DRIVER(线性驱动器)、LINE_RECEIVER(线性接收器)和 LINE_TRANSCEIVER(线性接发器)11 个系列(Family)。

11. Mixed(混合器件库)

混合器件库含有 5 个系列(Family),分别是 Mixed Virtual(虚拟混合器件库)、Timer(定时器)、ADC-DAC(模数_数模转换器)、Analog Switch(模块拟开关)和 MULTIVIBRATORS(多谐振荡器),每一系列又含有若干具体型号的器件。

12. Indicator(指示器件库)

指示器件库含有 8 个系列(Family),分别是 VOLTMETER (电压表)、AMMETER (电流表)、PROBE (逻辑指示灯)、BUZZER (蜂鸣器)、LAMP (灯泡)、VIRTUAL_LAMP (虚拟灯泡)、HEX _DISPLAY (十六进制计数器)和 BARGRAPH (条形光柱)。部分元件系列又含有若干具体型号的指示器。

注意：

(1) 电压表内阻默认 1 MΩ,电流表内阻默认 1 mΩ,用户可通过属性对话框进行设置。

(2) 数码管使用时注意它的驱动电流和正向电压,否则数码管不显示。

13. POWER(电力器件库)

电力器件库含有 9 个系列(Family),分别是 SMPS_Tranient_Virtual (虚拟开关电源瞬态)、SMPS_Average_Virtual (虚拟开关电源平均)、FUSE (熔断器)、VOLTAGE_REGULATOR (稳压器)、VOLTAGE_REFERENCE (基准电压源)、VOLTAGE_SUPPRESSOR (限压器)、POWER_SUPPLY_CONTROLLER (电源控制器) 、MISCPOWER (其他电源) 和 PWM_CONTROLLER (脉宽调制控制器),各系列又含有若干具体型号的器件。

14. Misc(杂项器件库)

Multisim 10 把不能划分为某一具体类型的器件另归一类,称为杂项器件库。杂项器件库含有传感器(Transducers)、晶体 (Crystal)、真空管(Vacuum_Tube)、保险丝(Fuse)稳压器(Voltane_Regulator)、开关电源降压转换器(Buck_Converter)、开关电源升压转换器(Boost_Converter)、开关电源升降压转换器(Bucd B_Boost_Converter)、有损耗传输线(Lossy_Transmission_Line)、无损耗传输线 1 (Lossless_Line_Type1)、无损耗传输线 2 (Lossless_Line_Type2)、网络(Net)和其他(Misc)14 个系列,每一系列又含有许多具体型号的器件。在使用过程中要注意以下几点。

(1) 具体晶体型号的振荡频率不可改变。

(2) 保险丝是一个电阻性的器件,当流过电路的电流超过最大额定电流时,保险丝熔断。对交流电路而言,所选择保险丝的最大额定电流是电流的峰值,不是有效值,保险丝熔断后不能恢复,只能重新选取。

(3) 用零损耗的有损耗传输线来仿真无损耗的传输线,仿真的结果会更加准确。

15. RF(射频器件库)

射频器件库含射频电容(RF_Capacitor)、射频电感 (RF_Inductor)、射频 NPN 晶体管(RF_Transistor_NPN)、射频 PNP 晶体管 (RF_Transistor_PNP)、射频 MOSFET(RF_MOS_3TDN)、隧道二极管(Tunnel_Diode)和带状传输线(Strip_line)7 个系列。

16. Electro_mechanical(机电器件库)

机电器件库含有感测开关 (Sensing_Switches)、瞬时开关(Momentary_Switches)、附加触点开关(Supplementary_Contacts)、定时触点开关(Timde_Contact)、线圈和继电器(Coils_Relays)、线性变压器(Line_Transformer)、保护装置(Protection_Deices)和输出装置(Outprt_Devices)8 个系列,每一系列又含有若干具体型号的器件。

1.5.3　查找元件

Multisim 10 提供了强大的搜索功能来帮助用户方便快速地找到所需的元器件,其具体操作步骤如下。

(1) 单击菜单“Place”→“Component”项,弹出元件浏览对话框。

(2) 单击“Search”(搜索)按钮,弹出搜索元件对话框,如图 1.5.8 所示。

(3) 单击“Advanced”按钮,打开高级搜索选项,提供更多的搜索条件。输入搜索的关键字,可以是数字和字母,不区分大小写,但至少要有一个条件,条件越多越精确。例如,在

Component(元件名称)条件栏中输入“ * 74LS00 * ”,在 Footprint type(封装名称)条件栏中输入“D0 * ”,即表示查找所有元件名中含有“74LS00”字符且封装名称中含有“D0”字符的元器件,如图 1.5.9 所示。

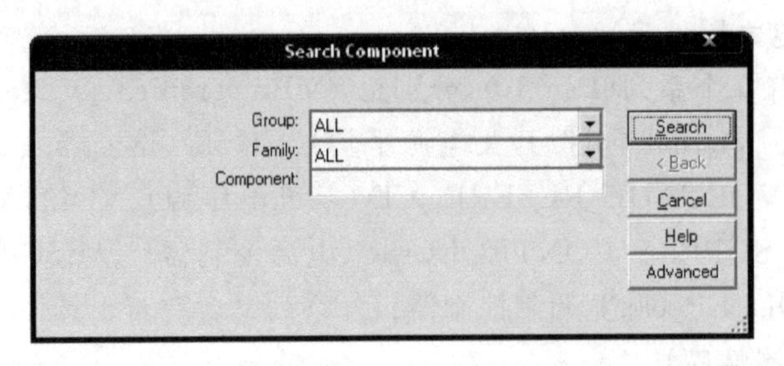

图 1.5.8　搜索元件对话框

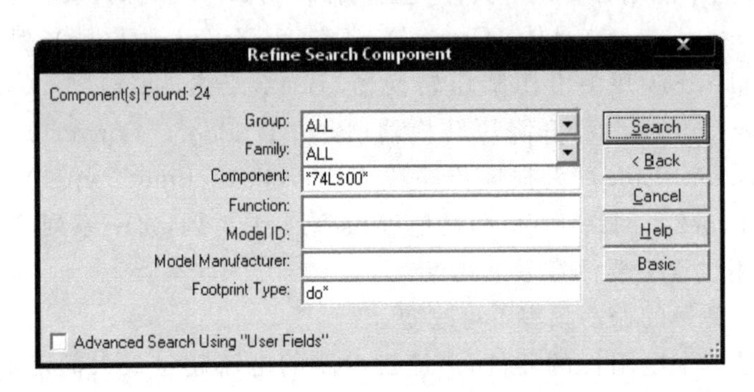

图 1.5.9　高级搜索对话框

(4) 单击“Search”按钮开始查找,查找结束后自动弹出搜索结果对话框,如图 1.5.10 所示。

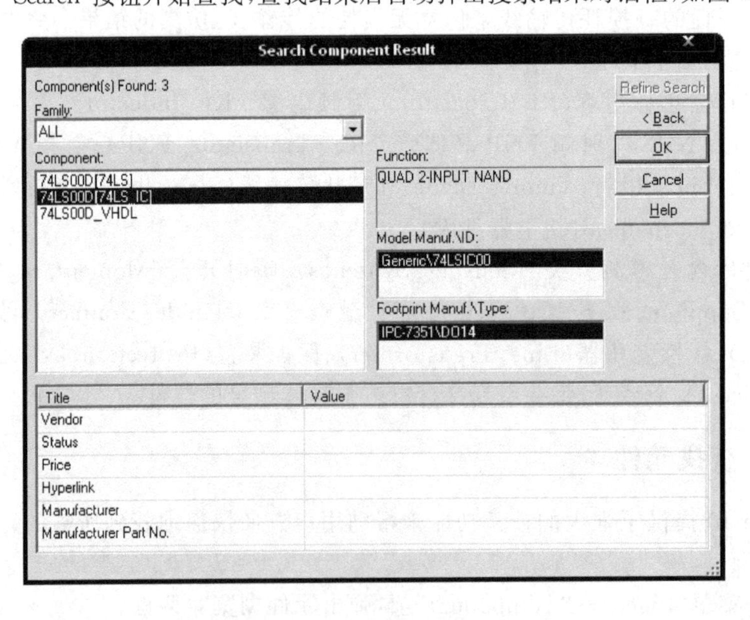

图 1.5.10　搜索结果对话框

(5) 从搜索结果中选中所需的元件,单击“OK”按钮,弹出元件浏览对话框并自动选中该元件,再次单击“OK”按钮,即可将其放置在仿真工作区中。

1.5.4　在公司元器件库或用户元器件库中添加或删除某个元件系列

1. 添加元件系列

在 Multisim 10 用户界面中的主菜单单击"Tools"→"Database"→"Database Management"菜单项，即可以弹出数据库管理信息对话框。

在公司元器件库中添加一个新元件系列的操作步骤如下。

(1) 在"Database Management"对话框中选择"Family"选项卡。

(2) 在"Family"选项区中，单击"Corporate Database"库，选中将要添加新元件系列所在的元件族下，并单击"Add Family"按钮，弹出如图 1.5.11 所示的"New Family Name"对话框。

图 1.5.11　New Family Name 对话框

(3) 在"New Family Name"对话框中，可以在"Select Family Group"(元件族选择)栏中选择将要添加新元件系列所在的元件族，在"Enter Family Name"(元件系列命名)栏中输入新建元件名称，最后单击"OK"按钮，就自动返回"Database Management"对话框。

(4) 在"Database Management"对话框相应的元件族下就会看到一个新元件系列。例如，在元件族 TTL 下添加"数字集成电路"元件系列，新建的元件系列如图 1.5.12 所示。

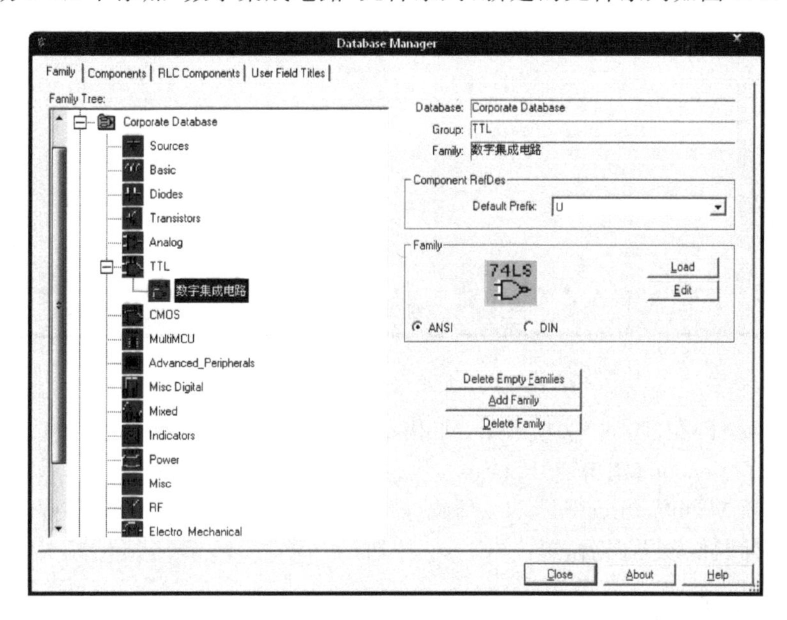

图 1.5.12　添加数字集成电路 Database Management 对话框

2. 删除元件系列

若对不需要的元件系列，可利用下列步骤删除。

(1)在“Database Management”对话框中的“Family”区中，选中将要删除的元件系列。

(2)单击“Delete Family”按钮，弹出一个“删除确认”对话框。

(3)单击“确定”按钮，所选中的元件系列就会自动从元件系列列表中消失。

3. 删除空元件系列

有时创建了一个新元件系列，但元件系列下又没有具体型号的器件，就要删除这种空元件系列。具体操作步骤如下。

(1) 在“Database Management”对话框中选中“Family”选项卡，显示 Family 区。

(2) Family 标签页下，单击“Delete Empty Family”按钮，弹出提示对话框，提示“Are you Sure you want to clear empty items from all families”，询问是否要删除所有空元件系列。

(3) 确认无误后，单击“YES”按钮，所有空元件系列将会从元件系列列表中消失。

1.5.5　修改用户使用标题

Multisim 10 允许用户修改元器件数据库中的用户使用标题，具体修改方法如下。

(1) 单击“Database Management”对话框中的“User Field Titles”选项卡，弹出如图 1.5.13所示的“User Field Titles”选项卡。

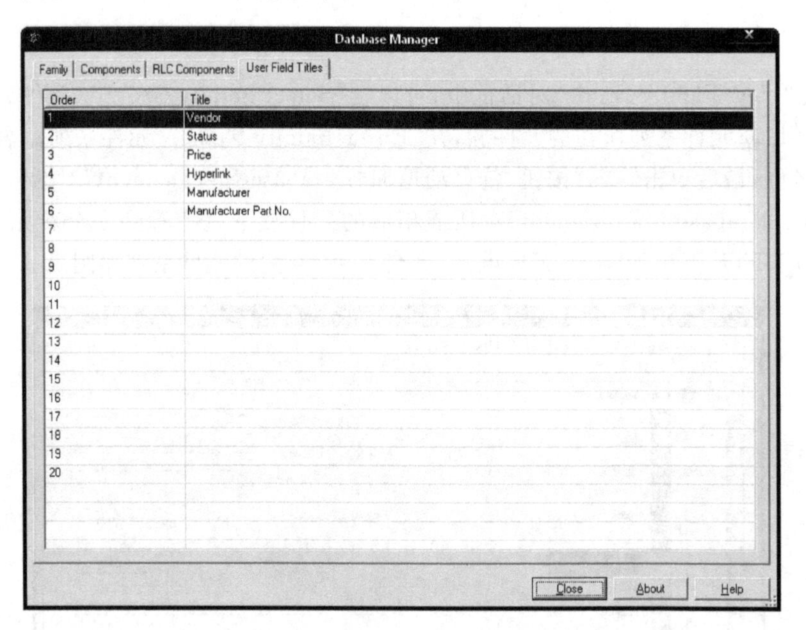

图 1.5.13　User Field Titles 选项卡

(2) 在“User Field Titles”选项卡中，Multisim 10 提供了 20 个可供用户填写的标题，默认状态下已填写了 Vendor (销售商)、Status (状态)、Price (价格)、Hyperlink(超链接)、Manufacturer(制造商)和 Manufacturer Part No.(制造商编号)6 个标题，其余可供用户自由填写。

(3) 确认标题修改无误后，单击“Close”按钮。

1.5.6　复制仿真元件

在 Multisim 10 的数据库中，公司数据库和用户使用数据库初次安装后是空的，允许用户创建和修改元件。而创建一个新元件涉及制作元件大量的参数，有的参数甚至需要厂家提供，以致造成创建元件模型是一项复杂的工作。所以，常常需要将主数据库中的元件模型复制到公司数据或用户使用数据库中，然后再对元件模型的个别参数作适当修改，建立所需要元件的模型。复制元件的操作步骤如下。

（1）单击“Database Manager”对话框中的“Components”选项卡，弹出 Components 对话框，如图 1.5.14 所示。

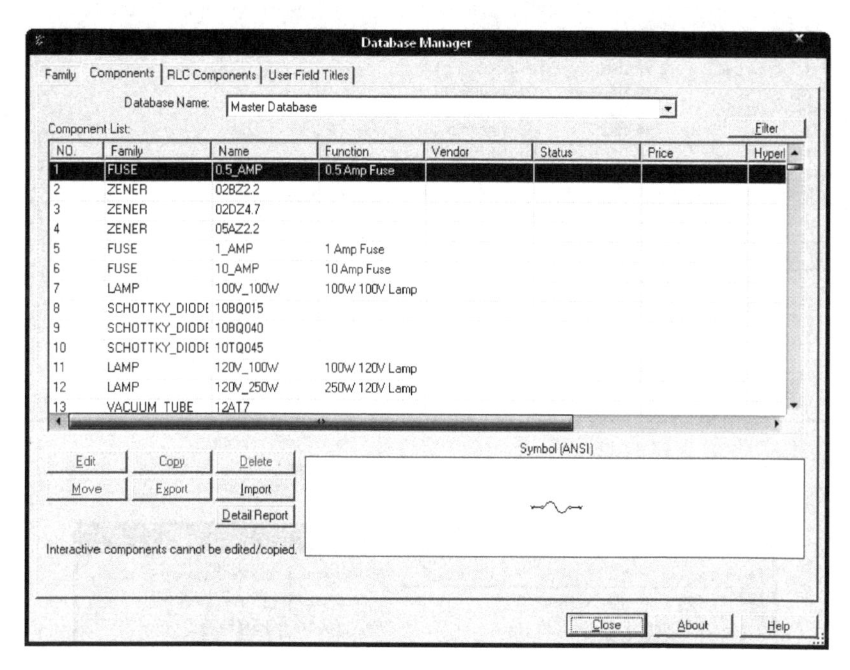

图 1.5.14　Components 对话框

（2）在“Components”对话框中，单击“Filter”对话框并输入筛选条件，如选择 74LS 和 74LS_IC 两个系列，如图 1.5.15 所示，即弹出符合条件的元件列表，如图 1.5.16 所示。选中要复制的元件，如选中 74LS160D 和 74LS160D_IC 两个元件，然后单击“Copy”按钮，弹出如图 1.5.17 所示的选择目标元件系列对话框。

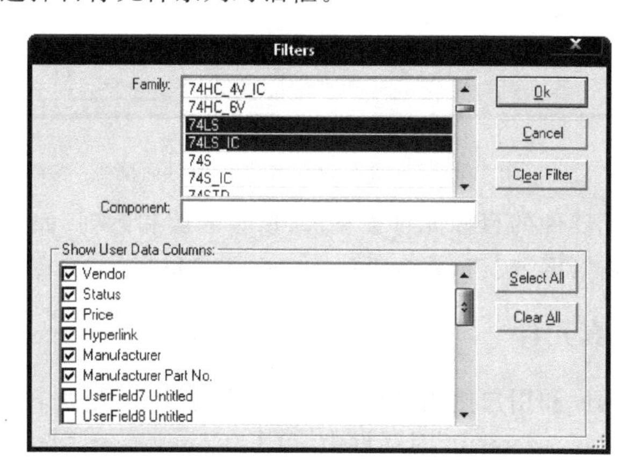

图 1.5.15　Filter 筛选列对话框

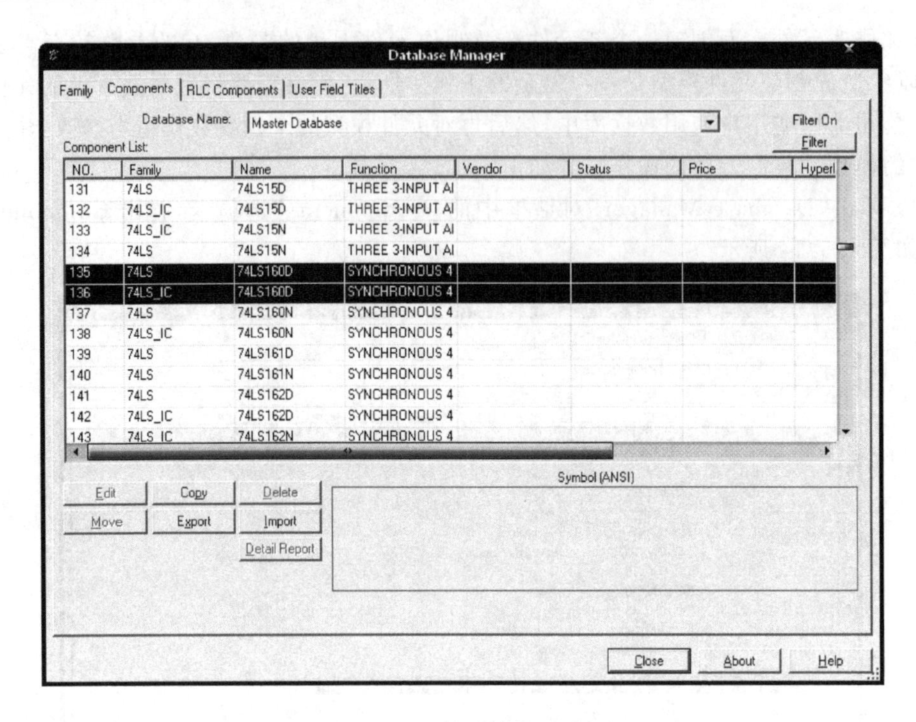

图 1.5.16　筛选结果对话框

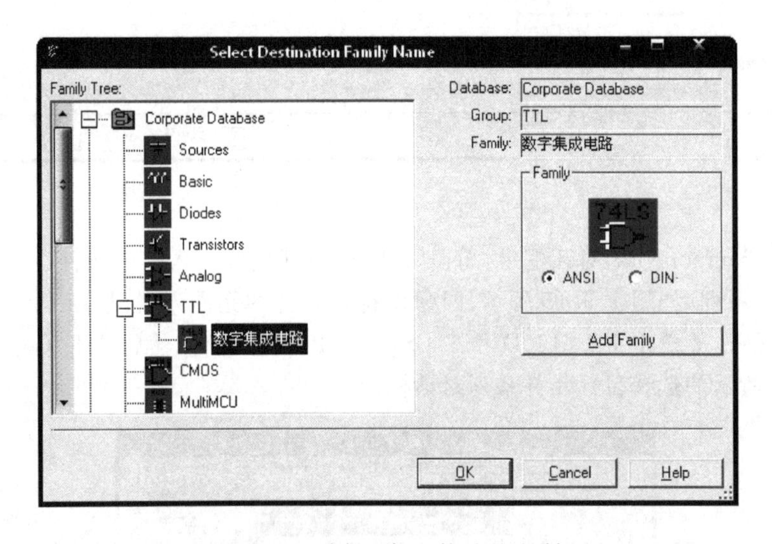

图 1.5.17　选择目标元件系列对话框

(3) 选择要复制元器件的目标元件数据库、所在的族和系列，如选中新建立的“数字集成电路”系列，然后单击“OK”按钮，就会返回 Database Management 对话框，完成复制。

1.5.7　删除仿真元件

若要删除公司数据库和用户使用数据库中的某个元件，可按如下步骤进行。

(1) 在“Database Management”对话框中，单击“Components”选项卡。

(2) 在 Database Name 下拉菜单中，选择要删除元件所在的数据库，可删除元件的数据库只能是公司数据库或用户使用的数据库，如图 1.5.18 所示。

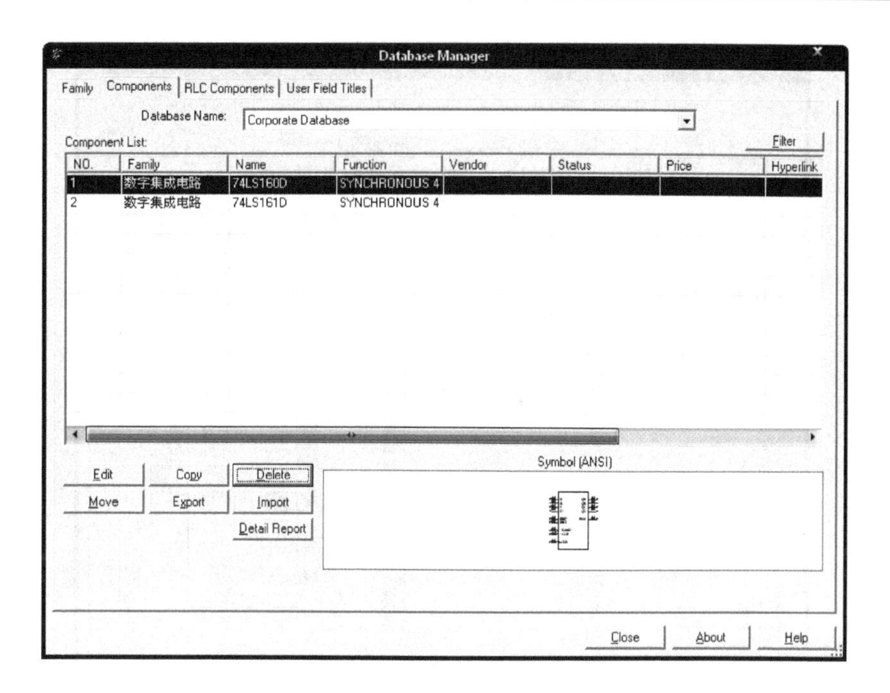

图1.5.18 删除元件对话框

(3) 利用Filter进行元件筛选。

(4) 在元件列表窗口中,选择要删除的元件。

(5) 最后,单击“Delete”按钮,就会看到所选中的元件从元件列表中消失。

1.5.8 编辑仿真元件

在仿真电路图的建立过程中,有时所要放置的元件,Multisim 10提供的元器件库中没有,但和元器件库中的某个元器件特性相近,就可以通过编辑已存在元器件的特性来创建新元件。可以编辑的元件特性主要有元件的一般特性(如大小)、符号、引脚模型、元件模型、封装、电气特性和用户使用域等,具体编辑步骤如下。

(1) 单击Multisim 10用户界面中的主菜单“Tools”下的“Database Management”命令弹出对话框。

(2) 单击“Components”选项卡,在Database Name下拉菜单中,选择要编辑元件所在的数据库。

(3) 利用Filter进行元件筛选。

(4) 在元件列表Components窗口中,选择要编辑的元件。

(5) 单击“Edit”按钮,弹出“元件属性编辑”对话框,如图1.5.19所示。

(6) 由图1.5.19可见,元件的各种特性分门别类放在7个选项卡中,通过编辑这些选项卡的内容,就可以创建一个新元件。

(7) 最后,单击“确定”按钮,弹出“保存元件”对话框,在该对话框中,可以选择编辑后的新元件存放的数据库、族和系列。

(8) 选择新元件存放的系列后,单击“OK”按钮,自动返回Database Management对话框。

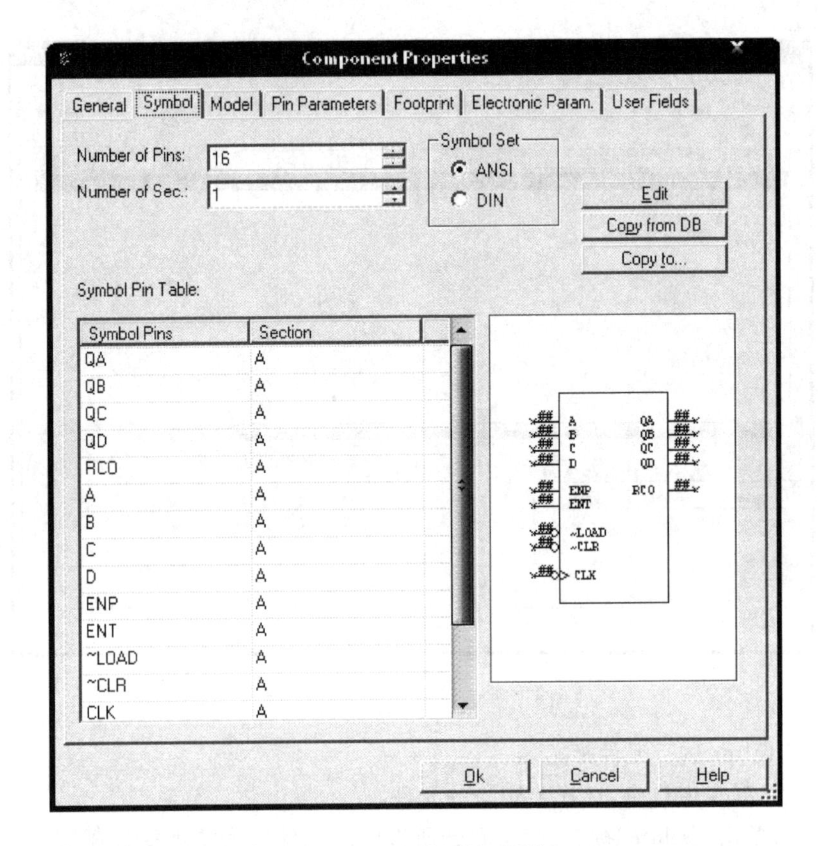

图 1.5.19 元件属性对话框

1.6 虚拟仪器仪表的使用

Multisim 10 软件给用户提供了大量虚拟仪器仪表进行电路的仿真测试和研究，这些虚拟仿真仪器仪表的操作、使用、设置和观测方法与真实仪器几乎完全相同，就好像在真实的实验室环境中使用仪器。在仿真过程中，这些仪器能够非常方便地监测电路工作情况并对仿真结果进行显示与测量。从 Multisim 8 以后，用户可利用 NI 公司的图形化编程软件 LabVIEW 定制自己所需的虚拟仪器，用于仿真电路的测试和控制，极大地扩展了 Multisim 系列软件的仿真功能。在本节中将介绍 Multisim 10 中自带的一些常用虚拟仪器仪表的基本功能和使用方法。

1.6.1 VOLTMETER 和 AMMETER(电压表和电流表)

电压表和电流表都放在指示元器件库中，在使用中数量没有限制，可用来测量交直流电压和电流，其中电压表并联、电流表串联。为了使用方便，指示元器件库中有引出线垂直、水平两种形式的仪表。水平形式的电压表和电流表图标如图 1.6.1 所示。

双击电压表或电流表图标将弹出参数对话框，可设置其内阻的大小，通过参数对话框还可对 Resistance(内阻)和 Mode(交直流模式)等内容进行设置。

图 1.6.1　电压表和电流表图标

1.6.2　Multimeter(数字万用表)

Multisim 10 提供的万用表外观和操作与实际的万用表相似，可以测电流(A)、电压(V)、电阻(Ω)和分贝值(dB)，测直流或交流信号。万用表有正极和负极两个引线端。在仪器栏选中数字万用表后，电路工作区将弹出如图 1.6.2(a)所示的图标，双击数字万用表图标，弹出如图 1.6.2(b)所示的数字万用表面板，以显示测量数据和进行数字万用表参数的设置。

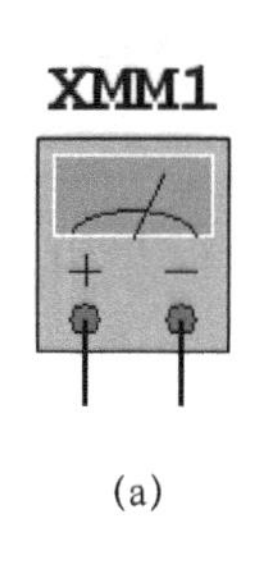

(a)

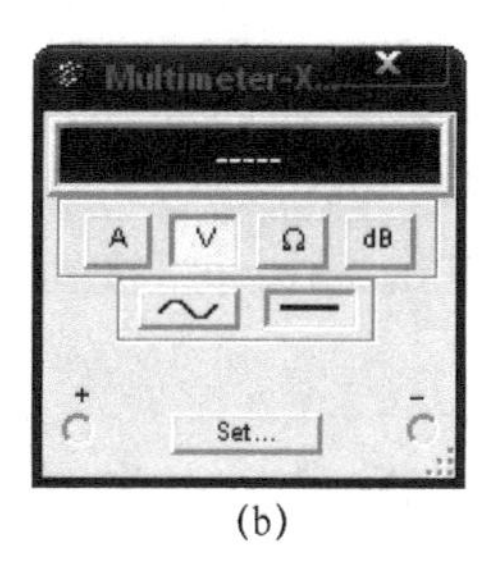

(b)

图 1.6.2　数字万用表图标和面板

1. 功能选择

在数字万用表面板中的参数显示框下面，有 4 个功能选择键，具体功能如下。

A(电流挡)：测量电路中某支路的电流。测量时，数字万用表应串联在待测支路中。用做电流表时，数字万用表的内阻非常小(1 nΩ)。

V(电压挡)：测量电路两节点之间的电压。测量时，数字万用表应与两节点并联。用做电压表时，数字万用表的内阻非常高，可以达到 1 GΩ。

Ω(欧姆挡)：测量电路两节点之间的电阻。被测节点和节点之间的所有元件当做一个"元件网络"。测量时，数字万用表应与"元件网络"并联。

dB(电压耗损分贝挡)：测量电路中两个节点间压降的分贝值。测量时，数字万用表应与两节点并联。电压损耗分贝的计算公式如下：

$$dB=20\lg\left(\frac{v_o}{v_i}\right)$$

默认计算分贝的标准电压是 1 V，但也可以在设置面板中改变它。式中 v_o 和 v_i 分别为输出电压和输入电压。

2. 选择被测信号的类型

单击 ∼ 按钮表示测量交流，交流挡测量交流电压或电流信号的有效值。单击 — 按钮表示测量直流，直流挡测量直流电压或者电流的大小。

3. 面板设置

在 Multisim 10 应用软件中，可以通过设置虚拟数字万用表的内阻来真实地模拟实际仪表的测量结果，具体步骤如下。

(1) 单击数字万用表面板的“Set”按钮,弹出数字万用表设置对话框,如图 1.6.3 所示。

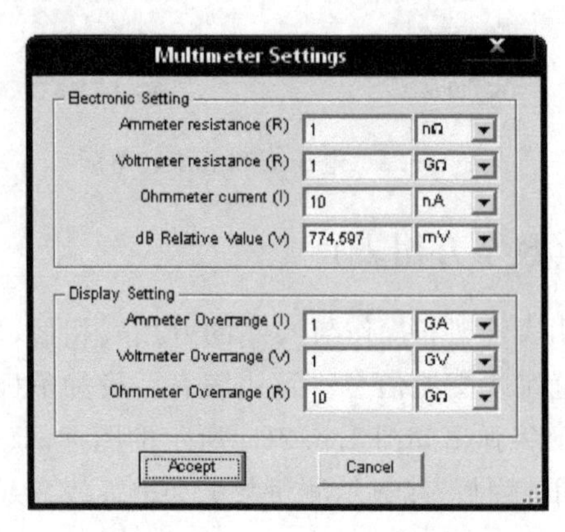

图 1.6.3 数字万用表控制参数设置对话框

(2) 设置相应的参数。

(3) 设置完成后,单击“Accept”按钮保存所作的设置,单击“Cancel”按钮取消本次设置。

1.6.3 Distortion Analyzer(失真度仪)

失真度仪是专门用来测量电路的总谐波失真和信噪比的仪器,失真度仪提供的频率范围为 20 Hz～100 kHz。

失真度仪图标和面板如图 1.6.4 所示。失真度仪图标只有一个端子(input)是仪器的输入端子,用来连接电路的输出信号。失真度仪面板包括以下内容。

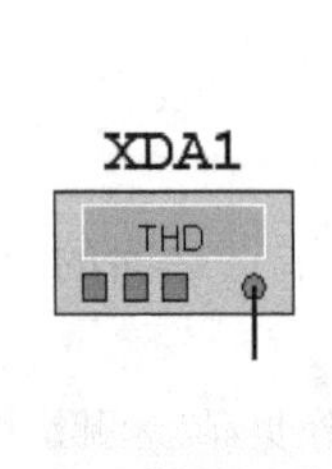

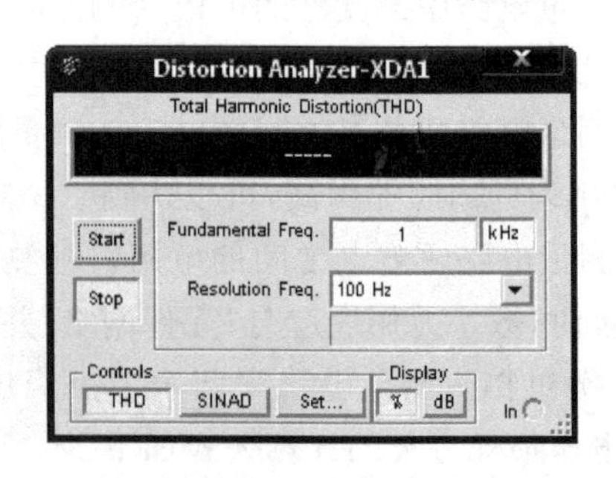

图 1.6.4 失真度仪图标和面板

1. 测量数据显示区

位于失真度仪面板最顶部,用于显示测量数据,单位是%或 dB。

2. 参数设置区

- Fundamental Freq 条形框用于设置基频的大小。
- Resolution Freq 条形框用于设置频率分辨率。

3. Controls 选项区

Controls 选项区有 3 个按钮:THD 按钮(测总谐波失真)、SINAD(测信噪比)、Set 按钮(用于设置测试参数)。单击“Set”按钮弹出如图 1.6.5 所示的设置对话框。

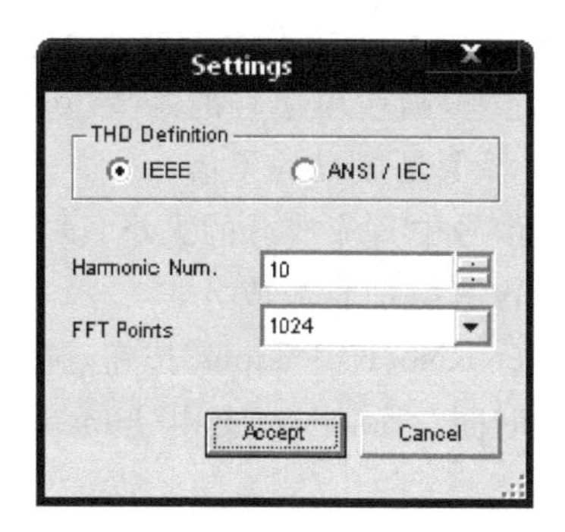

图 1.6.5　测试参数设置对话框

- THD Definition 选择总谐波失真的定义方式。包括 IEEE 和 ANSI/IES 两种标准。
- Harmonic Num 条形框设置 FFT 变换的点数。FFT 变换的点数为 1 024 的整数倍。

4. Display 选项区

用于当前显示结果的单位切换。

1.6.4　Function Generator(函数发生器)

Multisim 10 提供的函数发生器可以产生正弦波、三角波和矩形波，信号频率可在 1 Hz 到 999 MHz 范围内调整。信号的幅值以及占空比等参数也可以根据需要进行调节。信号发生器有 3 个引线端口：负极、正极和公共端。函数信号发生器的图标和面板如图 1.6.6 所示。

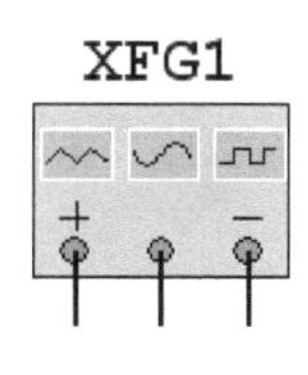

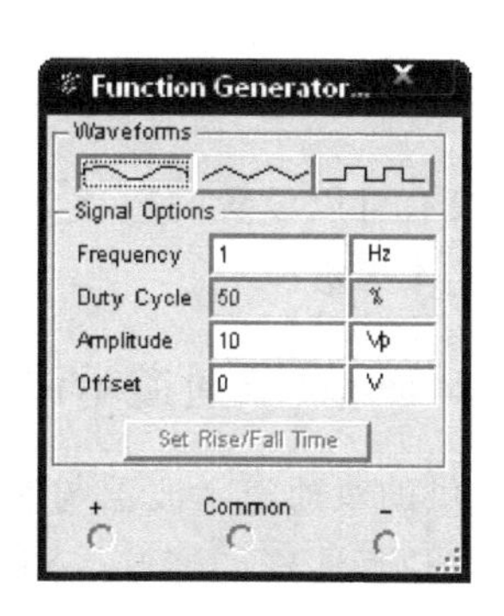

图 1.6.6　函数信号发生器的图标和面板

函数信号发生器的面板设置如下。

1. 功能选择

单击如图 1.6.6 所示的、、条形按钮，就可以选择相应的正弦波、三角波、矩形波的输出波形。

2. 信号参数选择

- 频率(Frequency)：设置输出信号的频率，设置范围为 1 Hz～999 MHz。
- 占空比(Duty Cycle)：设置输出信号的持续期和间歇期的比值，设置的范围为 1%～99%。该设置仅对三角波和方波有效，对正弦波无效。
- 振幅(Amplitude)：设置输出信号的幅度，设置的范围为 0.001 pV～1 000 TV。

注意:①若输出信号含有直流成分,则所设置的幅度为从直流到信号波峰的大小;②如果把地线与正极或者负极连接起来,则输出信号的峰-峰值是振幅的 2 倍;③如果从正极和负极之间输出,则输出信号的峰-峰值是振幅的 4 倍。

- 偏差(Offset):设置输出信号中直流成分的大小,设置的范围为 −999～999 kV。默认值为 0,表示输出电压没有叠加直流成分。

此外,单击图 1.6.6 中的"Set Rise/Fall Time"按钮,弹出 Set Rise/Fall Time 对话框,可以设置输出信号的上升/下降时间。Set Rise/Fall Time 对话框只对矩形波有效。

1.6.5 Wattmeter(瓦特表)

Multisim 10 提供的瓦特表用来测量电路的交流或者直流功率,常用于测量较大的有功功率,也就是电压差和流过电流的乘积,单位为瓦特。瓦特表不仅可以显示功率大小,还可以显示功率因数,即电压与电流间的相位差角的余弦值。瓦特表的图标与面板如图 1.6.7 所示,共有 4 根引线输入端口:Voltage(电压正极和负极)、Current(电流正极和负极)。其中电压输入端与测量电路并联,电流输入端与测量电路串联。

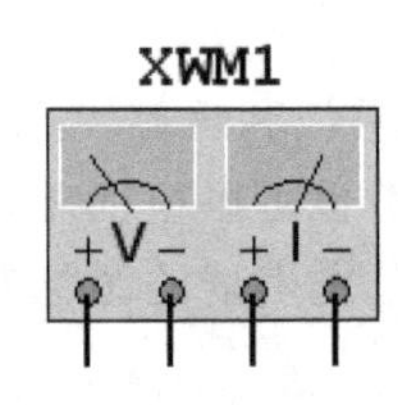

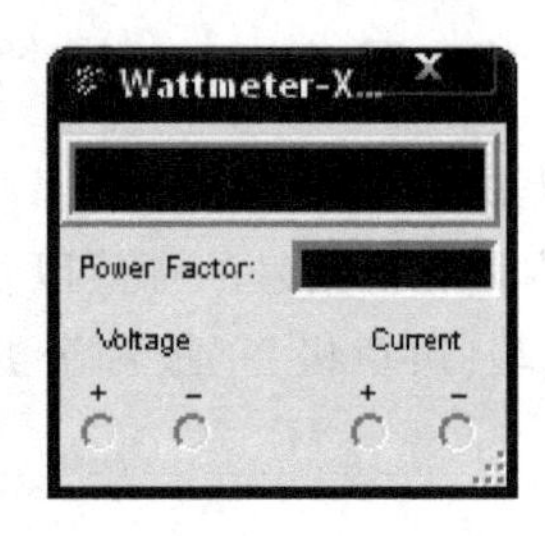

图 1.6.7 瓦特表的图标和面板

瓦特表的面板没有可以设置的选项,只有两个条形显示框,主显示框用于显示功率,下方显示框用于显示功率因数。

1.6.6 Oscilloscope(双通道示波器)

Multisim 10 提供的双通道示波器与实际的示波器外观和基本操作基本相同,该示波器可以观察一路或两路信号波形的形状,分析被测周期信号的幅值和频率。示波器图标有 6 个连接点:A 通道输入和接地、B 通道输入和接地、Ext Trig 外触发端和接地。示波器控制面板和图标如图 1.6.8 所示。

示波器的控制面板分为以下 4 个部分。

1. Time base(时间基准)

- Scale(量程):设置显示波形时的 X 轴时间基准。基准为 1 ps/Div ～100 Ts/Div,改变其参数可将波形水平方向展宽或压缩。例如一个频率为 1 kHz 的信号,X 轴扫描时间基准应为 1 ms 左右。
- X position(X 轴位置):设置 X 轴的起始位置。
- 显示方式设置有 4 种:Y/T 方式指的是 X 轴显示时间,Y 轴显示电压值;这是最常用的方式,一般用以测量电路的输入、输出电压波形,如图 1.6.9 所示。Add 方式指的是 X 轴显示时间,Y 轴显示 A 通道和 B 通道电压之和;A/B 或 B/A 方式指的是

X 轴和 Y 轴都显示电压值，常用于测量电路传输特性和李莎育图形。图 1.6.10 所示是测量电压比较器传输特性的实例。

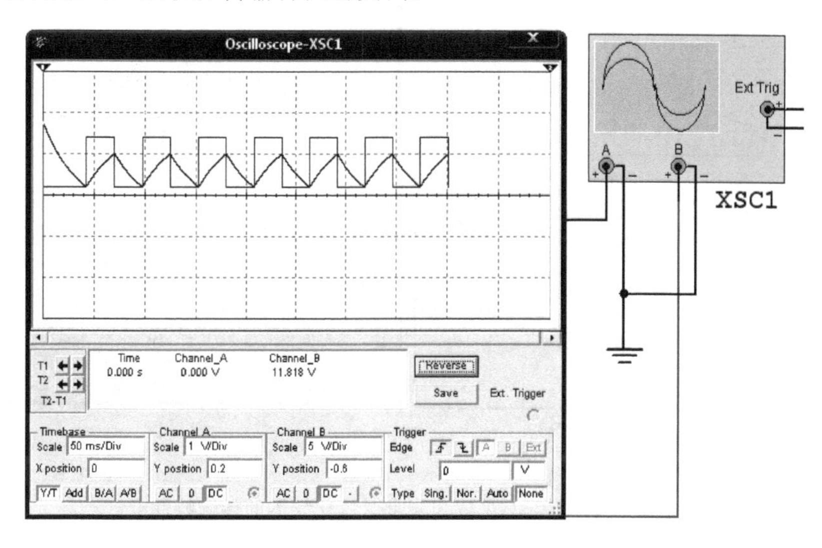

图 1.6.8　示波器控制面板和图标

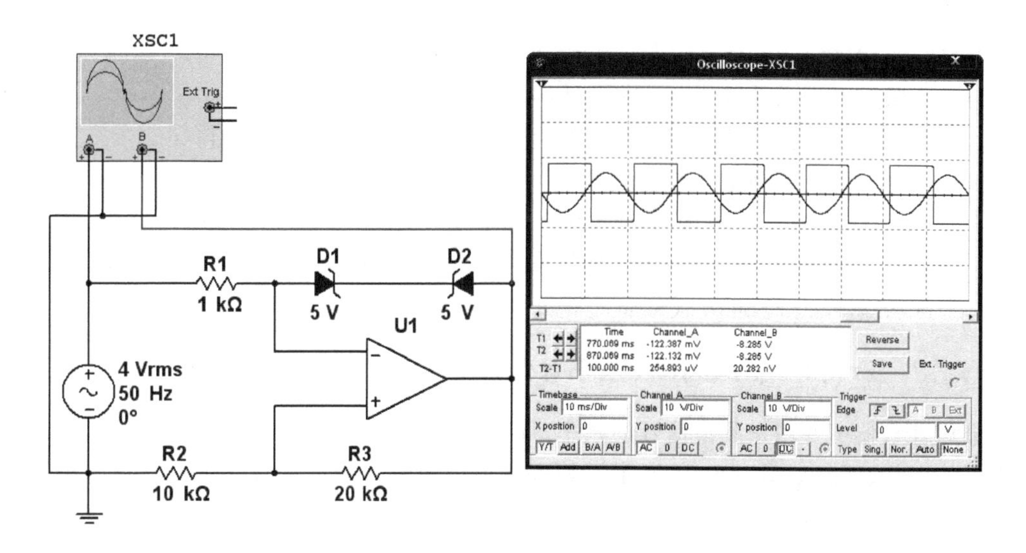

图 1.6.9　用 Y/T 方式测量电压比较器输入、输出电压波形

2. Channel A(通道 A)

- Scale(量程)：通道 A 的 Y 轴电压刻度设置。Y 轴电压刻度设置范围为 10 pV/Div～1 000 TV/Div，可以根据输入信号的大小来选择 Y 轴电压刻度值的大小，使信号波形在示波器显示屏上显示出合适的位置。
- Y position(Y 轴位置)：设置 Y 轴的起始点位置，起始点为 0 表明 Y 轴起始点在示波器显示屏中线，起始点为正值表明 Y 轴原点位置向上移，否则向下移。
- 触发耦合方式：AC(交流耦合)、0(0 耦合)或 DC(直流耦合)，交流耦合只显示交流分量；直流耦合显示直流和交流之和；0 耦合，在 Y 轴设置的原点处显示一条直线。

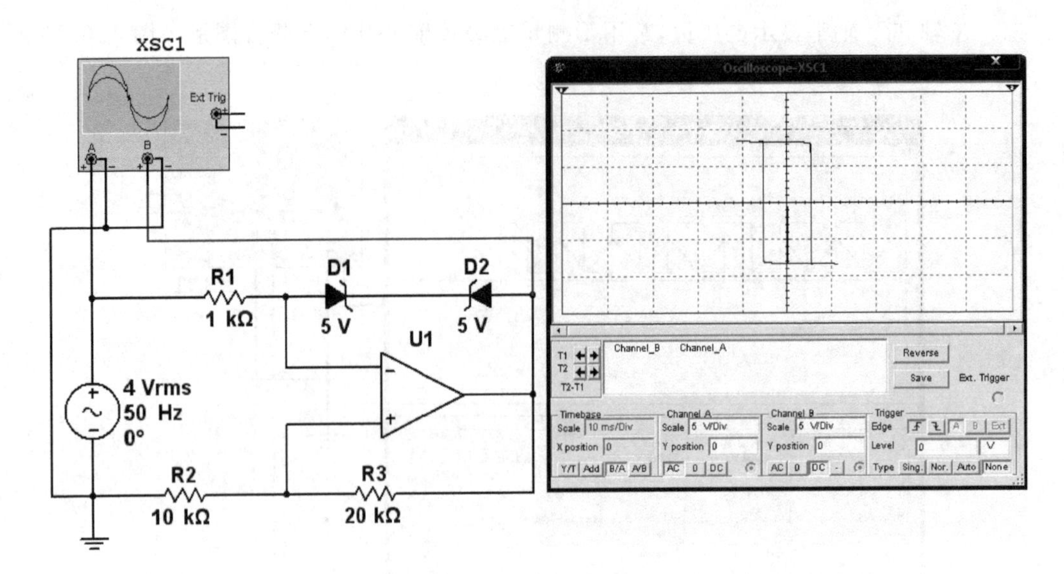

图 1.6.10　用 B/A 方式测量电压比较器的传输特性

3. Channel B(通道 B)

通道 B 的 Y 轴量程、起始点、耦合方式等项内容的设置与通道 A 相同。

4. Tigger(触发)

触发方式主要用来设置 X 轴的触发信号、触发电平及边沿等。

- Edge(边沿):设置被测信号开始的边沿,设置先显示上升沿或下降沿。
- Level(电平):设置触发信号的电平,使触发信号在某一电平时启动扫描。
- 触发信号选择:Auto(自动)、通道 A 和通道 B 表明用相应的通道信号作为触发信号,ext 为外触发,Sing 为单脉冲触发,Nor 为一般脉冲触发。示波器通常采用 Auto(自动)触发方式,此方式依靠计算机自动提供触发脉冲示波器采样。

1.6.7　Frequency counter(频率计数器)

频率计数器主要用来测量信号的频率、周期、相位,脉冲信号的上升沿和下降沿。频率计数器的图标、面板如图 1.6.11 所示。频率计数器的图标所示只有一个仪器输入端,用来连接电路的输出信号。

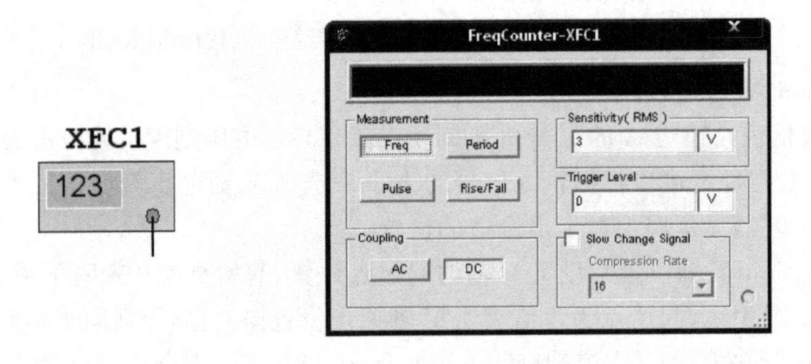

图 1.6.11　频率计数器的图标和面板

使用过程中应注意根据输入信号的幅值调整频率计的 Sensitivity(灵敏度)和 Trigger

Level(触发电平)。例如,用频率计测量函数发生器信号频率时,频率计的面板设置如图 1.6.12所示。选择 Trigger Level(触发电平)注意:输入信号必须大于触发电平才能进行测量。测量结果与函数发生器的输出频率一致。

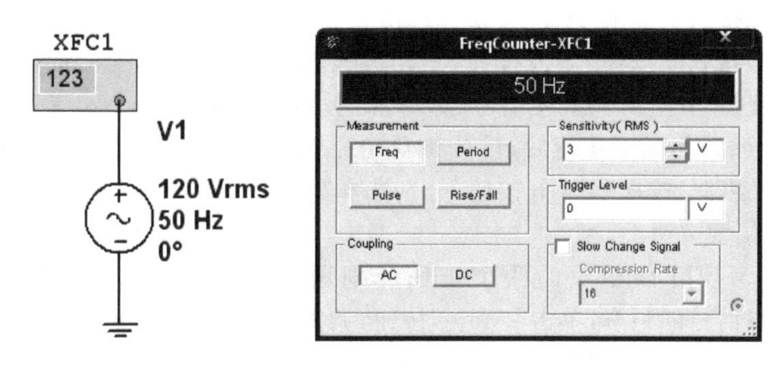

图 1.6.12　频率计测试电路及结果

1.6.8　Agilent Function Generator(安捷伦函数信号发生器)

Multisim 10 仿真软件提供的 Agilent 33120A 是安捷伦公司生产的一种宽频带、多用途、高性能的函数信号发生器,它不仅能产生正弦、方波、三角波、锯齿波、噪声源和直流电压 6 种标准波形,而且还能产生按指数下降的波形、按指数上升的波形、负斜波函数、Sa(x)及 Cardiac(心律波)5 种系统存储的特殊波形和由 8～256 点描述的任意波形。Agilent33120A 的图标和面板如图 1.6.13 所示,图标包括两个端口,其中上面 Sync 端口是同步方式输出端,下面 Output 端口是普通信号输出端。

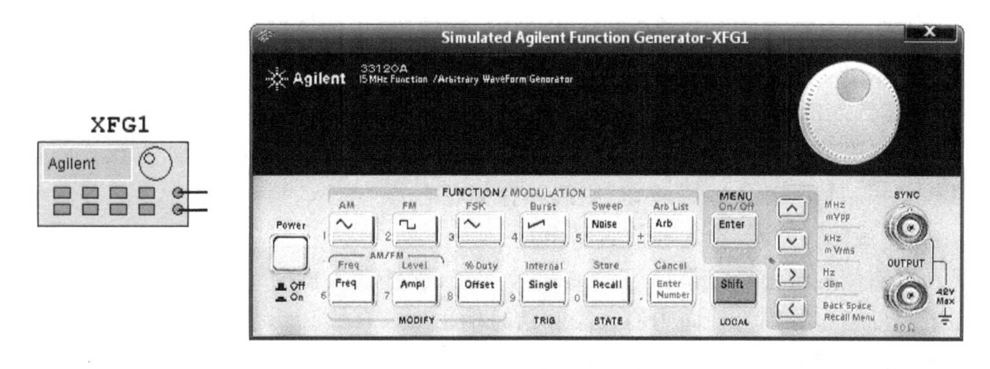

图 1.6.13　安捷伦 Agilent33120A 函数信号发生器图标和面板

1. Agilent33120A 面板上按钮的主要功能

(1) 电源开关按钮

"Power"按钮为电源开关,单击它可以使仪表接通电源,仪表开始工作。

(2) "Shift"和"Enter Number"功能按钮

"Shift"是换挡按钮,同时单击"Shift"按钮和其他功能按钮,执行的是该功能按钮上方的功能。"Enter Number"按钮是输入数字按钮。若单击"Enter Number"按钮后,再单击面板上的相关数字按钮,即可输入数字。若单击"Shift"按钮后,再单击"Enter Number"按钮,则取消前一次操作。

(3) 输出信号类型选择按钮

面板上 FUNCTION/MODULATION 的线框下的 6 个按钮是输出信号类型选择按钮。单击某个按钮选择相应的波形输出，自左向右分别为正弦波按钮、方波按钮、三角波按钮、锯齿波按钮、噪声源按钮。单击"Arb"按钮选择由 8～256 点描述的任意波形；若单击 Shift 按钮后，再分别单击正弦波按钮、方波按钮、三角波按钮、锯齿波按钮、Noise(噪声源)按钮或 Arb 按钮，分别选择 AM 信号、FM 信号、FSK 信号、Burst 信号、Sweep 信号或 Arb List 信号。若单击"Enter Number"按钮后，再分别单击正弦波按钮、方波按钮、三角波按钮、锯齿波按钮、Noise(噪声源)按钮和 Arb 按钮，分别选择数字 1、2、3、4、5 和±极性。

(4) 频率和幅度按钮

面板上的 AM/FM 线框下的两个按钮分别用于 AM/FM 信号参数的调整。单击"Frep"按钮，调整信号的频率，单击"Ampl"按钮，调整信号的幅度；若单击"Shift"按钮后，再分别单击"Frep"按钮、"Ampl"按钮，则分别调整 AM、FM 信号的调制频率和调制度。

(5) 菜单操作按钮

单击"Shift"按钮后，再单击"Enter"按钮，就可以对相应的菜单进行操作，若单击按钮则进入下一级菜单，若单击按钮则返回上一级菜单，若单击按钮则在同一级菜单右移，若单击按钮则在同一级菜单左移。若选择改变测量单位，单击按钮选择测量单位递减(如 MHz→kHz→Hz)，单击按钮选择测量单位递增(如 Hz→ kHz→MHz)。

(6) 偏置设置按钮

Offset 按钮为 Agilent33120A 信号源的偏置设置按钮。单击"Offset"按钮，则调整信号源的偏置；若单击"Shift"按钮后，再单击"Offset"按钮，则改变信号源的占空比。

(7)触发模式选择按钮

Single 按钮是触发模式选择按钮。单击"Single"按钮，选择单次触发；若先单击"Shift"按钮，再单击"Single"按钮，则选择内部触发。

(8)状态选择按钮

Recall 按钮是状态选择按钮。单击"Recall"按钮，选择上一次存储的状态；若单击"Shift"按钮后，再单击"Recall"按钮，则选择存储状态。

(9)输入旋钮、外同步输入和信号输出端

显示屏右侧的圆形旋钮是信号源的输入旋钮，旋转输入旋钮可改变输出信号的数值。该旋钮下方的插座分别为外同步输入端和信号输出端。

2. 用 Agilent33120A 产生的标准波形

Agilent33120A 函数发生器能产生正弦波、方法、三角波、锯齿波、噪声源和直流电压等标准波形。下面举例说明几种常用信号的产生，并用示波器观察输出的信号，电路连接如图 1.6.14 所示。

(1) 正弦波

单击正弦波按钮，选择输出的信号为正弦波。信号频率的调整方法是单击"Freq"按钮，通过输入旋钮选择频率的大小；或直接单击"Enter Number"按钮后，输入频率的数字，再单击"Enter"按钮确定；或单击或按钮逐步增减数值，直到所需频率数值为止。信号幅度的调整方法：单击"Ampl"按钮，直接单击"Enter Number"按钮后，输入幅度的数字，再单击"Enter"按钮确定；或单击、按钮逐步增减数值。信号偏置的调整方法：单击"Offset”按钮，通过输入旋钮选择偏置的大小；或直接单击“Enter Number”按钮后，输入偏置的数值，再单击“Enter”按钮确定；或单击、按钮逐步增减偏值。另外，先单击“Enter Number”按钮，再单击按钮，可实现将峰-峰值转为有效值。先单击“Enter Number”按钮，然后单击按钮，可实现将峰-峰值转换为有效值。先单击“Enter Number”按钮，然后单击按钮，可实现将峰-峰值转换为分贝值。

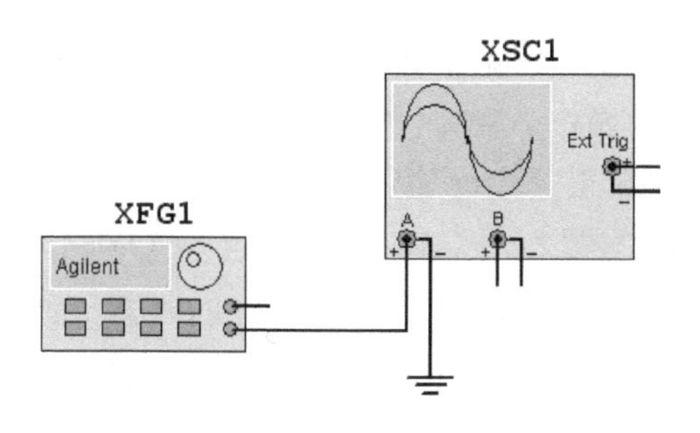

图 1.6.14　用示波器观察 Agilent33120A 产生的输出信号波形

(2) 方波、三角波和锯齿波

分别单击方波按钮、三角波按钮或锯齿波按钮，Agilent33120A 函数发生器能产生方波、三角波或锯齿波。设置方法和正弦波的设置类似，只是对于方波，单击“Shift”按钮后，再单击“Offset”按钮，通过输入旋钮可以改变方波的占空比。

(3) 噪声源

单击“Noise”按钮，Agilent33120A 函数发生器输出一个模拟的噪声。其幅度可以通过单击“Ampl”按钮，调节输入旋钮改变大小，输出幅度为 100 mV，Offset 输入偏置数值为 0 噪声的波形如图 1.6.15 所示。

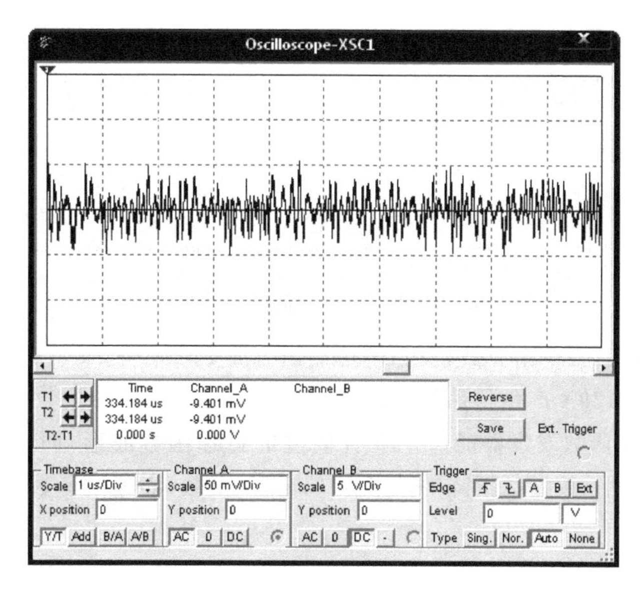

图 1.6.15　噪声源的波形

(4) 直流电压

Agilent33120A 函数发生器能产生一个直流电压，范围是－5～＋5 V。单击“Offset”按钮不放，持续时间超过 2 s，显示屏先显示 DCV 后变成＋0.000 VDC；通过输入旋钮可以改变输入电压的大小。

(5) AM(调幅)和 FM(调频)信号

单击"Shift"按钮后，再单击正弦波按钮选择 AM 信号。单击"Freq"按钮，通过输入旋钮可以调整载波的频率；单击"Ampl"按钮，通过输入旋钮可以调整载波的幅度，单击"Shift"按钮后再单击"Freq"按钮，通过输入旋钮可以调整调制信号的频率；单击"Shift"按钮后再单击"Freq"按钮，通过输入旋钮可以调整调制信号的调幅度。此外，还可以选择其他波形作为调制信号，改变调制信号的操作步骤为：单击"Shift"按钮，再单击正弦波按钮选择 AM 方式；然后单击"Shift"按钮，再单击"Enter"按钮进行菜单操作，显示屏显示"Menus"后立即显示"A：MOD Menu"，单击 按钮，显示屏显示"COMMANDS"后立即显示"AM SHAPE"，再单击 按钮，显示屏显示"PAMAMETER"后立即显示"Sine"；单击 按钮选择调制信号类型。设置完成后，单击"Enter"按钮保存设置。

若调整 Agilent33120A 函数发生器，使其输出 AM 信号，载波的幅度设置为 $10V_{PP}$，频率为 5 kHz，调制信号为正弦波，其频率为 1 kHz，所产生的 AM 信号如图 1.6.16 所示。

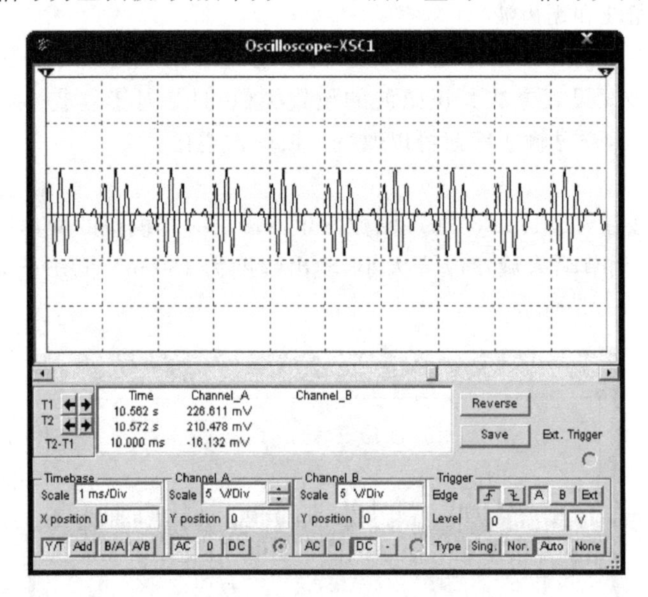

图 1.6.16 调制信号为正弦波时 AM 信号

单击"Shift"按钮，再单击方波按钮，就可输出方波 FM 信号。

3. 用 Agilent33120A 产生特殊函数波形

Agilent33120A 函数发生器能产生 5 种内置的特殊函数波形，即 sinc 函数、负斜波函数、按指数上升的波形、按指数下降的波形及 Cardiac 函数(心律波函数)。举例说明几种特殊函数波形如下。

(1) sinc 函数

sinc 函数是一种常用的 Sa 函数，其数学表达式为 $\mathrm{sinc}(x)=\sin(x)/X$。图 1.6.17 是 Agilent33120A 函数发生器输出 sinc 函数的波形，sinc 函数的产生步骤如下。

① 单击"Shift"按钮，再单击"Arb"按钮，显示屏显示"SINC~"。

② 单击“Arb”按钮，显示屏显示“SINC^{Arb}”，选择 sinc 函数。

③ 单击“Freq”按钮，通过输入旋钮将输出波形的频率设置为 30 kHz；单击“Ampl”按钮，通过输入旋钮将输出波形的幅度设置为 5.000 V。

④ 设置完毕，启动仿真开关，通过示波器观察波形如图 1.6.17 所示。

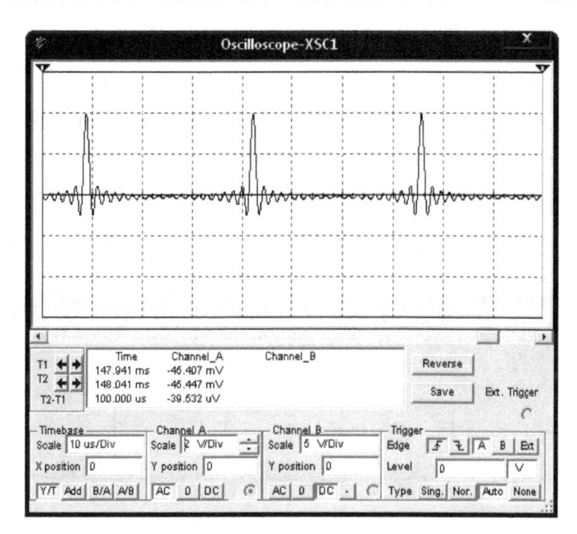

图 1.6.17 sinc 函数

(2) 负斜波函数

产生负斜波函数信号的步骤如下。

① 单击“Shift”按钮后，再单击“Arb”按钮，显示屏显示“SINC~”。

② 单击[>]按钮，选择“NEG RAMP~”，单击“Enter”键保存设置函数的类型。

③ 单击“Shift”按钮后，再单击“Arb”按钮，显示屏显示“NEG-RAMP~”，再单击“Arb”按钮，显示屏显示“NEG-RAMP^{Arb}”，Agilent33120A 函数发生器选择负斜波函数。

④ 单击“Freq”按钮，通过输入旋钮设置输出波形的频率；单击“Ampl”按钮，通过输入旋钮设置输出波形的幅度；单击“Offset”按钮，通过输入旋钮设置波形的偏置。

⑤ 设置完毕，启动仿真开关。通过示波器观察波形。

(3) 按指数上升函数

产生按指数上升函数信号的步骤如下。

① 单击“Shift”按钮后，再单击“Arb”按钮，显示屏显示“SINC～”。

② 单击[>]按钮，选择“EXP-RISE~”，单击按钮确定所选 EXP-RISE 函数类型。

③ 单击“Shift”按钮后，再单击“Arb”按钮，显示屏显示“EXP-RISE~”，再单击“Arb”按钮，显示屏显示“EXP-RISE^{Arb}”，Agilent33120A 函数发生器选择按指数上升函数。

④ 单击“Freq”按钮，通过输入旋钮设置输出波形的频率；单击“Ampl”按钮，通过输入旋钮设置输出波形的幅度；单击“Offset”按钮，通过输入旋钮设置输出波形的偏置。

⑤ 设置完毕，启动仿真开关，通过示波器观察波形。

(4) 按指数下降函数

按指数下降函数的产生步骤基本上同按指数上升函数的产生，只是函数类型设置为 EXP-FALL 即可。

(5) Cardiac(心律波)函数

Cardiac(心律波)函数的产生步骤如下。

① 单击“Shift”按钮后,再单击“Arb”按钮,屏幕显示“SINC~”,单击 > 按钮,选择“CARDIAC~”,单击“Enter”按钮确定选择 CARDIAC 函数类型。

② 单击“Shift”按钮后,单击“Arb”按钮,显示屏显示“CARDIAC~”,再单击“Arb”按钮,显示屏显示“$\text{CARDIAC}^{\text{Arb}}$”,33120A 函数发生器选择 Cardiac 函数。

③ 单击“Freq”按钮,通过输入旋钮或按钮将输出波形的频率设置为 5.000 kHz;单击“Ampl”按钮,通过输入旋钮将输出波形的幅度设置为 5.000 V_{pp};单击“Offset”按钮,通过输入旋钮设置波形的偏置。

④ 设置完毕,启动仿真开关,通过示波器观察的波形,如图 1.6.18 所示。

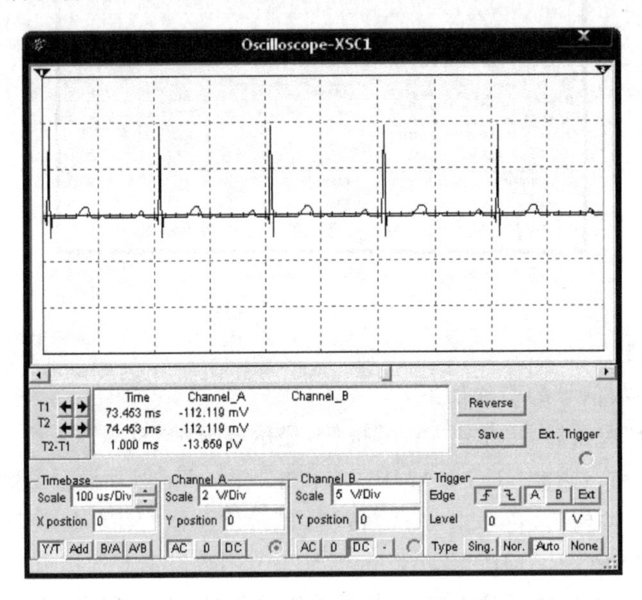

图 1.6.18　Cardiac(心律波)函数

1.6.9　4 Channel Oscilloscope(四通道示波器)

四通道示波器与双通道示波器的使用方法和参数调整方式完全一样,只是多了一个通道控制器旋钮,如图 1.6.19所示。当旋钮拨到某个通道位置,才能对该通道的 Y 轴进行调整。具体使用方法和设置参考双通道示波器的介绍,这里就不再赘述了。

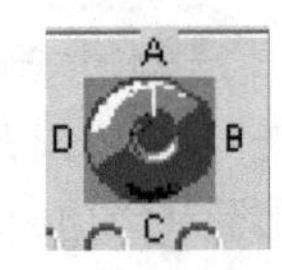

图 1.6.19　通道控制器旋钮

1.6.10　Bode Plotter(波特图仪)

利用波特图仪(扫频仪)可以方便地测量和显示电路的频率响应,波特图仪适合于分析电路的频率特性,特别易于观察截止频率。波特图仪的图标和面板如图 1.6.20 所示。图标所示波特图仪有 IN 和 OUT 两对端口,其中 IN 端口的“+”和“-”分别接电路输入端的正端和负端;OUT 端口的“+”和“-”分别接电路输出端的正端和负端;使用波特图仪时必须在电路的输入端接交流信号源。交流信号源的频率不影响波特图仪对电路性能的测量。

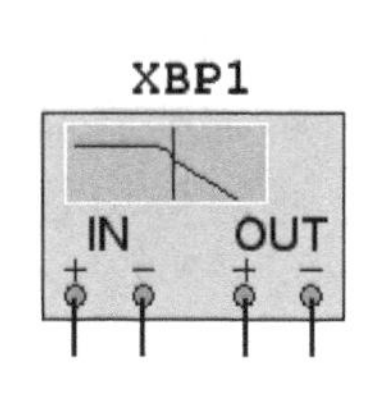

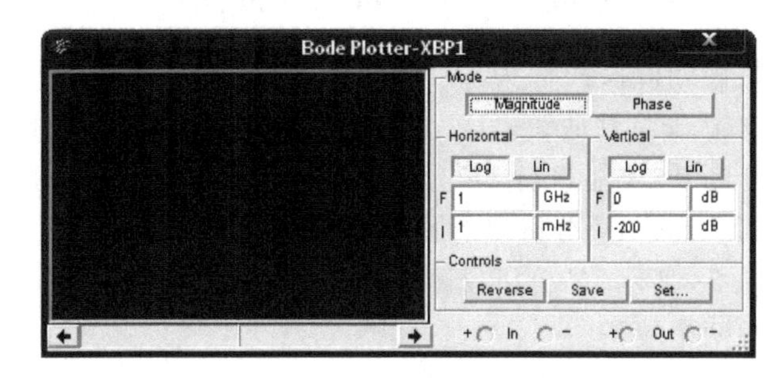

图 1.6.20　波特图仪的图标和面板

波特图仪控制面板分为 Magnitude(幅值)或 Phase(相位)的选择、Horizontal(横轴)设置、Vertical(纵轴)设置、显示方式的其他控制信号,面板中的 F 指的是终值,I 指的是初值。在波特图仪的面板上,可以直接设置横轴和纵轴的坐标及其参数。

下面以一阶 *RC* 有源低通滤波电路为例,说明波特图仪控制面板设置及使用方法。首先创建一阶 *RC* 滤波电路,输入端加入正弦波信号源,正弦波信号源频率可任意选择,再将波特图仪按图 1.6.21 所示连接。调整纵轴幅值测试范围的初值 *I* 和终值 *F*,调整相频特性纵轴相位范围的初值 *I* 和终值 *F*。打开仿真开关,单击"Magnitude"(幅频特性)在波特图观察窗口可以看到幅频特性曲线,如图 1.6.22(a)所示;单击"Phase"(相频特性)可以在波特图观察窗口显示相频特性曲线,如图 1.6.22(b)所示。用鼠标拖动读数指针,读数指针与曲线的交点处的频率和增益或相位角的数值将显示在波特图仪下部的读数框中。

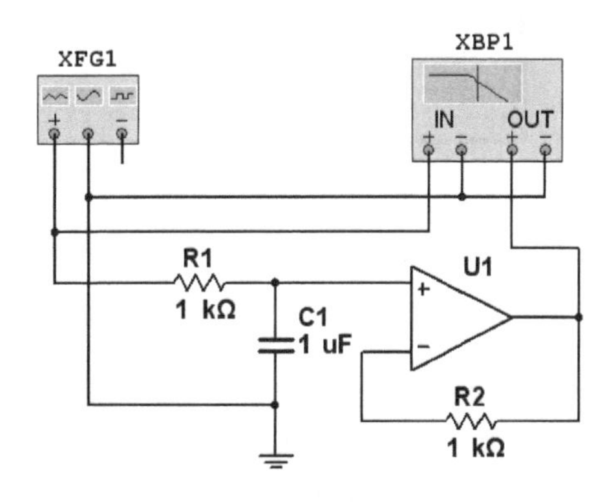

图 1.6.21　测量一阶 *RC* 有源低通滤波电路接线图

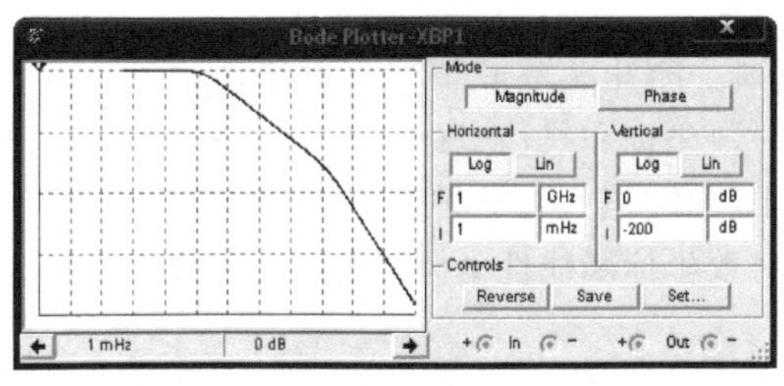

(a) 幅频特性

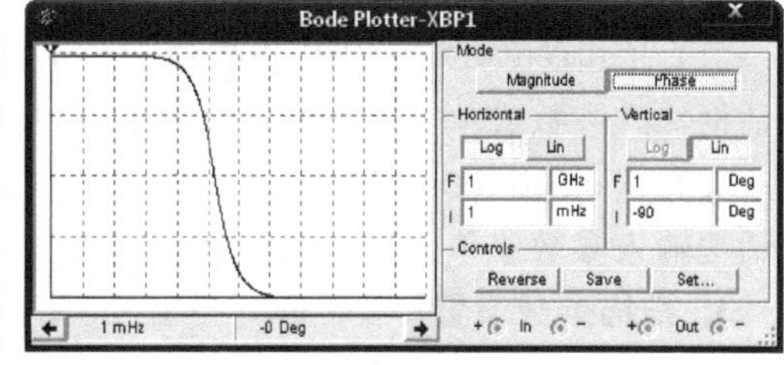

(b) 相频特性

图 1.6.22　波特图仪测量图 1.6.21 一阶 *RC* 有源低通滤波电路的幅频特性及相频特性

1.6.11　IV Analyzer(伏安特性分析仪)

伏安特性分析仪简称为 IV 分析仪，专门用来测量二极管、晶体三极管、PMOS 管和 NMOS 管的伏安特性曲线。IV 分析仪相当于实验室的晶体管图示仪，需要将晶体管与连接电路完全断开，才能进行 IV 分析仪的连接和测试。如图 1.6.23 是测量场效应管的电路。左边 XIV1 是 IV 分析仪的图标，右边是面板。

图 1.6.23 所示 IV 分析仪图标有 3 个连接点，实现与晶体管的连接。对于二极管的测量使用左边两个端子。

IV 分析仪面板左侧是伏安特性曲线显示窗口；右侧是功能选择及参数设置区域。对于晶体管的测量则是在面板右上方“Components”选项卡中选择需要测量的元件类型，包括 Diode 、BJT NPN、BJTPNP、PMOS、NMOS。在面板右下方会出现所选元器件类型对应的连接方式，根据提示将 IV 分析仪 3 个端子接元件对应电极。在图 1.6.23 所示的“Components”选项卡中选择了 PMOS 管，因此按面板右下方对应的连接方式接入 PMOS 管。

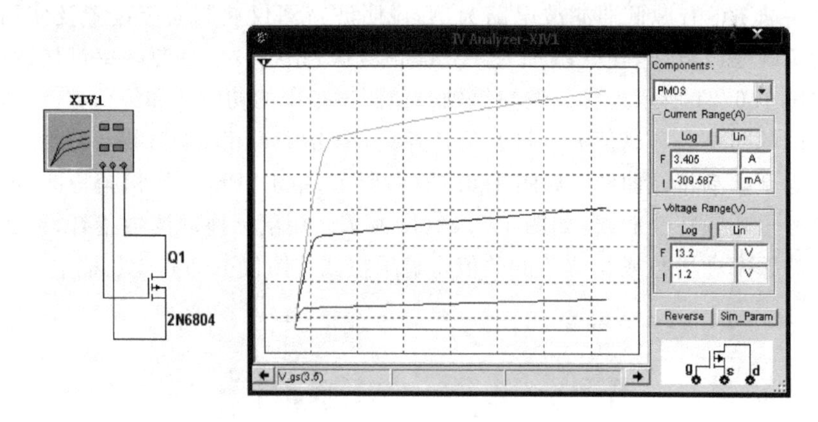

图 1.6.23　用伏安特性分析仪测 PMOS 管

对 IV 分析仪面板参数设置如下。

1. 选择元件类型

单击 Components 下拉菜单选择所测元件类型，分别是 Diode(二极管)、BJT NPN (NPN 三极管)、BJT PNP(PNP 三极管)、PMOS(P 沟道 MOS 场效应管)和 NMOS(N 沟道 MOS 场效应管)，选择好元件类型后在面板右下方会出现所选元器件类型对应的提示连接方式。

2. 显示参数设置

(1) “Current range”用以设置电流显示范围。F(电流终止值)，I(电流初始值)。可在对话框输入参数或单击该卡调整电流范围，有对数坐标和线性坐标两种显示方式。

(2) “Volage Range”用以设置电压显示范围。F(电压终止值)，I(电压初始值)。可在对话框输入参数或单击该卡调整电压范围，有对数坐标和线性坐标两种显示方式。

3. 扫描参数设置

单击“Sim_Param”按钮，将弹出图参数设置对话框。测量元件选择区选择的元件不同，弹出的对话框需要设置的参数也不同，分为 3 种情况。

(1) 二极管对应参数设置

若二极管为测量元件，则单击“Sim_Param”按钮，弹出如图 1.6.24 所示的参数设置对话框，只有“V_pn”(PN 结电压)一栏设置，包括 PN 结极间扫描的起始电压(Start)、终止电压(Stop)和扫描增量(Increment)。

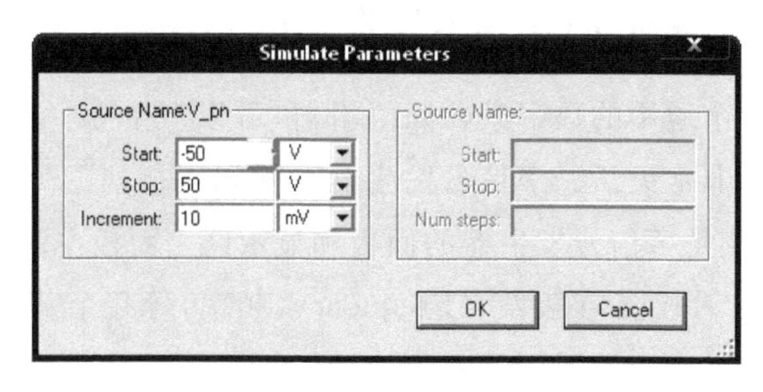

图 1.6.24　二极管参数设置对话框

(2) 三极管对应参数设置

若三极管为测量元件，则单击“Sim_Param”按钮，弹出如图 1.6.25 所示的参数设置对话框，包括两项：

- “V_ce”一栏用于设置三极管 C、E 极间扫描的起始电压(Start)、终止电压(Stop)和扫描增量(Increment)；
- “I_b”一栏用于设置三极管基极电流极间扫描的起始电流(Start)、终止电流(Stop)和步长。

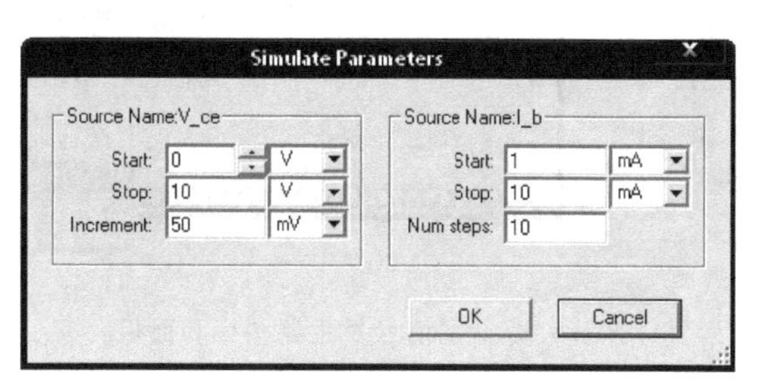

图 1.6.25　三极管参数设置对话框

(3) MOS 管对应参数设置

若 MOS 管为测量元件，则单击“Sim_Param”按钮，弹出如图 1.6.26 所示的参数设置对话框，包括两项：

- “V_ds”一栏用于设置三极管 D、S 极间扫描的起始电压(Start)、终止电压(Stop)和扫描增量(Increment)；
- “V_gs”一栏用于设置三极管 G、S 极间扫描的起始电压(Start)、终止电压(Stop)和步长。

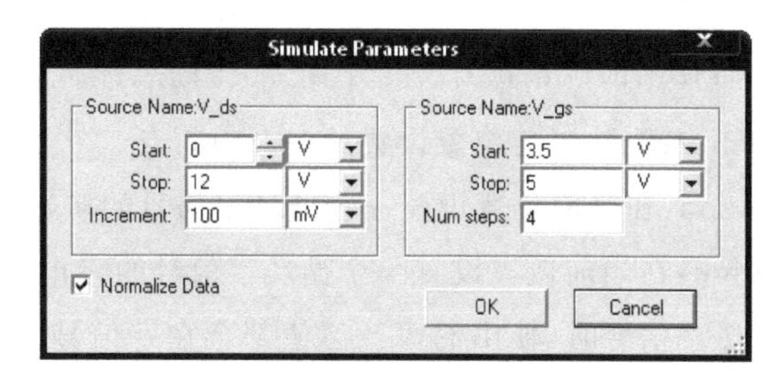

图 1.6.26　MOS 参数设置对话框

如图 1.6.23 所示，用 IV 分析仪测量的伏安特性曲线将显示在面板左侧的波形显示区中，利用游标可以读取每点的数据并显示在分析仪面板下部的测量显示区域中。

1.6.12　Word Generator(字信号发生器)

字信号发生器是一个通用的数字激励源编辑器，可以产生 32 位(路)同步数字信号，在数字电路的测试中应用非常灵活。字信号发生器图标和面板如图 1.6.27 所示。左侧是字信号发生器的图标，右侧是字信号发生器的面板和显示区。面板左侧分为 Controls(控制方式)、Display(显示方式)、Trigger(触发)、Frequency(频率)等几个部分，右侧为所提供的字信号编辑显示区。字信号发生器图标的左侧有 0 ～15 共 16 个端子，右侧有 16～31 共 16 个端子。它们是字信号发生器所产生的 32 位数字信号的输出端。字信号发生器图标的底部有两个端子，其中 R 端子为输出信号准备好标志信号，T 端子为外触发信号输入端。

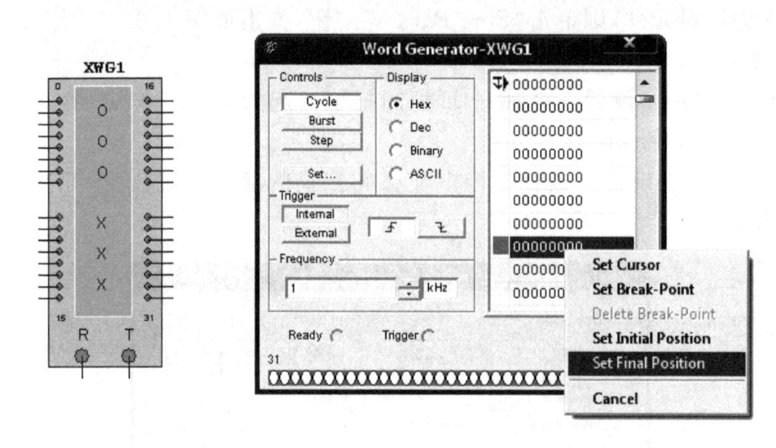

图 1.6.27　字信号发生器图标和面板

字信号发生器的面板设置如下。

1. 字信号编辑显示区

该区面板最右侧，32 位字信号以 8 位十六进制形式显示在该区，单击其中每一条字信号可实现对其定位和改写，选中某一条字信号并单击右键，可以在弹出的控制字输出的菜单中对该字信号进行设置，如图 1.6.27 右侧菜单所示，具体功能如下。

(1) Set Cursor：设置字信号产生器开始输出字信号的起点。单击此命令出现光标表示从光标位置开始输出字信号。

(2) Set Break-Point：在当前位置设置一个中断点，中断点标志为。

(3) Delete Break-Point：删除当前位置设置的一个中断点。

(4) Set Initial Position：在当前位置设置一个循环字信号的初始值。

(5) Set Final Position：在当前位置设置一个循环字信号的终止值。

当字信号发生器发送字信号时，输出的每一位值都会在字信号发生器面板的底部显示出来。

2. Control 区

用于设置字信号发生器输出信号的格式。

(1) Cycle:表示字信号发生器在设置好的初始值和终止值之间周而复始地输出信号。

(2) Brust:表示字信号发生器从初始值开始,逐条输出直至终止值为止。

(3) Step:表示每单击鼠标一次就输出一条字信号。

(4) Set:单击此按钮,弹出如图1.6.28所示的"Settings"对话框,主要用于设置和保存字信号变化的规律,或调用以前字信号变化规律的文件。各选项的具体功能如下所述。

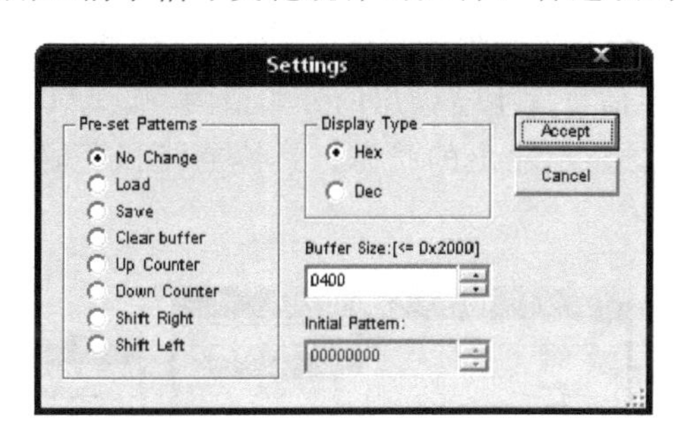

图1.6.28 Settings对话框

① Pre-set Patterns 区

- No Change:不变。
- Load:调用以前设置字信号的文件。
- Save:保存所设置字信号的规律。
- Clear buffer:清除字信号缓冲区的内容。
- Up Counter:表示字信号缓冲区的内容按逐个"+1"的方式编码。
- Down Counter:表示字信号缓冲区的内容按逐个"-1"的方式编码。
- Shift Right:表示字信号缓冲区的内容按右移方式编码。
- Shift Left:表示字信号缓冲区的内容按左移方式编码。

② Display Type 区

在Display Type区用于选择输出字信号的格式是十六进制(Hex)还是十进制(Dec)两种形式。

③ 地址选项区

在Buffer Size条形框内可以设置缓冲区的大小。在Initial Pattern条形框内可以设置Up Counter、Down Counter、Shift Right和Shift Left模式的初始值。

3. Display 区

- Hex:字信号缓冲区内的字信号以十六进制显示。
- Dec:字信号缓冲区内的字信号以十进制显示。
- Binary:字信号缓冲区内的字信号以二进制显示。
- ASCII:字信号缓冲区内的字信号以ASCII码显示。

4. Trigger 区

Trigger区用于选择触发的方式。

(1) Internal：选择内部触发方式。字信号的输出受输出方式按钮 Cycle、Burst 和 Step 的控制。

(2) External：选择外部触发方式。必须外接触发信号，只有外触发脉冲信号到来时才输出字信号。

(3) 按钮：选择上升沿触发； 按钮：选择下降沿触发。

5. Frequency 区

用于设置输出字信号的频率。

例如，利用字信号发生器产生一个循环的二进制数，循环的初始值为 00000000H，循环的终止值为 0000000FH，字信号发生器输出的开始值为 00000001H，在 00000008 处设置了一个断点。用逻辑探测器二显示输出的状态。具体电路和字信号发生器的面板设置如图 1.6.29 所示。

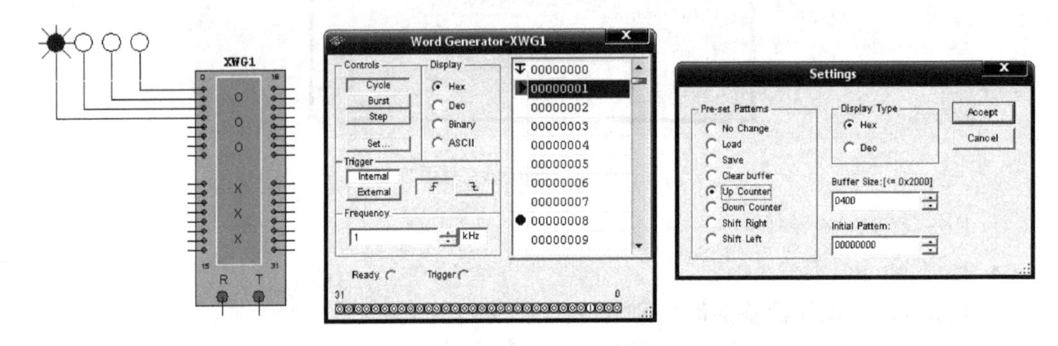

图 1.6.29 字信号发生器应用举例

1.6.13 Logic Converter(逻辑转换仪)

逻辑转换仪是 Multisim 10 提供的一种虚拟仪器，实际中并不存在这种仪器。逻辑转换仪主要用于逻辑电路的几种描述方法之间的互相转换，如将真值表转换为逻辑表达式，将逻辑表达式转换为逻辑图等。具体使用方法请参见本书 4.1 节。

1.6.14 Logic Analyzer(逻辑分析仪)

Multisim 10 提供的逻辑分析仪可以同步记录和显示 16 路逻辑信号，常用于数字逻辑电路的时序分析和大型数字系统的故障分析。

逻辑分析仪的图标和面板如图 1.6.30 所示。由图可见，逻辑分析仪的图标连接端口有 16 路信号输入端、外接时钟端 C、时钟限制 Q 以及触发限制 T。

面板分上下两个部分，上半部分是显示窗口，下半部分是逻辑分析仪的控制窗口，控制信号有 Stop(停止)、Reset(复位)、Reverse(反相显示)、Clock(时钟)设置和 Trigger(触发)设置。

1. Clock(时钟)选项区

通过 Clock/Div 条形框可以设置波形显示区每个水平刻度所显示的时钟脉冲个数。单击“Set”按钮，弹出“Clock setup”(时钟设置)对话框，如图 1.6.31 所示。在此对话框内可以设置与采样相关的参数。

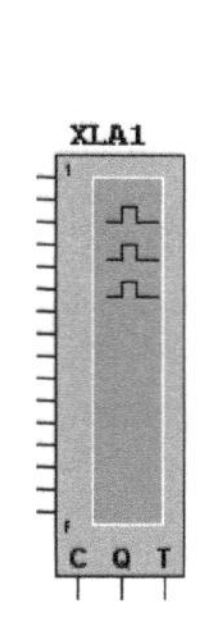

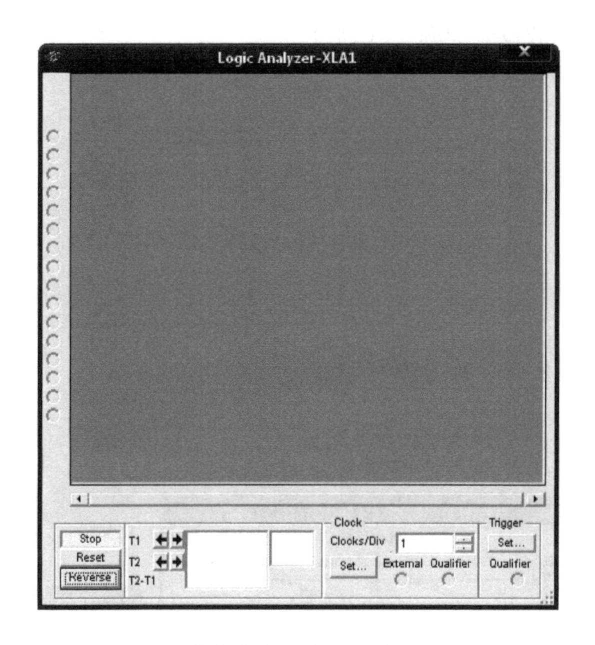

图 1.6.30　逻辑分析仪的图标和面板

(1) Clock Source(时钟源):选择外触发(External)或内触发(Internal)。

(2) Clock rate(时钟频率):1 Hz～100 MHz 范围内选择。

(3) Sampling Setting(取样点设置):Pre-trigger samples (触发前取样点)、Post-trigger samples(触发后取样点) 和 Threshold voltage(开启电压)设置。

2. Trigger(触发)选项区

单击 Trigger 下的 "Set"(设置)按钮时,出现"Trigger Settings"(触发设置)对话框,如图 1.6.32 所示。

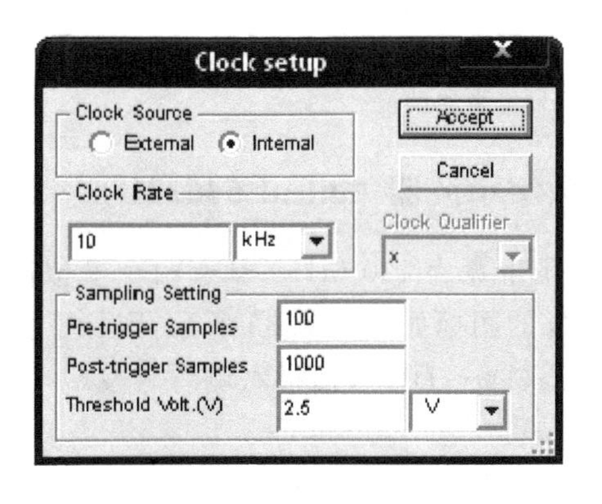

图 1.6.31　Clock setup(时钟设置)对话框

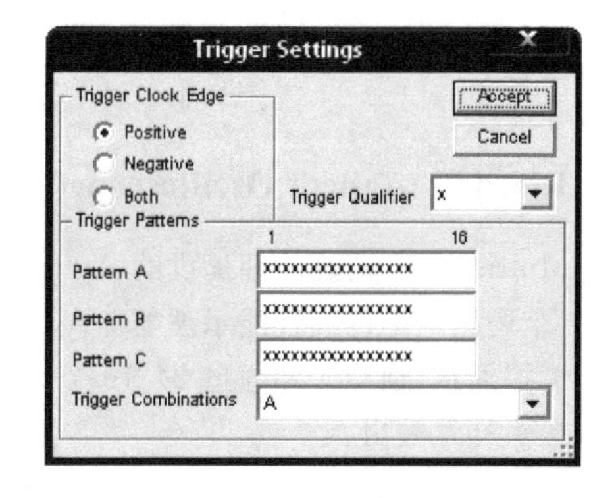

图 1.6.32　Trigger Settings(触发设置)对话框

(1) Trigger Clock Edge(触发边沿):Positive(上升沿)、Negative(下降沿)、Both(双向触发)。

(2) Trigger patterns(触发模式):由 A、B、C 定义触发模式,在 Trigger Combination(触发组合)下有 21 种触发组合可以选择。

例如,用逻辑分析仪观察字信号发生器输出的信号,电路如图 1.6.33 所示。逻辑分析仪和信号发生器的设置如图 1.6.34 所示。

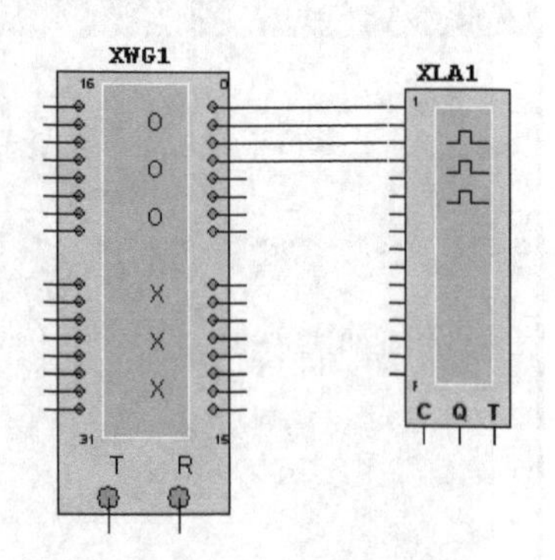

图 1.6.33　电路连接图

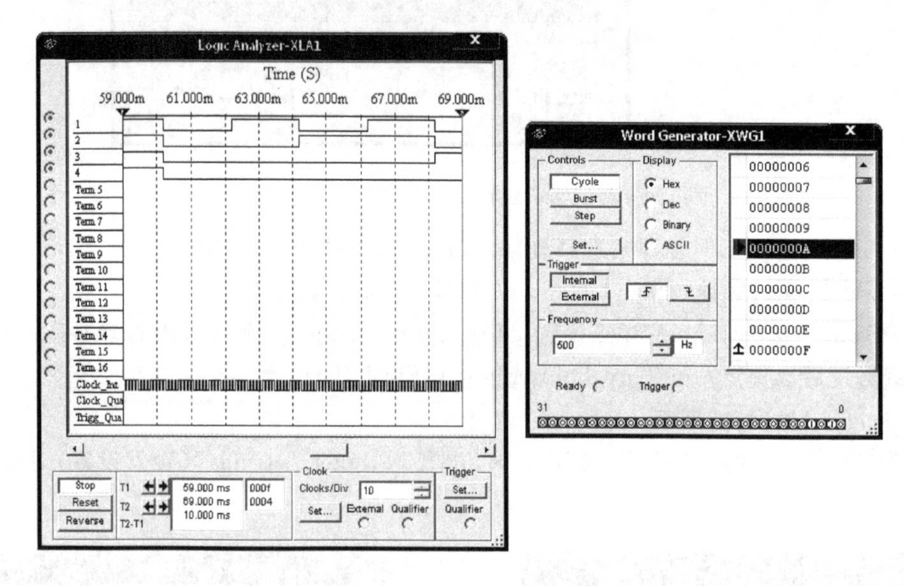

图 1.6.34　逻辑分析仪和信号发生器设置

1.6.15　Agilent Oscilloscope(安捷伦的数字示波器 Agilent 54622D)

Multisim 10 仿真软件提供的 Agilent 54622D 是带宽为 100 MHz、具有两个模拟通道和 16 个逻辑通道的高性能示波器。Agilent 54622D 的图标如图 1.6.35 所示,图标下方有两个模拟通道(通道 1 和通道 2)、16 个数字逻辑通道(D0～D15),面板右侧有触发端、数字地和探头补偿输出。

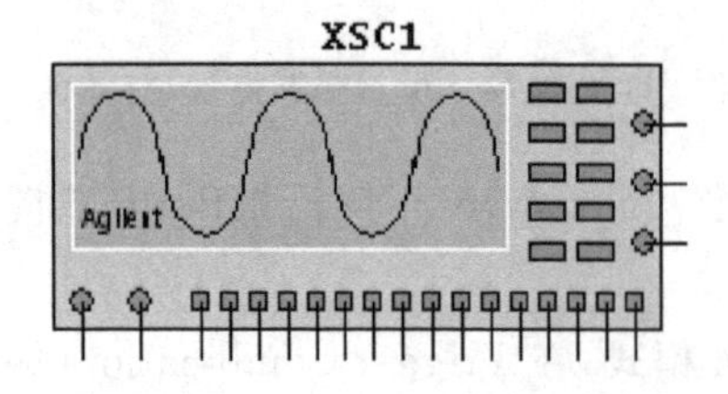

图 1.6.35　Agilent 54622D 的图标

双击 Agilent 54622D 图标,弹出 54622D 数字示波器的面板,如图 1.6.36 所示。其中,POWER 是 54622D 示波器的电源开关,INTENSITY 是 54622D 示波器的灰度调节旋钮,在电源开关和 INTENSITY 之间是软驱,软驱上面是设置参数的软按钮,软按钮上面是示波器的显示屏。Horizontol 区是时基调整区,Run Control 区是运行控制区,Trigger 区是触发区,Digital 区是模拟通道的调整区，Measure 区是测量控制区，Waveform 区是波形调整区。

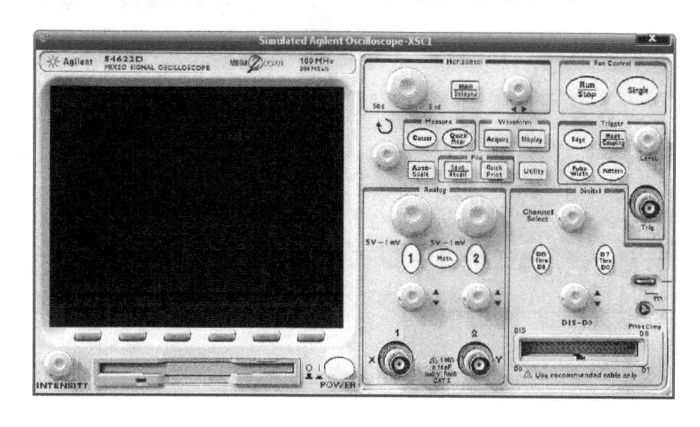

图 1.6.36　54622D 数字示波器的面板

1. Agilent 54622D 的校正

（1）模拟通道的校正

如图 1.6.37(a)所示，将探头补偿输出和模拟通道 1 连接。单击面板中间下方的按钮开启示波器，单击面板上的按钮选择模拟通道 1 显示，单击面板上的按钮，将示波器设置为默认状态，最后单击面板上的按钮，此时在示波器显示屏上显示如图 1.6.37(b)所示的波形。

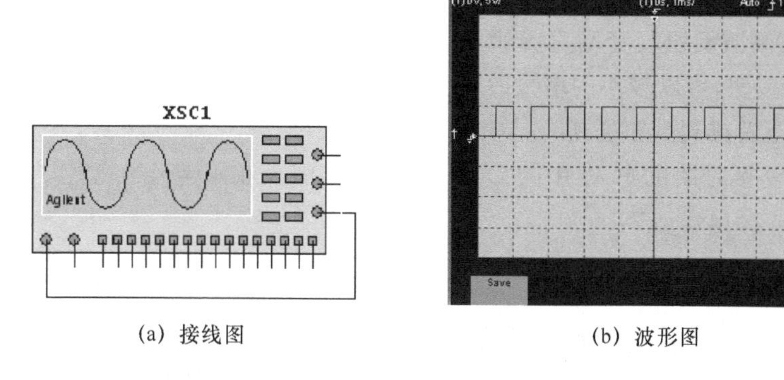

(a) 接线图　　(b) 波形图

图 1.6.37　模拟通道的校正

这是一个峰-峰值为 5 V(图中显示 1 格，每格 5 V/div)，周期为 1 ms(图中显示 1 格，1 ms/div)的方波。

（2）数字通道的校正

将探头补偿输出端连接到数字通道 D0～D7，如图 1.6.38(a)所示，单击面板上的数字通道选择按钮，选择数字通道 D0～D7，再单击面板上保存调用按钮，将示波器配置为默认状态，单击面板上的按钮，示波器显示的波形如图 1.6.38(b)所示。这是一个峰-峰值接近 2 V(图中显示 0.4 格，5 V/div)，周期为 1 ms(图中显示 1 格，1 ms/div)的方波。

2. Agilent 54622D 示波器的基本操作

54622D 示波器的操作与模拟示波器相似，但功能更强大。在使用 Agilent 54622D 示波器进行测量前，必须首先通过面板设置仪器，然后才能进行测量并读取测量结果。

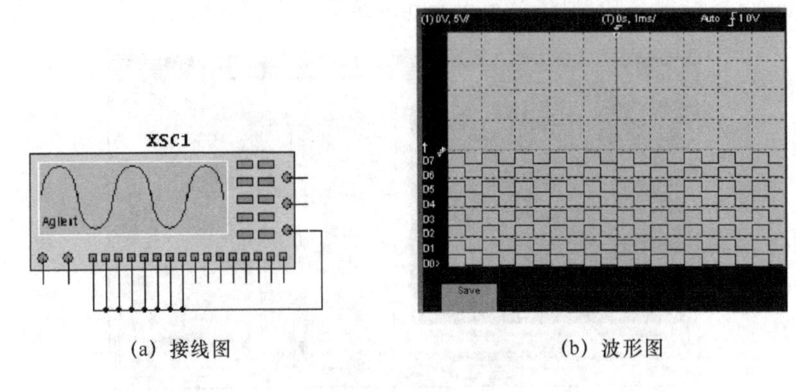

(a) 接线图 (b) 波形图

图 1.6.38 数字通道的校正

(1) 调整模拟通道垂直位置

模拟通道垂直调整区是图 1.6.36 中的 Analog 区域,如图 1.6.39 所示。

① 单击模拟通道 1 选择按钮,选择模拟通道 1。模拟通道的耦合方式通过 Coupling 软按钮选择。耦合方式的 3 种选择是:DC(直接耦合)、AC(交流耦合)和 GND(地)。

② 波形位置调整旋钮用来垂直移动信号,把信号放在显示中央,应注意随着转动位置旋钮会短时显示电压值指示参考电平与屏幕中心的距离,还应注意屏幕左端的参考接地电平符号随位置旋钮的旋转而移动。单击"Vemier"软按钮,可微调波形的位置。单击"Invert"软按钮,可使波形反相。

③ 通过幅度衰减旋钮改变垂直灵敏度,衰减旋钮设置的范围为 1 nV/格～ 50 V/格。单击"Vemier"软按钮,可以较小的增量改变波形的幅度。

(2) 显示和重新排列数字通道

数字通道调整区是图 1.6.36 中的 Digital 区域,如图 1.6.40 所示。

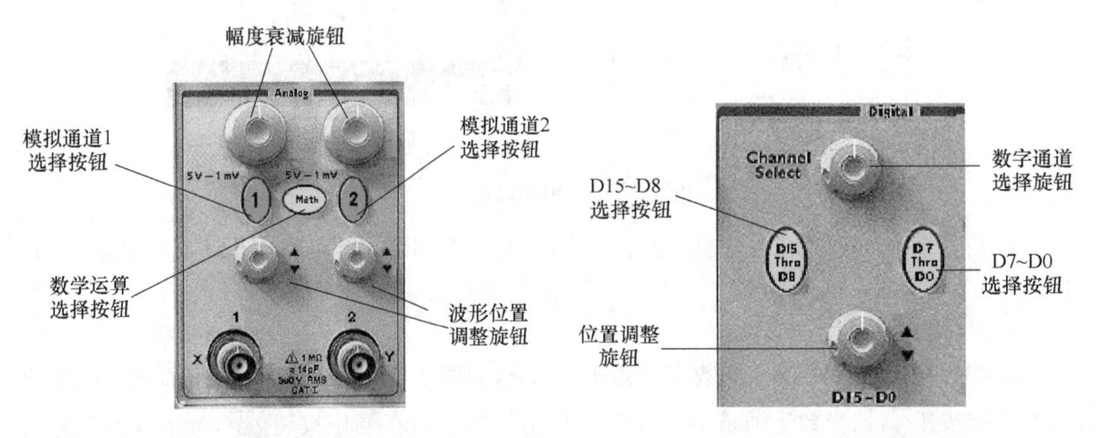

图 1.6.39 模拟通道垂直调整区　　图 1.6.40 数字通道调整区

① 单击数字通道 D15～D8 选择按钮或数字通道 D7～D0 选择按钮打开或关闭数字通道显示,当这些按钮被点亮时显示数字通道。

② 旋转数字通道选择旋钮,选择所要显示的数字通道,并在所选的通道号右侧显示>。

③ 旋转数字位置调整旋钮,在显示屏上能重新定位所选通道,如果在同一位置显示两

个或多个通道，则弹出的菜单显示重叠的通道。继续旋转通道选择旋钮，直到在弹出菜单中选定所需通道。

④ 先单击数字通道D15～D8选择按钮或数字通道D7～D0选择按钮，再单击[按钮图标]下面的软按钮，使数字通道显示格式在全屏显示和半屏显示之间切换。

(3) 时基调整区

时基调整区是图1.6.36中的Horizonol调整区，如图1.6.41所示。

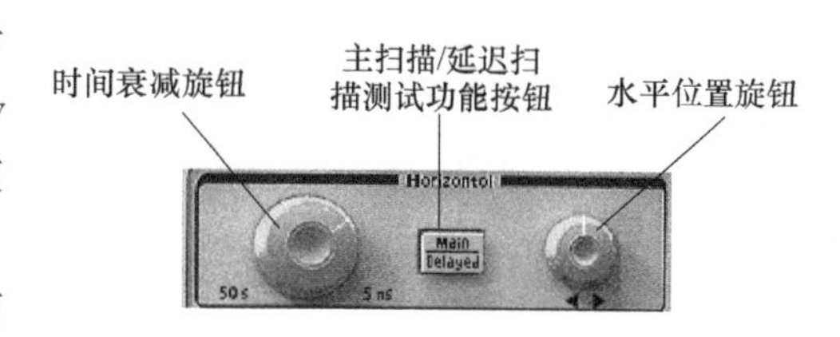

图1.6.41 时基调整区

① 旋转的时间单位为时间/格(s/div)，时间衰减旋钮以1—2—5的步进序列在5 ns/div～50 s/div范围内变化，选择适当扫描速度，使测试波形能完整、清晰地显示在显示屏上。

② 水平旋转位置旋钮，用于水平移动信号波形。

③ 单击主扫描/延迟扫描测试功能按钮，再单击"Main"主扫描软按钮，可在显示屏上观察被测波形。单击"Vemier"（时间衰减微调）软按钮，通过时间衰减旋钮以较小的增量改变扫描速度，这些较小增量均经过校准，因而，即使在微调开启的情况下，也能得到精确的测量结果。

④ 单击主扫描/延迟扫描按钮，然后单击"Delayed"（延迟）软按钮，在显示屏上观察测试波形的延迟显示。

(4) 使用滚动模式

单击主扫描/延迟扫描按钮，然后单击"Roll"（滚动）软按钮，选择滚动模式。滚动模式引起波形在屏幕上从右向左缓慢移动。它只能在500 ms/div或更慢的时基设置下工作。如果当前时基设置超过500 ms/div的限制值，在进入滚动模式时，将自动被设置为500 ms/div。

(5) 使用XY模式

单击主扫描/延迟扫描按钮，然后单击XY软按钮，选择XY模式。XY模式把显示屏从电压对时间显示变成电压对电压显示，此时时基被关闭，通道1的电压幅度绘制于X轴上，而通道2的电压幅度则绘制于Y轴上，XY模式常用于比较两个信号的频率和相位关系。图1.6.42是用XY模式测量李莎育图形的电路和输出波形。

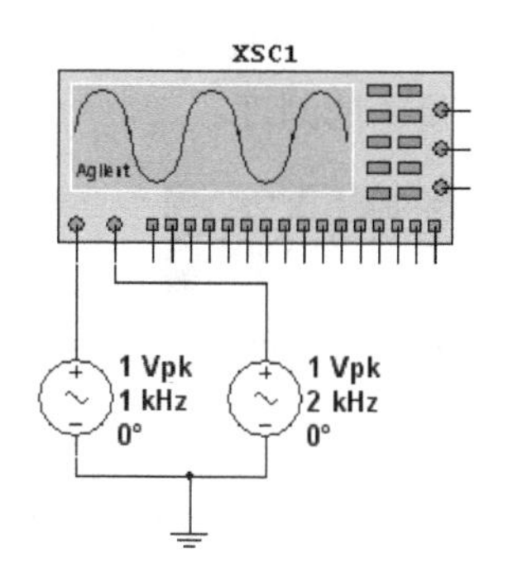

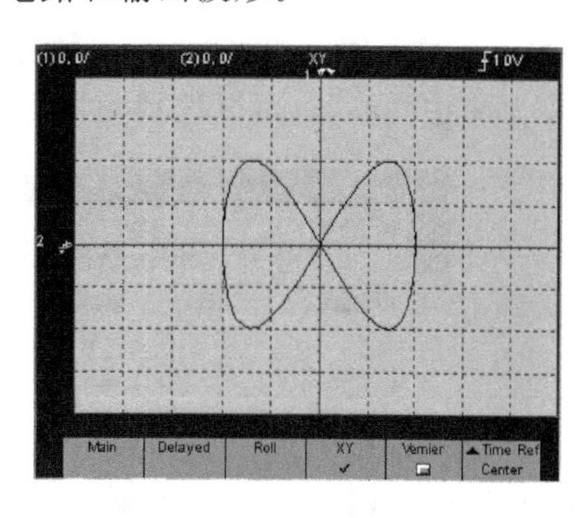

图1.6.42 测量李莎育图形的电路和输出波形

(6) 连续运行与单次采集

运行控制包括连续运行(Run)和单次触发(Single)两种触发模式。运行控制区是图

1.6.36中的 Run Control 区。其中按钮是运行/停止控制控钮，按钮是单次触发按钮。

① 当运行/停止控制按钮变为绿色时，示波器处于连续运行模式，显示屏显示的波形是对同一信号多次触发的结果，这种方法与模拟示波器显示波形的方法类似。当运行/停止按钮变为红色时，示波器停止运行，即停止对信号触发，显示屏顶部状态行中触发模式位置上显示“Stop”。但是，此时旋转水平旋钮和垂直旋钮可以对保存的波形进行平移和缩放。

② 当“Single”(单次触发)按钮变为绿色时，示波器处于单次运行模式，显示屏显示的波形是对信号的单次触发。利用 Single 运用控制按钮观察单次事件，显示波形不会被后继的波形覆盖。在平移和缩放需要最大的存储器深度，并且希望得到最大取样率时，应使用单次触发模式。示波器停止运行，“Run/Stop”按钮点亮为红色，再次单击“Single”按钮，又一次触发波形。

(7) 调节波形显示亮度

图 1.6.36 中的 INTENSITY 旋钮是调节波形显示灰度旋钮。

(8) 选择模式

单击图 1.6.36 中 Trigger(触发区)Mode/Compling（模式/耦合）软按钮，显示屏的下部出现 Mode、Holdoff 软按钮。通过设置软按钮，可以改变触发模式。

单击“Mode”(模式)软按钮，出现 Normal、Auto 和 Auto Level 触发 3 种选择。

- Normal 模式显示符合触发条件时的波形，否则示波器既不触发扫描，显示屏也不更新。对于输入信号频率低于 20 Hz 或不需要自动触发的情况，应使用常规触发模式。
- Auto 模式自动进行扫描信号，即使没有输入信号或是输入信号没有触发同步时，屏幕上仍可以显示扫描基线。
- Auto Level 模式适用于边沿触发或外部触发。示波器首先尝试常规触发，如果未找到触发信号，它将在触发源的±10%的范围搜索信号，如果仍没有信号，示波器就自动触发。在把探头从电路板一点移到另一点时，这种工作模式很有用。

(9) 测量控制区

是 54622D 示波器面板测量控制区域。其中“Cursor”按钮是游标按钮，“Quick Mear”按钮是快速测量按钮。单击“Cursor”按钮，在显示屏下面出现如图 1.6.43 所示选择菜单，通过改变菜单中的参数，可以选择测量源和设置测量轴的刻度。

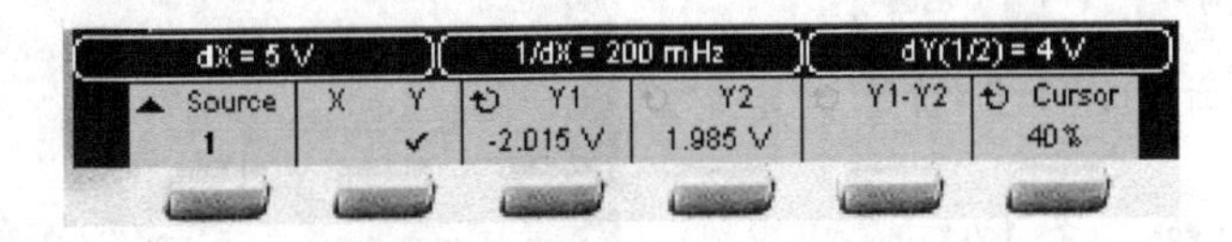

图 1.6.43　选择菜单

- “Source”软按钮用于从模拟通道 1、模拟通道 2 或 math 菜单中选择测量源。
- XY 软按钮用于选择 X 轴或 Y 轴有关的参数的设置。
- 单击“Quick Mear”按钮，在显示屏下方将出现如图 1.6.44 所示的 Quick Mear 选择菜单，通过改变菜单中的参数可以设置相关测量参数。
- 单击软按钮，菜单在图 4.6.44(a)、(b)和(c)之间转换。

- 单击"Source"软按钮,从模拟通道1、2或math菜单中选择测量源。
- 单击"Clear Meas"软按钮,停止测量。从软按钮上方显示行中擦除测量结果。
- 分别单击Frequency、Period、Peak-Peak、Maximum、Minimum、Rise Time、Duty Cycle、RMS、+Width、-Width、Average等软按钮,测量波形的频率、周期、峰-峰值、最大值、最小值、上升时间、下降时间、占空比、有效值、正脉宽、负脉宽、平均值等性能指标,并显示在软按钮上方显示行中。

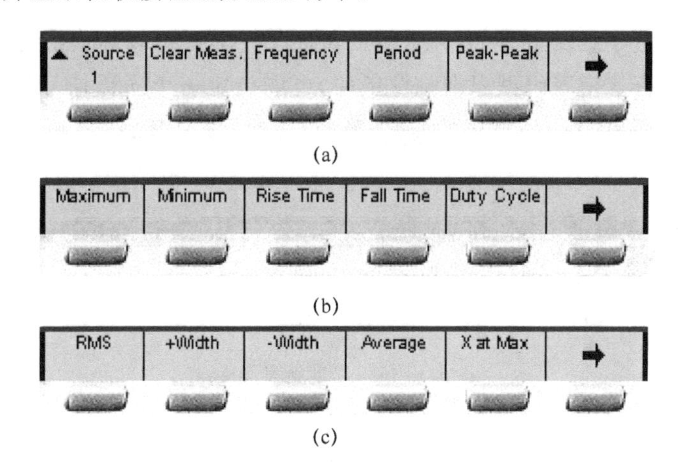

图1.6.44 Quick Mear选择菜单

(10) 打印显示

单击"Quick Print"(快速打印)按钮,可以把包括状态行和软按钮在内的显示内容通过打印机打印。单击"Cancel Print"软按钮,可停止打印。

(11) 网格的亮度

单击"Display"按钮,旋转输入旋钮改变显示的网格亮度,Grid(网格)软按钮中显示的亮度级可在0~100%间调节。

3. Agilent 54622D示波器触发方式的调整

Agilent 54622D示波器触发控制区是图1.6.36中的Trigger区域。其触发方式有边沿触发、脉冲宽度(毛刺)触发、码型触发3种类型,而对实际仪表的触发方式还有CAN触发、区域网络触发、持续时间触发、I^2C互连、IC总线触发、序列触发、SPI串行协议接口触发、TV触发及USB通用串行总线触发不在这里讨论,有兴趣的读者可参考Agilent 54622D使用手册。

(1) Agilent 54622D示波器的边沿触发

通过面板上的Edge按钮,可以选择触发源和触发方式。单击面板上的Edge按钮,显示屏下面弹出了"Source"软按钮和"Slope"软按钮。通过"Source"软按钮,选择触发源,能够选择的触发源主要有模拟通道1、模拟通道2、Ext(外部)、数字通道D0A~15。通过"Slope"(斜率)软按钮,选择触发类型并显示在屏幕右上角。

(2) Agilent 54622D示波器的脉冲宽度(毛刺)触发

单击Pulse Width按钮,选择脉冲宽度触发并显示脉冲宽度触发菜单,如图1.6.45所示,该菜单含义依次为触发源选择按钮、脉冲极性选择按钮、时间限定符选择按钮、脉冲宽度限定符时间小于某一确定时间的调整按钮和脉冲宽度限定符时间大于某一确定时间的调整按钮。

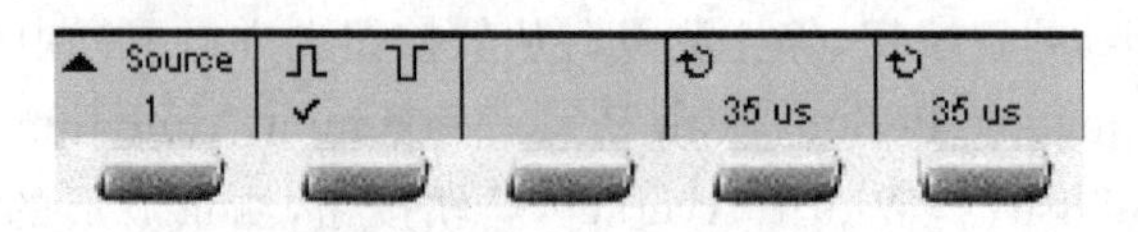

图 1.6.45　脉冲宽度触发菜单

(3) Agilent 54622D 示波器的码型触发

码型是各通道数字逻辑组合的序列。每个通道数字逻辑有高(H)、低(L)和忽略(X)值。码型触发通过查找指定码型识别触发条件，可以指定一个通道信号的上升或下降沿作为触发条件。单击面板"Trigger"区的Pattern(码型)按钮，显示 Parrern 触发菜单如图 1.6.46 所示。

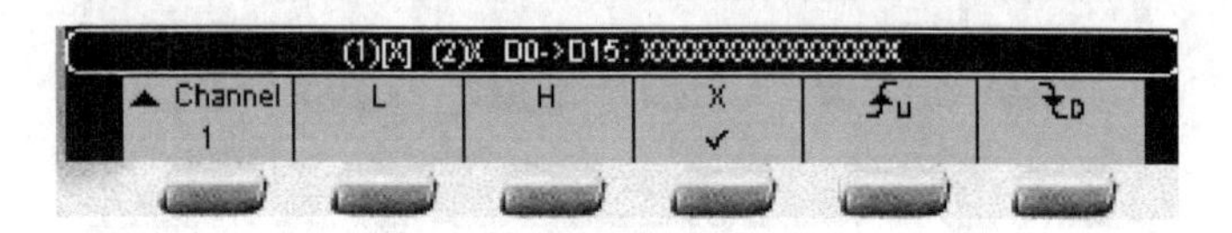

图 1.6.46　码型触发菜单

4. 使用 Agilent 54622D 示波器的数学函数

Agilent 54622D 示波器能对任何模拟通道上采集的信号进行数学运算，并显示结果。它包括信号相减、相乘、积分、微分和快速傅里叶变换等数学运算。单击面板的Math(数学运算)按钮，显示数学函数菜单如图 1.6.47 所示，软按钮含义依次为数学衰减偏置运算设置按钮、FFT 运算按钮、信号相乘运算按钮、信号相减运算按钮、对信号微分运算按钮、对信号积分运算按钮。

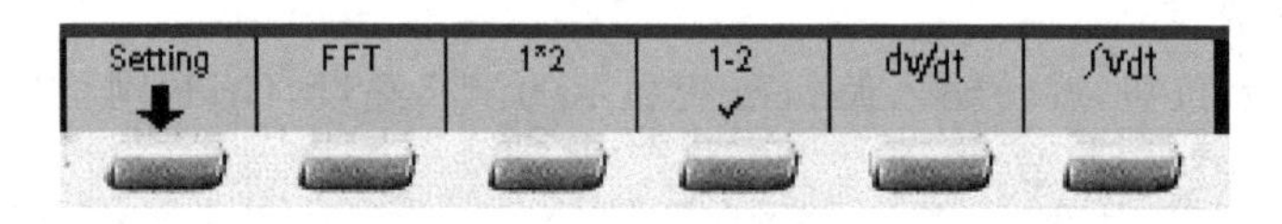

图 1.6.47　数学函数菜单

(1) 衰减值的确定和偏置

① 自动设置衰减和偏移

任何时候，只要更改当前显示的数学函数，示波器会自动调整函数，以取得最佳的垂直衰减值和偏移。

② 手动设置衰减和偏移

衰减和偏移还可通过手动设置。选择数学函数，如果要改变 Y 衰减，单击"Settings"软按钮，显示所选数学函数的设置菜单。其中，Scale 是衰减软按钮、Offset 是偏置软按钮、Up 是返回上一级菜单软按钮。

(2) 减法运算

减法运算的步骤如下。单击面板"Math"按钮后，在显示数学函数菜单中，单击1-2软按钮，选择减法运算。如果要改变减法函数的衰减或偏置，单击1-2软按钮后，再单击Setting软按钮，通过Scale 5 V软按钮设置减法数学函数的垂直衰减系数；然后旋转输入旋钮，改变衰减大小。垂直衰减系数单位为 V/div(伏/格)。单击软按钮后,再单击软按钮,最后旋转输入旋钮,可改变偏置值。通过软按钮为减法运算设置合适的偏置,偏置值的单位是 V(伏)。

图 1.6.48 是利用 Agilent 54622D 示波器完成一个减法运算的例子,由函数发生器分别产生 5 V/1 kHz 和 5 V/2 kHz 的方波,并连接到模拟通道 1 和模拟通道 2。如图 1.6.47(a)所示为通过 Agilent 54622D 示波器面板,将模拟通道 1 和模拟通道 2 的衰减设置为 5 V/div,模拟通道 1 的偏置设置为−10 V,模拟通道 2 的偏置设置为 0 V,减法运算的衰减设置为 5 V/div,偏置设置为 10 V。它们的波形如图 1.6.47(b)所示。

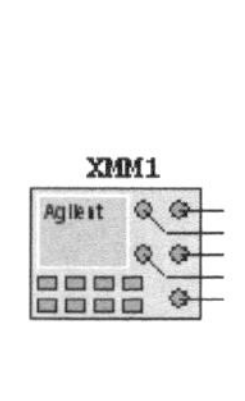

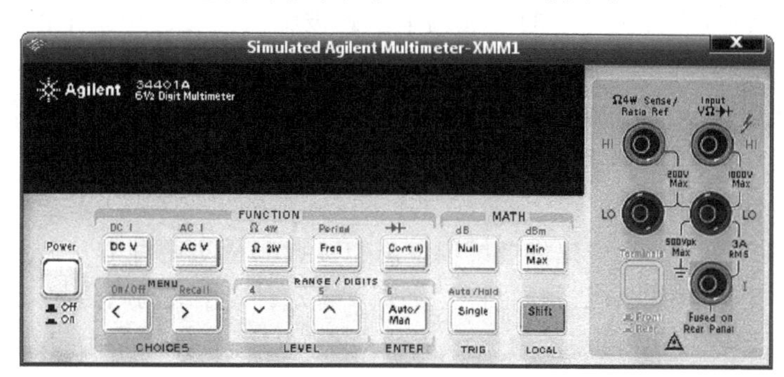

图 1.6.48　减法运算电路和波形图

由波形图可见,减法运算的输出是将模拟通道 1 和模拟通道 2 的方波逐点相减而得,它具有+5 V、0、−5 V 3 个不同电平。

1.6.16　Agilent Multimeter(安捷伦的数字万用表 Agilent 34401A)

Agilent 34401A 是一种 $6\frac{1}{2}$ 位高性能的数字万用表。合理的按钮功能使操作者可以很容易地选择所需要的测量功能。它不仅具有传统的测试功能,如交/直流电压、交/直流电流、信号频率、周期和电阻的测试,还具有某些高级功能,如数字运算功能、dB、dBm、界限测试和最大/最小/平均等功能。Agilent 34401A 的图标和面板如图 1.6.49 所示。图中的 1、2、3、4、5 是 Agilent 34401A 对外的连接端,其中 1、2 端为正极,3、4 端为负极,5 端为电流流入端。

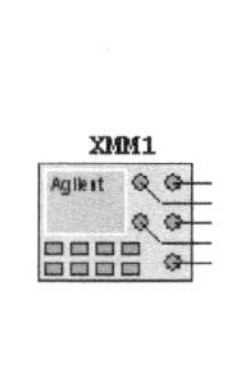

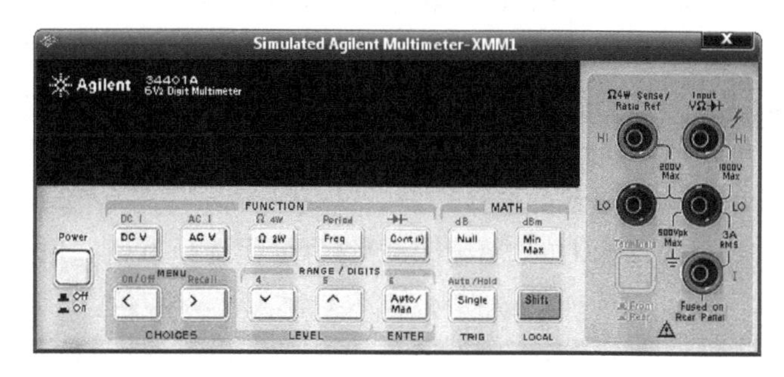

图 1.6.49　安捷伦的数字万用表 Agilent 34401A 的图标和面板

1. 常用参数的测量

在 Multisim 10 用户界面中,将 Agilent 34401A 仪表连接到电路图中,然后用鼠标双击它,弹出面板。单击面板上的电源"Power"开关,34401A 数字万用表的显示屏变亮,表明数字万用表处于工作状态,就可以完成相应的测试功能。单击图 1.6.48 中的"Shift"按钮后,再单击其他功能按钮时,执行面板按钮上方的功能。

(1) 电压的测量

测电压时,34401A 数字万用表应与被测试电路的端点并联;单击面板上的"DC V"按钮,可以测量直流电压,在显示屏上显示的单位为 VDC;而单击"AC V"按钮,可以测量交流电压,在显示屏上显示的单位为 VAC。

(2) 电流的测量

测电流时,应将图标中的 5、3 端串联到被测试的支路中。单击面板上的"Shift"按钮,则显示屏上显示 Shift,若单击"DC V"按钮,显示屏上显示的单位为 ADC,即可测量直流电流;若单击"AC V"按钮,此时在显示屏上显示的单位为 AAC,即可测量交流电流。若被测量值超过该段测量量程时,面板显示 OVLD。

(3) 电阻的测量

34401A 数字万用表提供 2 线测量法和 4 线测量法两种方法测量电阻。2 线测量法和普通的万用表测量法方法相同,将 1 端和 3 端分别接在被测电阻的两端。测量时,单击前面板上的"Ω 2W"按钮,可测量电阻阻值的大小。4 线测量法是为了更准确测量小电阻的方法,它能自动减小接触电阻,提高了测量精度,因此测量精度比 2 线测量法高。其方法是将 1 端、2 端、3 端和 4 端并联在被测电阻的两端。测量时,先单击面板上的"Shift"按钮,显示屏上显示 Shift,再单击面板上的"Ω 2W"按钮,即为 4 线测量法的模式,此时显示屏上显示的单位为 ohm^{4W},它为 4 线测量法的标志。

(4) 频率或周期的测量

34401A 数字万用表可以测量电路的频率或周期。测量时,需将 34401A 的 1 端和 3 端分别接在被测电路的两端。测量时,若单击面板上的"Freq"按钮,可测量频率的大小。若单击面板上的"Shift"按钮,显示屏上显示 Shift,然后再单击"Freq"按钮,则可测量周期的大小。

注意:测量交流信号的带宽为 3 Hz～1.999 99 MHz。

(5) 二极管极性的判断

测量时,将 34401A 数字万用表的 1 端和 3 端分别接在元件的两端,先单击面板上的"Shift"按钮,显示屏上显示 Shift 后,再单击"Cont"按钮,可测试二极管极性。若 34401A 数字万用表的 1 端接二极管的正极,3 端接二极管的负极时,则显示屏上显示二极管的正向导通压降。反之,34401A 的 3 端接二极管的正极,1 端接二极管的负极时,则显示屏上显示为 0。若二极管断路时,显示屏显示 OPEN 字样,表明二极管是开路故障。

2. Agilent 34401A 量程的选择

Agilent 34401A 面板上的[^]、[˅]和[Auto/Man]为量程选择按钮。通过[^]、[˅]按钮改变测量的量程。被测值超过所选择的量程时,面板显示 OVLD。[Auto/Man]按钮是自动测量与人工测量转换按钮。选择人工测量模式时,不能自动改变量程范围,并且显示屏上显示 Man 标记。选择自动测量模式时,量程范围自动改变。

[^]、[˅]和[Auto/Man]功能按钮与"Shift"按钮结合起来可以选择显示不同的位数。选择方法是:

- 单击面板上的"Shift"按钮,显示屏上显示 Shift, 再单击[^]按钮, 显示 $4\frac{1}{2}$位;

- 单击面板上的“Shift”按钮，显示屏上显示 Shift，再单击[^]按钮，显示 5 $\frac{1}{2}$位；
- 单击面板上的“Shift”按钮，显示屏上显示 Shift，再单击[^]按钮，显示 6 $\frac{1}{2}$ 位，其中 $\frac{1}{2}$位是指在显示的最高位只能是“0”或“1”。

1.6.17　Spectrum Analyzer(频谱分析仪)

频谱分析仪用来分析信号的频域特性，其频域分析范围的上限为 4 GHz，是一种分析高频电路的仪器。频谱分析仪图标和面板如图 1.6.50 所示。IN 是仪器的输入端子，用来与电路的输出端连接。频谱分析仪面板包括以下内容。

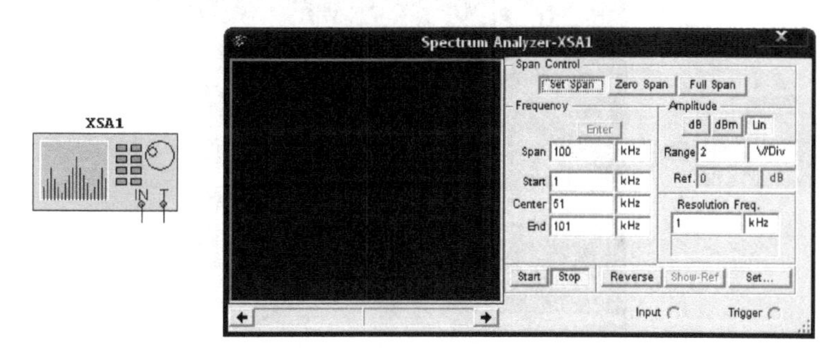

图 1.6.50　频谱分析仪图标和面板

(1) Span Control 用来控制频率范围，选择 Set Span 的频率范围由 Frequency 区域参数决定；选择 Zero Span 的频率范围由 Frequency 区域设定的中心频率决定；选择 Full Span 的频率范围为 0～4 GHz。频率由程序自动给定。Frequency 区域不起作用。

(2) Frequency 用来设定频率：Span 设定频率范围，Start 设定起始频率，Center 设定中心频率，End 设定终止频率。

(3) Amplitude 用来设定幅值单位即纵坐标刻度，有 3 种选择：dB、dBm、Lin。

(4) Resolution Freq 用来设定频率分辨的最小谱线间隔，简称频率分辨率。

频谱分析仪面板最下面有 5 个按钮：单击“Start”按钮启动分析；单击“Stop”按钮停止分析；单击“Reverse”按钮使波形显示区的背景颜色反色；单击“Hide-Ref”按钮隐藏波形显示区的参考直线；单击“Set”按钮将弹出 Settings 对话框如图 1.6.51 所示。对其说明如下。

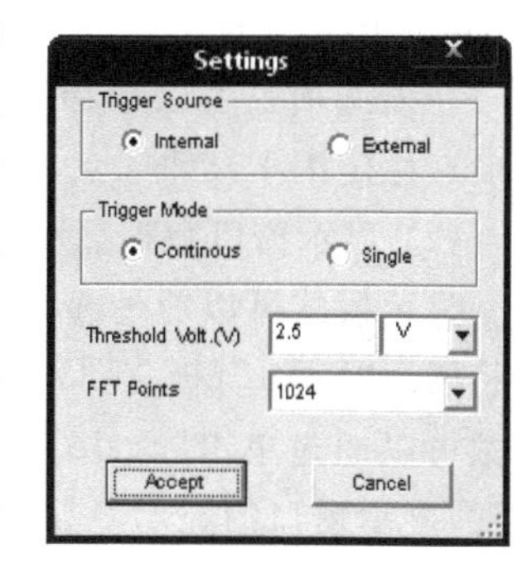

图 1.6.51　Settings 对话框

- Trigger Source(触发源)：有 Internal(内触发)和 External(外部触发)两种触发源供选择。
- Trigger Mode (触发方式)：有 Continous(连续触发)和 Single(单次触发)两种触发方式。
- Threshold Voltage(触发开启电压)。
- FFTPoints(选择分析点数，应为 1 024 的整数倍)。

该仪器分析得到的频谱图显示在频谱仪面板左侧的波形显示区中，利用游标可以读取每点的数据并显示在频谱仪面板下部的测量显示区域中。

1.6.18 Network Analyzer(网络分析仪)

网络分析仪是一种测试双端口高频电路的 S 参数(Scattering parameters)的仪器，它可以测量放大器、混频器、功率分配器等电子电路及元件的特性。Multisim 的网络分析除了 S 参数外，还可以测出 H 参数、Y 参数和 Z 参数等。

网络分析仪的图标和面板如图 1.6.52 所示，图标有两个端子 P1、P2 分别连接电路的输入及输出端。面板分为 5 个选项区域，对其说明如下。

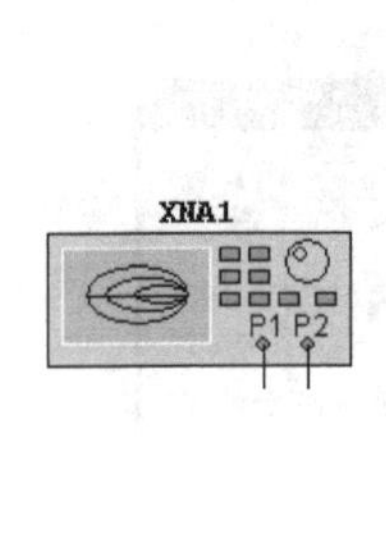

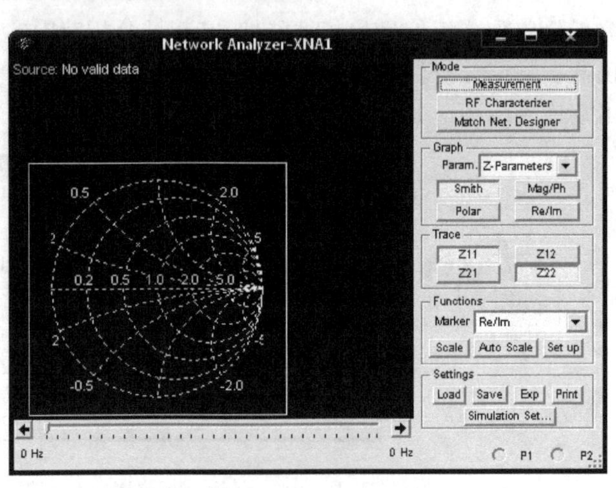

图 1.6.52 网络分析仪的图标和面板

1. Mode 选项区域

用于选择 3 种不同的分析方式，它包括 3 个按钮，各按钮的功能如下。

- Measurement 按钮：选择测量模式。
- Match Net. Designer 按钮：选择高频电路设计工具，包括稳定性和阻抗匹配等分析。
- RF Characterizer 按钮：选择射频电路特性分析工具。

2. Garph 选项区域

(1) Param 选项

在该选项中可以选择要分析的参数，包括 S 参数、H 参数、Y 参数、Z 参数、Stability factor(稳定因子)5 种。

(2) 显示窗口数据显示模式的设置

显示模式可以通过选择“Smith”(史密斯格式)、“Mag/Ph”(增益/相位的频率响应图即波特图)、“Polar”(极化图)、“Re/Im”(实部/虚部)4 个按钮完成。以上 4 种显示模式的刻度参数可以通过单击“Scale”按钮设置；程序自动调整刻度参数可通过单击“Auto Scale”按钮设置；显示窗口的显示参数如线宽、颜色等，单击“Setup”按钮设置。

3. Trace 选项区域

该选项区域用于选择需要显示的参数。在 Trace 区域中选择需要显示的参数，只要按下需要显示的参数按钮即可，这些按钮和 Param 选项中选择的显示参数对应。

4. Functions 选项区域

(1) Maker 栏

在 Maker 栏中设置显示窗口数据显示模式。

- 当选择 Re/Im 时，显示数据为直角坐标模式。
- 当选择 Mag/Ph(Degs)时，显示数据为极坐标模式。
- 当选择 dB Mag/Ph(Deg)时，显示数据为分贝极坐标模式。显示窗口下面的滚动条控制显示窗口游标所指的位置。

(2) 其他按钮

- Scale 按钮：设定刻度。
- Auto Scale 按钮：由程序自动调整刻度。
- Set up 按钮：设定显示图上的各图件显示模式，单击该按钮将弹出如图 1.6.53 所示的对话框。

该对话框包括 3 个选项卡。

- Trace 选项卡设定曲线的属性，在 Trace # 栏里指定所要设定的参数曲线，在 Line width 栏里设定曲线线宽，在 Color 栏里设定该曲线的颜色，在 Style 栏里指定该曲线的样式。
- Grids 选项卡可以指定网格线的线宽、颜色、样式、刻度文字的颜色、刻度轴标题文字的颜色。
- Miscellaneous 选项卡可以指定图框的线宽、图框的颜色、背景颜色、绘图区的颜色、标示文字的颜色、资料文字的颜色。

5. Settings 选项区域

该选项区域提供数据管理功能，包括 5 个按钮：单击“Load”按钮读取专用格式数据文件；单击“Save”按钮存储专用格式数据文件；单击“Exp”按钮输出数据至文本文件；单击“Print”按钮打印数据；单击“Simulation Set”按钮将弹出如图 1.6.54 所示的对话框，包括以下 5 项。

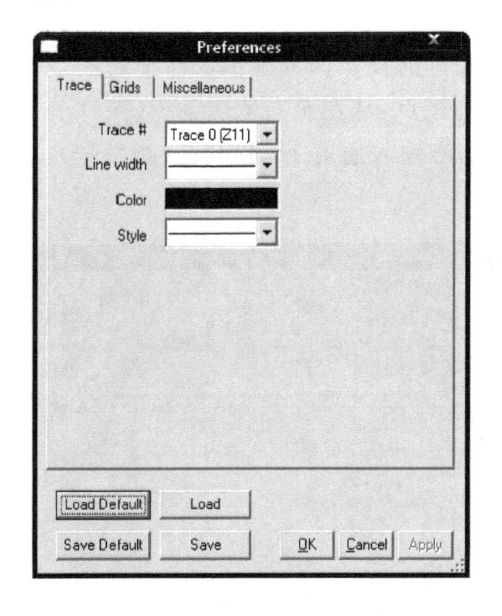

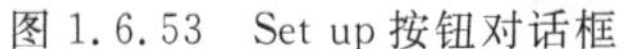
图 1.6.53　Set up 按钮对话框

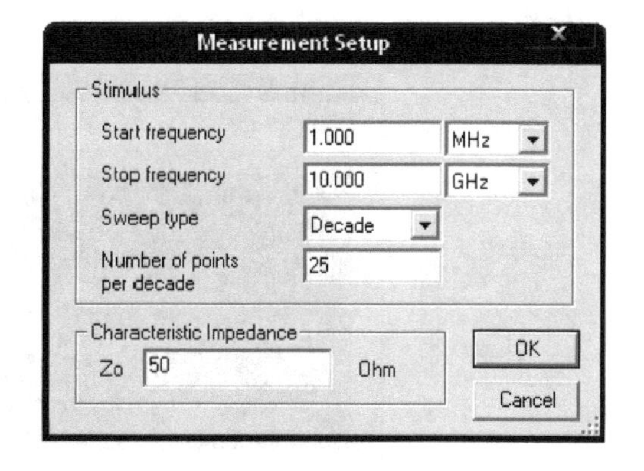

图 1.6.54　Simulation Set 按钮设置对话框

- Start frequency：设定激励信号之起始频率。

- Stop frequency：设定激励信号之终止频率。
- Sweep type：设定扫描方式。
- Number of points per decade：设定每 10 倍频率取样多少点。
- Characteristic Impedance Z_0：设置特性阻抗，默认值为 50 Ω。

下面通过测量 T 型对称网络的 Z 参数说明网络分析仪的使用，测量电路与参数设置如图 1.6.55 所示。启动仿真开关，得到该二端口网络 Z 参数输出结果。移动显示区下面的滑动块，改变频率，观察到 Z_{11} 和 Z_{22} 参数也随频率而变化，该方式下得到的结果被 Z_0 标准化。

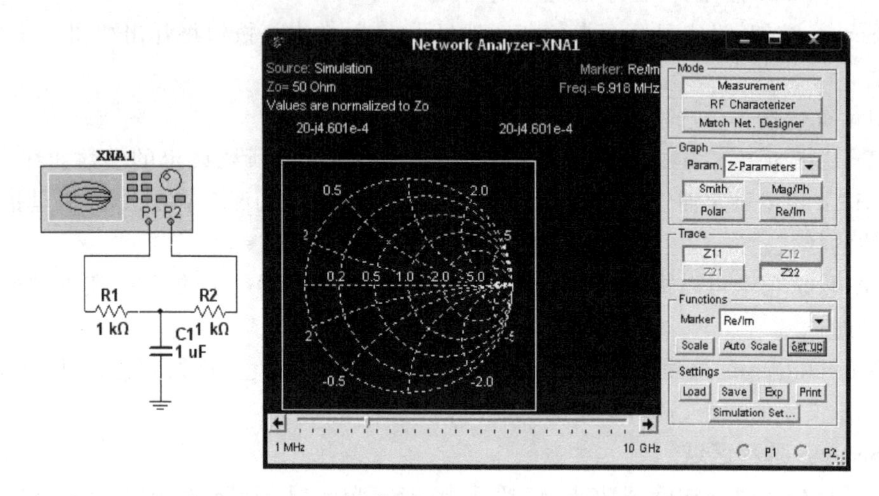

图 1.6.55　测量 T 型网络的电路与网络分析仪面板设置

1.6.19　Tektronix Simulated Oscilloscope(泰克示波器)

Multisim 10 提供的 Tektronix TDS 2024 是一个 4 通道 200 MHz 带宽的示波器，绝大多数的 Tektronix TDS 2024 用户手册中提到的功能都能在该仿真虚拟仪器中使用，示波器图标和面板如图 1.6.56 所示。该示波器共有 7 个连接点，从左至右依次为 P(探针公共端，内置 1 kHz 测试信号)，G(接地端)，1、2、3、4(模拟信号输入通道 1～4)和 T(触发端)。其面板和操作方法和普通示波器相类似。

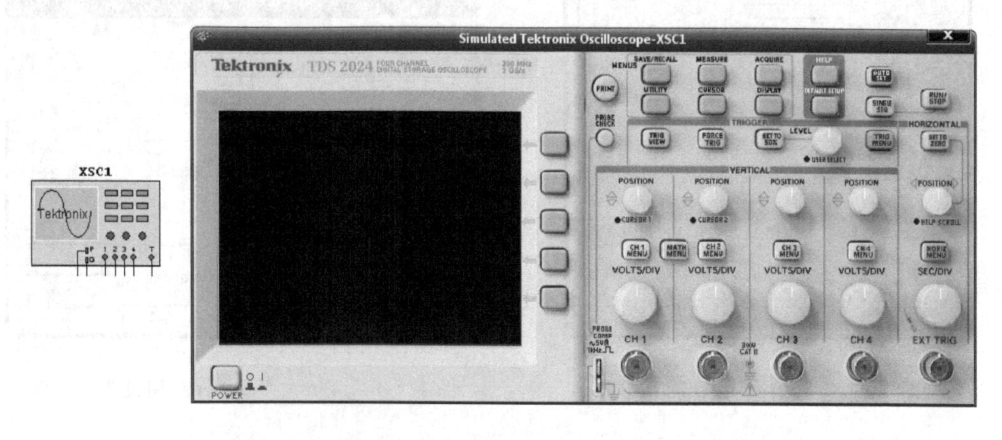

图 1.6.56　泰克示波器 Tektronix TDS 2024 图标和面板

1.6.20　Current Probe(电流探针)

电流探针是效仿工业应用电流夹的动作,将电流转换为输出端口电阻丝器件的电压。如果输出端口连接的是一台示波器,则电流基于探针上电压到电流的比率确定。其放置和使用方法如下。

(1) 在仪器工具栏中选择电流探针。

(2) 将电流探针放置在目标位置(注意不能放置在节点上)。

(3) 放置示波器在工作区中,并将电流探针的输出端口连接至示波器。

为了能效仿现实中的电流探针状态,默认的探针输出电压到电流比率为 1 V/mA。若要修改该比率,可双击电流探针弹出的电流探针属性对话框,并在对话框中的"Ratio of Voltage to Current"(电压-电流比率)文本栏中修改数值,单击"Accept"确认即可。

下面介绍利用电流探针、示波器测量电流的方法,测试电路如图 1.6.57 所示。

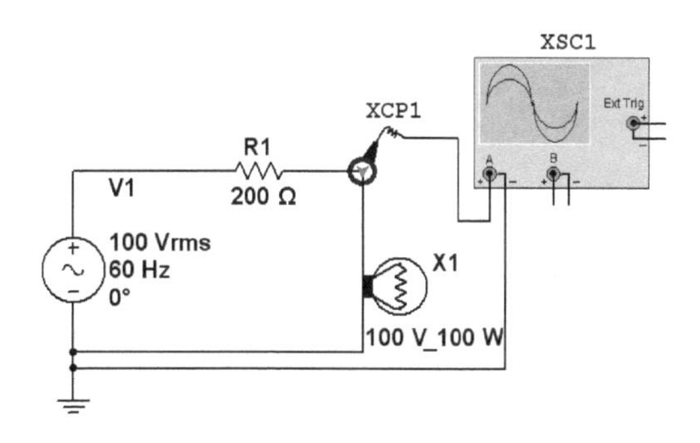

图 1.6.57　电流探针测试电路

根据如图 1.6.58 所示示波器的波形读出所测量的电压值为 924.121 V,而默认的比率为 1 V/mA,可以得到对应的电流值为 924.121 mA。若要反转电流探针输出的极性,在电流探针上单击鼠标右键,并从弹出的快捷菜单中选择"Rever Probe Direction"(反转探针极性)命令即可。

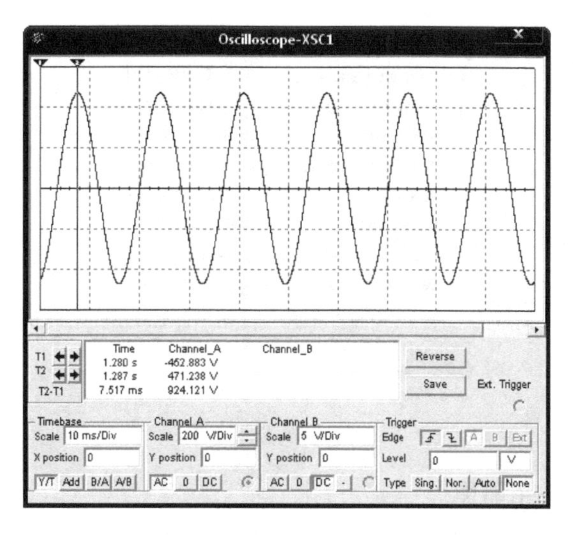

图 1.6.58　电流探针测试波形图

1.6.21 Measurement Probe(测量探针)

在整个电路仿真过程中,测量探针可以用来对电路的某个点的电位、某条支路的电流或频率等特性进行动态测试,使用起来较其他仪器更加方便、灵活。其主要有动态测试和放置测试两种功能。动态测试即仿真时用测量探针移动到任何点时,会自动显示该点的电信号信息;而放置测试则是在仿真前或仿真时,将测量探针放置在目标位置上。仿真是该点自动显示相应的电信号信息。

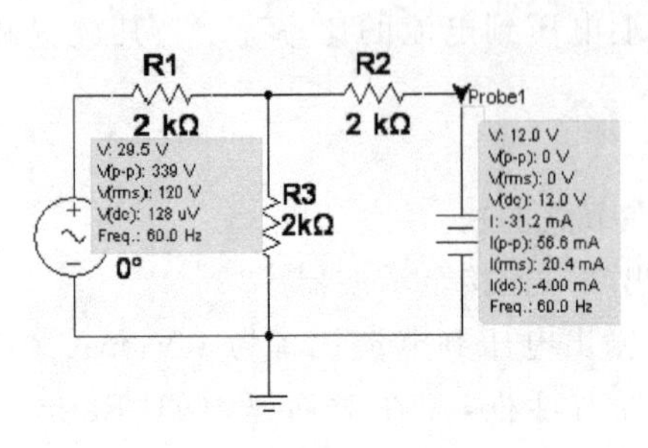

图 1.6.59 测量探针测试电路

在如图 1.6.59 所示的测量探针测试电路中,左方是动态测试结果,右方为放置测试结果。

1.7 仿真分析方法

Multisim 10 提供了 18 种电路分析功能,包括了绝大多数电路仿真软件的分析类型。在主窗口中执行菜单命令 Simulate/Analyses 或单击工具栏中按钮的下拉菜单时,可弹出如图 1.7.1 所示的分析菜单。

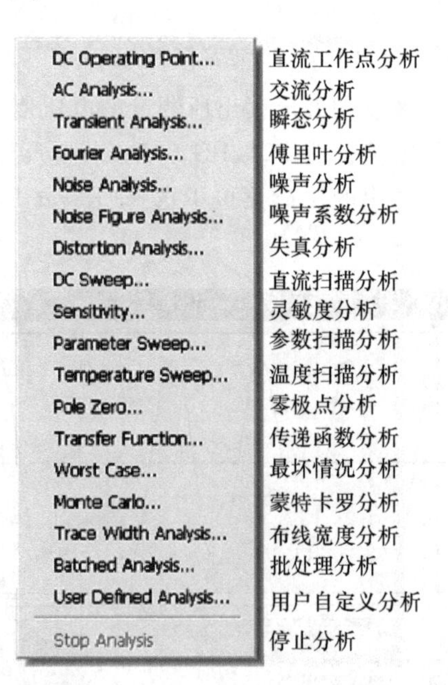

图 1.7.1 分析菜单

1. 创建需要分析的电路图

例如创建单管放大电路,电路中电源电压、各电阻和电容取值如图 1.7.2 所示。

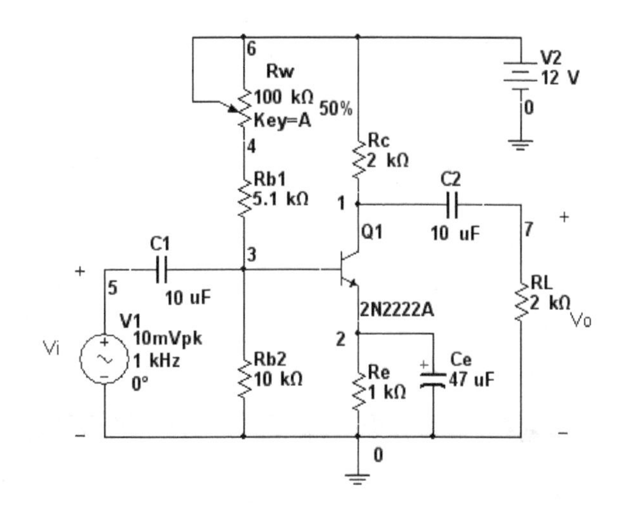

图 1.7.2 单管共射放大电路

2. 显示节点编号

显示节点编号(Show node names)是为了方便仿真结果的输出,因为Multisim 10是以节点作为输出变量的,选择该选项后可以确定需要观察的电路中那个节点的仿真输出结果。显示节点编号方法是:在主窗口中执行Options/ Sheet Properties命令,将弹出Sheet Properties对话框;选中Circuit选项卡,如图1.7.2所示选中Net Names选项区域内的Show All选项,显示线路上的节点编号。

3. 选择分析类型

执行菜单命令Simulate/Analyses,在列出的可操作分析类型中选择要分析的类型。

4. 选项卡设置

执行菜单命令Simulate/Analyses,在列出的可操作分析类型中选择DC Operating Point,则出现直流工作点分析对话框,如图1.7.3所示。对分析选项卡进行设置后,单击"Simulate"按钮进行仿真分析,观察分析结果,如图1.7.4所示。

1.7.1 DC Operating Point Analysis(直流工作点分析)

直流工作点分析也称静态工作点分析,在进行直流工作点分析时,电路中电容被视为开路,电感被视为短路,交流源被视为零输出,电路中的数字器件被视为高阻接地。直流分析的结果是为以后的分析作准备,了解电路的直流工作点,才能进一步分析电路在交流信号作用下电路能否正常工作。求解电路的直流工作点在电路分析过程中是至关重要的。

执行菜单命令Simulate/Analyses,在列出的可操作分析类型中选择DC Operating Point,则出现直流工作点分析对话框,如图1.7.3所示。直流工作点分析对话框包括4个按钮和3个选项卡。

DC Operating Point Analysis对话框中按钮的功能如下。

- Simulate按钮:单击该按钮立即进行分析。
- OK按钮:单击该按钮可以保存已有的设定,而不立即进行分析。
- Cancel按钮:单击该按钮可以取消已经设定但尚未保存的设定。
- Help按钮:单击该按钮可以获得与直流工作点分析相关的帮助信息。

3 个选项卡的功能和设置如下。

1. Output 选项卡

Output 选项卡用于选定需要分析的节点。

左边 Variables in circuit 栏内列出电路中各节点电压变量和流过电压源的电流变量。右边 Selected variables for analysis 栏用于存放需要分析的节点。具体做法是：先在左边 Variables in circuit 栏内选中需要分析的变量(可以通过鼠标拖曳进行多选)，再单击“Add”按钮，相应变量则会出现在 Selected variables for analysis 栏中；如果 Selected variables for analysis 栏中的某个变量不需要分析，则先选中它，然后单击“Remove”按钮，该变量将会回到左边 Variables in circuit 栏中。如图 1.7.3 所示，选择分析 1、2、3 三个节点(即三极管的三个电极)。

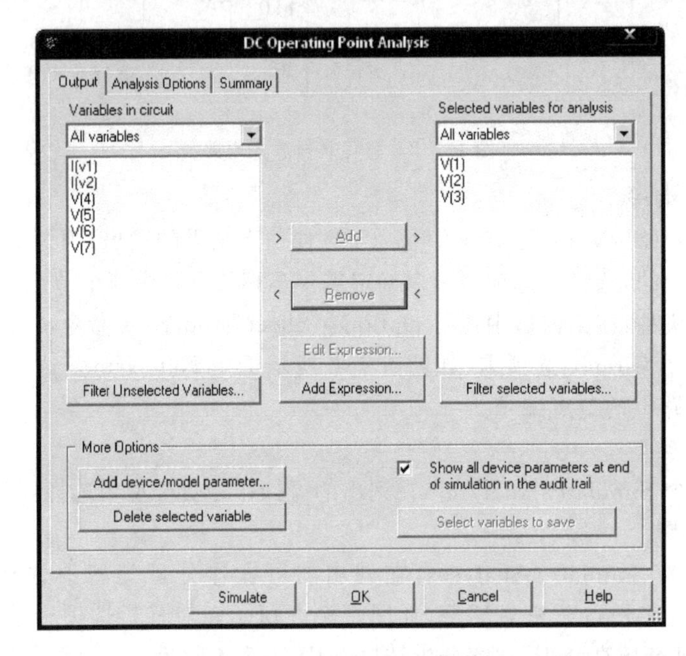

图 1.7.3　DC Operating Point Analysis(直流工作点分析)对话框

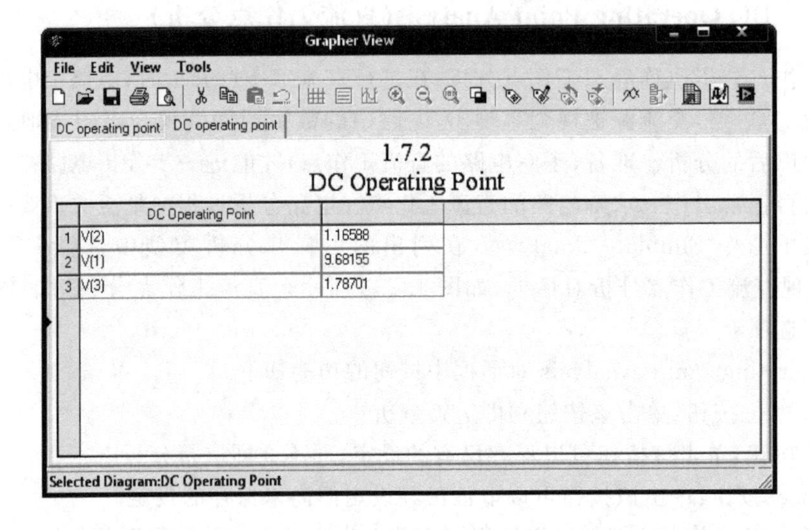

	DC Operating Point	
1	V(2)	1.16588
2	V(1)	9.68155
3	V(3)	1.78701

图 1.7.4　DC Operating Point Analysis(直流工作点分析)结果

2. Analysis Options 选项卡

单击"Analysis Options"按钮进入 Analysis Options 页，其中排列了与该分析有关的其他分析选项设置，通常应该采用默认的。

3. Summary 选项卡

单击"Summary"按钮进入 Summary 页，Summary 页中排列了该分析所设置的所有参数和选项。用户通过检查可以确认这些参数的设置，一般保持默认即可。

最后单击"Simulate"按钮得到对图 1.7.2 单管放大电路的分析结果，如图 1.7.4 所示，得到 1、2、3 三个节点即三极管 C、E、B 极的直流电位值。

1.7.2 AC Analysis(交流分析)

交流分析是在正弦小信号工作条件下的一种频域分析。它计算电路的幅频特性和相频特性，是一种线性分析方法。Multisim 10 在进行交流频率分析时，分析电路的直流工作点，并在直流工作点处对各个非线性元件作线性化处理，得到线性化的交流小信号等效电路，并用交流小信号等效电路计算电路输出交流信号的变化。在进行交流分析时，电路工作区中自行设置的输入信号将被忽略。也就是说，无论给电路的信号源设置的是三角波还是矩形波，进行交流分析时，都将自动设置为正弦波信号，分析电路随正弦信号频率变化的频率响应曲线。

这里仍采用单管放大电路作为实验电路，因为三极管为理想器件，因此只分析电路的低频特性，电路如图 1.7.2 所示。在该电路经直流工作点分析且正常情况下，执行菜单命令 Simulate/Analyses，在列出的可操作分析类型中选择 AC Analysis 命令则出现交流分析对话框，如图 1.7.5 所示。交流分析对话框包括 4 个按钮和 4 个选项卡。下方的 4 个按钮的作用与 1.7.1 节介绍的 DC Operating Point Analysis 对话框中按钮的功能完全相同。4 个选项卡除了 Frequency Parameters 选项卡外，其他与直流工作点分析的设置一样，详见 1.7.1节直流分析部分的介绍。

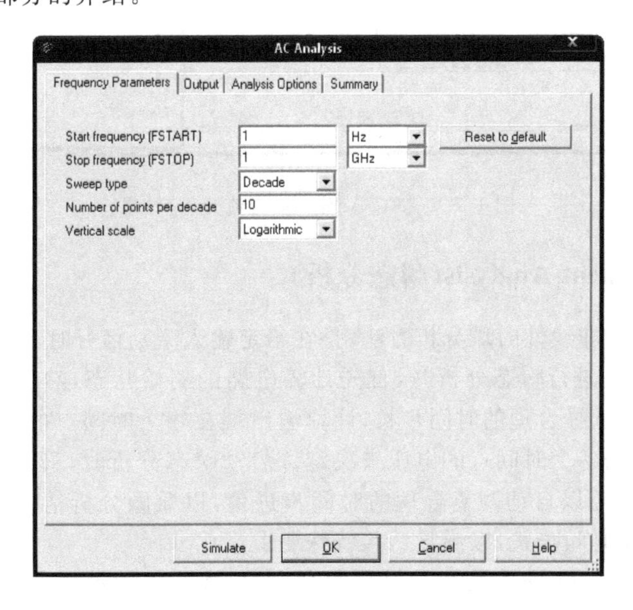

图 1.7.5　AC Analysis(交流分析)对话框

Frequency Parameters 选项卡设置项目、单位以及默认值等内容，如表 1.7.1 所示。

表 1.7.1 Frequency Parameters 选项卡说明

项　目	默认值	注　释
Start frequency(起始频率)	1	交流分析时的起始频率，可选单位有：Hz、kHz、MHz、GHz。
Stop frequency(终止频率)	10	交流分析时的终止频率，可选单位有：Hz、kHz、MHz、GHz。
Sweep type(扫描类型)	Decade (10 倍刻度扫描)	交流分析曲线的频率变化方式，可选项有：Decade、Linear(线性刻度扫描)、Octave(8 倍刻度扫描)。
Number of points per decade (扫描点数)	10	起点到终点共有多少个频率点，对线性扫描项才有效。
Vertical scale(垂直刻度)	Logarithmic (对数)	扫描时的垂直刻度，可选项有：Linear、Logarithmic、Decibel、Octave。

实验电路单管放大电路低频特性分析 Frequency Parameters 选项卡的设置如图 1.7.5 所示。另外，在 Output variables 选项卡选定 7 号节点为分析节点。单击"Simulate"按钮得到对图 1.7.2 单管放大电路的交流分析结果如图 1.7.6 所示。测试结果给出电路 7 号节点的幅频特性曲线和相频特性曲线，单击 弹出分析读数指针。利用读数指针可以得到低频截止频率为 138.108 8 Hz，高频截止频率为 61.091 1 MHz，中频增益为 37.822 5 dB。

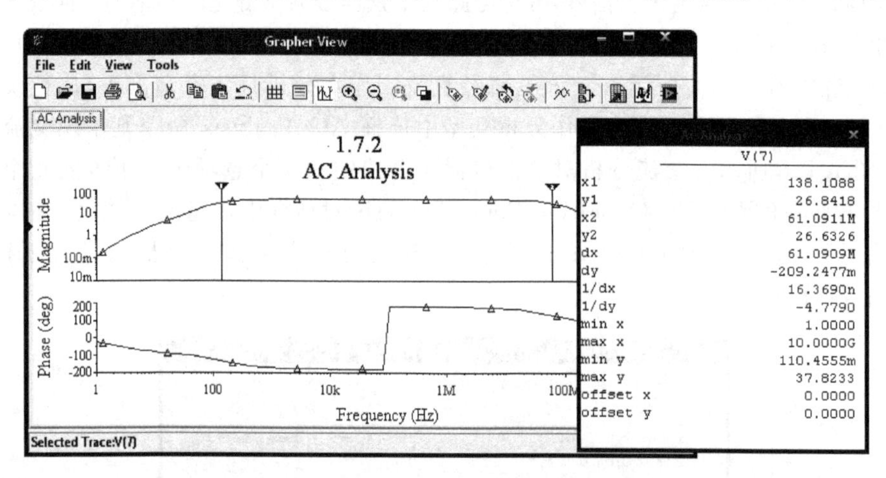

图 1.7.6 AC Analysis(交流分析)结果

1.7.3 Transient Analysis(瞬态分析)

瞬态分析是一种非线性时域分析方法，是在给定输入激励信号时，分析电路输出端的瞬态响应。Multisim 在进行瞬态分析时，首先计算电路的初始状态，然后从初始时刻到某个给定的时间范围内，选择合理的时间步长，计算输出端在每个时间点的输出电压，输出电压由一个完整周期中的各个时间点的电压来决定。启动瞬态分析时，只要定义起始时间和终止时间，Multisim 既可以自动调节合理的时间步进值，以兼顾分析精度和计算时需要的时间，又可以自行定义时间步长，以满足一些特殊要求。

执行菜单命令 Simulate/Analyses，在列出的可操作分析类型中选择 Transient Analysis 命令，则出现瞬态分析对话框，如图 1.7.7 所示。在瞬态分析对话框中除 Analysis Parameters 选项卡的内容，其他也与直流工作点分析的设置相同。Analysis Parameters 选项卡的内容如表 1.7.2 所示。

表 1.7.2　瞬态分析 Analysis Parameters 选项卡的内容

选　　项		默认值	含义和设置要求
Parameters（参数）	Start time(起始时间)	0 s	瞬态分析的起始时间必须大于或等于零，且应小于结束时间。
	End time(终止时间)	0.001 s	瞬态分析的终止时间必须大于起始时间。
	Maximun time step settings（设置最大时间步长）	选中	如果选中该项，则可以在以下三项中挑选一项：Minimum number of time points、Maximum time step、Generate time steps automatically。
	Minimum number of time points(最小时间点数)	100	自起始时间至结束时间之间，模拟输出的点数。
	Maximum time step(最大步进时间)	1e-005 s	模拟时的最大步进时间。
	Generate time steps automatically(自动产生步进时间)	选中	Multisim 将自动决定最为合理的最大步进时间。

这里仍采用单管放大电路作为实验电路，在该电路经直流工作点分析且正常情况下，分析单管放大电路节点 1 的瞬态响应。设置 Initial Conditions(初始状态)由直流静态工作点决定。在 Initial Conditions 下拉菜单中还有 Set to zero（初始值设为 0）、User defined(由用户定义初始值)。其他设置如图 1.7.7 所示的瞬态分析(Transient Analysis)对话框。

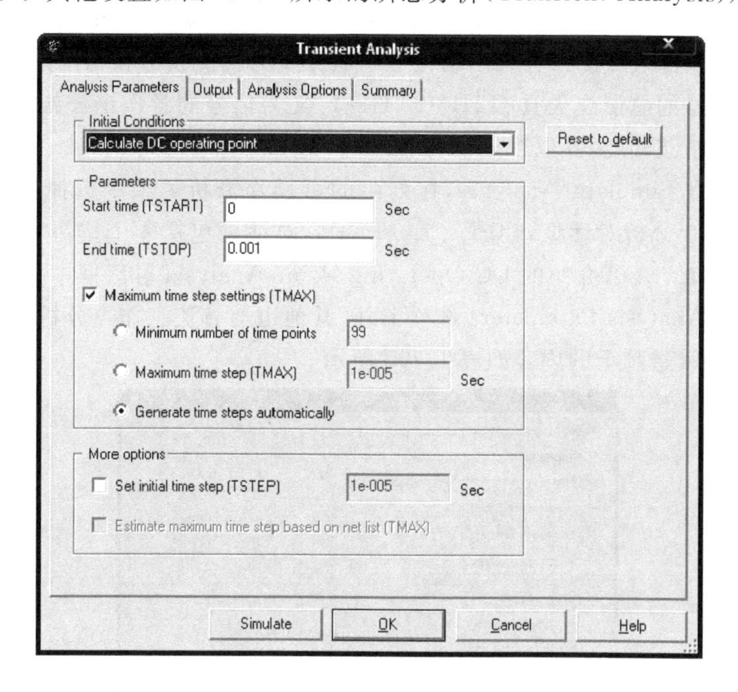

图 1.7.7　Transient Analysis(瞬态分析)对话框

放大电路的瞬态分析曲线如图 1.7.8 所示。分析曲线给出输出节点 1 电压随时间变化的波形，纵轴坐标是电压，横轴坐标是时间轴。从图中可以看出输出瞬态波形初始值为单管放大电路节点 1 直流工作点电压 9.677 2 V。瞬态分析的结果同样可以用示波器观察到。

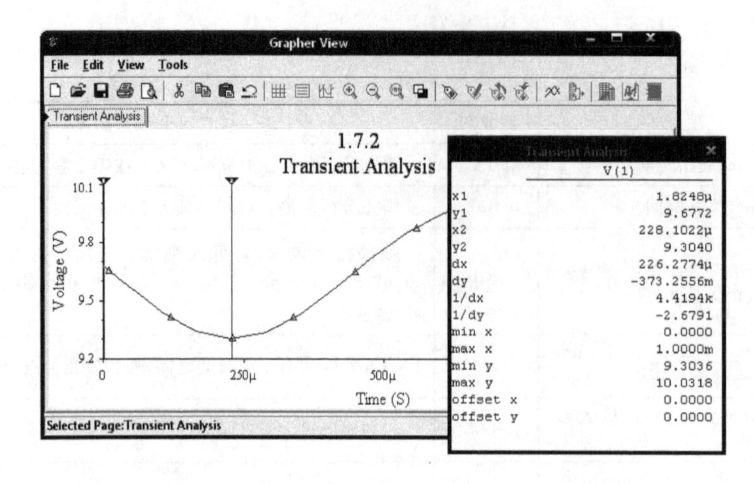

图 1.7.8 Transient Analysis(瞬态分析)结果

1.7.4 Fourier Analysis(傅里叶分析)

傅里叶分析用于分析复杂的周期性信号。它将非正弦周期信号分解为一系列正弦波、余弦波和直流分量之和。根据傅里叶级数的数学原理,周期函数 $f(t)$ 可以写为

$$f(t)=A_0+A_1\cos\omega t+A_2\cos 2\omega t+\cdots+B_1\sin\omega t+B_2\sin 2\omega t+\cdots$$

傅里叶分析以图表或图形方式给出信号电压分量的幅值频谱和相位频谱。傅里叶分析同时也计算了信号的总谐波失真(THD),THD 定义为信号的各次谐波幅度平方和的平方根再除以信号的基波幅度,并以百分数表示。

执行菜单命令 Simulate/Analyses,在列出的可操作分析类型中选择 Fourier Analysis 命令则出现傅里叶分析对话框,如图 1.7.9 所示。对话框包括 4 个按钮和 4 个选项卡。4 个按钮的作用与 1.7.1 节介绍的 DC Operating Point Analysis 对话框中按钮的功能相同。4 个选项卡除了 Analysis Parameters 选项卡外,其他也与直流工作点分析的设置一样。Analysis Parameters 选项卡的内容如表 1.7.3 所示。

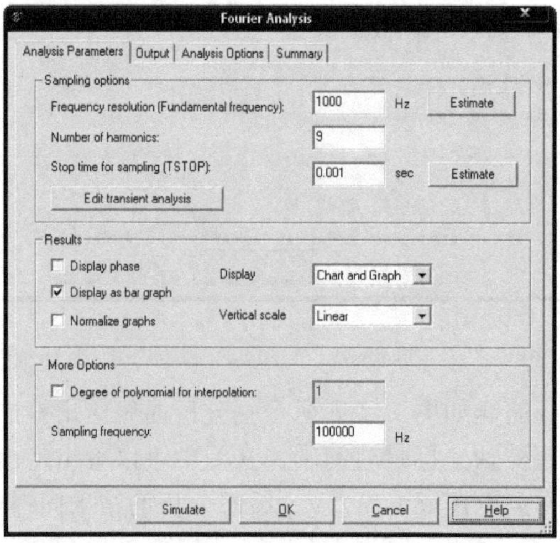

图 1.7.9 Fourier Analysis(傅里叶分析)对话框

表 1.7.3 傅里叶分析 Analysis Parameters 选项卡的内容

选项区	选　　项	含义和设置要求
Sampling options（采样选项）	Frequency resolution（基频）	取交流信号源频率。如果电路中有多个交流信号源，则取各信号源频率的最小公因数。单击“Estimate”按钮，系统将自动设置。
	Number of harmonics（谐波数）	设置需要计算的谐波个数。
	Stop time for sampling（停止采样时间）	设置停止采样时间。如单击“Estimate”按钮，系统将自动设置。
Results（结果）	Display phase（相位显示）	如果选中，分析结果则会同时显示相频特性。
	Display as bar graph（线条图形方式显示）	如果选中，以线条图形方式显示分析的结果。
	Normalize graphs（归一化图形）	如果选中，分析结果则绘出归一化图形。
	Displays（显示）	显示形式选择：Chart（图表）、Graph（图形）或 Chartand Graph（图表和图形）。
	Vertical scale（纵轴刻度）	纵轴刻度选择：Linear（线性）、Logrithmic（对数）、Decibel（分贝）或 Octave（8 倍）。

这里仍采用图 1.7.1 所示的单管放大电路作为实验电路，将单管放大电路输入信号幅值设置为 1 mV、频率为 1 kHz 。在 Fourier Analysis 对话框中单击“Output variables”选定输出节点 7，再单击“Simulate”按钮，出现傅里叶分析结果，如图 1.7.10 和图 1.7.11 所示。放大电路输出信号若没有失真，在理想情况下，信号的直流分量应该为零，各次谐波分量幅值也应该为零，总谐波失真同样应该为零。如图 1.7.10 所示输入信号幅值为 1 mV 时，从频谱线上面的表中直接读出总谐波失真（THD）为 0.967 32%。如图 1.7.11 所示输入信号幅值为 100 mV 时，总谐波失真为 58.167 1%，输出信号出现了严重非线性失真。图中还可以反映各次谐波的频率、幅度、相位等。

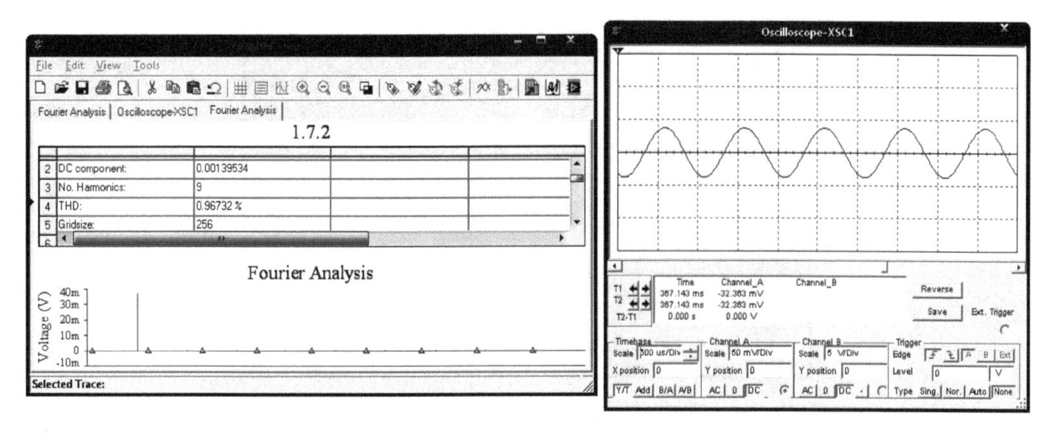

图 1.7.10 放大电路输出信号没有失真情况下的分析结果

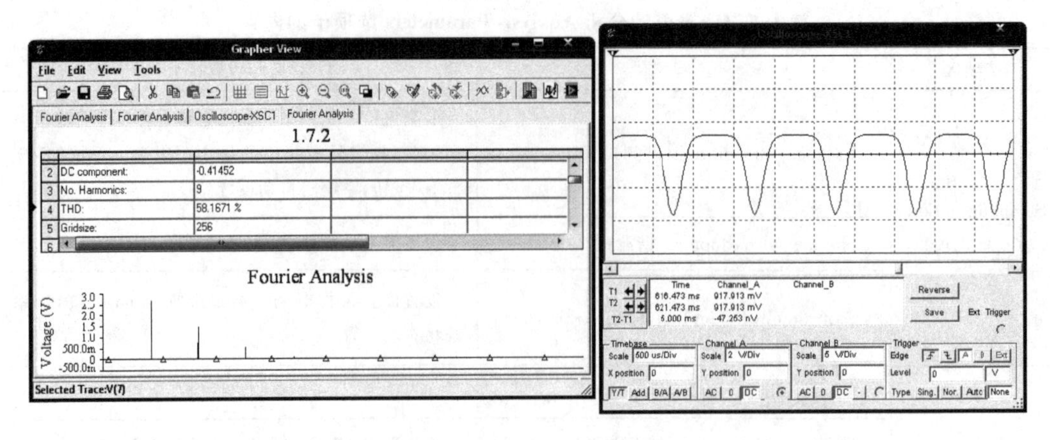

图 1.7.11　放大电路输出信号严重失真情况下的分析结果

1.7.5　Noise Analysis(噪声分析)

电路中的电阻和半导体器件在工作时都会产生噪声，噪声分析就是定量分析电路中噪声的大小。Multisim 提供了热噪声、散弹噪声和闪烁噪声 3 种不同的噪声模型。噪声分析利用交流小信号等效电路，计算由电阻和半导体器件所产生的噪声总和。假设噪声源互不相关，而且这些噪声值都独立计算，总噪声等于各个噪声源对于特定输出节点的噪声均方根之和。

执行菜单命令 Simulate/Analyses，在列出的可操作分析类型中选择 Noise Analysis 命令则出现噪声系数分析对话框，如图 1.7.12 所示。此对话框除 Analysis Parameters 选项卡外，其他也与直流工作点分析或交流分析的设置一样。Analysis Parameters 选项卡的内容如表 1.7.4 所示。

Noise Analysis

Analysis Parameters | Frequency Parameters | Output | Analysis Options | Summary

Input noise reference source　vv1　Change Filter

Output node　V(7)　Change Filter

Reference node　V(0)　Change Filter

☑ Set points per summary　1

Simulate　OK　Cancel　Help

图 1.7.12　Noise Analysis(噪声分析)对话框

这里仍采用单管放大电路作为实验电路，噪声分析 Analysis Parameters 选项卡设置如图 1.7.12 所示。图 1.7.13 是选取十倍程的扫描方式下，输出变量为 inoise-spectrum(输入噪声频谱)和 onoise-spectrum(输出噪声频谱)的输出波形。其中上面一条曲线是总的输出噪声电压随频率变化曲线，下面一条曲线是等效的输入噪声电压随频率变化曲线。

表 1.7.4　噪声分析 Analysis Parameters 选项卡的内容

选　　项	默认值	含义和设置要求
Input noise reference source（输入噪声参考源）	电路的输入源	选择交流信号源输入。
Output node（输出节点）	电路中的节点	选择输出噪声的节点位置，在该节点计算电路所有元器件产生的噪声电压均方根之和。
Reference node（参考节点）	0	默认值为接地点。
Set points per summary（设置每汇总时计算的点数）	1	选中时，噪声分析将产生所选元件的噪声轨迹，在右边填入频率步进数。

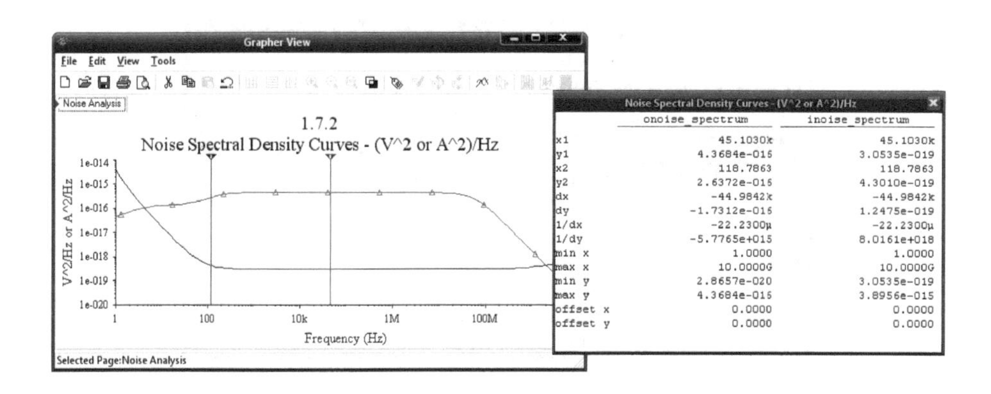

图 1.7.13　Noise Analysis（噪声分析）结果

1.7.6　Noise Figure Analysis（噪声系数分析）

执行菜单命令 Simulate/Analyses，在列出的可操作分析类型中选择 Noise Figure Analysis命令则出现噪声系数分析对话框，如图 1.7.14 所示。此对话框除 Analysis Parameters选项卡外，其他也与直流工作点分析设置一样。而 Analysis Parameters 选项卡的选项和设置要求与噪声分析 Analysis Parameters 选项卡基本相同，只是多了 Frequency（设置输入信号频率）和 Temperature（设置输入温度，单位是摄氏度，默认值是 27 ℃）。

这里仍采用单管放大电路作为实验电路，噪声系数分析 Analysis Parameters 选项卡设置如图 1.7.14 所示，分析结果如图 1.7.15 所示。

1.7.7　Distortion Analysis（失真分析）

放大电路输出信号的失真通常是由电路增益的非线性与相位不一致造成的。增益的非线性将会产生谐波失真，相位的不一致将产生互调失真。Multisim 失真分析通常用于分析那些采用瞬态分析不易察觉的微小失真。如果电路有一个交流信号，Multisim 的失真分析将计算每点的二次和三次谐波的复变值；如果电路有两个交流信号，则分析三个特定频率的复变值，这三个频率分别是：(f_1+f_2)，(f_1-f_2)，$(2f_1-f_2)$。

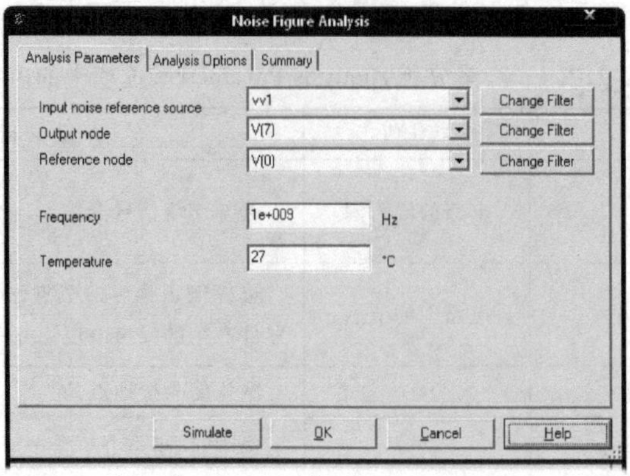

图 1.7.14 Noise Figure Analysis(噪声系数分析)对话框

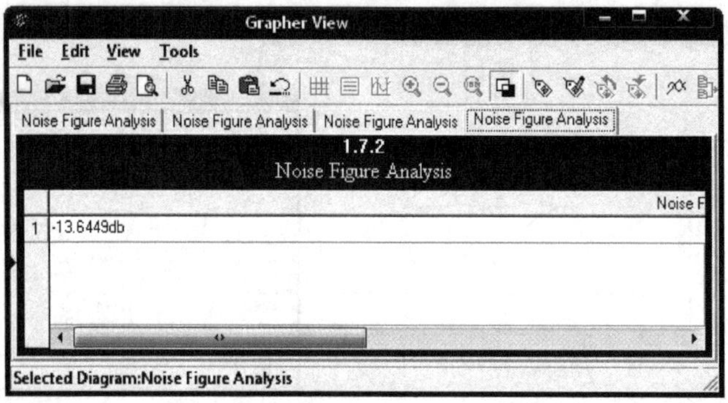

图 1.7.15 噪声系数分析结果

执行菜单命令 Simulate/Analyses,在列出的可操作分析类型中选择 Distortion Analysis 命令则出现失真分析对话框,如图 1.7.16 所示。此对话框除 Analysis Parameters 选项卡外,其他与直流工作点分析的设置一样。Analysis Parameters 选项卡的内容如表 1.7.5 所示。

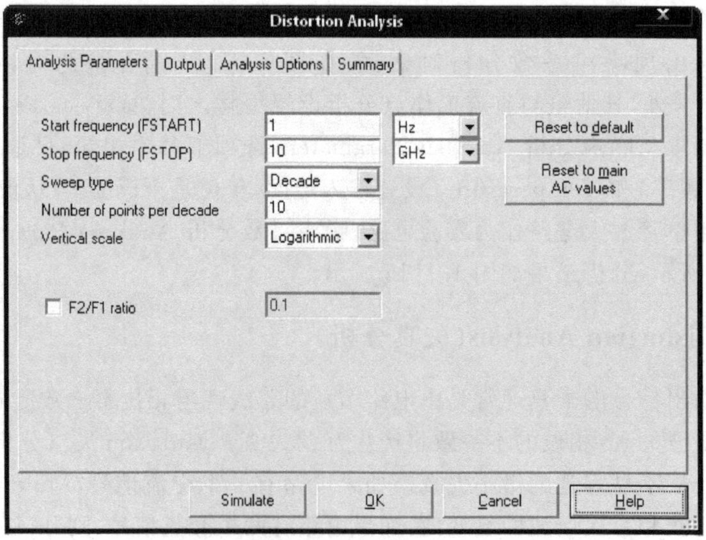

图 1.7.16 Distortion Analysis(失真分析)

表 1.7.5　失真分析 Analysis Parameters 选项卡的内容

选　项	默认值	含义和设置要求
Start frequency(起始频率)	1 Hz	设置起始频率。
Stop frequency(终止频率)	10 GHz	设置终止频率。
Sweep type(扫描类型)	Decade	扫描类型可选 Decade(10 倍刻度扫描)、Linear(线性刻度扫描)或 Octave(8 倍刻度扫描)。
Number of points per decade (10 倍频点数)	10	设置每 10 倍频的采样点数。
Vertical scale(垂直刻度)	Logarithm	垂直刻度可以选 Linear(线性)、Lograrithm(对数)、Decibel(分贝)或 Octave(8 倍)。
F2/F1 ratio	0.1(不选)	选中时,在 F1 扫描期间,F2 设定为该比率乘以起始频率,应大于 0、小于 1。
Reset to main AC values		按钮将所有设置恢复为与交流分析相同的设置值。
Reset to default		按钮将所有设置恢复为默认值。

1.7.8　DC Sweep Analysis(直流扫描分析)

直流扫描分析是根据电路直流电源数值的变化,计算电路相应的直流工作点。在分析前可以选择直流电源的变化范围和增量。在进行直流扫描分析时,电路中的所有电容视为开路,所有电感视为短路。

在分析前,需要确定扫描的电源是一个还是两个,并确定分析的节点。如果只扫描一个电源,得到的是输出节点值与电源值的关系曲线。如果扫描两个电源,则输出曲线的数目等于第二个电源被扫描的点数。第二个电源的每一个扫描值,都对应一条输出节点值与第一个电源值的关系曲线。

执行菜单命令 Simulate/Analyses,在列出的可操作分析类型中选择 DC Sweep Analysis 命令则出现直流扫描分析对话框,如图 1.7.17 所示。此对话框除 Analysis Parameters 选项卡外,其他也与直流工作点分析设置一样。Analysis Parameters 选项卡的内容如表 1.7.6 所示。

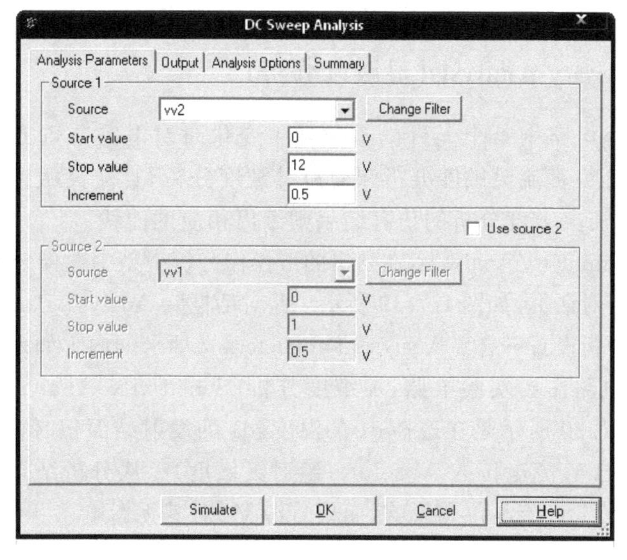

图 1.7.17　DC Sweep Analysis(直流扫描分析)对话框

表 1.7.6 直流扫描分析 Analysis Parameters 选项卡的内容

项　　目	含义和设置要求
Source(电源)	选择要扫描的直流电源。
Start value(开始值)	设置扫描开始值。
Stop value(终止值)	设置扫描终止值。
Increase(增量)	设置扫描增量。
Use source2(使用电源 2)	如果要扫描两个电源,则选中该选项。

采用单管放大电路作为实验电路,直流扫描分析 Analysis Parameters 选项卡设置如图 1.7.17 所示。如图 1.7.18 所示,在需要扫描的直流电源选择 V_{CC},输出变量为节点 1、3 的输出波形。其中上面一条曲线是节点 1,即输出直流电压 V_{CE} 随 V_{CC} 变化曲线,下面一条曲线节点 1,即直流电压 V_{BE} 随 V_{CC} 变化曲线。

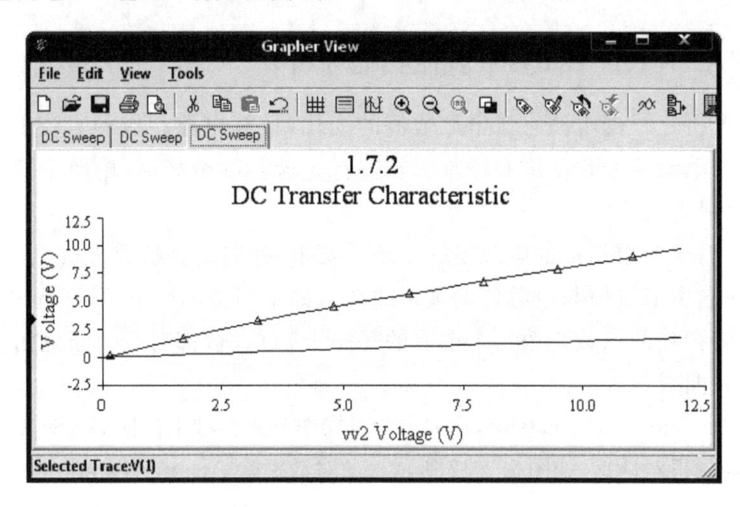

图 1.7.18 DC Sweep Analysis(直流扫描分析)分析结果

1.7.9 Sensitivity Analysis(灵敏度分析)

灵敏度分析研究电路中某个元件的参数发生变化时对电路节点或支路电流的影响程度。灵敏度分析可分为直流灵敏度分析和交流灵敏度分析,直流灵敏度分析的仿真结果以数值形式显示,而交流灵敏度分析的仿真结果则绘出相应的曲线。

执行菜单命令 Simulate/Analyses,在列出的可操作分析类型中选择 Sensitivity Analysis 命令则出现灵敏度分析对话框,如图 1.7.19 所示。此对话框除 Analysis Parameters 选项卡外,其他也与直流工作点分析设置一样。Analysis Parameters 选项卡的内容如表 1.7.7 所示。

采用单管放大电路作为实验电路,灵敏度分析(Sensitivity Analysis)选项卡设置如图 1.7.19 所示。图 1.7.20 所示是在选择 q1 的温度、q1 的发射结面积、信号源 V_1 为分析对象时,输出变量为节点 1 直流电位的 Absolute(绝对灵敏度)。从分析结果可知 q1 的温度、q1 的发射结面积对节点 1 直流电位有影响,而信号源 V_1 对其无影响。

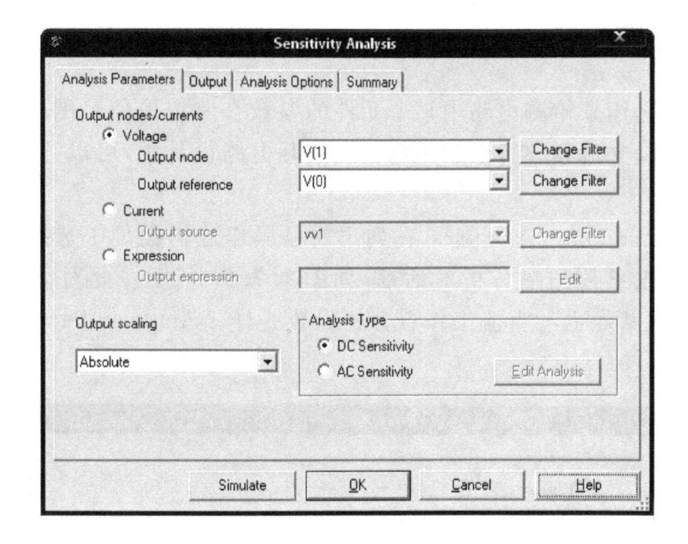

图 1.7.19　Sensitivity Analysis(灵敏度分析)对话框

表 1.7.7　灵敏度分析 Analysis Parameters 选项卡的内容

选项区域	选　　项	含义和设置要求
Output nodes/currents	Voltage(电压灵敏度分析)	在 Output node 下拉列表中选择要分析的输出节点,在 Output reference 下拉列表中选择输出的参考节点,一般为地。
	Current(电流灵敏度分析)	在 Output source 下拉列表选择要分析的信号源。
	Output scaling(选择灵敏度输出格式)	有 Absolute(绝对灵敏度)和 Relative(相对灵敏度)两个选项。
Analysis Type	DC Sensitivity(直流灵敏度分析)	可以进行直流灵敏度分析,分析结果将产生一个表格。
	AC Sensitivity(交流灵敏度分析)	可以进行交流灵敏度分析,分析结果将产生一个分析图。单击"Edit Analysis"按钮后进入灵敏度分析对话框,参数设置与交流分析相同。

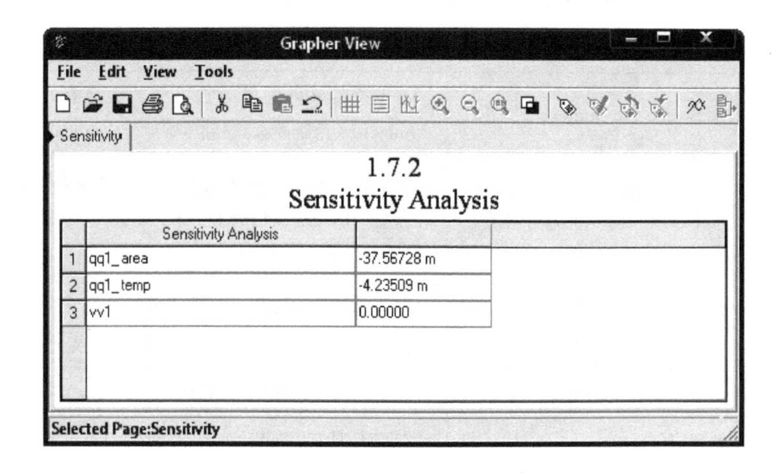

图 1.7.20　灵敏度分析结果

1.7.10　Parameter Sweep Analysis(参数扫描分析)

参数扫描分析是用来检测电路中某个元件的参数在一定取值范围内变化时,对电路直流工作点、瞬态特性、交流频率特性的影响。在实际电路设计中,可以针对电路的某些技术指标进行优化。

执行菜单命令 Simulate/Analyses,在列出的可操作分析类型中选择 Parameter Sweep Analysis 命令则出现参数扫描分析对话框,如图 1.7.21 所示。此对话框除 Analysis Parameters 选项卡外,其他也与直流工作点分析设置一样。Analysis Parameters 选项卡的内容见表 1.7.8。

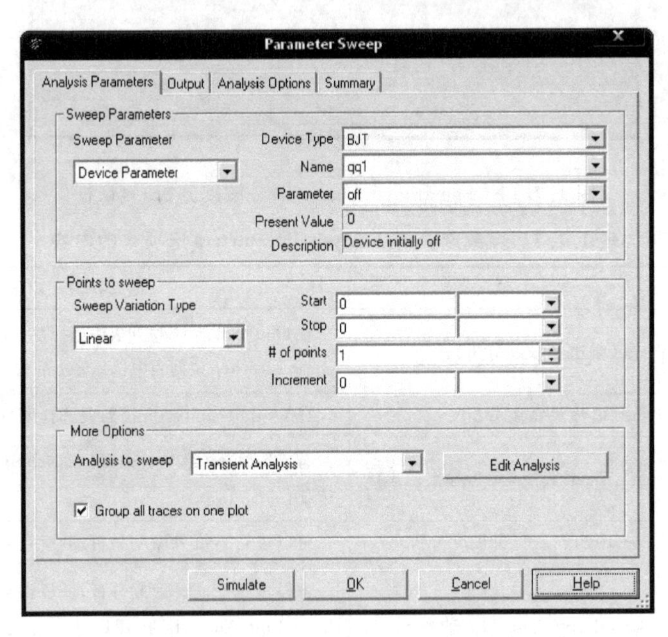

图 1.7.21　Parameter Sweep 对话框

表 1.7.8　参数扫描分析 Analysis Parameters 选项卡的内容

选项区域	选　项	含义和设置要求
Sweep Parameters(扫描参数)	Sweep Parameter	在下拉菜单可选择的扫描参数类型有两个,分别为 Device Parameter(元器件参数)和 Model Parameter(模型参数)。
	Device Type(元器件种类)	在下拉菜单中选择需要扫描的元器件种类,有 Capacitor(电容器类)、Diode(二极管类)、Resistor(电阻类)和 Vsource(电压源类)等。
	Name(序号)	在下拉菜单中可以选择要扫描的元器件序号。
	Parameter(元器件参数)	在下拉菜单中可以选择要扫描元器件的参数。
	Description(描述)	显示当前该参数的设置值。
Points to sweep(扫描方式)	Sweep Variation Type(扫描类型)	扫描类型有:Decade(10 倍刻度扫描)、Octave(8 倍刻度扫描)、Linear(线性刻度扫描)、List(取列表值扫描)。选择某种类型后,在后面的文本框中填入相应值。

续表

选项区域	选　　项	含义和设置要求
More options	Analysis to sweep(分析类型)	有三种分析类型:DC Operating Point(直流工作点分析)、AC Analysis(交流分析)和 Transient Analysis(瞬态分析)。
	Edit Analysis	可以对该项分析进行进一步设置和编辑。
	Group all traces on one plot	若选中,表示将分析的曲线放置在同一个分析图中显示。

1.7.11　Temperature Sweep Analysis(温度扫描分析)

温度扫描分析用以分析在不同温度条件下的电路特性。由于在电路中许多元件参数与温度有关,当温度变化时电路特性也会发生变化,因此相当于元件每次取不同温度值进行多次仿真。可以通过温度扫描分析对话框,选择被分析元件温度的起始值、终值和增量值。在进行其他分析的时候,电路的仿真温度默认值设定在 27 ℃。

执行菜单命令 Simulate/Analyses,在列出的可操作分析类型中选择 Temperature Sweep Analysis 命令则出现参数扫描分析对话框,如图 1.7.22 所示。此对话框除 Analysis Parameters 选项卡外,其他也与直流工作点分析设置一样。Analysis Parameters 选项卡的内容如表 1.7.9 所示。

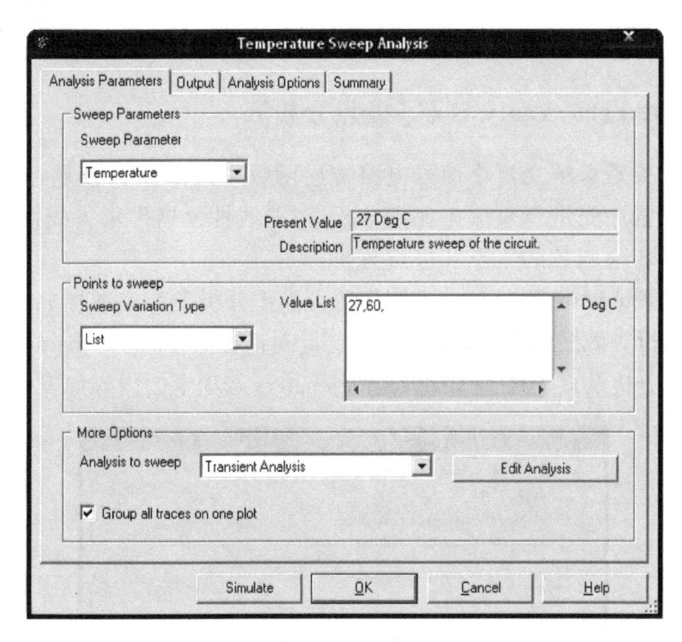

图 1.7.22　Temperature Sweep Analysis(温度扫描分析)对话框

表 1.7.9　温度扫描分析 Analysis Parameters 选项卡的内容

选项区域	选　　项	含义和设置要求
Sweep Parameters	Sweep Parameter	在此区域中可以选择扫描的参数为 Temperature 默认值 27 ℃。
Points to sweep(扫描方式)	Sweep Variation Type(扫描类型)	与参数扫描分析表中的 Points to Sweep 选项区域相同。

续 表

选项区域	选　　项	含义和设置要求
More Options	Analysis to sweep	与参数扫描分析表中的 More Options 选项区域相同。
	Edit Analysis	可以对该项分析进行进一步设置和编辑。
	Group all traces on one plot	若选中表示将分析的曲线放置在同一个分析图中显示。

以单管放大电路为例，分析温度变化对输出波形的影响，设置节点 7 为输出节点，其他设置见图 1.7.22，分析结果如图 1.7.23 所示。从分析结果可以看出，温度在室温 27 ℃时波形很好，但温度升高到 60 ℃时已经出现了饱和失真。这与理论分析结果相同。

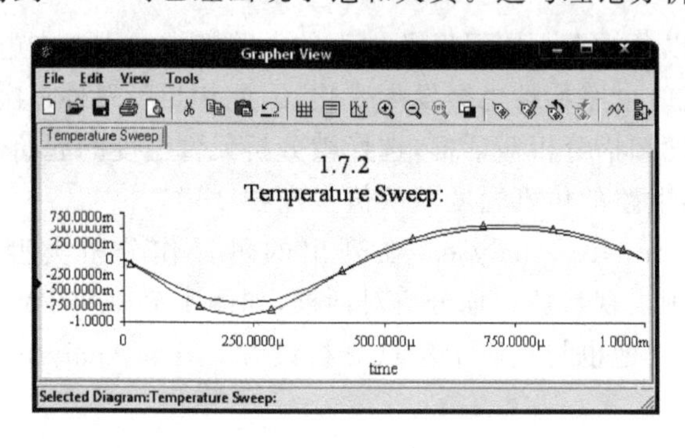

图 1.7.23　温度扫描分析

1.7.12　Pole-Zero Analysis（零极点分析）

零极点分析主要是求解交流小信号电路传递函数中的零点和极点，对电路的稳定性分析相当有用。通常程序先进行直流工作点分析，对非线性元器件求得线性化的小信号模型，在此基础上再进行传递函数的零点和极点分析。

执行菜单命令 Simulate/Analyses，在列出的可操作分析类型中选择 Pole Zero Analysis 命令则出现零极点分析对话框，如图 1.7.24 所示。此对话框除 Analysis Parameters 选项卡外，其他也与直流工作点分析设置一样。Analysis Parameters 选项卡的内容如表 1.7.10 所示。

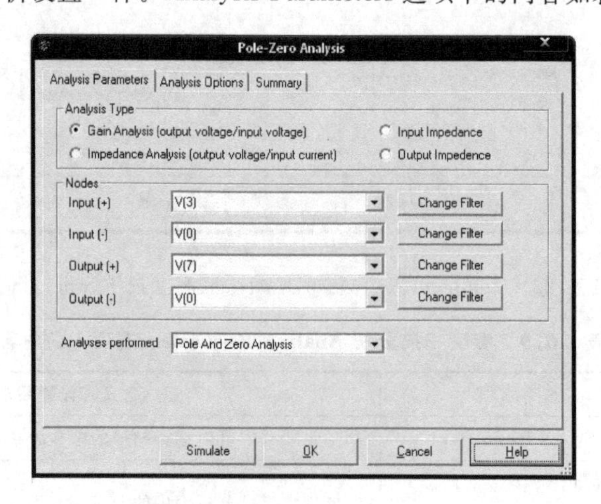

图 1.7.24　Pole-Zero Analysis（零极点分析）对话框

表 1.7.10　零极点分析 Analysis Parameters 选项卡的内容

选项区域	选　　项	含义和设置要求
Analysis Type	Gain Analysis(电路增益分析)	可以进行电路增益分析，也就是输出电压÷输入电压。
	Impedance Analysis(电路互阻分析)	可以进行电路互阻分析，也就是输出电压÷输入电流。
	Input Impedance(电路输入阻抗分析)	可以进行电路输入阻抗分析，也就是输入电压÷输入电流。
	Output Impedance(电路输出阻抗分析)	可以进行电路输出阻抗分析，也就是输出电压÷输出电流。
Nodes	Input(＋)	设置输入节点的正端。
	Input(－)	设置输入节点的负端。
	Output(＋)	设置输出节点的正端。
	Output(－)	设置输出节点的负端。
Analyses Performed	Analyses Performed(分析类型)	该处选择分析类型，有 Pole and Zero Analysis(零极点分析)、Pole Analysis(极点分析)、Zero Analysis(零点分析)三个选项。

以单管放大电路为例，分析设置如图 1.7.24 所示，分析结果如图 1.7.25 所示，该分析结果分别以实部和虚部表示，有 6 个极点和 6 个零点。

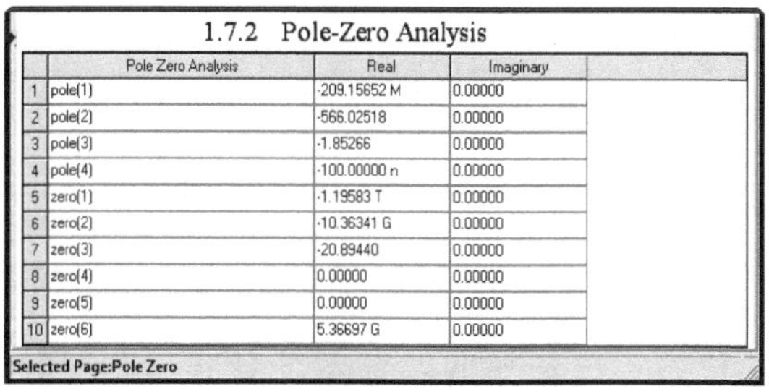

1.7.2　Pole-Zero Analysis

	Pole Zero Analysis	Real	Imaginary
1	pole(1)	-209.15652 M	0.00000
2	pole(2)	-566.02518	0.00000
3	pole(3)	-1.85266	0.00000
4	pole(4)	-100.00000 n	0.00000
5	zero(1)	-1.19583 T	0.00000
6	zero(2)	-10.36341 G	0.00000
7	zero(3)	-20.89440	0.00000
8	zero(4)	0.00000	0.00000
9	zero(5)	0.00000	0.00000
10	zero(6)	5.36697 G	0.00000

Selected Page:Pole Zero

图 1.7.25　零极点分析结果

1.7.13　Transfer Function Analysis(传递函数分析)

传递函数分析是分析一个输入源与两个节点间的输出电压或一个输入源与一个电流输出变量之间的小信号传递函数。该分析也可以用于计算电路的输入和输出阻抗。在传递函数分析中，输出变量可以是电路中的节点电压，但输入源必须是独立源。在进行该分析前，程序先自动对电路进行直流工作点分析，求得线性化的模型，然后再进行小信号分析求得传递函数。

执行菜单命令 Simulate/Analyses，在列出的可操作分析类型中选择 Transfer Function Analysis 命令则出现传递函数分析对话框，如图 1.7.26 所示。此对话框除 Analysis Parameters选项卡外，其他也与直流工作点分析设置一样。Analysis Parameters 选项卡的内容如表 1.7.11 所示。

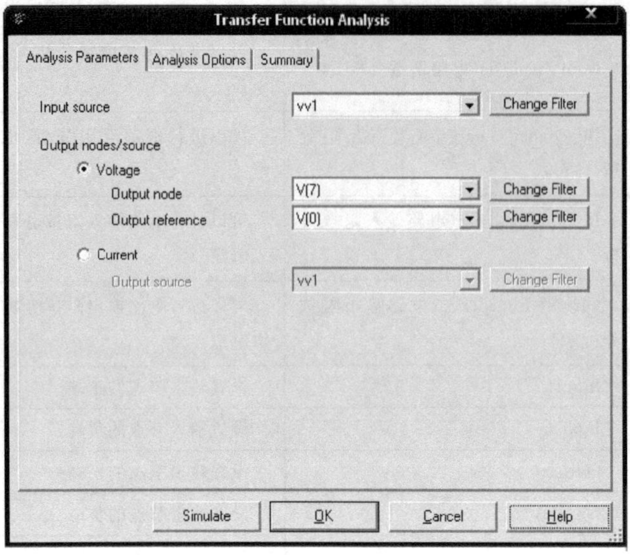

图 1.7.26　Transfer Function Analysis(传递函数分析)对话框

表 1.7.11　传递函数分析 Analysis Parameters 选项卡的内容

选项区域	选项	含义和设置要求
Input Source	Input Source(输入信号源)	从下拉列表中选择输入信号源,若菜单中没有需要的分析源,则可单击旁边的"Change Filter"按钮进行增加。
Output node/source	Voltage(电压)	在下拉列表中指定输出节点。
	Output reference	在下拉菜单中指定参考节点,一般为地。
	Current(电流)	在下拉列表中指定输出电流。

以单管放大电路为例,分析设置如图 1.7.26 所示,分析结果如图 1.7.27 所示。

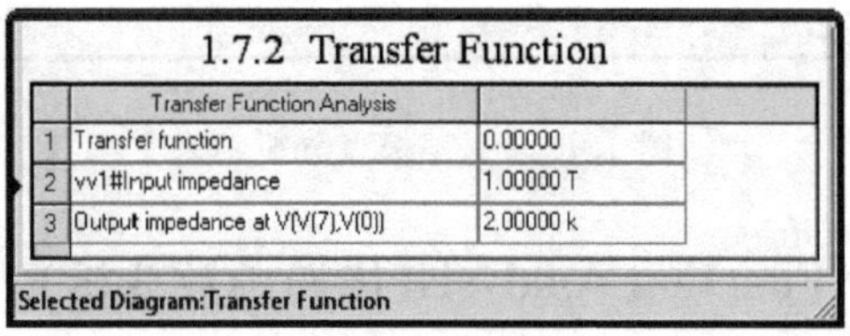

图 1.7.27　传递函数分析结果

1.7.14　Worst Case Analysis(最坏情况分析)

最坏情况分析是一种统计分析方法。通过它可以观察到在元件参数变化时,电路特性变化的最坏可能性。最坏情况电路中,元件参数在容差域边界点上引起电路性能的最大偏差。

执行菜单命令 Simulate/Analyses,在列出的可操作分析类型中选择 Worst Case Analysis 命令则出现传递函数分析对话框,如图 1.7.28 所示。此对话框除 Model tolerance list 和 Analysis Parameters 选项卡外，其他也与直流工作点分析设置一样。下面只介绍 Model tolerance list 和 Analysis Parameters 选项卡。

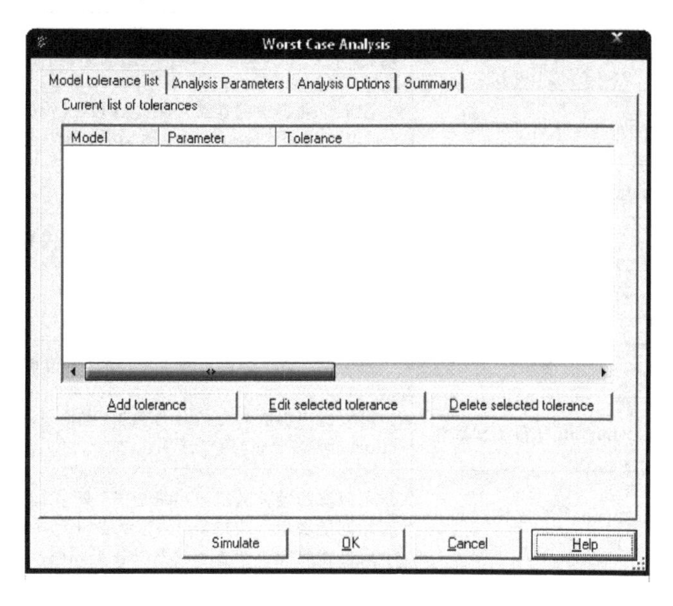

图 1.7.28　Worst Case Analysis(最坏情况分析)对话框

1. Model tolerance list 选项卡

在 Current list of tolerances 选项区域中列出目前的元件模型容差参数，可以单击下方的“Add a new tolerance”按钮，弹出如图 1.7.29 所示的添加容差设置对话框，包括三个选项区域。三个选项区域内容和含义如表 1.7.12 所示。

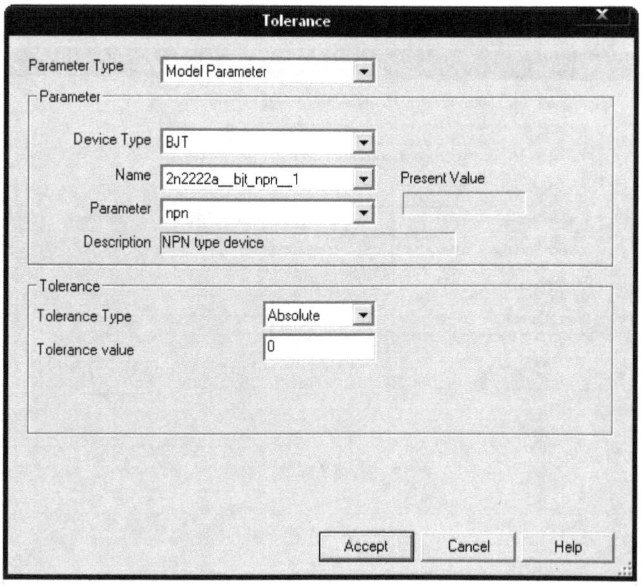

图 1.7.29　容差设置对话框

表 1.7.12 Tolerance 容差设置选项卡内容

选项区域	选　　项	含义和设置要求
Parameter Type	Parameter Type(类型参数)	在下拉列表中设置类型参数,有 Model Parameter(元件模型参数)和 Device Parameter(器件模型参数)两种。
Parameter	Device Type(器件类型)	在下拉列表中选择器件类型,如 BJT(双极型晶体管类)、Capacitor(电容器类)、Resistor(电阻器类)等。
	Name	选择要设定参数的元件序号。
	Parameter(参数)	选择设定的参数,每种元件有不同的参数。
	Present Value(当前参数设定值)	显示当前参数设定值,不可更改。
	Description(描述)	对 Parameter 设定参数进行说明,不可更改。
Tolerance	Distribution(分布类型)	可以选择参数容差的分布类型,包括 Guassian(高斯分布)和 Uniform(均匀分布)两个选项。
	Lot number(容差随机数出现方式)	可以选择容差随机数出现方式,其中 Lot 表示每个元件参数都有相同的随机产生的容差率,较适用于集成电路。Unique 表示每个元件参数随机产生的容差率各不相同。
	Tolerance Type(容差形式)	可以选择容差的形式,包括 Absolute(绝对值)和 Percent(百分比)两项。
	Tolerance(容差值)	可以根据所选的容差形式设置容差值。

2. 分析参数设置(Analysis Parameters)选项卡

Analysis Parameters 选项卡如图 1.7.30 所示。Analysis Parameters 选项卡的内容如表 1.7.13 所示。

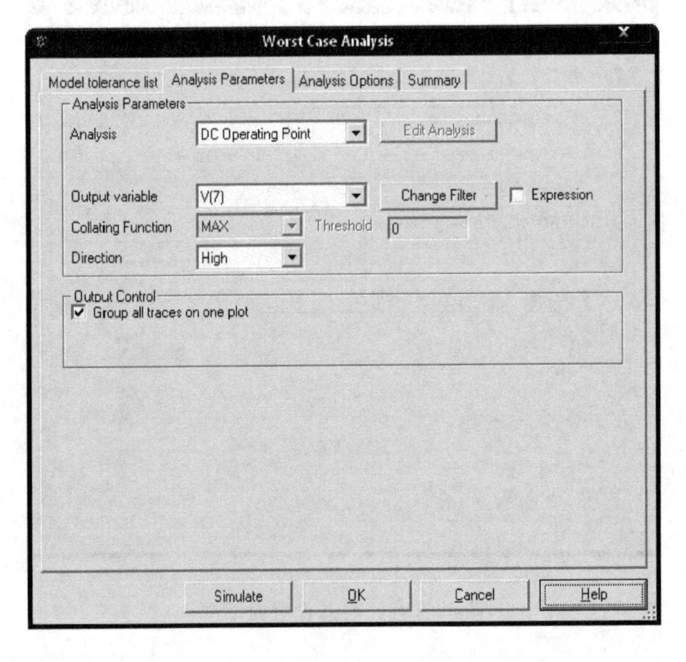

图 1.7.30 Analysis Parameters 选项卡

表 1.7.13　Analysis Parameters 选项卡的内容

选项区域	选项	含义和设置要求
Analysis Parameters	Analysis(分析)	选择所要进行的分析,有 AC Analysis(交流分析)和 DC Operating point(直流工作点分析)两个选项。
	Output(输出节点)	选择要分析的输出节点。
	Function(比较函数)	选择比较函数有 MAX、MIN、RISE_EDGE(上升沿)、FULL_EDGE(下降沿)4 种,若选择后两种,则需在右边的 Threshold 栏指定其门槛电压。
	Direction(容差变化方向)	可以选择容差变化方向,有 DEFAULT、LOW、HIGH 三种选项。
	Restrict to range(确定 X 轴的范围)	选择本选项后,在左 X 栏中指定 X 轴的最低值(默认为 0),在右 X 栏指定 X 轴的最高值(默认为 1)。
Output Contrl	Group all traces on one plot	选中此项,则仿真结果和记录显示在一个图形中;若不选,分三种仿真分别显示。

1.7.15　Monte Carlo Analysis(蒙特卡罗分析)

蒙特卡罗分析利用一种统计方法,分析电路元件的参数在一定数值范围内按照指定的误差分布变化时对电路性能的影响,它可以预测电路在批量生产时的合格率和生产成本。

对电路进行蒙特卡罗分析时一般要进行多次仿真分析。首先要按电路元件参数标称数值进行仿真分析,然后在电路元件参数标称值基础上加减一个 δ 值再进行仿真分析,所取的 δ 值大小取决于所选择的概率分布类型。

执行菜单命令 Simulate/Analyses,在列出的可操作分析类型中选择 Monte Carlo Analysis 命令则出现蒙特卡罗分析对话框,如图 1.7.31 所示。该对话框含有 4 个选项卡,除 Analysis Parameters 选项卡外,其他与最坏情况分析的相同,在此不再赘述。

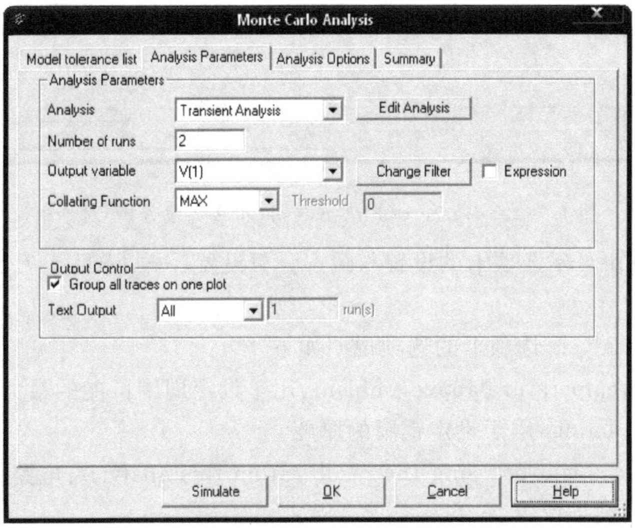

图 1.7.31　Monte Carlo Analysis(蒙特卡罗分析)对话框

Analysis Parameter 选项卡中，Output、Function、Direction、Restrict to range 和 Group all trace on one plot 等选项与最坏情况分析相同。新增加的两个选项功能如下所述。

- Number of runs：蒙特卡罗分析次数，其值必须大于等于 2。
- Text Output：选择文字输出方式。

1.7.16 Trace width Analysis(布线宽度分析)

布线宽度分析就是在制作 PCB 板时，对导线有效的传输电流所允许的最小线宽的分析。导线所散发的功率不仅与电流有关，还与导线的电阻有关，而导线的电阻又与导线的横截面积有关。在制作 PCB 板时，导线的厚度受板材的限制，那么导线的电阻就主要取决于 PCB 板设计者对导线宽度的设置。

执行菜单命令 Simulate/Analyses，在列出的可操作分析类型中选择 Trace width Analysis 命令则出现布线宽度分析对话框，如图 1.7.32 所示。该对话框含有 4 个选项卡，除了 Trace width Analysis 和 Analysis Parameters 选项卡外，其他与直流工作点分析设置一样，在此不再赘述。

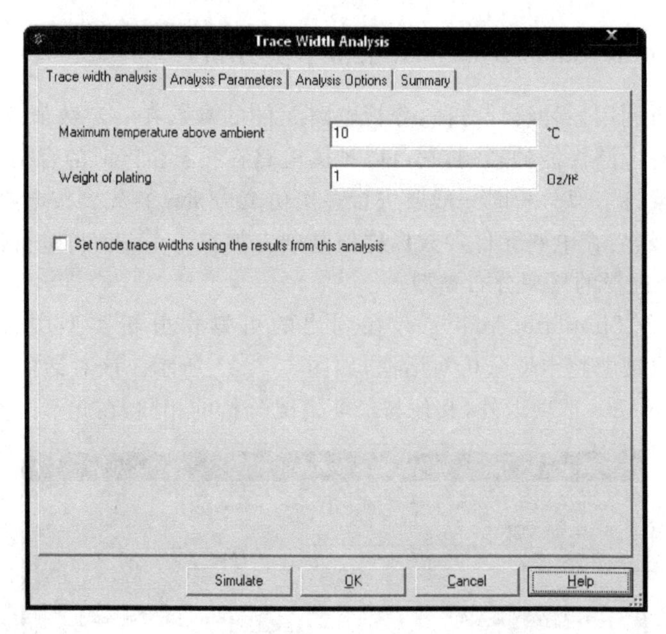

图 1.7.32 Trace width Analysis(布线宽度分析)对话框

Analysis Parameters 选项卡的设置与瞬态分析设置一样，详见 1.7.3 节，一般保持默认设置即可。

Trace width analysis 选项卡的选项说明如下。

- Maximum temperature above ambient：用于设定周围可能的最大温度。
- Weight of plating：用于设定铜膜的厚度。
- Set node trace widths using the results from this analysis：电路板布线时布线宽度按本分析的结果设置。

1.7.17 Batched Analyses(批处理分析)

在实际电路中，通常需要对同一个电路进行多种分析，以单管放大电路为例，通过直流工作点分析确定其静态工作点；通过交流分析了解其频率特性；通过瞬态分析观察输入、输出波形；通过批处理分析可以将这些不同的分析功能放在一起，一次执行。

执行菜单命令 Simulate/Analyses，在列出的可操作分析类型中选择 Batched Analyses 命令则出现批处理分析对话框，如图 1.7.33 所示。在图 1.7.33 中，左边的 Available 选项栏中可以选择所要执行的分析，选中后单击“Add analysis”按钮，则弹出所选分析类型的参数对话框。例如，选择“DC operation point”，再单击“Add analysis”按钮，则弹出 DC operating point Analysis 对话框。该对话框与直流工作点分析的参数设置对话框基本相同，其操作也一样，所不同的是，“Simulate”按钮变成了“Add to list”按钮。在设置直流工作点分析对话框中的各种参数之后，单击“Add to list”按钮，即回到 Batched Analyses 对话框，此时在右边的 Analyses To 选项栏中出现将要分析的选项 DC operating point，单击 DC operating point 分析左侧的十字型号，则显示出该分析的总结信息。

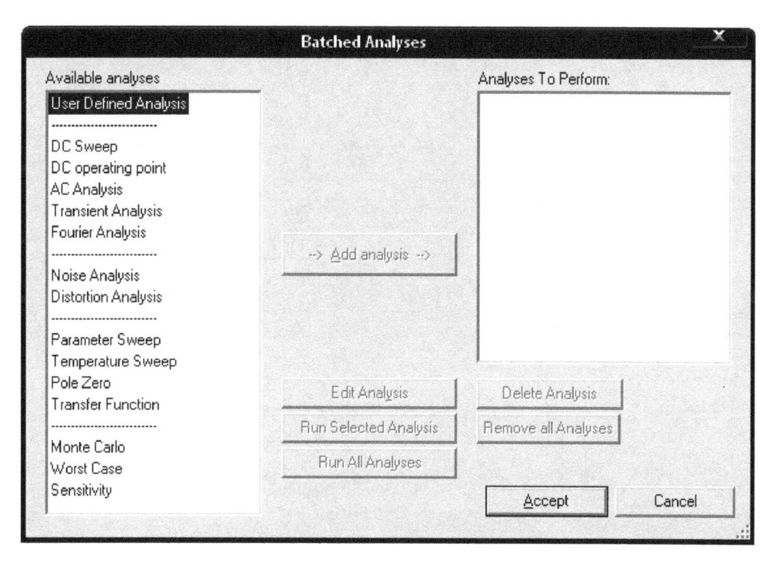

图 1.7.33 Batched Analyses(批处理分析)对话框

选中右边的 Analyses To 选项栏中的 DC operating point，单击“Edit Analysis”按钮，可以对其分析参数进行编辑处理；单击“Run Selected Analysis”按钮，可以对其运行仿真分析；单击“Delete Analysis”按钮，可以将其删除；单击“Remove all Analyses”按钮，可以将已选中的 Analyses To 选项栏内的分析全部删除；单击“Accept”按钮，可以保留 Batched Analyses 对话框中的所有选择设置。

如果要继续添加分析类型，可以按照上述操作进行，全部选择完成后，在 Batched Analyses对话框的右边 Analyses To 选项栏中将出现全部选择的分析项，单击“Run all Analyses”按钮即执行所选定在 Analyses To 选项栏中的全部分析仿真。仿真分析的结果依次出现在Analysis Graphs中。

1.7.18 User defined Analysis(用户自定义分析)

用户自定义分析可以由用户扩充仿真分析功能,单击如图 1.7.1 所示的分析菜单中 User defined Analysis 命令则出现用户自定义分析对话框。用户可以在 Commands 选项卡文本框中输入可执行的 SPICE 命令,单击"Simulate"按钮即可执行此项分析。User Defined Anlysis 对话框中 Miscellaneous Options 和 Summary 选项卡的功能与直流工作点分析中的选项卡功能一样。

第2章 电路分析基础仿真实验

2.1 直流电路仿真实验

2.1.1 基尔霍夫定律仿真实验

基尔霍夫定律是任何集总参数电路都适用的基本定律,它包括电流定律和电压定律。基尔霍夫定律是分析和计算较为复杂电路的基础,它既可以用于直流电路的分析,也可以用于交流电路的分析,还可以用于含有电子元件的非线性电路的分析。

基尔霍夫电流定律描述电路中各电流的约束关系,又称为节点电流定律。基尔霍夫电流定律(KCL)指出:在任意时刻,对于集总参数电路的任一节点,流入该节点电流的总和等于流出该节点电流的总和,即流入或流出节点的电流代数和恒为零,即

$$\sum i_{\mathrm{i}} = \sum i_{\mathrm{o}} \text{ 或 } \sum i = 0$$

基尔霍夫电流定律不仅适用于电路节点,还可以推广运用于电路中的任意假设封闭面。例如,如图 2.1.1 所示,封闭面所包围的局部电路,有 3 条支路与电路的其他部分相连接,其电流分别为 I_1、I_2、I_3,依基尔霍夫电流定律有:$I_1=I_2+I_3$。

基尔霍夫电压定律描述电路中各电压的约束关系,又称为回路电压定律。基尔霍夫电压定律指出:在任意时刻,对于集总参数电路的任意回路,沿回路绕行方向所有支路的电压降之和等于电压升之和,即在任一时刻,沿闭合回路所有支路电压降的代数和恒为零,即

$$\sum v = 0$$

1. 理论分析计算

在 Multisim 10 中,搭建仿真实验电路,如图 2.1.2 所示。

依基尔霍夫电流定律,求取图 2.1.2 所示实验电路的电路响应,由支路电流法可列 KCL 和 KVL 方程:

$$I_2=I_1+I_3$$

$$2I_1+3I_2=2-14$$

$$8I_3+3I_2=2$$

联立上述方程,解得

$$I_1=-3\ \mathrm{A}, I_2=-2\ \mathrm{A},\ I_3=1\ \mathrm{A}$$

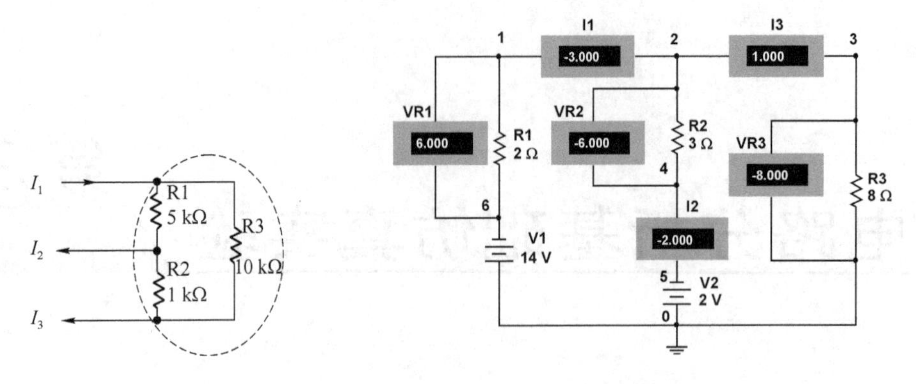

图 2.1.1　基尔霍夫电流定律推广　　　　图 2.1.2　基尔霍夫电流定律实验电路

2. 仿真测量

在 Multisim 10 中，打开仿真开关，用直流电流表、电压表测量各支路中的电流和各电阻的电压降，如图 2.1.2 所示，并将仿真测量数据填入表 2.1.1 中。

表 2.1.1 基尔霍夫定律实验数据

实验数据	I_1/A	I_2/A	I_3/A	V_{R1}/V	V_{R2}/V	V_{R3}/V
理论计算值						
仿真测量值						

3. 分析研究

根据理论分析计算的数据和表 2.1.1 所列仿真测量的数据可知，仿真测量的电路响应数据与理论分析计算的电路响应数据一致，说明仿真实验对实际电路的分析具有指导意义。

2.1.2　网孔电流和节点电压分析法仿真实验

网孔电流分析法简称网孔电流法，是根据 KVL 定律，用网孔电流为未知量，列出各网孔回路电压(KVL)方程，并联立求解出网孔电流，再进一步求解出各支路电流以求解电路的方法。

节点电压(节点电位)是节点相对于参考点的电压降。对于具有 n 个节点的电路一定有 $n-1$ 个独立节点的 KCL 方程。节点电压分析法是以节点电压为变量，列节点电流(KCL)方程求解电路的方法。

1. 网孔电流分析法仿真实验

在 Multisim 10 中，搭建仿真实验电路，并设网孔电流 I_1、I_2、I_3 在网孔中按顺时针方向流动，如图 2.1.3 所示。

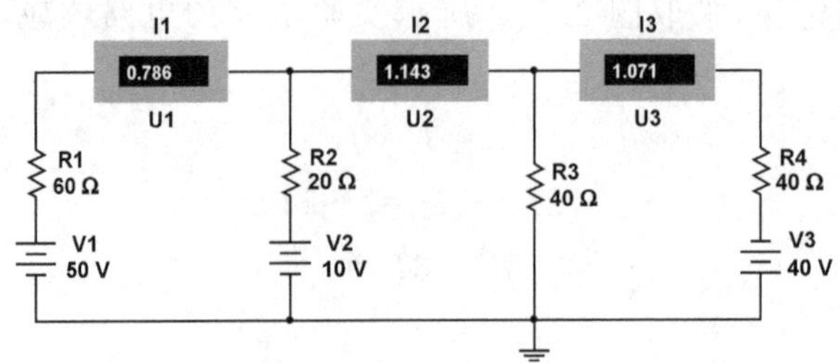

图 2.1.3　网孔电流分析法仿真实验电路

由网孔电流法可列 KVL 方程：

$$80I_1-20I_2=40$$
$$-20I_1+60I_2-40I_3=10$$
$$-40I_2+80I_3=40$$

联立上述方程，解得

$$I_1=0.786\ \text{A},I_2=1.143\ \text{A},I_3=1.071\ \text{A}$$

在 Multisim 10 中，打开仿真开关，读出 3 个电流表的数据，如图 2.1.3 所示，记录并将测量值填入表 2.1.2 中，比较计算值和测量值，验证网孔电流分析法。

表 2.1.2　网孔电流分析法实验数据

	I_1/A	I_2/A	I_3/A
理论计算值			
仿真测量值			

2. 节点电压分析法仿真实验

在 Multisim 10 中，搭建仿真实验电路，如图 2.1.4 所示，试用节点电压分析法求解流经电阻 R_3 的电流。

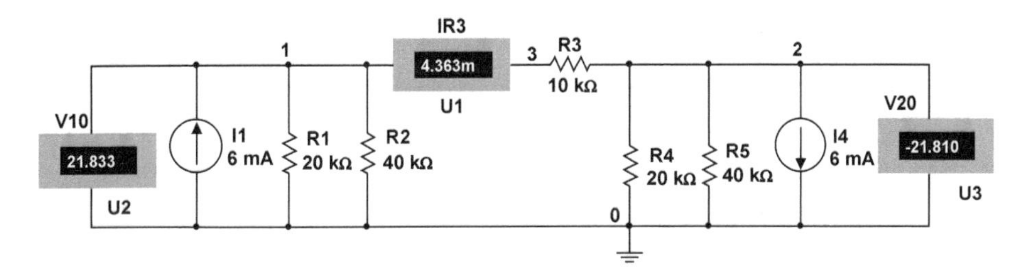

图 2.1.4　节点电压分析法实验电路

由节点电压分析法，可列 KCL 方程：

$$0.175V_{10}-0.1V_{20}=6$$
$$-0.1V_{10}+0.175V_{20}=-6$$

联立上述方程，解得

$$V_{10}=21.815\ \text{V},V_{20}=-21.815\ \text{V}$$

流经电阻 R_3 的电流为 4.363 mA。

在 Multisim 10 中，打开仿真开关，读出电流表和电压表的数据，如图 2.1.4 所示，记录并将测量值填入表 2.1.3 中，比较计算值和测量值，验证节点电压分析法。

表 2.1.3　节点电压分析法实验数据

	V_{10}/V	V_{20}/V	$(V_{10}-V_{20})$/V	I_{R3}/A
理论计算值				
仿真测量值				

2.1.3　叠加定理仿真实验

叠加定理指出，对于线性电路，多个激励源共同作用时引起的响应（电路中各处的电流或电压）等于各个激励源单独作用时（其他激励源置为 0）所产生响应的叠加（代数和）。

在 Multisim 10 中，搭建仿真实验电路，如图 2.1.5 所示，试用叠加定理求解电阻 R_2 两端的电压降。

由叠加定理可知，当 V_1、V_2 单独作用时，电阻 R_2 两端的电压降分别为 $V_{R2}'=2\ \text{V}$，$V_{R2}''=2\ \text{V}$，则电阻 R_2 两端的电压降为

$$V_{R2}=V_{R2}'+V_{R2}''=(2+2)\ \text{V}=4\ \text{V}$$

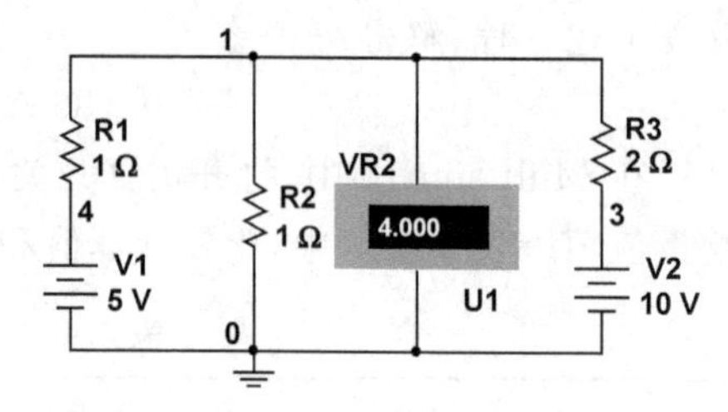

图 2.1.5　叠加定理实验电路

如图 2.1.5 所示，在 Multisim 10 中，分别仿真测量当 V_1、V_2 单独作用时（当一个电源单独作用时，其余电源不作用，就意味着取零，即将电压源短路、电流源开路）和 V_1、V_2 共同作用时，电阻 R_2 两端的电压降，读出电压表显示的测量数据并填入表 2.1.4 中。比较计算值和测量值，验证叠加定理，讨论使用叠加定理时应注意的事项。

表 2.1.4　叠加定理实验数据

	V_{R2}'/V	V_{R2}''/V	V_{R2}/V	$(V_{R2}'+V_{R2}'')$/V
理论计算值				
仿真测量值				

2.1.4　戴维南定理仿真实验

戴维南定理指出：任何有源线性单口网络，对其外部特性而言，总可以等效为一个理想电压源与一个电阻串联的支路，其中电压源的电压等于该有源线性单口网络在负载开路时的电压 V_{oc}，串联的电阻 R_o 等于该有源线性单口网络内部所有独立电源为零值时在端口的等效电阻。

在 Multisim 10 中，搭建仿真实验电路，如图 2.1.6 (a)所示，试用戴维南定理求解电阻 R_4 中流过的电流 I。

由戴维南定理可得：

$$R_o=R_2=9\ \Omega$$

$$V_{oc}=I_S R_2+V_S=(2\times 9+10)\ \text{V}=28\ \text{V}$$

$$I=\frac{V_{oc}}{R_o+R_4}=\frac{28}{9+5}\ \text{A}=2\ \text{A}$$

在 Multisim 10 中，搭建仿真实验电路，如图 2.1.6(b)所示，打开仿真开关，进行仿真测量，求取电阻 R_4 中流过的电流 I，读出电流表显示的测量数据并填入表 2.1.5 中。

在 Multisim 10 中，搭建仿真实验电路，如图 2.1.6(c)所示，打开仿真开关，进行仿真测量，求取开路电压 V_{oc}，读出电压表显示的测量数据并填入表 2.1.5 中。另外，双击电压表图标，打开电压表参数设置对话框，注意观察改变电压表内阻后测量参数随之变化的现象。

在 Multisim 10 中，搭建仿真实验电路，如图 2.1.6(d)所示，打开仿真开关，进行仿真测

量，求取短路电流 I_{sc}，读出电流表显示的测量数据并填入表2.1.5中。另外，双击电流表图标，打开电流表参数设置对话框，注意观察改变电流表内阻后测量参数随之变化的现象。

将上述仿真测量数据代入式 $R_o=\dfrac{V_{oc}}{I_{sc}}$，$I=\dfrac{V_{oc}}{R_o+R_4}$ 中，求取 R_4 中流过的电流 I，验证戴维南定理，讨论使用戴维南定理时应注意的事项。

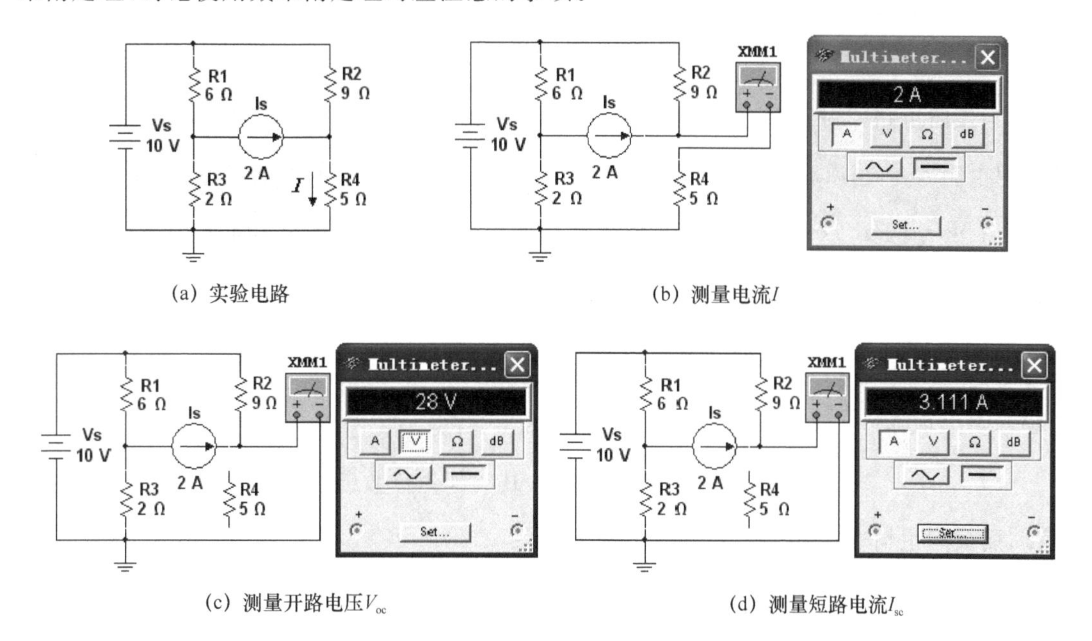

(a) 实验电路　(b) 测量电流I

(c) 测量开路电压V_{oc}　(d) 测量短路电流I_{sc}

图2.1.6 戴维南定理实验电路

表2.1.5 戴维南定理实验电路数据

	I/A	V_{oc}/V	I_{sc}/A	R_o/Ω	$I=\dfrac{V_{oc}}{R_o+R_4}$/A
理论计算值					
仿真测量值					

2.2 动态电路分析仿真实验

电容元件和电感元件的电压和电流的约束关系是导数和积分的关系，称为动态元件。含有动态元件的电路称为动态电路，描述动态电路的方程是以电压和电流为变量的微分方程。

当作用于电路的激励源为恒定量或周期性变化量，电路的响应也是恒定量或周期性变化量时，称电路处于稳定状态。由于电路中含有储能元件（电容元件和电感元件），在一般情况下，当电路换路（电源或无源元件的接入、断开以及某些参数的突然改变）时，电路的响应都要发生变化。一般，这种变化是不能瞬时完成的，这种从一个稳态到另一个稳态的变化过程称为过渡过程。在过渡过程中，电路中的电压、电流处于暂时不稳定的状态，因此过渡过程又称为暂态过程，简称暂态。在动态电路中发生的过渡过程称为动态过程，动态过程中电路的响应称为动态响应。

用一阶常系数线性微分方程描述其过渡过程的电路，或者说只含一个独立储能元件（电

容或电感)的电路称为一阶电路。一阶电路的暂态响应曲线呈指数规律变化(增长或衰减)。一阶线性电路动态响应的一般表达式为

$$f(t)=f(\infty)+[f(0_+)-f(\infty)]\mathrm{e}^{-\frac{t}{\tau}}$$

式中,$f(t)$是电压或电流;$f(\infty)$是稳态分量,是电路达到新的稳态时的稳态值;$f(0_+)$是待求函数的初始值;τ 为一阶电路的时间常数,取决于电路的结构和元件参数。

当电路中含有两个独立的动态储能元件时,描述电路的方程是二阶常系数线性微分方程,称为二阶电路。对于 RLC 串联电路,由于 $2\sqrt{\frac{L}{C}}$ 具有电阻的量纲,称为 RLC 串联电路的阻尼电阻 R_d。当串联电路 R、L、C 数值不同时,电路固有频率可出现三种不同的情况:

(1) 当 $R>2\sqrt{\frac{L}{C}}$ 时,特征根为两个不相等的负实数,响应是非周期性(非振荡性)的,属过阻尼情况;

(2) 当 $R=2\sqrt{\frac{L}{C}}$ 时,特征根为两个相等的负实数,响应仍是非周期性(非振荡性)的,属临界阻尼情况;

(3) 当 $R<2\sqrt{\frac{L}{C}}$ 时,特征根为共轭复数,其实部为负数(衰减系数),响应为衰减性的振荡,属欠阻尼情况。

2.2.1　*RC* 一阶动态电路仿真实验

1. 一阶 *RC* 电路的充、放电

在 Multisim 10 中,搭建 *RC* 充、放电仿真实验电路,如图 2.2.1 所示。

当动态元件(电容或电感)初始储能为零(即初始状态为零)时,仅由外加激励产生的响应称为零状态响应;如果在换路瞬间动态元件(电容或电感)已储存有能量,那么即使电路中没有外加激励电源,电路中的动态元件(电容或电感)将通过电路放电,在电路中产生响应,即零输入响应。

在 Multisim 10 中,单击图 2.2.1 所示电路中开关 J_1 的控制键 A,选择 *RC* 电路分别工作在充电(零状态响应)、放电(零输入响应)状态。

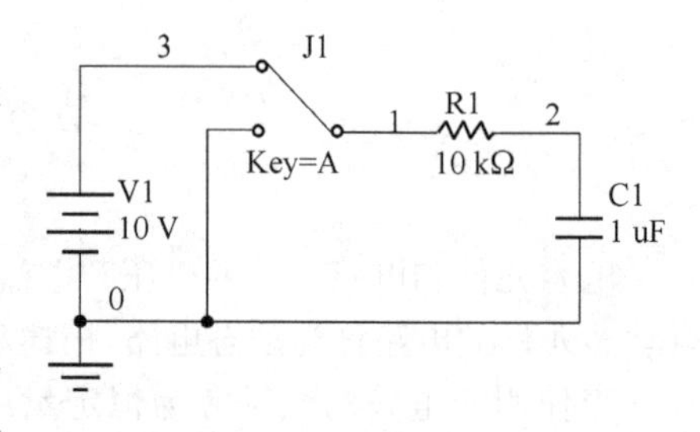

图 2.2.1　一阶 *RC* 充、放电电路

(1) *RC* 充电(零状态响应)

打开存盘的 *RC* 充、放电仿真实验电路,单击开关 J_1 的控制键 A,选择 *RC* 电路分别工作在充电(零状态响应)状态,单击"Simulate / Analyses / Transient Analysis…"(瞬态分析)按钮,在弹出的参数选项设置对话框 Analysis Parameters 选项卡 Initial Conditions 区中,设置仿真开始时的初始条件为 Set to zero(初始状态为零);在 Parameters 区中,设置仿真起始时间 Start time 和终止时间 End time 分别为 0 和 0.1 Sec;在 Output(输出)选项中设置待分析的输出节点为 $V[2]$等,如图 2.2.2 所示。单击"Simulate"(仿真)按钮,即可得到零状态响应曲线,如图 2.2.3 所示。

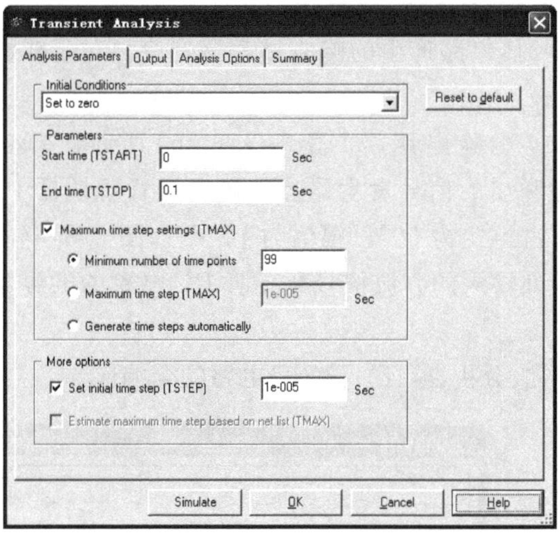

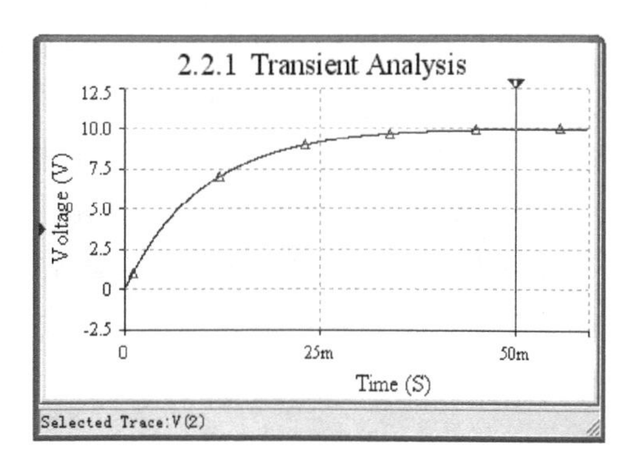

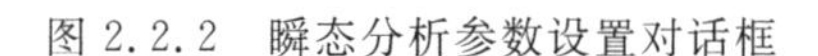

图 2.2.2 瞬态分析参数设置对话框

图 2.2.3 零状态响应曲线

(2) *RC* 放电(零输入响应)

打开存盘的 *RC* 充、放电仿真实验电路，单击开关 J_1 的控制键 A，选择 *RC* 电路分别工作在放电(零输入响应)状态。双击如图 2.2.1 所示的 *RC* 充、放电仿真实验电路中的电容器图标，在弹出的电容器参数选项设置对话框中，单击“Value(数值)”按钮，在弹出的参数选项设置对话框中勾选 Initial Conditions(初始状态)选项，设置电容器的初始电压为 10 V，如图 2.2.4 所示。单击“Simulate / Analyses / Transient Analysis…”(瞬态分析)按钮，在弹出的参数选项设置对话框 Analysis Parameters 选项卡的 Initial Conditions 区中，设置仿真开始时的初始条件为 User defined(由用户自定义初始值)；在 Parameters 区中，设置仿真起始时间 Start time 和终止时间 End time 分别为 0 和 0.1 Sec；在 Output(输出)选项中设置待分析的输出节点为 $V[2]$ 等。单击“Simulate”(仿真)按钮，即可得到零输入响应曲线，如图 2.2.5 所示。

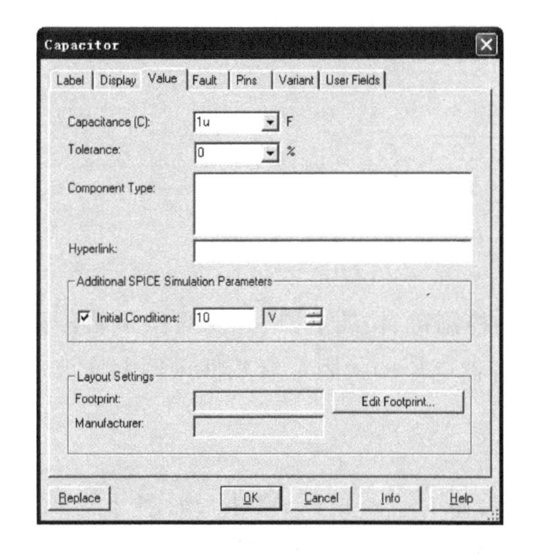

图 2.2.4 电容器参数设置对话框

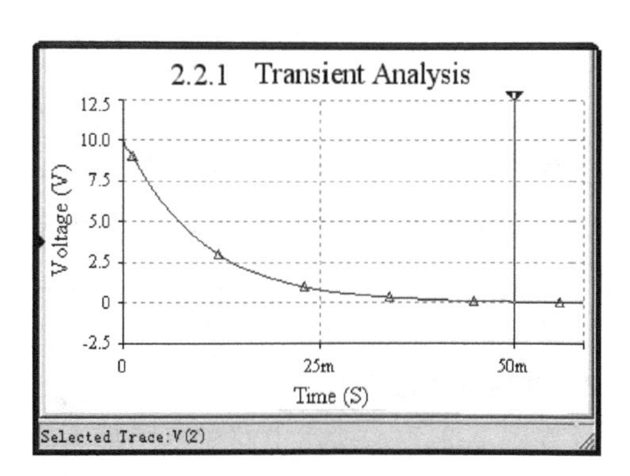

图 2.2.5 零输入响应曲线

2. 一阶 *RC* 电路的全响应

当一个非零初始状态的一阶电路受到激励时，电路产生的响应称为全响应。对于线性电路，全响应是零输入响应和零状态响应之和。

在 Multisim 10 中，搭建一阶 *RC* 全响应实验电路，如图 2.2.6(b)所示。双击图 2.2.6(b)所示电路中的信号发生器图标，在弹出的信号发生器参数选项设置对话框中，选择方波信号，设置方波信号的频率为 25 Hz、占空比为 50%、幅值为 10 V，如图 2.2.6(a)所示。打开仿真开关，即可在双踪示波器上看到输入的方波信号和一阶 *RC* 电路的电容器电压的全响应波形，如图 2.2.6(c)所示。

依据图 2.2.6(c)所示的仿真测量数据，研究、分析、验证一阶 *RC* 电路的全响应。

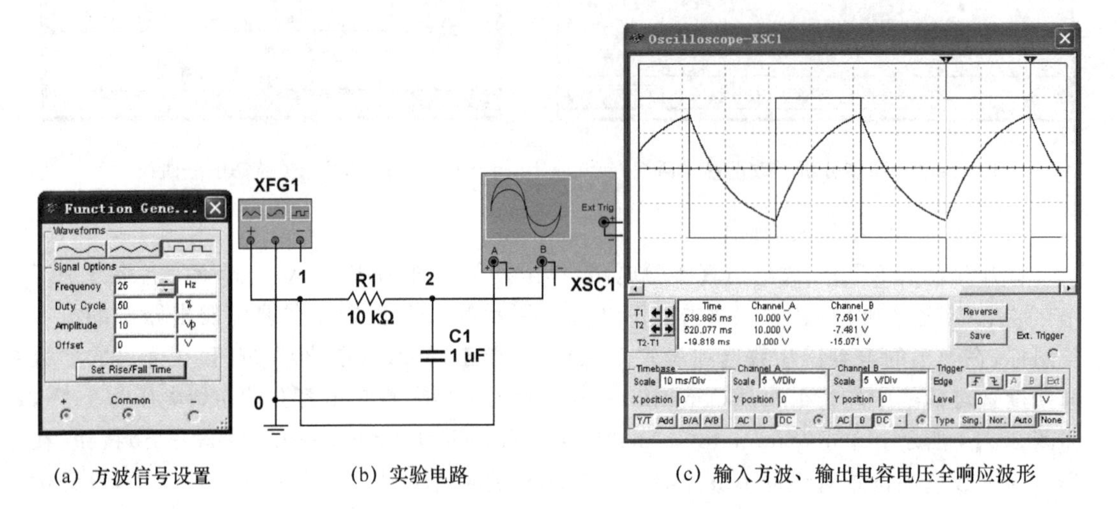

(a) 方波信号设置　　(b) 实验电路　　(c) 输入方波、输出电容电压全响应波形

图 2.2.6　一阶 *RC* 全响应实验电路

2.2.2　*RC* 二阶动态电路仿真实验

1. 欠阻尼状态

在 Multisim 10 中，搭建 *RLC* 串联二阶实验电路，如图 2.2.7(a)所示。

由理论分析可知：

$$R_d = 2\sqrt{\frac{L}{C}} = 2\sqrt{\frac{100\times10^{-3}}{100\times10^{-9}}}\ \Omega = 2\ \text{k}\Omega$$

$$R = 100\ \Omega < R_d$$

电路工作于欠阻尼的衰减性振荡状态。

调整好示波器，打开仿真开关，单击开关 J_1 的控制键、接通电路，并及时按下暂停按钮，即可在示波器上看到 *RLC* 串联二阶实验电路电容器电压的欠阻尼衰减性振荡响应波形，如图 2.2.7(b)所示。

2. 过阻尼状态

改变图 2.2.7(a)所示电路中电阻器 R 的大小，使 $R=10\ \text{k}\Omega$，$R>R_d$，如图 2.2.8(a)所示。调整好示波器，打开仿真开关，单击开关 J_1 的控制键、接通电路，并及时按下暂停按钮，即可在示波器上看到 *RLC* 串联二阶实验电路电容器电压的过阻尼非振荡性响应波形，如图

2.2.8(b)所示。

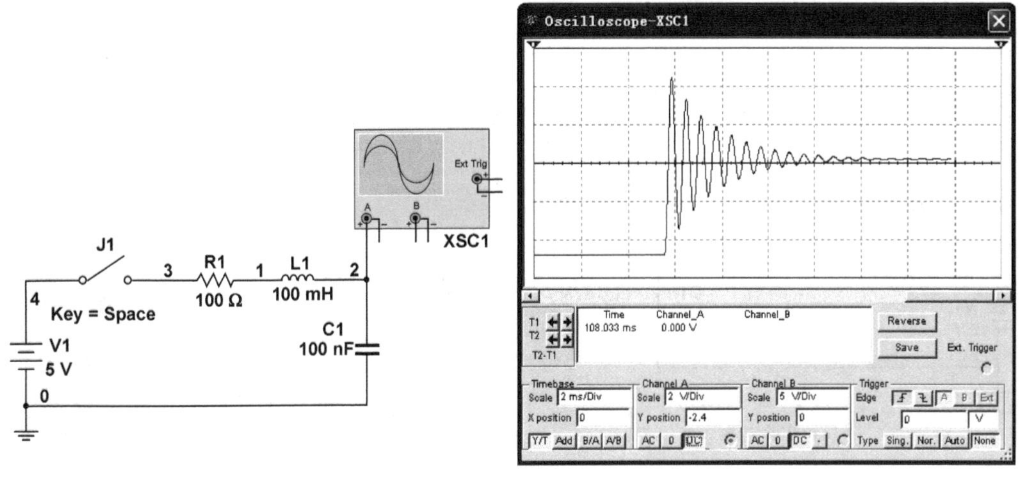

(a) 实验电路　　(b) 输出电容电压欠阻尼衰减性振荡响应波形

图 2.2.7　*RLC* 串联二阶实验电路

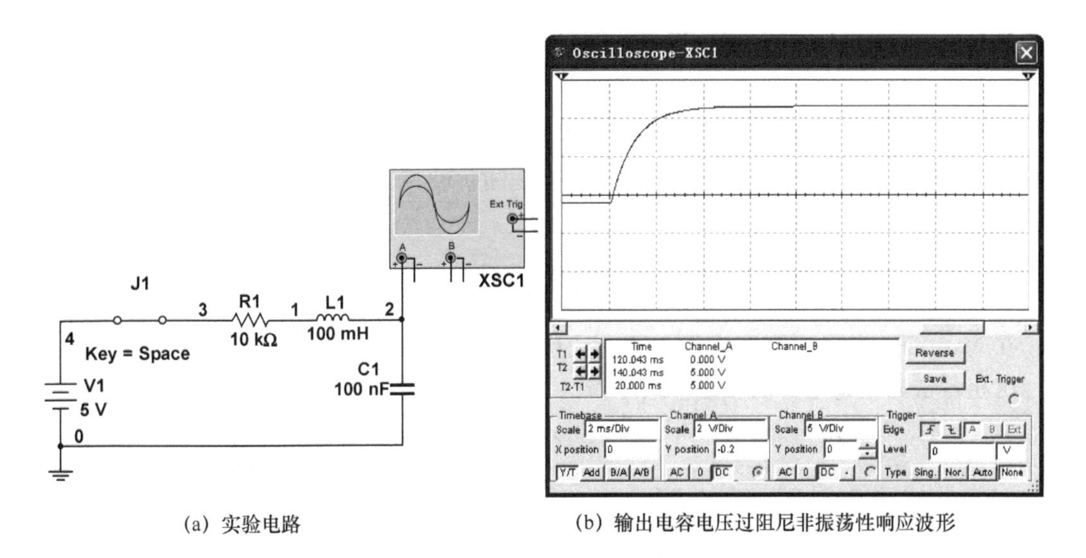

(a) 实验电路　　(b) 输出电容电压过阻尼非振荡性响应波形

图 2.2.8　*RLC* 串联二阶实验电路

3. 临界阻尼状态

改变图 2.2.7(a)所示电路中电阻器 R 的大小，使 $R=2\ \text{k}\Omega$，$R=R_d$，如图 2.2.9(a)所示。调整好示波器，打开仿真开关，单击开关 J_1 的控制键、接通电路，并及时按下暂停按钮，即可在示波器上看到 *RLC* 串联二阶实验电路电容器电压的临界阻尼非振荡性响应波形，如图 2.2.9(b)所示。

参照 *RLC* 串联二阶实验电路仿真测量响应波形，试研究、分析、验证 *RLC* 串联二阶实验电路的过渡过程。

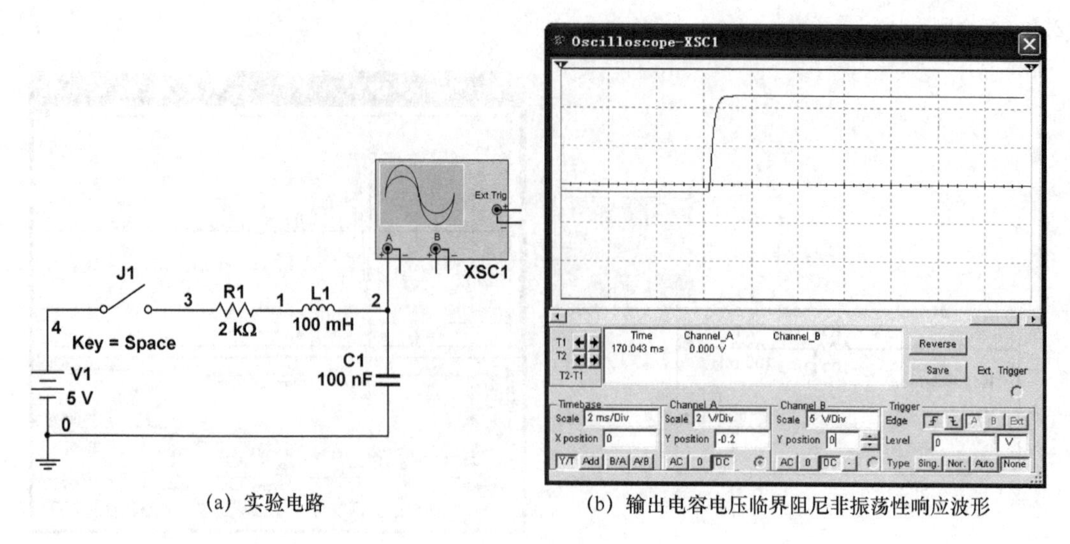

(a) 实验电路　　(b) 输出电容电压临界阻尼非振荡性响应波形

图 2.2.9　*RLC* 串联二阶实验电路

2.3　正弦稳态交流电路仿真实验

在线性电路中，当电路的激励源是正弦电流（或电压）时，电路的响应也是同频的正弦量，称为正弦稳态交流电路。正弦稳态交流电路中的 KCL 和 KVL 适用于所有的瞬时值和相量形式。

2.3.1　欧姆定律的相量形式仿真实验

在 Multisim 10 中，搭建 *RLC* 串联正弦稳态交流实验电路，如图 2.3.1 所示。

由相量法和欧姆定律的相量形式可知：

$$Z_L = j\omega L = j314 \times 100 \times 10^{-3}\ \Omega = j31.4\ \Omega$$

$$Z_C = -j\frac{1}{\omega C} = -j\frac{1}{314 \times 10 \times 10^{-6}}\ \Omega \approx -j318.5\ \Omega$$

$$Z = R + j(\omega L - \frac{1}{\omega C}) \approx [1\,000 + j(31.4 - 318.5)]\ \Omega$$

$$\approx 1\,040.4\angle -16^\circ \Omega$$

$$\dot{I} = \frac{\dot{V}}{Z} \approx \frac{10}{1\,040.4\angle -16^\circ}\ \text{A} \approx 9.61\angle 16\ ^\circ\text{mA}$$

$$V_{Rm} = \sqrt{2}IR \approx \sqrt{2} \times 9.61 \times 1\ \text{V} \approx 13.59\ \text{V}$$

$$V_{Lm} = \sqrt{2}IZ_L \approx \sqrt{2} \times 9.61 \times 0.031\,4\ \text{V} \approx 0.43\ \text{V}$$

$$V_{Cm} = \sqrt{2}IZ_C \approx \sqrt{2} \times 9.61 \times 0.318\,5\ \text{V} \approx 4.33\ \text{V}$$

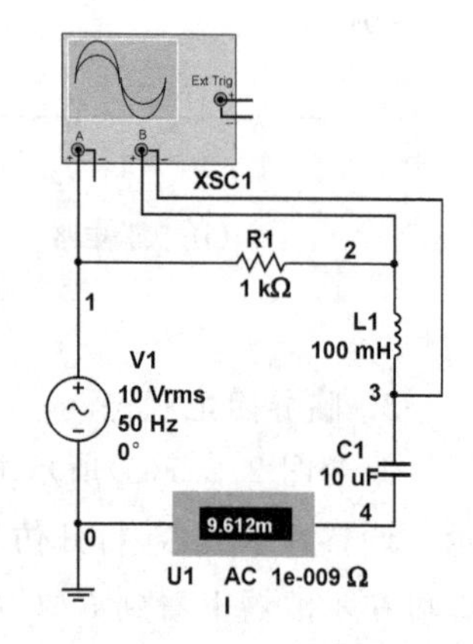

图 2.3.1　仿真电路

打开仿真开关，用示波器进行仿真测量，分别测量电阻 *R*、电感 *L*、电容 *C* 两端的电压幅值；用串接在电路中的电流表测量电路中流过的电流 *I*，读出显示的测量数据并填入表 2.3.1 中。

表 2.3.1　欧姆定律相量形式数据

	V_{Rm}/V	V_{Lm}/V	V_{Cm}/V	I/A
理论计算值				
仿真测量值				

参照 *RLC* 串联实验电路的理论计算和仿真测量数值，试研究、分析、验证欧姆定律的相量形式和相量法。

2.3.2　基尔霍夫定律的相量形式仿真实验

1. 基尔霍夫电压定律相量形式仿真实验

在 Multisim 10 中，搭建 *RLC* 串联正弦稳态交流实验电路，如图 2.3.2 所示。

(1) 用相量法和基尔霍夫电压定律的相量形式分析、计算图 2.3.2 所示电路中的电流和各元件两端的电压降，并将计算值填入表 2.3.2 中。

(2) 打开仿真开关，用并接在各元件两端的电压表进行仿真测量，分别测量电阻 *R*、电感 *L*、电容 *C* 两端的电压值；用串接在电路中的电流表测量电路中流过的电流 *I*，读出显示的测量数据并填入表 2.3.2 中。

(3) 参照 *RLC* 串联实验电路的理论计算和仿真测量数值，试研究、分析、验证基尔霍夫电压定律的相量形式和相量法。

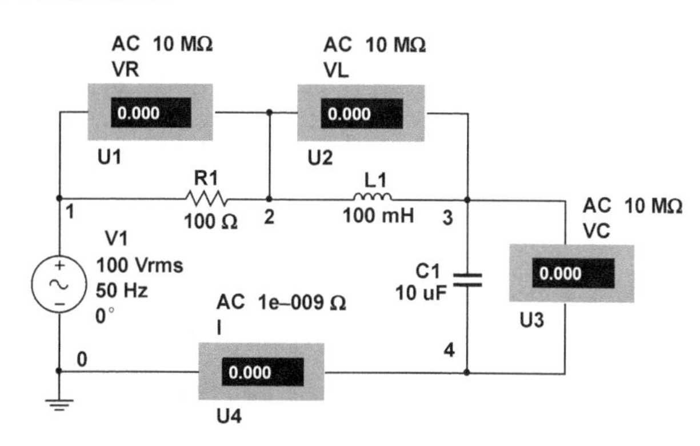

图 2.3.2　基尔霍夫电压定律相量形式仿真电路

表 2.3.2　基尔霍夫电压定律相量形式数据

	V_R/V	V_L/V	V_C/V	I/A
理论计算值				
仿真测量值				

2. 基尔霍夫电流定律相量形式仿真实验

在 Multisim 10 中，搭建 *RLC* 并联正弦稳态交流实验电路，如图 2.3.3 所示。

(1) 用相量法和基尔霍夫电流定律的相量形式分析、计算图 2.3.3 所示电路中各支路的电流，并将计算值填入表 2.3.3 中。

(2) 打开仿真开关，用串接在各支路中的电流表进行仿真测量，分别测量电阻 R 支路、电感 L 支路、电容 C 支路中的电流值，及电源支路中流过的总电流 I，读出显示的测量数据并填入表 2.3.3 中。

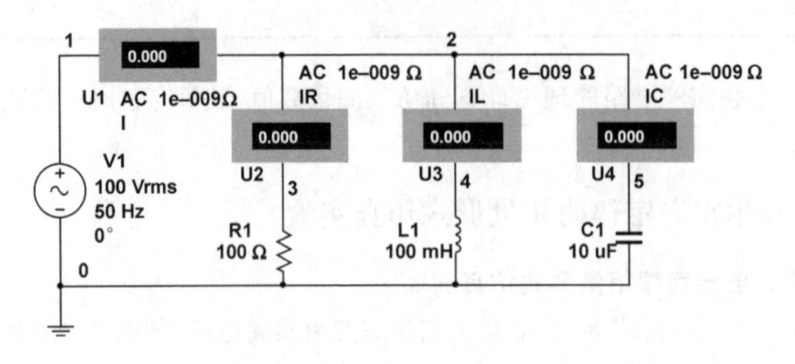

图 2.3.3 基尔霍夫电流定律相量形式仿真电路

(3) 参照 RLC 并联实验电路的理论计算和仿真测量数值，试研究、分析、验证基尔霍夫电流定律的相量形式和相量法。

表 2.3.3 基尔霍夫电流定律相量形式数据

	I_R/A	I_L/A	I_C/A	I/A
理论计算值				
仿真测量值				

2.4 三相交流电路仿真实验

三相交流电路主要是由三相电源、三相负载和三相输电线路三部分组成。对称三相电源是由 3 个同频率、等幅值、初相依次滞后 120°的正弦电压源连接成星形(Y)或三角形(△)组成的电源(此节仿真实验中均采用星形电源)。3 个阻抗连接成星形(或三角形)就构成星形(或三角形)负载，只有当 3 个阻抗相等时，才构成对称三相负载。将三相电源与三相负载连接可形成三相四线制或三相三线制的三相电路。

2.4.1 星形负载三相电路仿真实验

1. 制作星形(Y)三相四线制交流电源子电路

(1) 选择 3 个正弦交流信号源，在实验电路工作区搭建三相四线制星形(Y)三相电源子电路，为了能对子电路进行外部连接，需要对子电路添加输入/输出。单击菜单 Place → Connecter→HB/SB Connecter 命令或使用 Ctrl＋I 快捷操作，屏幕上出现输入/输出符号，将其与子电路的输入/输出信号端进行连接(带有输入/输出符号的子电路才能与外电路连接)。参数分别设置为电压 220 V，频率 50 Hz，相位互差 120°，取正相序 A→B→C，如图 2.4.1(a)所示。

（2）选中要制作子电路的所有器件，单击 Place/Replace by Subcircuit 命令，在屏幕出现的 Subcircuit Name 对话框中输入子电路名称“ABCN ”，单击“OK”，同时给出子电路图标，子电路的创建完成，如图 2.4.1(b)所示。

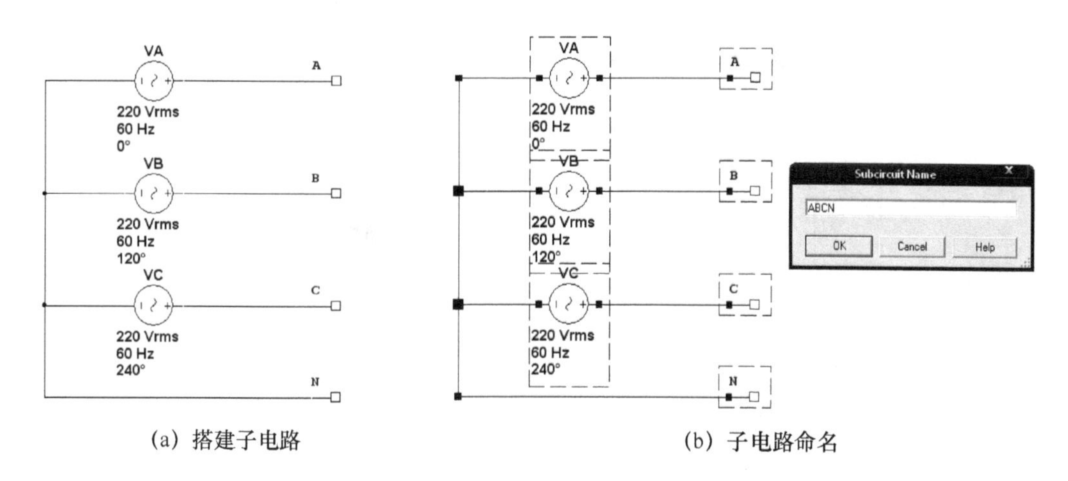

(a) 搭建子电路　　(b) 子电路命名

图 2.4.1　搭建三相四线制星形(Y)三相电源子电路

（3）如图 2.4.2 所示，单击 Place/New Subcircuit 命令或使用 Ctrl＋B 快捷操作，输入已创建的子电路名称“ABCN”，即可使用该子电路。双击子电路模块，在出现的对话框中单击 Edit HB/SB 命令，屏幕显示子电路的电路图，可直接修改该电路图，如图 2.4.3 所示。

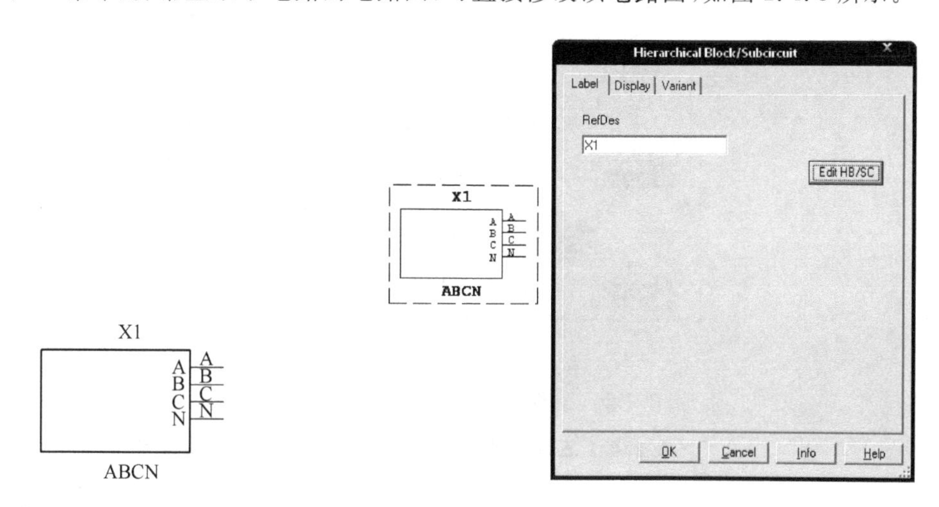

图 2.4.2　三相四线制星形(Y)电源子电路　　图 2.4.3　编辑修改子电路

2. 三相四线制星形(Y)负载的三相电路仿真实验

如图 2.4.4 所示，在实验电路工作区搭建星形(Y)对称负载的三相四线制仿真实验电路。打开仿真开关，即可直观地读出三相电路中的各电压、电流值，将测得的数据填入表 2.4.1中，从而可分析三相电路的基本特性。注意：由于是交流测量，所有的电压表、电流表均应选择 AC 挡位。

改变图 2.4.4 所示电路中的 A 相负载阻抗，使三相电路的负载不对称，即可得到如图

2.4.5 所示的不对称星形(Y)负载的三相四线制仿真实验电路。此时,再观测电路中的电压、电流有何变化,将测得的数据填入表 2.4.1 中。

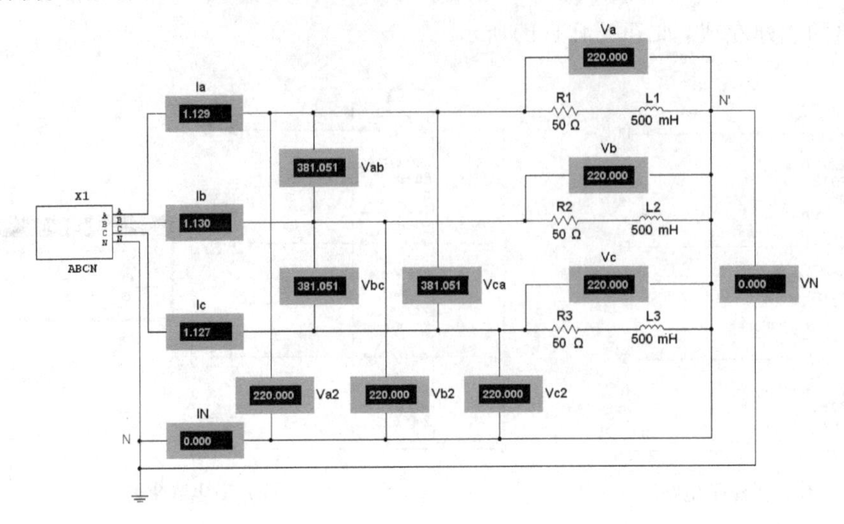

图 2.4.4　星形对称负载、三相四线制的三相仿真实验电路

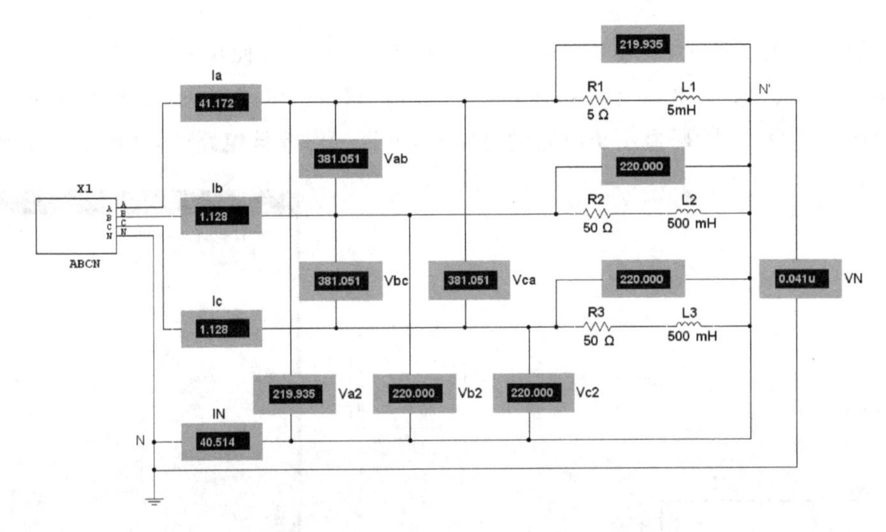

图 2.4.5　星形不对称负载、三相四线制的三相仿真电路

表 2.4.1 三相四线制星形负载三相电路仿真测量数据

单位:电压(V)、电流(A)

测量项目	V_{ab}	V_{bc}	V_{ca}	V_a	V_b	V_c	$V_{N'N}$	I_a	I_b	I_c	I_N
对称负载											
不对称负载											

从仿真测量数据可以看出,不论三相负载对称与否,三相负载电压都是对称相等的,且线电压约为 380 V,相电压约为 220 V,线电压是相电压的$\sqrt{3}$倍。当三相负载对称时,中线电流为零,且各相的线电流相等;当三相负载不对称时,中线电流不再为零,线电流也不再相等。

3. 三相三线制星形(Y)负载的三相电路仿真实验

去除图 2.4.4 所示电路中的中线，得到三相三线制星形(Y)对称负载的三相实验电路，如图 2.4.6 所示。观测电路中的电压、电流有何变化，将测得的数据填入表 2.4.2 中。

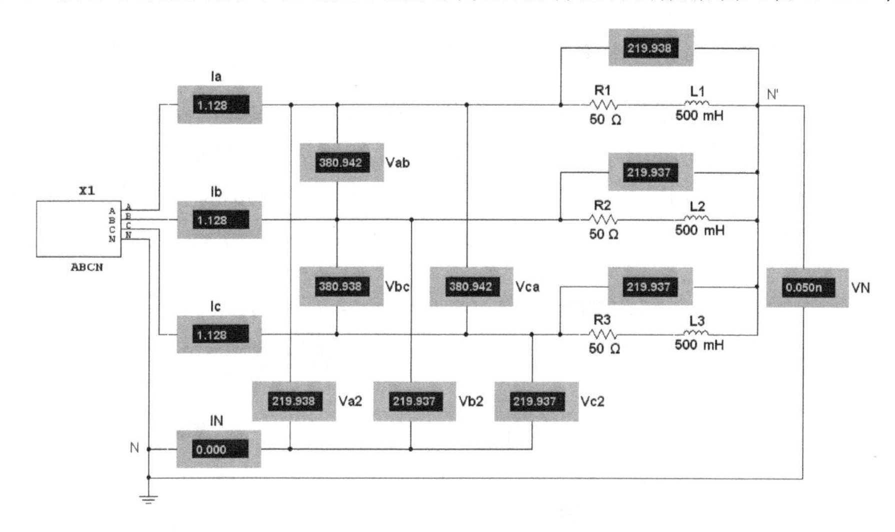

图 2.4.6 星形对称负载、三相三线制三相实验电路

改变图 2.4.6 所示电路中的 A 相负载阻抗，使三相电路的负载不对称，得到的三相三线制星形(Y)不对称负载的三相实验电路如图 2.4.7 所示。此时，再观测电路中的电压、电流有何变化，将测得的数据填入表 2.4.2 中。

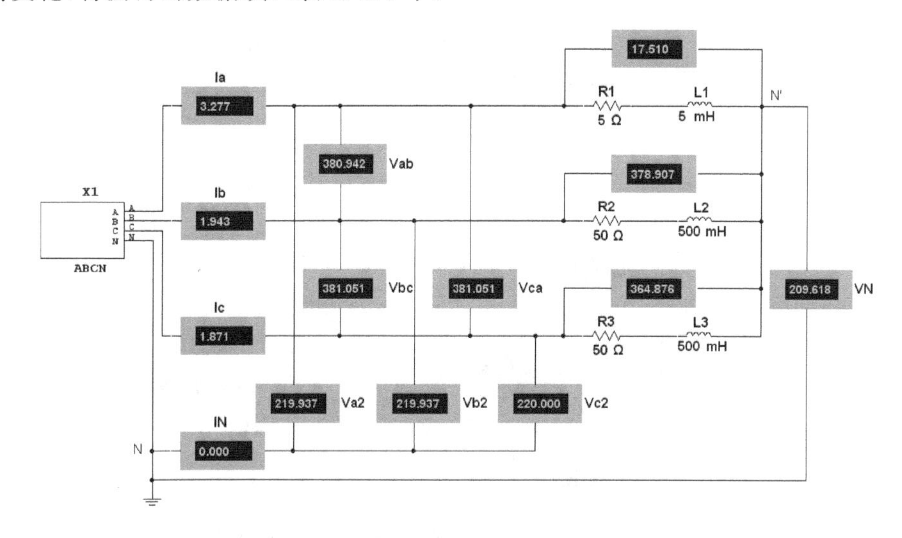

图 2.4.7 星形不对称负载、三相三线制三相实验电路

表 2.4.2 三相三线制星形负载三相电路仿真测量数据

单位:电压(V)、电流(A)

测量项目	V_{ab}	V_{bc}	V_{ca}	V_a	V_b	V_c	$V_{N'N}$	I_a	I_b	I_c	I_N
对称负载											
不对称负载											

从仿真数据可以看出,线电压约为 380 V,相电压约为 220 V,线电压是相电压的$\sqrt{3}$倍。当三相负载对称时,三相负载电压是对称相等的,且各相的线电流相等;当三相负载不对称时,三相负载电压不再对称,且线电流也不再相等。

2.4.2 三角形负载三相电路仿真实验

在实验电路工作区分别搭建三角形对称负载的三相仿真实验电路和三角形不对称负载的三相仿真实验电路,分别如图 2.4.8 所示和图 2.4.9 所示。将实验电路中电压表、电流表测量的数据填入表 2.4.3 中,并分析三角形对称负载的三相电路和三角形不对称负载的三相电路的基本特性。

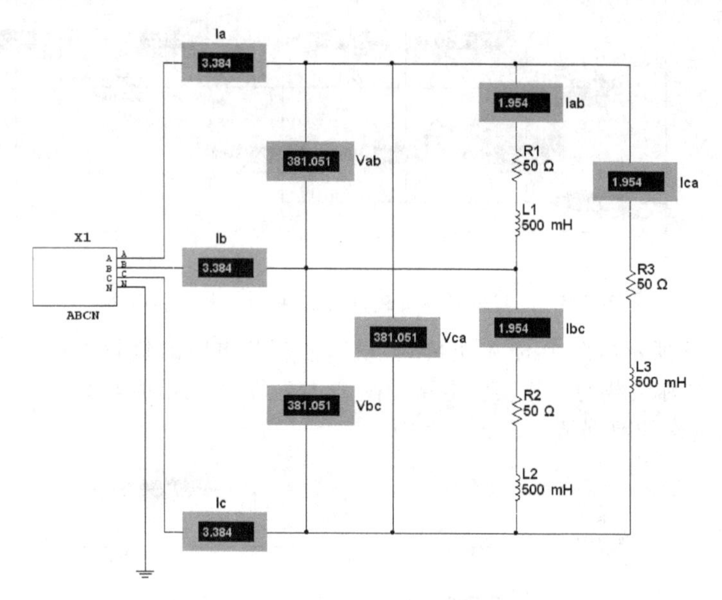

图 2.4.8 三角形对称负载的三相实验电路

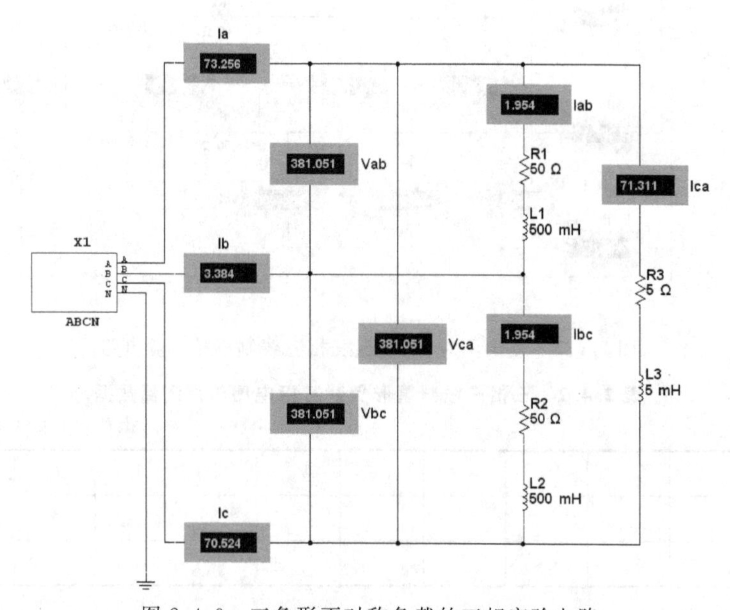

图 2.4.9 三角形不对称负载的三相实验电路

表 2.4.3　三相三线制三角形负载三相电路仿真测量数据

单位：电压(V)、电流(A)

测量项目	V_{ab}	V_{bc}	V_{ca}	I_{ab}	I_{bc}	I_{ca}	I_a	I_b	I_c
对称负载									
不对称负载									

从仿真数据可以看出，当三相负载对称时，线电流是相电流的 $\sqrt{3}$ 倍；当三相负载不对称时，三相负载电流不再对称。

2.5　谐振电路仿真实验

含有电感、电容和电阻元件的单口网络，在某些工作频率上，出现端口电压和电流波形相位相同的情况时，称电路发生谐振。能发生谐振的电路称为谐振电路，按照电路的组成形式可分为串联谐振电路和并联谐振电路。

2.5.1　*RLC* 串联谐振电路仿真实验

当 RLC 串联电路的电抗等于零、电流与电源电压同相时，称电路发生了串联谐振。这时的频率称为谐振频率，有

谐振角频率
$$\omega_0 = \frac{1}{\sqrt{LC}}$$

谐振频率
$$f_0 = \frac{1}{2\pi\sqrt{LC}}$$

当 RLC 串联电路发生谐振时，由于电抗等于零，电路阻抗有最小值，呈纯电阻性（等于电阻 R），激励电压全部加在电阻上，电阻上的电压达到最大值，电容上的电压和电感上的电压模值相等，均为激励电压的 Q 倍，有

$$V_R = RI = V_S, V_L = V_C = QV_S = QV_R$$

$$Q = \frac{\omega_0 L}{R} = \frac{1}{\omega_0 RC} = \sqrt{\frac{L}{CR^2}} = \frac{\rho}{R}$$

1. 理论分析、计算

在 Multisim 10 中，搭建 RLC 串联谐振实验电路如图 2.5.1(a)所示，由理论分析、计算有

$$\omega_0 = \frac{1}{\sqrt{LC}} = \frac{1}{\sqrt{10\times10^{-3}\times1\times10^{-6}}}\ \text{rad/s} = 1\times10^4\ \text{rad/s}$$

$$f_0 = \frac{1}{2\pi\sqrt{LC}} = \frac{\omega_0}{2\pi} \approx \frac{1\times10^4}{2\times3.14}\text{Hz} \approx 1\ 618\ \text{Hz}$$

$$Q=\frac{\omega_0 L}{R}=\frac{1\times10^4\times10\times10^{-3}}{1}=100$$

通频带(−3 dB 带宽) $\Delta f=\frac{f_0}{Q}\approx\frac{1\,618}{100}\text{Hz}\approx16.2\text{ Hz}$

$$I_0=\frac{V_S}{R}=\frac{10}{1}\text{mA}=10\text{ mA}$$

$$V_R=V_S=10\text{ mV}$$

$$V_L=V_C=QV_S=QV_R=100\times10\text{ mV}=1\text{ V}$$

将计算值填入表 2.5.1 中。

2. 仿真测量、分析

(1)测量电路谐振时的 I_0、V_R、V_L、V_C、Q

打开仿真开关,用连接在电路中的双踪示波器分别测量激励电压源 V_S 和电阻 R 两端的电压,如图 2.5.1(a)所示。在理论计算的基础上,调整激励电压源 V_S 的频率,并注意观察激励电压源 V_S 和电阻 R 两端的电压波形,当激励电压源 V_S 和电阻 R 两端的电压波形同相,即端口电压和电流波形相位相同(或电阻 R 两端的电压幅值为最大值)时,电路即发生了串联谐振,如图 2.5.1(b)所示。在谐振的情况下,用示波器分别测量电感 L 和电容 C 两端的电压值;将测量的电感 L(或电容 C)两端的电压值除以电阻 R 两端的电压值,换算出电路的 Q 值;用串接在电路中的电流表测量电路中流过的电流 I_0,并将测量数据填入表 2.5.1 中。

表 2.5.1 *RLC* 串联谐振实验电路数据(1)

	f_0/Hz	V_R/V	V_L/V	V_C/V	Q	I_0/mA
理论计算值						
仿真测量值						

(2)测量电路的谐振频率、幅频特性和相频特性

用双踪示波器测量激励电压源 V_S 和电阻 R 两端的电压时,移动示波器面板游标,通过测量谐振时电阻 R 两端电压信号的周期即可测量电路的谐振频率,如图 2.5.1(b)所示;也可使用连接在电路中的扫频仪测量电路的谐振频率,如图 2.5.1(a)所示。

图 2.5.1(a)中,调整激励电压源 V_S 的频率约为 1 590 Hz 时,电路发生谐振,用扫频仪测得电路的谐振频率约为 1 601 Hz;*RLC* 串联谐振实验电路的幅频特性曲线和相频特性曲线分别如图 2.5.1(c)和图 2.5.1(d)所示。

(3) 测量不同 Q 值时的 V_R、V_L、V_C 幅频特性、相频特性及通频带

打开存盘的如图 2.5.1(a)所示电路,在其他电路参数不变的情况下,调整电阻 R 的大小。在电阻 R 的大小不同的情况下,用示波器测量电阻 R 两端的电压值,电感 L 和电容 C 两端的电压值,Q 值;用串接在电路中的电流表测量电路中流过的电流 I_0;用扫频仪或 Multisim 10 中的交流分析功能测量谐振电路的通频带,以验证 *RLC* 串联谐振电路的特性。

① 将图 2.5.1(a)所示电路中的电阻 R 从 1 Ω 调整为 10 Ω,如图 2.5.2(a)所示。用示波器测量电阻 R 两端的电压值,电感 L 和电容 C 两端的电压值;将测量的电感 L(或电容 C)两端的电压值除以电阻 R 两端的电压值,换算出电路的 Q 值;用串接在电路中的电流表测量电路中流过的电流 I_0,如图 2.5.2(b)所示,并将测量数据填入表 2.5.2 中。

用扫频仪测量谐振电路的幅频特性和相频特性，测得 RLC 串联谐振实验电路的幅频特性曲线和相频特性曲线分别如图 2.5.2(c)和图 2.5.2(d)所示。

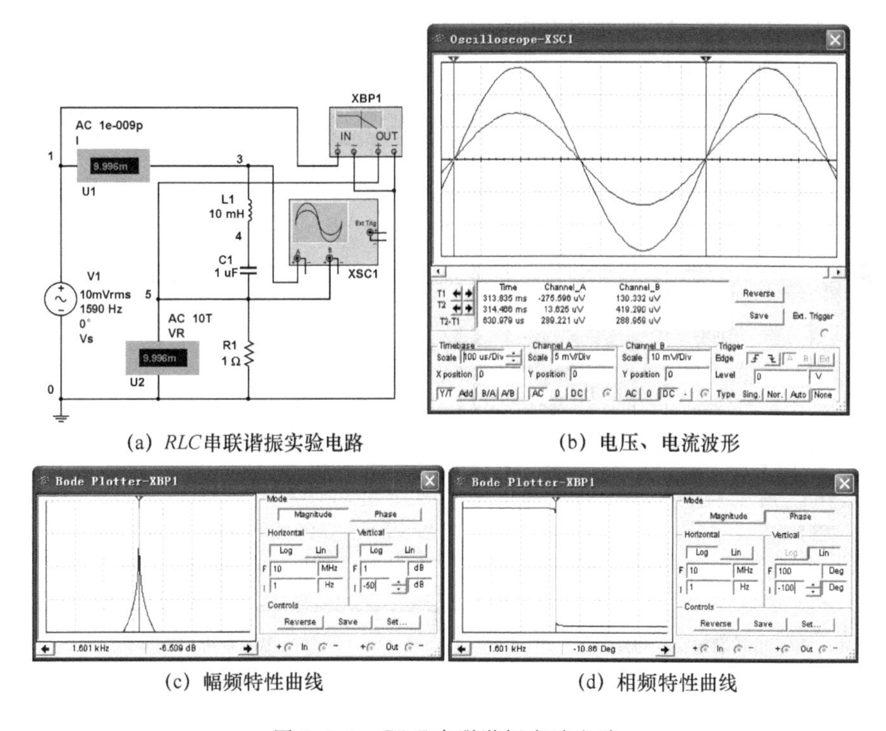

(a) *RLC*串联谐振实验电路　　(b) 电压、电流波形

(c) 幅频特性曲线　　(d) 相频特性曲线

图 2.5.1　*RLC* 串联谐振实验电路

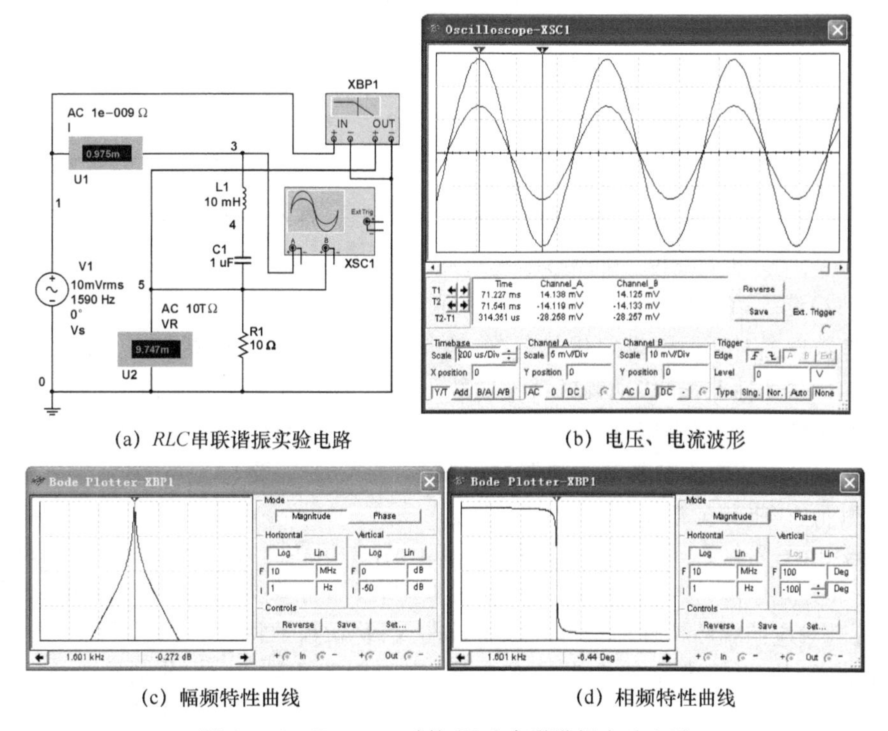

(a) *RLC*串联谐振实验电路　　(b) 电压、电流波形

(c) 幅频特性曲线　　(d) 相频特性曲线

图 2.5.2　$R=10\ \Omega$ 时的 *RLC* 串联谐振实验电路

② 将图 2.5.2(a)所示电路中的电阻 R 从 10 Ω 调整为 100 Ω，如图 2.5.3 所示。用示波器测量电阻 R 两端的电压值，电感 L 和电容 C 两端的电压值；换算出电路的 Q 值；用串接在电路中的电流表测量电路中流过的电流 I_0，并将测量数据填入表 2.5.2 中。用扫频仪测量谐振电路的幅频特性和相频特性。

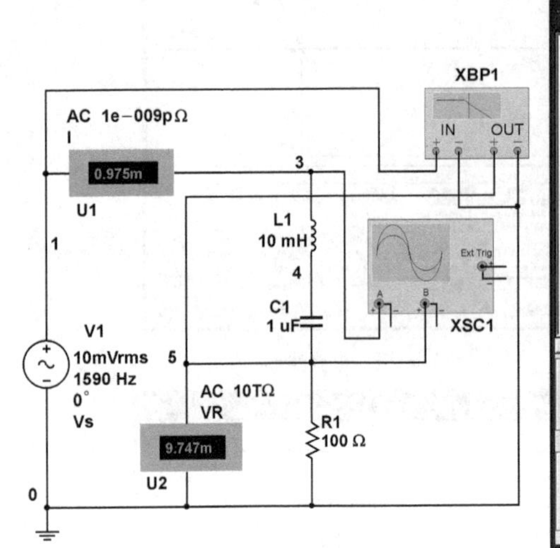

(a) RLC串联谐振实验电路

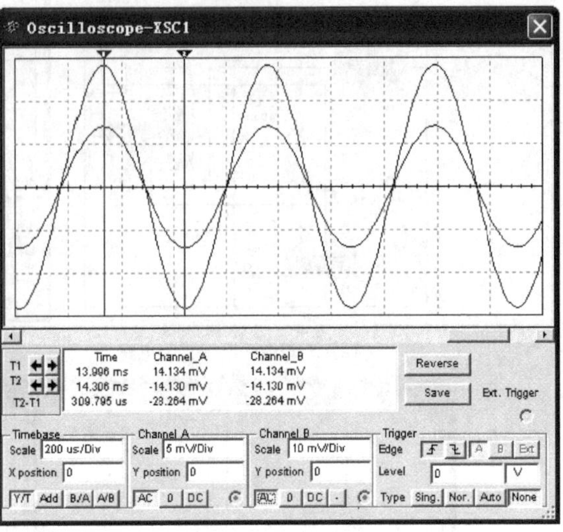

(b) 电压、电流波形

图 2.5.3　R=100 Ω 时的 RLC 串联谐振实验电路

表 2.5.2　*RLC* 串联谐振实验电路数据(2)

R/Ω	f_0/Hz	V_R/V	V_L/V	V_C/V	Q	I_0/mA
10						
100						

③ 打开图 2.5.2(a)所示电路，单击 Multisim10 界面菜单“Simulate/Analyses/AC analysis…”(交流分析)按钮。在弹出的对话框 Vertical scale 设置纵坐标刻度选项中，选择 Decibel(分贝)选项；在 Output 选项中，选择待分析的输出电路节点 $V[5]$。在启动的频率特性分析参数设置对话框中设定相关参数，单击“Simulate”仿真按钮，即可得到对应的幅频特性曲线和相频特性曲线；移动幅频特性曲线上的游标至纵坐标最大值下降 3 dB 位置，可得到下限截止频率 f_L 和上限截止频率 f_H 分别约为 1.53 kHz 和 1.66 kHz。由此，可得如图 2.5.2(a)所示的 RLC 串联谐振电路的通频带(−3 dB 带宽)$\Delta f = f_H - f_L \approx 130$ Hz，如图 2.5.4 所示，并将测量数据填入表 2.5.3 中。

④ 打开如图 2.5.3(a)所示电路，单击 Multisim 10 界面菜单“Simulate/Analyses/AC analysis…”(交流分析)按钮。在弹出的对话框中，设置相关参数，单击“Simulate”仿真按钮，即可得到对应的幅频特性曲线和相频特性曲线；移动幅频特性曲线上的游标至纵坐标最大值下降 3 dB 位置，可得到下限截止频率 f_L 和上限截止频率 f_H 分别约为 1.11 kHz 和 2.33 kHz。由此，可得如图 2.5.3(a)所示的 RLC 串联谐振电路的通频带(−3 dB 带宽)$\Delta f = f_H - f_L \approx 1\,220$ Hz，如图 2.5.5 所示，并将测量数据填入表 2.5.3 中。

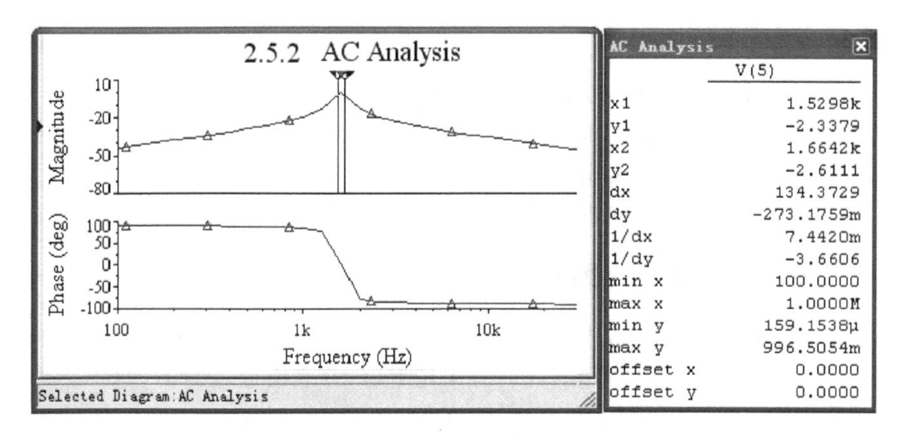

图 2.5.4 $R=10\ \Omega$ 时的 RLC 串联谐振实验电路的幅频特性曲线、相频特性曲线和通频带

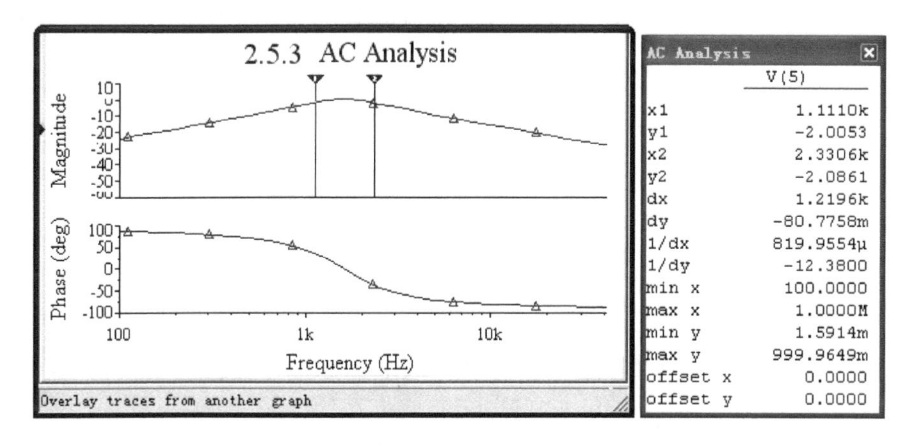

图 2.5.5 $R=100\ \Omega$ 时的 RLC 串联谐振实验电路的幅频特性曲线、相频特性曲线和通频带

表 2.5.3 RLC 串联谐振实验电路数据(3)

R/Ω	Q	f_0/Hz	f_L/Hz	f_H/Hz	Δf/Hz
10					
100					

3. 分析、讨论

由理论分析、计算，以及仿真实验和表 2.5.1、表 2.5.2、表 2.5.3 所列仿真测量数据可知：

(1) 一般来说，RLC 串联电路的振幅和相位是频率的函数。当 $\omega=\omega_0=\frac{1}{\sqrt{LC}}$ 或 $f=f_0=\frac{1}{2\pi\sqrt{LC}}$ 时，RLC 串联电路发生谐振。谐振时，由于电抗等于零，电路呈纯电阻性，激励电压全部加在电阻上，电阻上的电压达到最大值，电容上的电压和电感上的电压幅值相等，并等于端口电压或电阻电压的 Q 倍，故称为电压谐振。

(2) 电路的品质因数 $Q=\frac{\omega_0 L}{R}=\frac{1}{\omega_0 RC}=\sqrt{\frac{L}{CR^2}}=\frac{\rho}{R}$。品质因数 Q 值越大，或者相对来说接入电路中的电阻 R 越小，电路谐振的品质越高。

(3) 电路的通频带(−3 dB 带宽) $\Delta f = \frac{f_0}{Q}$,品质因数 Q 值越大,带宽越窄,幅频特性曲线越尖锐,相频特性曲线越陡峭,对信号的选择性越好。

(4) 仿真分析、测量的数据与理论分析、计算的数据基本一致,稍有差别是由于理论分析、计算是依据集总电路参数,而仿真分析、测量是计入了接线电阻和电感的电阻效应、电容的电阻效应及分布参数的影响所致,说明仿真分析、实验对实际电路的设计和调试具有指导意义。

2.5.2 *RLC* 并联谐振电路仿真实验

RLC 串联谐振电路适用于信号源内阻较小的情况,当信号源内阻较大时,将使得谐振电路的品质因数很低、选频特性很差,此时宜采用 *RLC* 并联谐振电路。

依实际采用的 *RLC* 并联谐振电路形式,在 Multisim 10 中,搭建 *RLC* 并联谐振实验电路,如图 2.5.6(a)所示。图中,电阻 R(图中标号为 R_1)为阻值很小的电感 L 的接入电阻,一般在谐振时,有 $\omega L \gg R$;R_2(=1 Ω)为测量端口电流的取样电阻。因此有

$$\omega_0 \approx \frac{1}{\sqrt{LC}},\ f_0 \approx \frac{1}{2\pi\sqrt{LC}}$$

当 *RLC* 并联电路发生谐振时,电路对电源呈纯电阻性,电路的阻抗模有最大值,电路中电流达到最小值:

$$|Z_0| \approx \frac{L}{RC} = Q\sqrt{\frac{L}{C}}$$

$$I_0 \approx \frac{V_S}{|Z_0|}$$

电容支路中的电流 I_C 或电感支路中的电流 I_L 模值相等,且是总电流 I_0 的 Q 倍:

$$Q = \frac{\omega_0 L}{R} = \frac{1}{\omega_0 RC} = \sqrt{\frac{L}{CR^2}} = \frac{\rho}{R}$$

$$I_L = I_C = Q\,I_0$$

1. 理论分析、计算

以图 2.5.1(a)所示电路进行理论分析、计算,并将计算数据填入表 2.5.4 中。

2. 仿真测量、分析

(1) 测量电路谐振时的 I_0、I_L、I_C、Q、$|Z_0|$

打开存盘的如图 2.5.1(a)所示的电路,启动仿真开关,用连接在电路中的双踪示波器分别测量激励电压源 V_S 和电阻 R_2 两端的电压(即电路的端口电流),如图 2.5.1(a)所示。在理论计算的基础上,调整激励电压源 V_S 的频率,并注意观察激励电压源 V_S 和电阻 R_2 两端的电压波形,当激励电压源 V_S 和电阻 R_2 两端的电压波形同相,即端口电压和端口电流波形相位相同(或电阻 R_2 两端的电压幅值为最小值)时,电路即发生了并联谐振,如图 2.5.1(b)所示。在谐振的情况下,用示波器测量电阻 R_2 两端的电压值除以 R_2(=1 Ω),换算出电路中流过的电流 I_0;用串接在电路中的电流表分别测量电容支路中的电流 I_C 和电感支路中的电流 I_L;将测量的电流 I_C(或电流 I_L)除以电流 I_0,以换算出电路的 Q 值;将测量的电压源 V_S 值除以电流 I_0,以换算出电路的阻抗模值 $|Z_0|$,并将测量数据填入表2.5.4中。

(2) 测量电路的谐振频率、幅频特性和相频特性

用双踪示波器或扫频仪测量电路的谐振频率、电路的幅频特性和相频特性,分别如图 2.5.1(b)或图 2.5.1(c)、图 2.5.1(d)所示,并将测量数据填入表 2.5.4 中。

表 2.5.4 *RLC* 并联谐振实验电路数据(1)

	f_0/Hz	I_0/mA	I_C/mA	I_L/mA	Q	$\|Z_0\|/\Omega$
理论计算值						
仿真测量值						

(3) 测量不同 Q 值时的电路特性

打开存盘的如图 2.5.6(a)所示的电路,在其他电路参数不变的情况下,调整电阻 R(即电路图中的 R_1)的大小。在电阻 R 的大小不同,即电路 Q 值不同的情况下,用扫频仪测量、分析 *RLC* 并联谐振电路的特性。

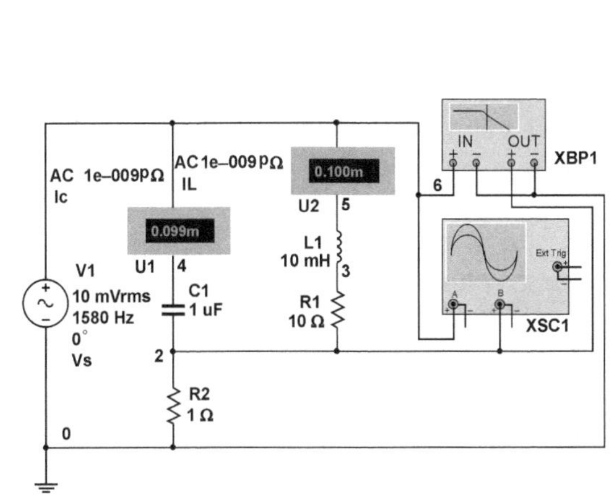

(a) *RLC*并联谐振实验电路

(b) 电压、电流波形

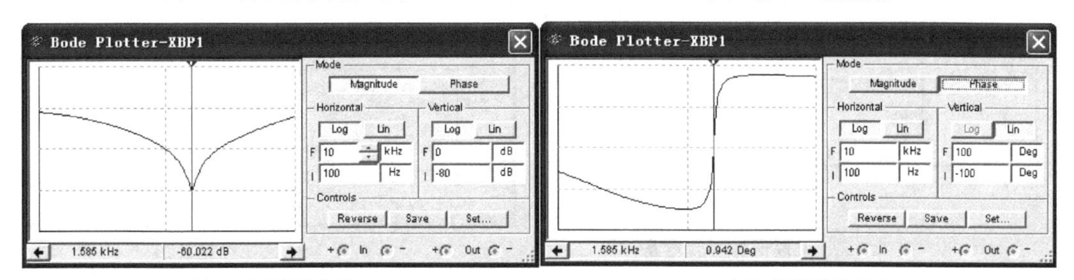

(c) 幅频特性曲线

(d) 相频特性曲线

图 2.5.6 *RLC* 并联谐振实验电路

① 如图 2.5.6(a)、图 2.5.6(c)所示,在电阻 R(即电路图中的 R_1)等于 10 Ω 时,用扫频仪测得 *RLC* 并联谐振电路的总电流 I_0(即 R_2 两端的电压)约为−60.022 dB,移动游标至 I_0 上升 3 dB(约为−57.443 dB)的位置,测得下限截止频率约为 1.521 kHz,对应的幅频特性曲线如图 2.5.7(a)所示;移动游标至频率约为 1.685 kHz 的(I_0 上升 3 dB,约为−56.421 dB)位置,测得上限截止频率约为 1.685 kHz,如图 2.5.7(b)所示。如图 2.5.6(a)所示,用电容支路中的电流 I_C 或电感支路中的电流 I_L 除以电阻 R_2 中的电流 I_0(即电阻 R_2 两端的电压值),换算出电路的 Q 值。由此,可得如图 2.5.6(a)所示的 *RLC* 并联谐振电路的通频带(−3 dB 带宽)$\Delta f = f_H - f_L \approx 160$ Hz,并将测量数据填入表 2.5.5 中。

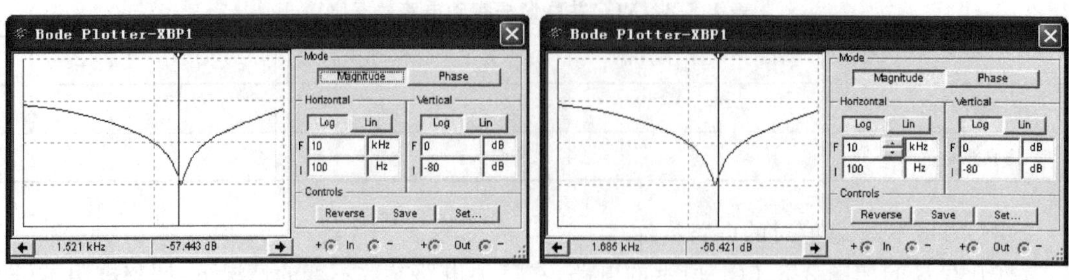

(a) 下限截止频率　　(b) 上限截止频率

图 2.5.7　$R_1=10\ \Omega$ 时 RLC 并联谐振实验电路的幅频特性曲线

② 将图 2.5.6(a)所示电路中的电阻 R_1 从 10 Ω 调整为 20 Ω，如图 2.5.8(a)所示，对应 RLC 并联谐振电路的电压、电流波形如图 2.5.8(b)所示，对应 RLC 并联谐振电路的幅频特性、相频特性曲线分别如图 2.5.9(a)、图 2.5.9(b)所示。如前所述，用电容支路中的电流 I_C 或电感支路中的电流 I_L 除以电阻 R_2 中的电流 I_0（即电阻 R_2 两端的电压值），换算出电路的 Q 值；用扫频仪测量 RLC 并联谐振电路的下限截止频率和上限截止频率，换算出电路的通频带，并将测量数据填入表 2.5.5 中。

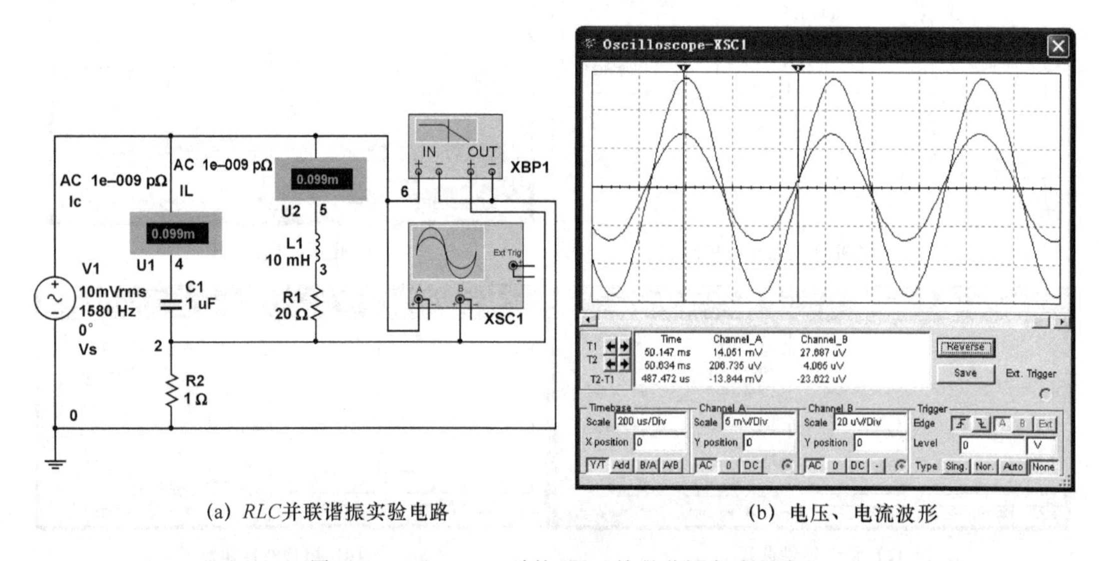

(a) RLC并联谐振实验电路　　(b) 电压、电流波形

图 2.5.8　$R=20\ \Omega$ 时的 RLC 并联谐振实验电路

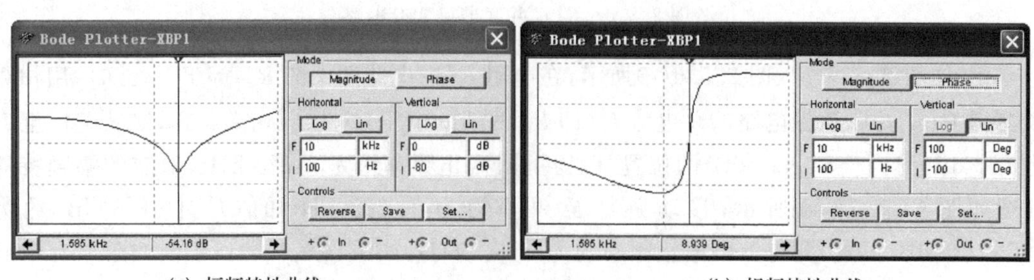

(a) 幅频特性曲线　　(b) 相频特性曲线

图 2.5.9　$R_1=20\ \Omega$ 时 RLC 并联谐振实验电路的幅频特性、相频特性曲线

表 2.5.5　*RLC* 并联谐振实验电路数据(2)

R/Ω	Q	f_0/Hz	f_L/Hz	f_H/Hz	Δf/Hz
10					
20					

3. 分析、讨论

(1) 由理论分析、计算和仿真实验的测量数据试分析 *RLC* 并联谐振电路的特性。

(2) 将图 2.5.6(a)所示电路中的电阻 R_1 从 10 Ω 调整为 20 Ω 后，对应 *RLC* 并联谐振电路的电压、电流波形如图 2.5.8(b)所示。从图中可以看出，激励电压源 V_S 和电阻 R_2 两端的电压波形并不同相，即端口电压和端口电流波形相位并不相同，产生了相位差，或者说谐振回路的阻抗模最大值(或电阻 R_2 两端的电压幅值为最小值)并不发生在谐振时，试分析其原因。

第3章 模拟电子技术仿真实验

3.1 二极管电路仿真实验

半导体二极管是由 PN 结构成的一种非线性元件。典型的二极管伏安特性曲线可分为 4 个区:死区、正向导通区、反向截止区和反向击穿区。根据二极管的伏安特性可知,二极管具有单向导电性和稳压特性,利用这些特性可以构成二极管的整流、限幅、钳位、稳压等各种功能电路。

3.1.1 二极管参数测试仿真实验

二极管正向特性测试仿真电路如图 3.1.1 所示。改变 R_W 阻值的大小,可改变二极管 D 两端正向电压的大小,从而得出其对应的正向特性参数。

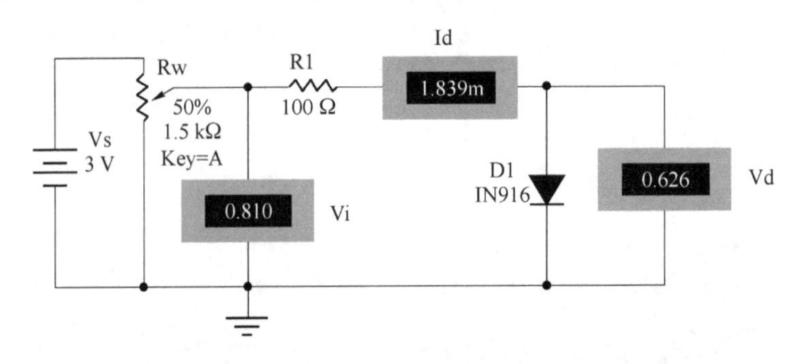

图 3.1.1 测试二极管正向伏安特性实验电路

如图 3.1.1 所示,在实验电路工作区搭建测量二极管正向伏安特性的实验电路。依次设置滑动电阻器 R_W 触点至下端间的电阻值(拨动随鼠标箭头显示的电位器拨动游标),调整二极管两端的电压。启动仿真开关,将测得的 v_D、i_D 及换算的 r_D 数值填入表 3.1.1 中,并研究、分析仿真数据。

表 3.1.1 二极管正向伏安特性测量数据

R_W	10%	20%	30%	50%	70%	90%
V_D/ mV						
I_D/ mA						
$r_D=\frac{V_D}{I_0}/\Omega$						

从仿真数据可以看出，二极管 D 的电阻值 r_D 不是一个固定值。当在二极管两端施加的正向电压 v_D 较小，二极管工作在“死区”以下时，r_D 呈现为很大的正向电阻，对应的正向电流 i_D 非常小。当二极管两端施加的正向电压 v_D 超过“死区”电压值以后，i_D 急剧增加，二极管呈现的正向电阻也随即迅速减小，此时二极管 D 工作在“正向导通区”。

二极管反向特性测试仿真电路如图 3.1.2 所示。改变 R_W 阻值的大小，可改变二极管 D 两端反向电压的大小，从而得出其对应的反向特性参数。

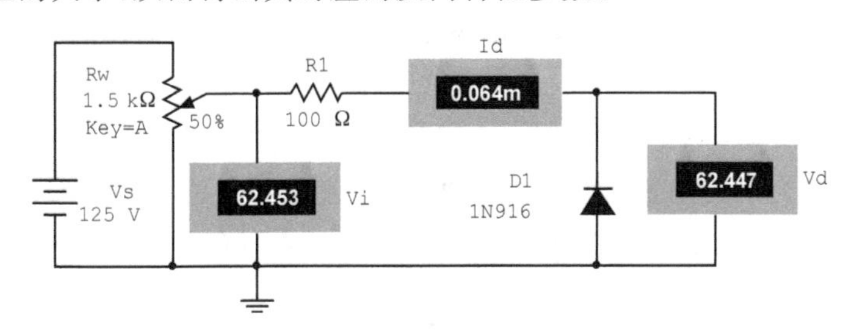

图 3.1.2　测试二极管反向伏安特性实验电路

如图 3.1.2 所示，在实验电路工作区搭建测量二极管反向伏安特性的实验电路。依次设置 R_W 触点至下端间的电阻值，调整二极管两端的电压。进行仿真实验，将测得的 v_D、i_D 及换算的 r_D 数值填入表 3.1.2 中并研究、分析仿真数据。

表 3.1.2　二极管反向伏安特性测量数据

R_W	10%	50%	80%	85%	100%
V_D/ mV					
I_D/ mA					
$r_D=\frac{V_D}{I_0}/\Omega$					

从仿真数据可以看出，二极管的反向电阻较大。比较表 3.1.1 与表 3.1.2 的数据可以发现二极管正向电阻较小，而反向电阻较大，说明二极管具有单向特性。当施加在二极管两端的反向电压超过一定数值 $V_{(BR)}$ 后，二极管进入反向击穿区，此时对应于反向电压 v_D 数值的微小增大，反向电流 i_D 数值急剧增加。

3.1.2　二极管电路分析仿真实验

二极管是一种非线性器件，在工程分析计算中，通常是根据电路不同的工作条件和要求，在分析计算精度允许的条件下，把非线性的二极管转化为不同的线性电路模型来描述，从而使分析计算变得简单明了。在大信号状态，往往将二极管等效为理想二极管，即正偏时导通，管压降为零；反偏时截止，管电流为零。当二极管的正向压降与外加电压相比较，相差不是很大，而二极管的正向电阻与外接电阻相比较可以忽略时，常将二极管等效为恒压降模型来近似表示实际的二极管，即将二极管的阈值电压 $V_{D(th)}$ 和正向管压降 V_F 视为同一个恒定值 $V_{D(on)}$（通常工程上取小功率普通硅二极管为 0.7 V，锗二极管为 0.2 V），用一个电压恒定的恒压源与一理想二极管（相当于一个理想的开关）串联表示。

二极管电路如图 3.1.3 所示，试分析图中二极管 D_1、D_2 的工作状态和输出电压 V_O 的大小。

二极管电路的一般分析方法是：断开二极管，并以它的两个电极为端口，利用电位计算的方法求解端口（二极管两端）电压 v_D'（二极管两端的电位之差），若 $v_D'>0$（对应于理想模型）或 $v_D'>V_{D(on)}$（对应于恒压降模型），则二极管正偏导通；若 $v_D'<0$（对应于理想模型）或 $v_D'<V_{D(on)}$（对应于恒压降模型），则二极管反偏截止。二极管两端的正偏电位差越大，二极管越容易导通。如图 3.1.3 所示的实验电路中，二极管的正向导通压降 $V_{D(on)}=0.65$ V，有

$$V_{D1}'=-2-(-12)=10\ \text{V}>0.65\ \text{V}$$

$$V_{D2}'=-6-(-12)=6\ \text{V}>0.65\ \text{V}$$

虽然 D_1、D_2 均为正向偏置而有可能导通，但由于 $V_{D1}'>V_{D2}'$，D_1 两端的正向偏置电压较高首先导通后，将使 A 点电位变为 −2.65 V 左右，从而有 $V_{D2}''=-6-(-0.65-2)=-3.35\ \text{V}<0$，迫使 D_2 因反偏而截止，所以

$$V_O=-0.65-2=-2.65\ \text{V}$$

按图 3.1.3 所示电路，在电路实验窗口中搭建实验电路。为使二极管的正向导通压降 $V_{D(on)}=0.65$ V，二极管选用了 1N916。启动仿真按钮后，测量仪表显示 $V_O=-2.65$ V，测量结果与理论计算一致。

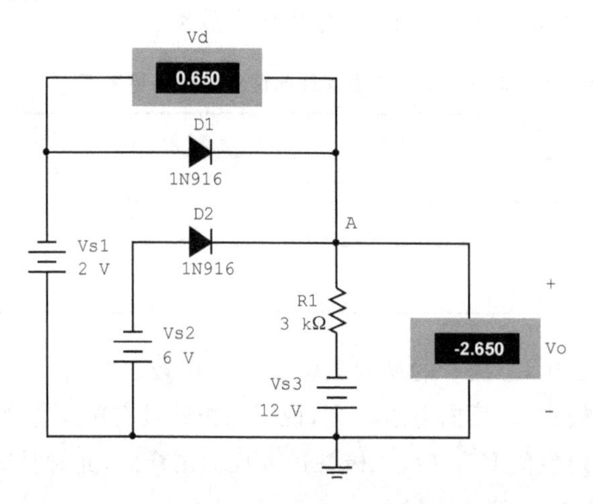

图 3.1.3　二极管实验电路

3.1.3　二极管双向限幅电路分析仿真实验

利用二极管的单向导电和正向导通后其正向导通压降基本恒定的特性，可将输出信号电压幅值限制在一定的范围内。在电子线路中，常用限幅电路对各种信号进行处理，以使输入信号在预置的电压范围内有选择地传输一部分。二极管的限幅电路也可用作保护电路，以防止半导体器件由于过压而被烧坏。

二极管双向限幅电路如图 3.1.4 所示。设二极管 D_1、D_2 的正向导通压降 $V_{D(on)}\approx 0.65$ V（1N916），$V_1=4$ V，$V_2=2$ V，$v_i=10\sqrt{2}\sin\omega t$ V 为幅值大于恒定电压（$V_1+V_{D(on)}$）≈4.65 V、（$V_2+V_{D(on)}$）≈2.65 V 的正弦波，试分析输出电压 v_o 的波形。

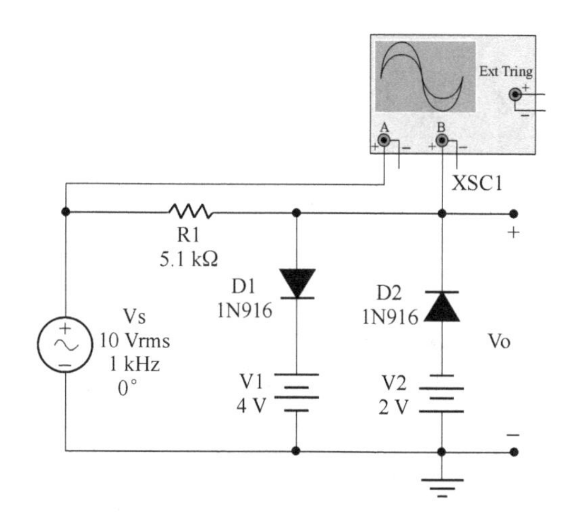

图 3.1.4　二极管双向限幅电路

显然，电路中的恒压源 V_1、V_2 是用来限制输出信号上、下幅值的上、下调控电压源，上幅值的调控电压 $V_1{}'=V_1+V_{D(on)}$，下幅值的调控电压 $V_2{}'=-(V_2+V_{D(on)})$。

在 v_i 的正半周，当 v_i 的瞬时值小于 $(V_1+V_{D(on)})$ 时，D_1、D_2 均截止，$v_O=v_i$；当 v_i 的瞬时值大于上幅值的调控电压 $(V_1+V_{D(on)})$ 时，D_1 导通，D_2 截止，$v_O=V_1+V_{D(on)}\approx 4.65$ V。

在 v_i 的负半周，若 $|v_i|$ 小于下幅值的调控电压 $(V_2+V_{D(on)})$ 时，D_1、D_2 均截止，$v_O=v_i$；若 $|v_i|$ 大于下幅值的调控电压 $(V_2+V_{D(on)})$ 时，D_2 导通，D_1 截止，$v_O=-(V_2+V_{D(on)})\approx -2.65$ V。

由此可以得到图 3.1.4 所示的双向限幅电路的输出电压信号波形，如图 3.1.5 所示。

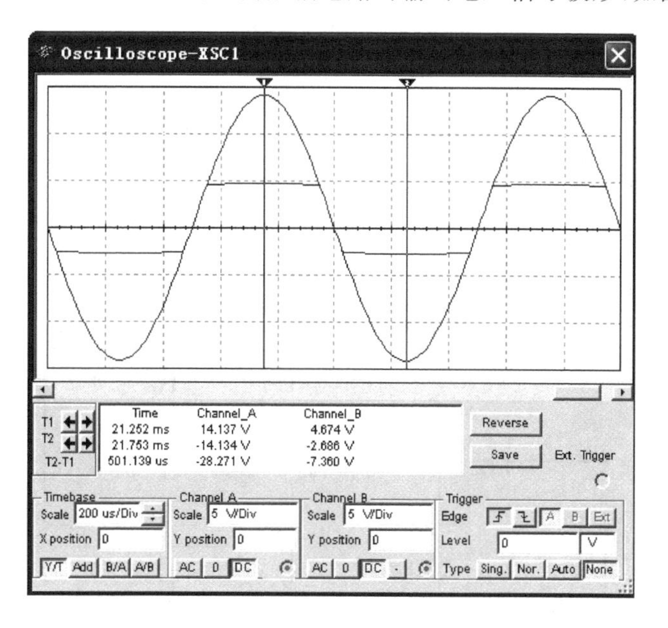

图 3.1.5　图 3.1.4 双向限幅电路输出电压信号波形

按图 3.1.4 所示电路，在电路实验窗口中搭建实验电路。为使二极管的正向导通压降 $V_{D(on)}=0.65$ V 左右，二极管选用了 1N916。启动仿真按钮后，测量仪表显示的输出电压信号波形与理论的分析基本一致。

3.2　基本放大电路仿真实验

放大是对模拟信号最基本的处理，在大多数电子系统中都含有各种各样的放大电路，其作用是将微弱的模拟信号放大到所需的数值。放大电路及其基本分析方法是构成其他模拟电路的基本单元和基础，是模拟电子技术课程研究的主要内容之一。

半导体三极管是现代电子电路的核心器件，它的重要特性是具有电流放大作用。

双极型三极管和单极型三极管都具有“放大”和“开关”两种工作模式，而不同的工作模式是通过静态工作点的设置实现的。当双极型三极管工作在线性放大状态，即集电极电流表现为一个受基极电流控制的受控电流源（$i_C=\beta i_B$）时，必须设置合适的静态工作点，以使双极型三极管的发射结处于正向偏置、集电结处于反向偏置；单极型三极管通过栅-源之间电压 v_{GS} 来控制漏极电流 i_D，为了使电路正常放大，也必须设置合适的静态工作点，以保证在信号的整个周期内单极型三极管均工作在恒流（放大）区。

3.2.1　单管共发射极放大电路仿真实验

1. 静态分析

基极分压式静态工作点稳定的共射放大电路如图 3.2.1 所示。在 Multisim 10 中测得，小信号时三极管（2N222A）的 $V_{BE(on)}=0.75$ V，由估算法可知静态工作点：

$$V_{BQ}=\frac{R_{b2}}{R_w+R_{b1}+R_{b2}}V_{CC}=\frac{10}{50+5.1+10}\times 12\ \text{V}\approx 1.84\ \text{V}$$

$$I_{CQ}\approx I_{EQ}=\frac{V_{BQ}-V_{BE(on)}}{R_e}\approx\frac{1.84-0.75}{1\times 10^3}\ \text{mA}=1.09\ \text{mA}$$

$$\text{取 }\beta=220,\ I_{BQ}\approx\frac{I_{CQ}}{\beta}=\frac{1.09}{220}\ \text{mA}\approx 5.0\ \mu\text{A}$$

$$V_{CEQ}\approx V_{CC}-I_{CQ}(R_c+R_e)\approx[12-1.09\times(2+1)]\text{V}\approx 8.73\ \text{V}$$

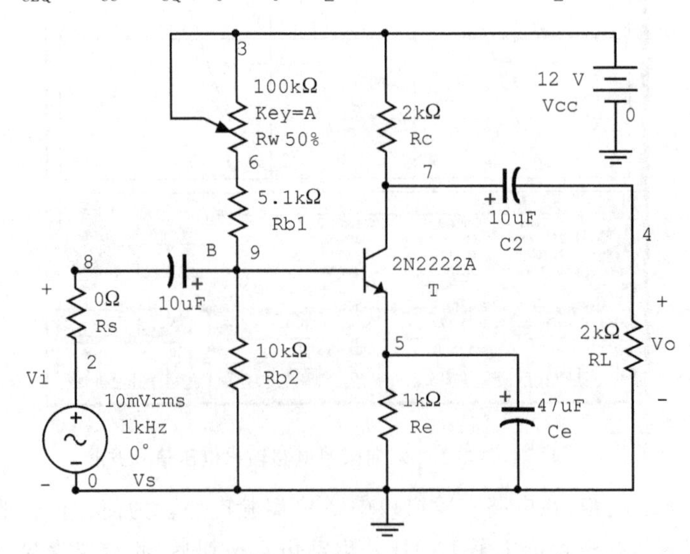

图 3.2.1　单管共射放大电路

按图 3.2.1 所示搭建实验电路图，并存盘，单击 Multisim 10 界面菜单“Simulate / Analyses/DC operating Point… ”按钮。在弹出的对话框中选择待分析的电路节点，如图 3.2.2所示。单击“Simulate”(仿真)按钮进行直流工作点仿真分析，即有分析结果(待分析电路节点的电位)显示在“Analysis Graph”(分析结果图)中，如图 3.2.3 所示。依分析结果(相当于“在路电压测量”中待测试点相对于参考点的电压降)，有

$$V_{BQ} \approx 1.799\ \text{V}$$

$$V_{EQ} \approx 1.169\ \text{V}$$

$$V_{BEQ} = V_{BQ} - V_{EQ} \approx (1.799 - 1.169)\text{V} = 0.63\ \text{V}$$

$$I_{BQ} = \frac{V_6 - V_9}{R_{b1}} - \frac{V_9}{R_{b2}}$$

$$\approx \left(\frac{2.743 - 1.799}{5.1} - \frac{1.799}{10}\right)\text{mA} \approx 5.2\ \mu\text{A}$$

$$I_{CQ} = \frac{V_{CC} - V_7}{R_C}$$

$$\approx \frac{12 - 9.673}{2}\ \text{mA} \approx 1.16\ \text{mA}$$

$$V_{CEQ} \approx V_{CC} - I_{CQ}(R_c + R_e)$$

$$\approx [12 - 1.16 \times (2+1)]\text{V} \approx 8.52\ \text{V}$$

可见，由估算法估算的静态工作点与静态直流工作点仿真分析的结果大致相同。

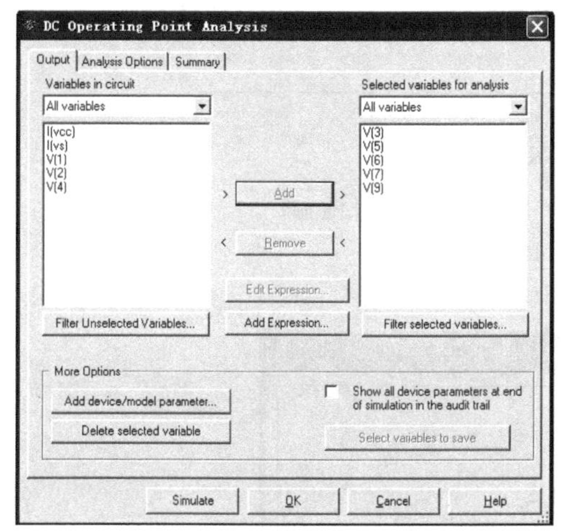

图 3.2.2 直流分析选项对话框

图 3.2.1 DC Operating Point

	DC Operating Point	
1	V(6)	2.74295
2	V(9)	1.79873
3	V(3)	12.00000
4	V(5)	1.16887
5	V(7)	9.67279

图 3.2.3 直流工作点分析结果图

2. 动态分析

(1) 放大电路等效估算

对于图 3.2.1 所示实验电路，由其对应的微变等效电路分析、估算可知：

$$r_{be} = 300\ \Omega + (1+\beta)\frac{26}{I_{EQ}}$$

$$= \left(300 + 221 \times \frac{26}{1.09}\right)\Omega \approx 5\,571\ \Omega \approx 5.57\ \text{k}\Omega$$

$$R_i=(R_W+R_{b1})/\!/R_{b2}/\!/r_{be}=(55.1/\!/10/\!/5.57)\text{k}\Omega\approx(8.46/\!/5.57)\text{k}\Omega\approx3.36\ \text{k}\Omega$$

$$R_o=R_c=2\ \text{k}\Omega$$

$$A_v=-\beta\frac{R_c/\!/R_L}{r_{be}}=-220\times\frac{2/\!/2}{5.57}\approx-39.5$$

$$A_{vs}=\frac{R_i}{R_s+R_i}A_v\approx\frac{3.36}{1+3.36}\times(-39.5)\approx-30.4$$

$$V_O=V_s\cdot|A_v|\approx10\times10^{-3}\times30.4\ \text{V}=304\ \text{mV}$$

(2) 放大电路性能指标仿真测量

工程上，电路的电压放大倍数 A_v 如果是大致估算，在合适设置静态工作点、使输出电压 v_o 不失真的情况下，可用示波器(或电子交流毫伏表)进行测量。如图 3.2.4 所示，用示波器测量图 3.2.1 实验电路的电压放大倍数 A_v，并存盘。由仿真测量数据可大致估算电压放大倍数 A_v。

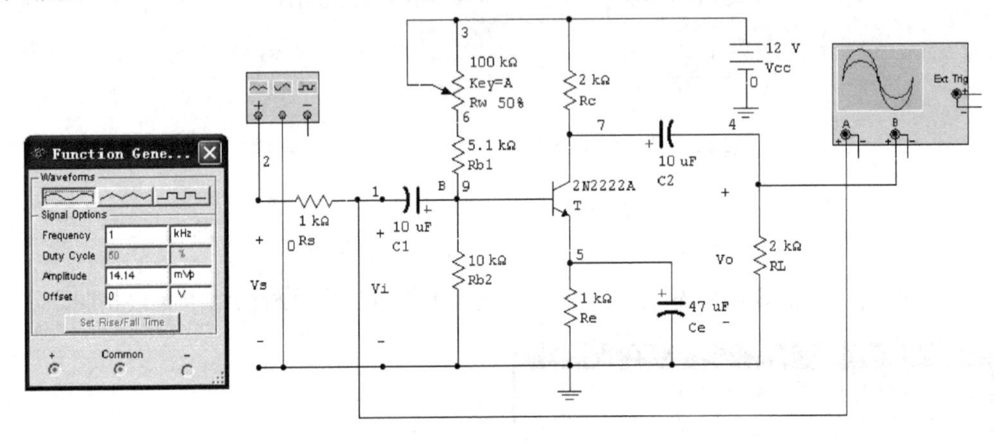

图 3.2.4 电压放大倍数测量电路

如图 3.2.5 所示，取输出电压峰值较小的一组仿真测量数据，有

$$A_v=\frac{V_{op}}{V_{ip}}\approx-\frac{421}{10.8}\approx-39$$

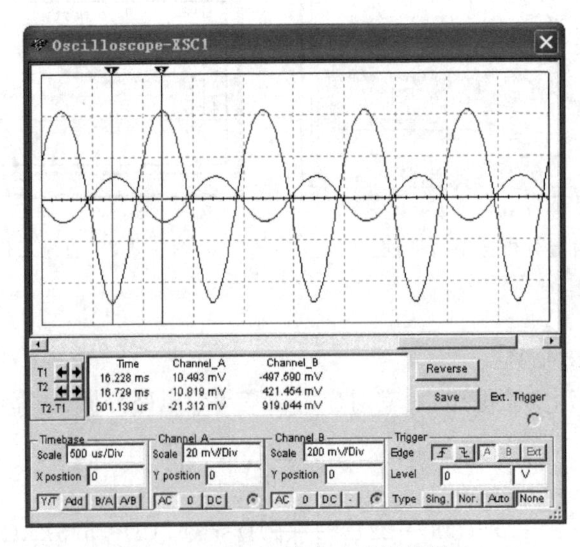

图 3.2.5 输入、输出电压峰值测量

工程上常采用如图 3.2.6 所示的串接电阻法来测量放大电路的输入电阻。为减小测量误差，一般取串接的辅助测量电阻 R 为与 R_i 相近的阻值。

在信号频率的中频段，给定一正弦波信号，在输出波形不失真的情况下，用示波器(或电子交流毫伏表)分别测得 V_{sp} 与 V_{ip} 的数值，则

$$R_i=\frac{V_{ip}}{V_{sp}-V_{ip}}R$$

工程上测量放大电路输出电阻的方法，如图 3.2.7 所示。为减小测量误差，一般取 R_L 为与 R_o 相近的阻值，输入信号为一稳定的中频信号。

在输出波形不失真的情况下，测得断开 R_L 时输出电压的值 V_o 和接入 R_L 后输出电压 V_{oL} 的值，则

$$R_o=\left(\frac{V_{op}}{V_{oLp}}-1\right)R_L$$

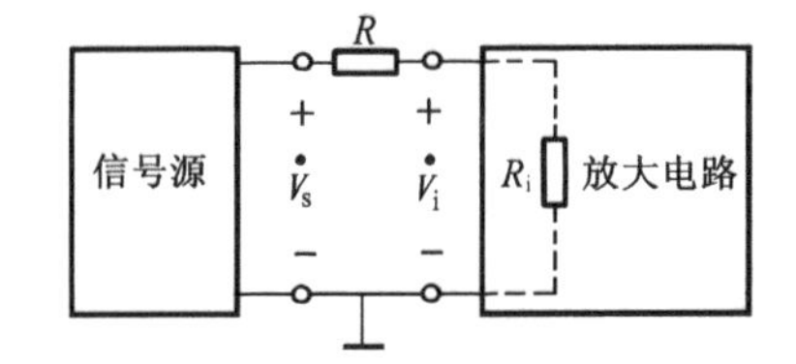

图 3.2.6　输入电阻的测量

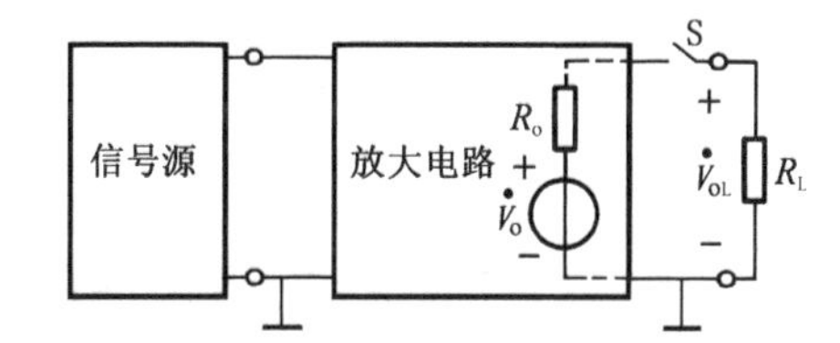

图 3.2.7　输出电阻的测量

依上述方法，在图 3.2.4 所示电路中依次连接示波器，分别进行仿真测量。示波器测量的 V_{sp}、V_{ip} 数值如图 3.2.8 所示；示波器测量的 V_{op} 如图 3.2.9 所示；示波器测量的 V_{oLp} 数值如图 3.2.10 所示。由测量数据(取相应输出电压峰值较小的一组仿真测量数据)，有

$$R_i=\frac{V_{ip}}{V_{sp}-V_{ip}}R_s\approx(\frac{10.65}{14.14-10.65}\times1)\text{k}\Omega\approx3.05\ \text{k}\Omega$$

$$R_o=(\frac{V_{op}}{V_{oLp}}-1)R_L\approx[(\frac{833.6}{419.4}-1)\times2]\text{k}\Omega\approx1.98\ \text{k}\Omega$$

可见，由微变等效电路分析、估算的动态参数与仿真测量、估算的动态参数大致相同。

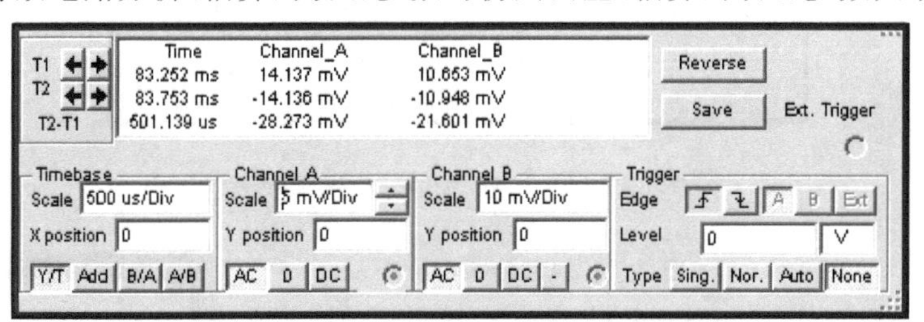

图 3.2.8　V_{sp}(A 通道)、V_{ip}(B 通道)测量数据

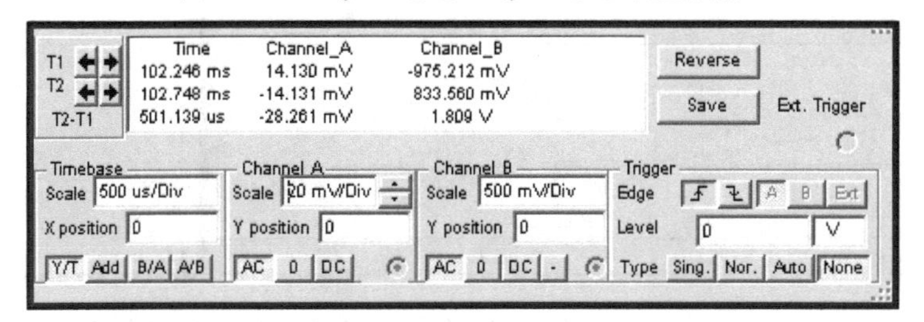

图 3.2.9　V_{sp}(A 通道)、V_{op}(B 通道)测量数据

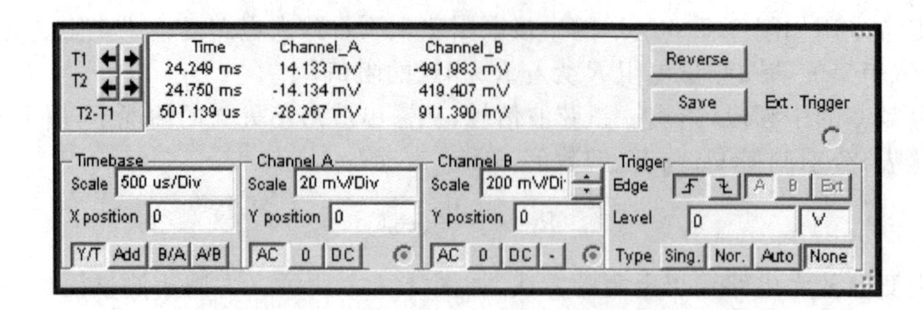

图 3.2.10 V_{sp}(A 通道)、V_{oLp}(B 通道)测量数据

(3) 放大电路交流仿真分析

按图 3.2.1 所示搭建实验电路图,单击 Multisim 10 界面菜单“ Simulate/Analyses/AC analysis…”(交流分析)按钮。在弹出的对话框 Output 选项中,选择待分析的输出电路节点 $V[4]$,如图 3.2.11 所示。在启动的频率特性分析参数设置对话框中设定相关参数,单击“Simulate ”仿真按钮,即可得到图 3.2.1 放大电路的幅频特性曲线和相频特性曲线,如图 3.2.12 所示。

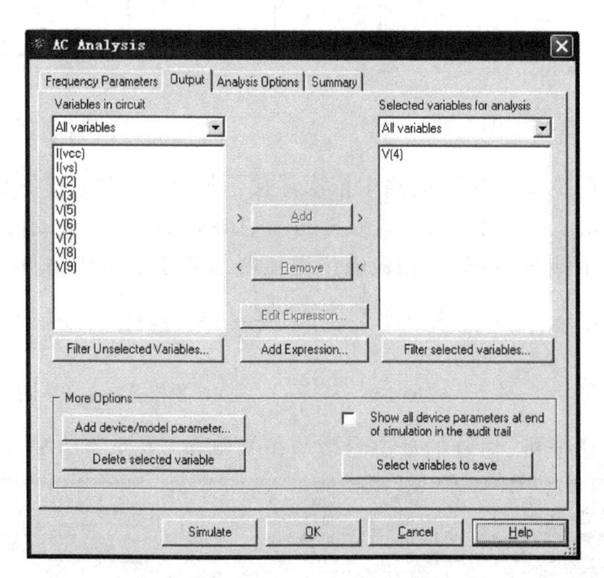

图 3.2.11 交流(AC)分析选项设置

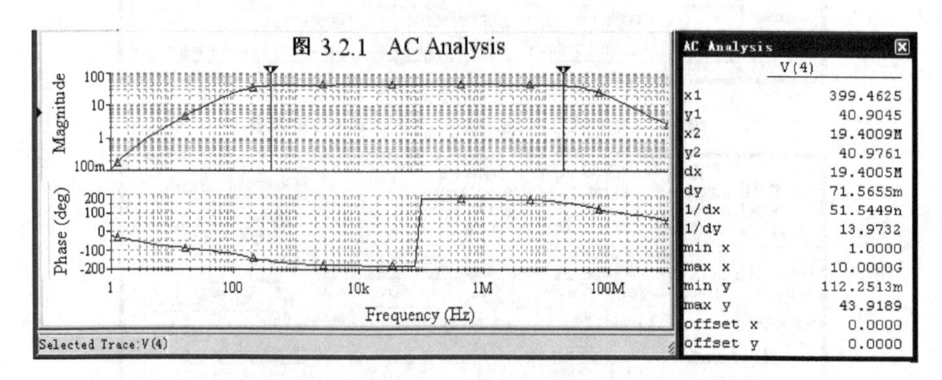

图 3.2.12 图 3.2.1 放大电路的幅频特性曲线和相频特性曲线

移动幅频特性曲线上的游标，可得中频段的电压增益约为 43.9 dB。移动游标，减小 3 dB(约为 40.9 dB)，如图 3.2.12 所示，可分别得到下限截止频率 f_L 和上限截止频率 f_H 分别约为 199.5 Hz 和 19.4 MHz。由此，可得图 3.2.1 放大电路的通频带(−3 dB 带宽)BW= $f_H-f_L\approx(19.4-199.5\times10^{-3})\text{MHz}\approx19.4\ \text{MHz}$。

3.2.2　单管共发射极放大电路静态工作点设置仿真实验

三极管是放大电路的核心，要使放大电路正常工作，必须为三极管设置合适的外部工作条件，即要设置合适的静态工作点，否则会产生输出信号的失真，或过大的功率损耗。

合适的静态工作点是一个动态的概念。从减小静态功率损耗的角度出发，希望静态值越小越好；从获得较大的动态范围出发，在输出信号不失真的前提下希望静态值大一些为好。工程上一般对图 3.2.4 所示的小信号甲类共射放大电路取 $V_{CEQ}\approx\frac{1}{2}V_{CC}$。

1. 工作状态检测

(1) 静态工作点检测

打开存盘的如图 3.2.4 所示的电路，依次从仪器库中调出 5 个测量笔。其中，3 个测量笔分别放置在电路中三极管的 3 个电极 e、b、c 处；另外 2 个测量笔分别放置在放大电路的输入端和放大电路的输出端，如图 3.2.13 中箭头所示。启动仿真开关，进行在路动态测量，如图 3.2.13 所示，由放置在三极管 3 个电极 e、b、c 处的 3 个测量笔测量显示的直流数据 I(DC)和 V(DC)有

$$I_{BQ}=5.28\ \mu A\ ;I_{CQ}=1.16\ \text{mA}\ ;V_{CEQ}=V_{CQ}-V_{EQ}=(9.67-1.17)\text{V}=8.5\ \text{V}\ ;V_{BQ}=1.80\ \text{V}$$

$$V_{BEQ}=V_{BQ}-V_{EQ}=(1.81-1.17)\text{V}=0.64\ \text{V}\ ;\beta=I_{CQ}/I_{BQ}=1.16\ \text{mA}/5.28\ \mu A\approx220$$

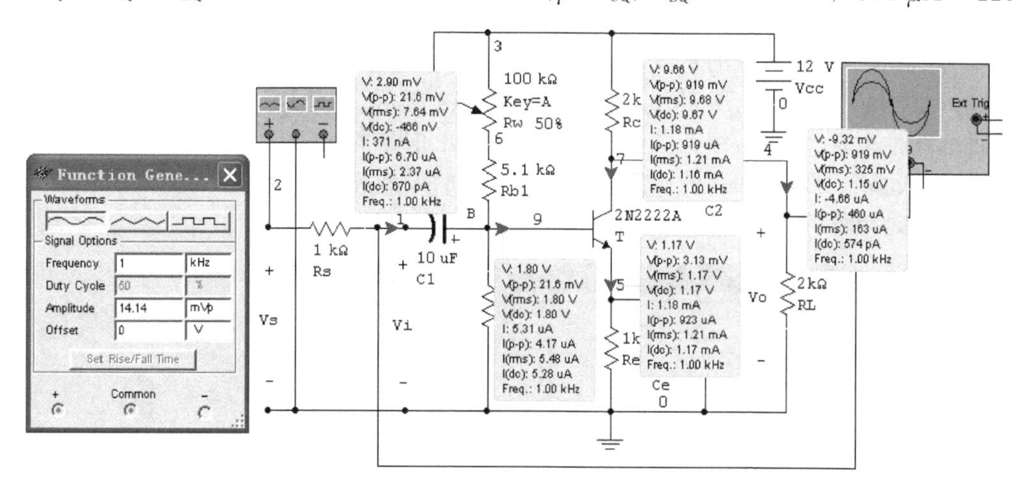

图 3.2.13　图 3.2.4 放大电路的测量笔仿真测量

双击图 3.2.4 所示电路图中的三极管 T(2N222A)图标，在弹出的三极管属性对话框中单击 Value/Edit component in DB 按钮，在随后弹出的元件特性对话框特性参数(Model Data)栏中查阅三极管特性参数，如图 3.2.14 所示。查得，三极管 T(2N222A)的最大正向共射电流放大系数 β_F(BF)=296.463，$r_{bb'}$(RB)=3.996 88 Ω，$V_{BE(on)}$(B-E 结内建电势 V JE)=0.99 V。由图 3.2.13 中三极管 3 个电极 e、b、c 处的 3 个测量笔测量显示的测量数据及分析结果可见，三极管的共射电流放大系数 β 即使在放大区内也不是一个恒定值，一般来说，

基极电流 I_{BQ} 越大，电流放大系数 β 的数值越大，只不过相对变化量较小而已；三极管的正向导通压降 $V_{BE(on)}$ 也不是一个恒定值，基极电流 I_{BQ} 越大，正向导通压降 $V_{BE(on)}$ 的数值越大，只不过相对变化量也是较小而已。

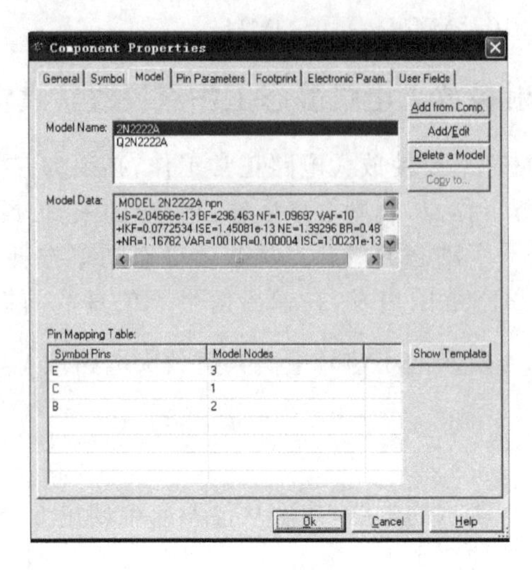

图 3.2.14 元件特性对话框

(2) 检测输入、输出电压波形

由图 3.2.13 中放置在放大电路的输入端和放大电路的输出端的两个测量笔测量显示的输入电压瞬时峰峰值 $V_{i(pp)}$ 和输出电压瞬时峰峰值 $V_{o(pp)}$，如图 3.2.13 所示，大致有

$$|A_v| = \left|\frac{V_{opp}}{V_{ipp}}\right| = \frac{919}{21.6} \approx 42.5$$

打开图 3.2.13 中所示的示波器面板，移动游标 1、2 至输入信号的 1/4、3/4 周期处，对应的输入电压 V_i 和输出电压 V_o 的波形如图 3.2.15 所示。由图可见，输出波形正常，没有明显的非线性失真。但是，细查游标 1、2 显示的输出信号的正半周和负半周的峰值并不相等(产生了失真)。显然，相差的比例和静态工作点的设置相关，工程上一般认为正、负半周的幅值差超过幅值的 10%，即产生了失真。

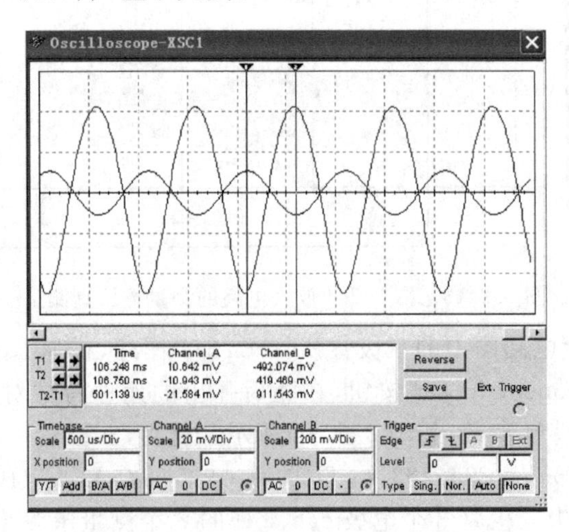

图 3.2.15 输入、输出电压测量

2. 研究调整偏置电阻 $\boldsymbol{R_b(R_W+R_{b1})}$ 对静态工作点 Q 和电压放大倍数 $\boldsymbol{A_v}$ 的影响

在图 3.2.13 所示的仿真测量中，当 $R_b=55.1\ \text{k}\Omega$ 时，$I_{BQ}=5.28\ \mu\text{A}$，$I_{CQ}=1.16\ \text{mA}$，$V_{CEQ}=V_{CQ}-V_{EQ}=(9.67-1.17)\text{V}=8.5\ \text{V}$，$V_{ip}=10.943\ \text{mV}$，$V_{op}=410.469\ \text{mV}$，$|A_v|=37.5$，电路工作在放大状态，输出电压波形较正常，没有明显的非线性失真，将上述测量数据填入表 3.2.1 中。

(1) 增大 R_b($R_b=75.1\ \text{k}\Omega$)

在输入信号、电路其他参数不变的情况下，调整 R_b 为 75.1 kΩ。测量电路的静态工作点、V_{ip} 和 V_{op}，如图 3.2.16 所示，并将测量数据填入表 3.2.1 中。

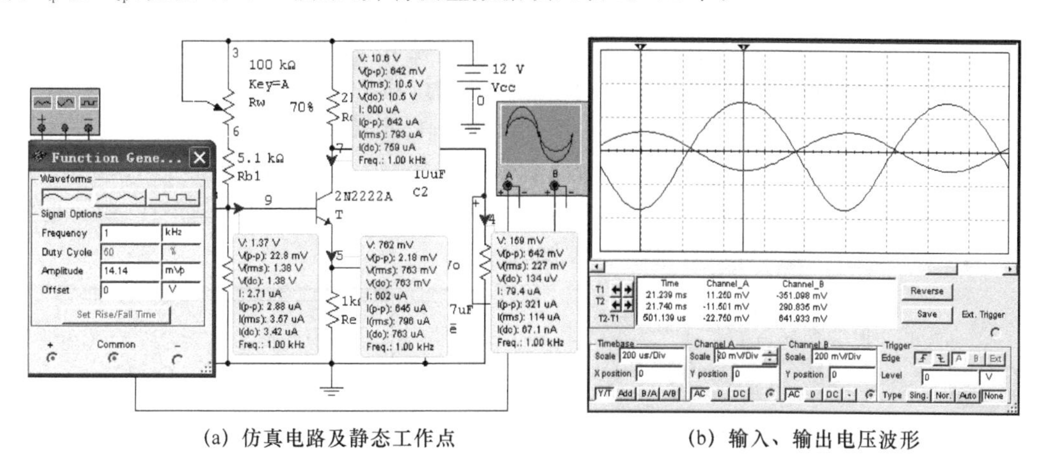

(a) 仿真电路及静态工作点　　　　(b) 输入、输出电压波形

图 3.2.16　增大 R_b 仿真测量

(2) 减小 R_b($R_b=35.1\ \text{k}\Omega$)

在输入信号、电路其他参数不变的情况下，调整 R_b 为 35.1 kΩ。测量电路的静态工作点、V_{ip} 和 V_{op}，如图 3.2.17 所示，并将测量数据填入表 3.2.1 中。

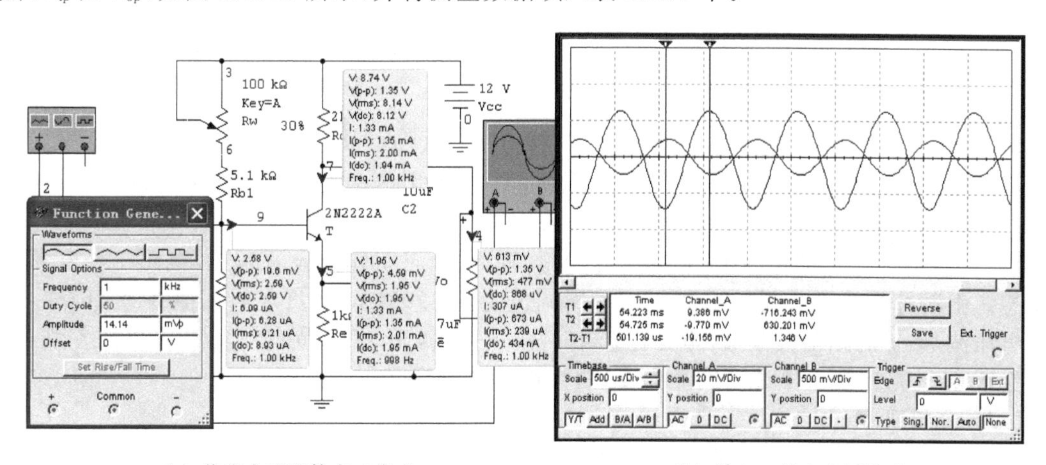

(a) 仿真电路及静态工作点　　　　(b) 输入、输出电压波形

图 3.2.17　减小 R_b 仿真测量

表 3.2.1　调整 R_b 仿真测量数据

基极偏置电阻 $R_b/\text{k}\Omega$	$I_{BQ}/\mu\text{A}$	$I_{CQ}/\mu\text{A}$	V_{CEQ}/V	输入信号峰值 V_{ip}/mV	输出电压峰值 V_{op}/mV	$\lvert A_v \rvert$
55.1	5.28	1 160	8.50	10.943	419.469	37.5
75.1	3.42	759	9.737	11.501	290.835	25.3
35.1	8.93	1 940	6.17	9.770	630.201	64.5

（3）饱和失真和截止失真

将图 3.2.13 所示的仿真电路中示波器的 A 通道连接到信号源的输出端 V_s，将信号源幅值增大到 $V_{sp}=60$ mV。在其他电路参数不变的情况下，将 R_b 减小，调整为 15.1 kΩ。启动仿真开关，进行仿真测量，如图 3.2.18 所示。此时，$I_{CQ}=$ 3.74 mA，$V_{CEQ}=V_{CQ}-V_{EQ}=(4.41-3.90)\text{V}=0.51$ V。显然，静态工作点设置偏高，电路工作在饱和状态。由游标指针处读得输出波形正半周幅值为 1.435 V，负半周幅值为 445.866 mV，输出电压波形 v_o 的底部被削波，电路已产生了饱和失真，正、负半周的幅值有明显的差别（明显大于 10%），输出电压波形明显失真，放大已没有意义。

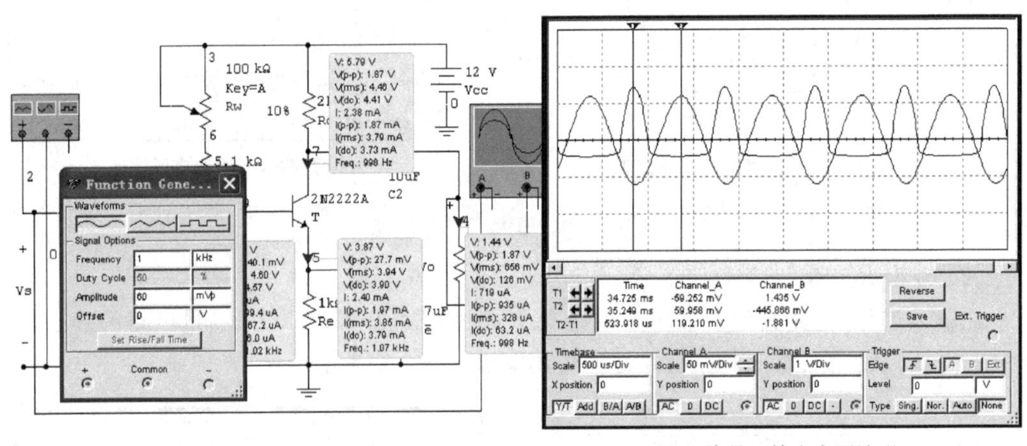

(a) 仿真电路及静态工作点　　　　(b) 信号、输出电压波形

图 3.2.18　减小 R_b 电路产生饱和失真时的仿真测量

在图 3.2.13 所示的仿真电路的基础上，其他电路参数不变，将 R_b 增大，调整为 85.1 kΩ。启动仿真开关，进行仿真测量，如图 3.2.19 所示。此时，$I_{CQ}=$ 679 μA，$V_{CEQ}=V_{CQ}-V_{EQ}=(10.7-642\times10^{-3})\text{V}\approx10.1$ V。显然，静态工作点设置偏低，电路工作在截止状态。由游标指针处读得输出波形正半周幅值为 597.059 mV，负半周幅值为 1.261 V，输出电压波形 v_o 的顶部被削波，电路已产生了截止失真，正、负半周的幅值有明显的差别（明显大于 10%），输出电压波形明显失真，放大也已没有意义。

3. 分析研究

（1）根据表 3.2.1 所列的仿真测量数据可知，调整 R_b 可改变静态工作点和动态参数。在放大区内，增大 R_b，I_{CQ}减小，V_{CEQ}增大，$\lvert A_v \rvert$减小；减小 R_b，I_{CQ}增大，V_{CEQ}减小，$\lvert A_v \rvert$增大。当 $R_b=35.1$ kΩ 时，静态工作点设置的较为合适，$V_{CEQ}\approx\dfrac{1}{2}V_{CC}$。

（2）在图 3.2.1 所示电路中，若 $r_{bb'}\ll(1+\beta)\dfrac{V_T}{I_{EQ}}$，则

$$A_{\mathrm{v}}=-\frac{\beta R'_{\mathrm{L}}}{r_{\mathrm{be}}}=-\frac{\beta R'_{\mathrm{L}}}{r_{\mathrm{bb'}}+\beta\dfrac{V_{\mathrm{T}}}{I_{\mathrm{CQ}}}}\approx-\frac{I_{\mathrm{CQ}}R'_{\mathrm{L}}}{V_{\mathrm{T}}}$$

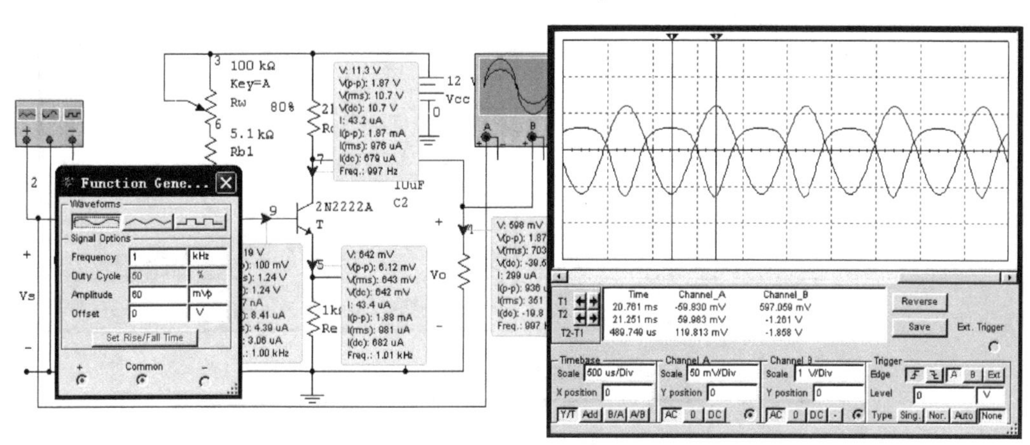

(a) 仿真电路及静态工作点　　　　(b) 信号、输出电压波形

图 3.2.19　增大 R_{b} 电路产生截止失真时的仿真测量

上式表明，A_{v}几乎与放大电路中的三极管无关，而仅与放大电路中的电阻阻值及环境温度有关，且与 I_{CQ}成正比。因此，调节 R_{b} 以改变 I_{CQ}，是改变阻容耦合共射放大电路电压放大倍数最有效的方法；而采用更换三极管以增大 β 的方法，对 A_{v}的影响是不明显的。

(3) 从调整 R_{b} 改变静态工作点的仿真测量数据可以看出，三极管的输入、输出特性总是存在非线性，所谓“线性区”只不过是在工作条件、要求所能允许的一个误差范围，而理论分析是将三极管的输入、输出特性作了线性化处理的结果。

(4) 另外，在仿真调试中，当输出波形产生非线性失真时，输出波形并不是顶部或底部被削平的平顶曲线，而是正、负半周幅值不等的圆滑曲线。工程上一般认为正、负半周的幅值差超过幅值的 10%，即产生了失真。

3.2.3　单管共射、共集、共基放大电路仿真实验

三极管组成的基本放大电路有共射、共集、共基三种基本组态。它们的组成原则和分析方法完全相同，但动态参数却各具特点，使用时需根据要求合理选择。

为了使三种组态的放大电路具有可比性，采用同一个三极管 2N222A，查得其最大正向共射电流放大系数 β_{F}(BF)＝296.463、$r_{\mathrm{bb'}}$(RB)＝3.99688 Ω，且静态工作点相同，信号源、负载等电路参数都相同，只是电路组态不同。

1. 共射(CE)组态放大电路仿真实验

在 Multisim 10 中，按图 3.2.20(a)所示搭建共射放大实验电路，并存盘。依前述方法，进行仿真测量(如图 3.2.20(a)所示)和仿真分析(如图 3.2.20(b)所示)，并把测量、分析数据填入表 3.2.2 中。

2. 共集(CC)组态放大电路仿真实验

在 Multisim 10 中，按图 3.2.21(a)所示搭建共集放大实验电路。依前述方法，进行仿真测量(如图 3.2.21(a)所示)和仿真分析(如图 3.2.21(b)所示)，并把测量、分析数据填入表 3.2.2 中。

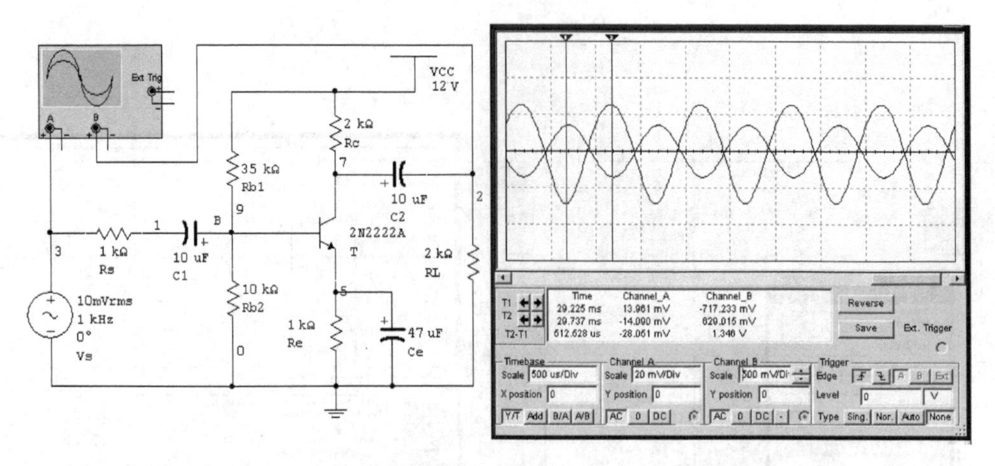

(a) 共射组态放大电路

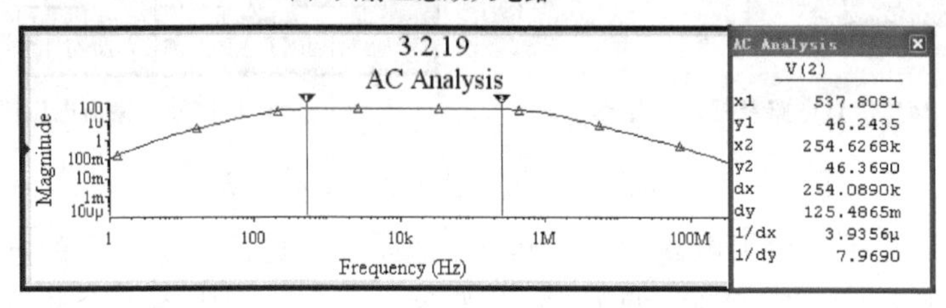

(b) 交流分析，幅频特性

图 3.2.20　共射组态放大电路的仿真测量、分析

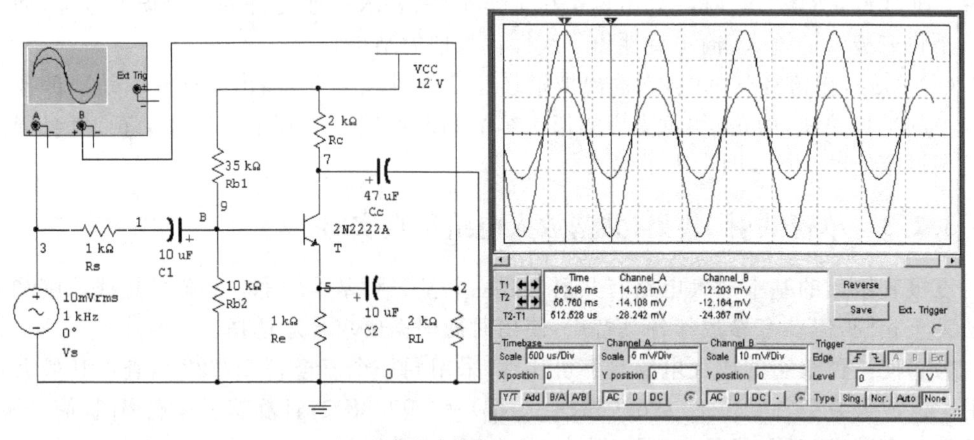

(a) 共集组态放大电路

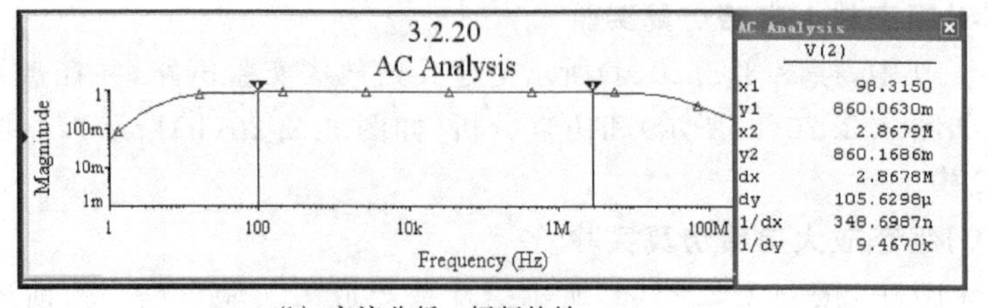

(b) 交流分析，幅频特性

图 3.2.21　共集组态放大电路的仿真测量、分析

3. 共基(CB)组态放大电路仿真实验

在 Multisim 10 中，按图 3.2.22(a)所示搭建共基放大实验电路。依前述方法，进行仿真测量(如图 3.2.22(a)所示)和仿真分析(如图 3.2.22(b)所示)，并把测量、分析数据填入表 3.2.2 中。

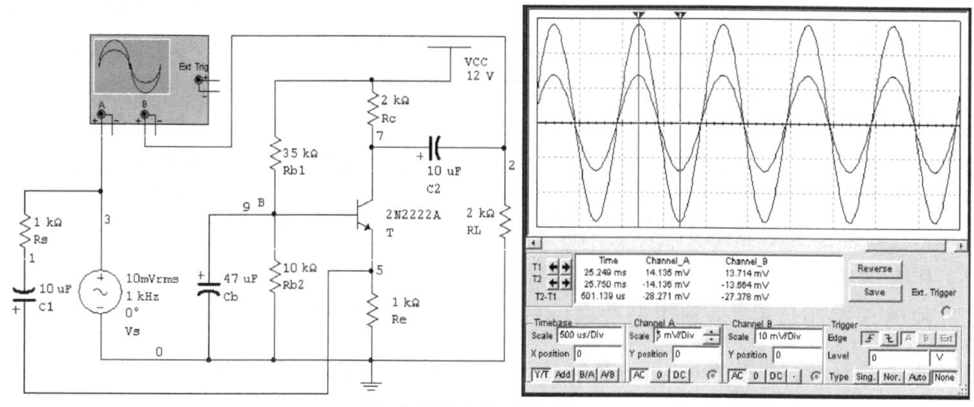

(a) 共基组态放大电路

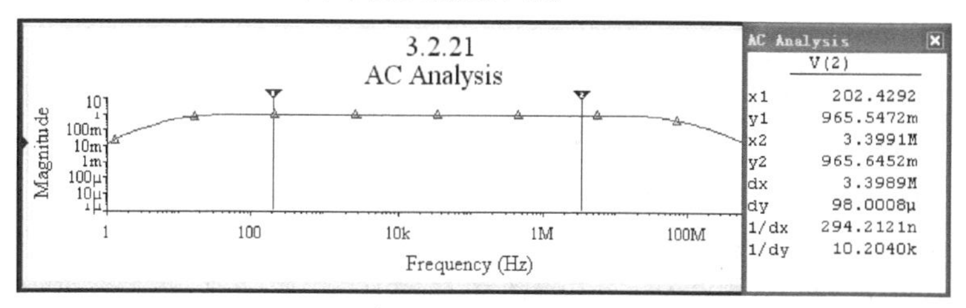

(b) 交流分析，幅频特性

图 3.2.22　共基组态放大电路的仿真测量、分析

表 3.2.2　三种组态放大电路的动态参数测量、分析

电路组态	R_i/kΩ	R_o/kΩ	f_L/ Hz	f_H/kHz	BW/kHz	A_v
共 射	2.169	1.95	537.8	254.6	254.1	−63.6
共 集	7.391	0.011	98.3	2 867.9	2 867.8	0.98
共 基	0.013 5	2.01	202.4	3 399.1	3 398.9	47.1

4. 共射、共集、共基三种基本组态放大电路的特性比较

由表 3.2.2 所列测量、分析仿真数据和仿真测量、分析可知：

(1) 共射组态放大电路既能放大电流又能放大电压，属反相放大电路，输入电阻居三种组态电路之中，输出电阻较大，通频带是三种组态电路中最小的。适用于低频电路，常用做低频电压放大的单元电路。

(2) 共集组态放大电路没有电压放大作用，只有电流放大作用，属同相放大电路，是三种组态中输入电阻最大、输出电阻最小的电路，且具有电压跟随的特点，频率特性较好。常用做电压放大电路的输入级、输出级和缓冲级。

(3) 共基组态放大电路没有电流放大，只有电压放大作用，且具有电流跟随作用，输入电阻最小，电压放大倍数、输出电阻与共射组态放大电路相当，属同相放大电路，是三种组态电路中高频特性最好的电路。常用于高频或宽频带低输入阻抗的场合。

3.2.4 场效应管共源放大电路仿真实验

由于场效应管具有输入电阻高、噪声低、受外界温度及辐射等影响小的特点，所以工程中也常用它来组成放大电路。和三极管比较，场效应管的源极 s、栅极 g 和漏极 d 可分别与三极管的发射极 e、基极 b 和集电极 c 一一对应。作为放大电路的核心元件，场效应管和三极管一样都是非线性元件，前面介绍的用于仿真测量、分析三极管放大电路的方法，通常也可用于场效应管放大电路。三极管放大电路有共射、共集和共基三种基本组态，场效应管放大电路类似也有共源、共漏、共栅三种基本组态。不同的是，三极管是一种电流控制器件，是通过基极电流 i_B 的变化控制集电极电流 i_C 的变化来实现放大，是通过共射电流放大系数 $\beta=\left.\frac{\Delta i_C}{\Delta i_B}\right|_{v_{CE}=常数}$ 来描述其放大的作用。为了防止产生失真，在输入信号整个时段内，三极管都应工作在放大区内，三极管放大电路必须设置一个合适的静态工作点(I_{BQ})。而场效应管则是一种电压控制器件，是利用栅源之间的电压 v_{GS}的变化控制漏极 i_D 的变化来实现放大，是通过低频跨导 $g_m=\left.\frac{\Delta i_D}{\Delta v_{GS}}\right|_{v_{DS}=常数}$ 来描述其放大作用。同样为了防止产生失真，保证在输入信号整个时段内，场效应管都工作在放大区(恒流区，又称饱和区)内，场效应管放大电路也必须设置一个合适的静态工作点(V_{GSQ})。三极管的共射输入电阻较低，约为 1 kΩ 的数量级，而场效应管的共源输入电阻很高，可达 $10^7\sim10^{12}$ Ω，所以常用做高输入阻抗放大器的输入级。另外，场效应管的低频跨导相对比较低，在组成放大电路时，在相同的负载电阻下，电压放大倍数一般比三极管放大电路小。

1. 场效应管转移特性仿真分析

场效应管的转移特性是指在 v_{DS}为定值的条件下，v_{GS}对 i_D 的控制特性，即

$$i_D=f(v_{GS})\big|_{v_{DS}=常数}$$

在 Multisim 10 中，按图 3.2.23(a)所示搭建 N 沟道耗尽型场效应管转移特性仿真分析实验电路。单击 Multisim 10 界面菜单“Simulate/Analyses/DC Sweep…”(直流扫描分析)按钮，在弹出的对话框 Analysis Parameters 选项中选择所要扫描的直流电源 V_{GS}；由于源极电阻 $R_s=1$ Ω，因而其上电压降(纵坐标值)可以表示源极电流(即漏极电流 i_D)，故在 Output 选项中选择节点 V[2]为待分析的输出电路节点，如图 3.2.23(a)所示；设置所要扫描的直流电源 V_{GS}(横坐标值)的初始值为 0 V、终止值为 4.5 V。单击“Simulate”仿真按钮，即可得到场效应管 T(2N7000)的转移特性曲线，如图 3.2.23(b)所示。分析结果表明，增强型场效应管 2N7000 的开启电压 $V_{GS(th)}\approx2$ V，$I_{DO}\approx200$ mA($v_{GS}=2V_{GS(th)}$ 时的 i_D)。

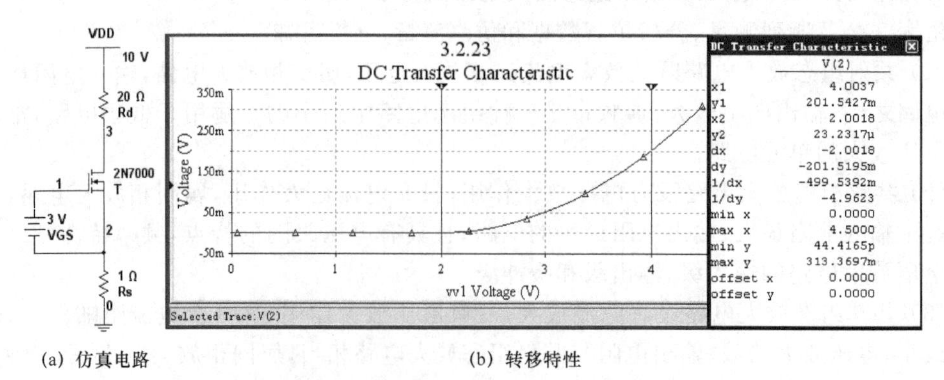

(a) 仿真电路　　(b) 转移特性

图 3.2.23 场效应管转移特性直流扫描仿真分析

2. 场效应管共源放大电路仿真分析

(1) 仿真测量

在 Multisim 10 中,按图 3.2.24(a)所示搭建场效应管共源放大实验电路($R_{g1}=200\ \text{k}\Omega$),并存盘;启动仿真开关,进行仿真测量,如图 3.2.24(b)所示。依次从仪器库中调出 3 个测量笔分别放置在电路中场效应管的三个电极 s、g、d 处,启动仿真开关,进行在路动态测量,如图 3.2.25 所示。由放置在场效应管三个电极 s、g、d 处的 3 个测量笔测量显示的直流数据 I(dc)和 V(dc)有

$$V_{GSQ}=V_{GQ}-V_{SQ}=(2.28-0.196)\text{V}=2.084\ \text{V}$$

$$V_{DSQ}=V_{DQ}-V_{SQ}=(8.15-0.196)\text{V}=7.954\ \text{V}$$

$$I_{DQ}=I_{SQ}=384\ \mu\text{A}$$

$$A_v=V_{op}/V_{ip}=-304.042/7.068\approx-43$$

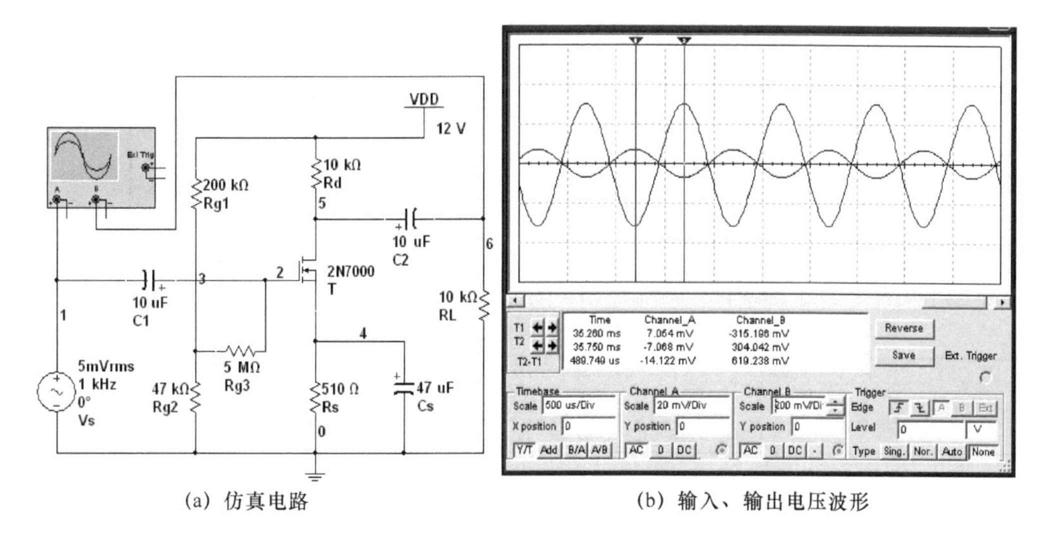

(a) 仿真电路　　　　(b) 输入、输出电压波形

图 3.2.24　场效应管共源放大电路仿真实验

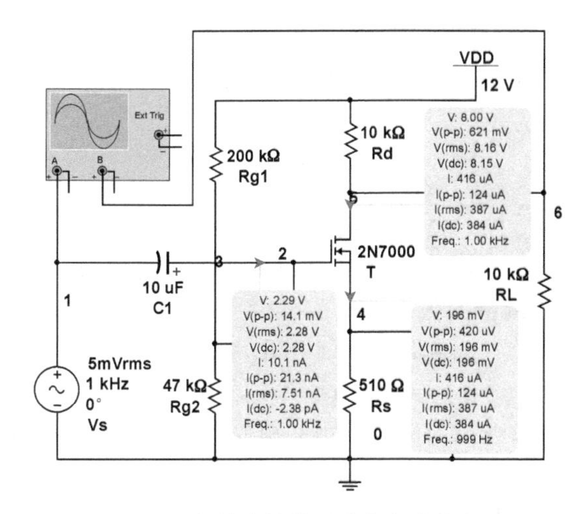

图 3.2.25　场效应管共源放大电路仿真测量

将上述仿真测量数据填入表 3.2.3 中。

将 R_{g1} 调整为 220 kΩ，重复上述仿真测量，如图 3.2.26 所示，有

$$V_{GSQ}=V_{GQ}-V_{SQ}=(2.11-0.0631)\text{V}=2.047\ \text{V}$$

$$V_{DSQ}=V_{DQ}-V_{SQ}=(10.8-0.0631)\text{V}=10.737\ \text{V}$$

$$I_{DQ}=I_{SQ}=124\ \mu\text{A}$$

$$A_v=V_{op}/V_{ip}=-169.213/7.066\approx-23.95$$

将上述仿真测量数据填入表 3.2.3 中。

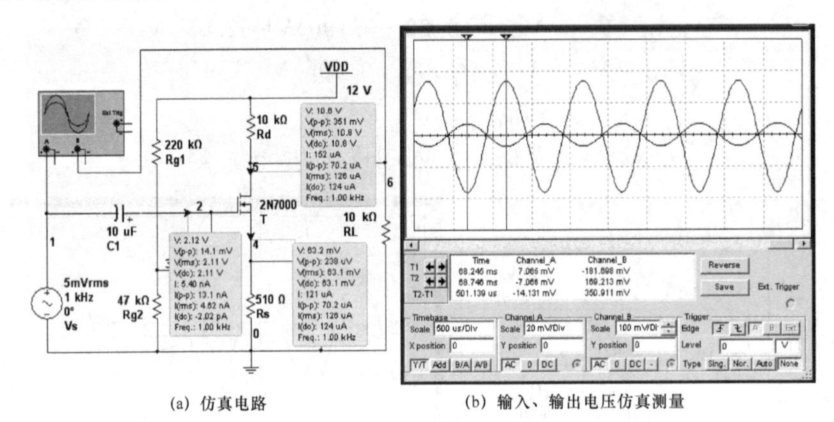

(a) 仿真电路　　(b) 输入、输出电压仿真测量

图 3.2.26　场效应管共源放大电路仿真测量

表 3.2.3　场效应管共源放大电路仿真测量数据

R_{g1}/kΩ	V_{GSQ}/V	V_{DSQ}/V	I_{DQ}/μA	V_{ip}/mV	V_{op}/mV	$\lvert A_v \rvert$
200	2.084	7.954	384	7.068	304.042	43
220	2.047	10.737	124	7.066	169.213	24

(2) 估算低频跨导 g_m、电压放大倍数

在放大区内，增强型 MOS 场效应管的转移特性可近似表示为

$$i_D=I_{DO}\left(\frac{v_{GS}}{V_{GS(th)}}-1\right)^2\ (v_{DS}\geqslant v_{GS}-V_{GS(th)},v_{GS}\geqslant V_{GS(th)})$$

对上式求导可得出低频跨导 g_m 的表达式：

$$g_m=\left.\frac{\Delta i_D}{\Delta v_{GS}}\right|_{v_{DS}=\text{常数}}$$

$$g_m=\left.\frac{\partial i_D}{\partial v_{GS}}\right|_Q=\left.\frac{2I_{DO}}{V_{GS(th)}}\left(\frac{v_{GS}}{V_{GS(th)}}-1\right)\right|_Q=\frac{2}{V_{GS(th)}}\sqrt{I_{DO}I_{DQ}}$$

依上式，代入场效应管 2N7000 转移特性仿真分析测量的数据（开启电压 $V_{GS(th)}\approx 2$ V，$I_{DO}\approx 200$ mA）和仿真电路测量的数据，有

$$g_m\approx 8.76\ \text{ms}\quad (R_{g1}=200\ \text{k}\Omega)$$

$$g_m\approx 4.98\ \text{ms}\quad (R_{g1}=220\ \text{k}\Omega)$$

因此，图 3.2.24(a)和图 3.2.26(a)所示共源放大电路的电压放大倍数分别为

$$A_v=-g_m(R_d/\!/R_L)\approx-8.76\times5=43.8\quad (R_{g1}=200\ \text{k}\Omega)$$

$$A_v=-g_m(R_d/\!/R_L)\approx-4.98\times5=24.9\quad (R_{g1}=220\ \text{k}\Omega)$$

3. 分析、讨论

由表 3.2.3 所列仿真测量数据和仿真分析可知：

(1) 用 Multisim 的直流扫描分析功能可测试场效应管的转移特性。

(2) 如同前述三极管放大电路一样，调整电阻 R_{g1} 可改变放大电路的静态工作点和动态参数。电阻 R_{g1} 增大时，V_{GSQ} 减小，V_{DSQ} 增大，I_{DQ} 减小，$|A_v|$ 减小。即是说，调整电阻 R_{g1} 可调整 V_{GSQ}、I_{DQ}，从而可调整电压放大倍数 $|A_v|$，或者说场效应管放大电路的电压放大倍数 $|A_v|$ 是受栅-源间电压 v_{GS} 来控制的。

(3) 仿真测量的电压放大倍数与理论分析计算的电压放大倍数基本一致，说明仿真实验对实际电路调试具有指导意义。

3.3　差分放大电路仿真实验

差分放大电路又称差动放大电路，是集成运算放大器中重要的基本单元电路，广泛地应用于多级直接耦合放大电路的输入级，对“温漂”等“零点漂移”现象具有很强的抑制作用，这是差分放大电路的突出优点。

1. 传统放大电路的温度扫描分析

在 Multisim 10 中，打开存盘的图 3.2.20(a)所示共射放大实验电路，如图 3.3.1(a)所示。单击 Multisim 10 界面菜单“Simulate/Analyses/Temperature Sweep…”(温度扫描分析)按钮，在弹出的对话框 Analysis Parameters 设置栏中设置：扫描方式为线性(Linear)；所要扫描的起始温度为 25 ℃，终止温度为 100 ℃；扫描的点数为 2 点；分析类型为瞬态分析(Transient Analysis)；单击“Edit Analysis”按钮后设置扫描的起始时间为 0 Sec，终止时间为 0.001 Sec(即一个信号周期)；随后在 Output 选项中选择节点 $V[2]$ 为待分析的输出电路节点，如图 3.3.1(b)所示。单击“Simulate”仿真按钮，即可得到图 3.2.20(a)所示共射放大实验电路的温度扫描分析特性曲线及参数，如图 3.3.1(c)所示。

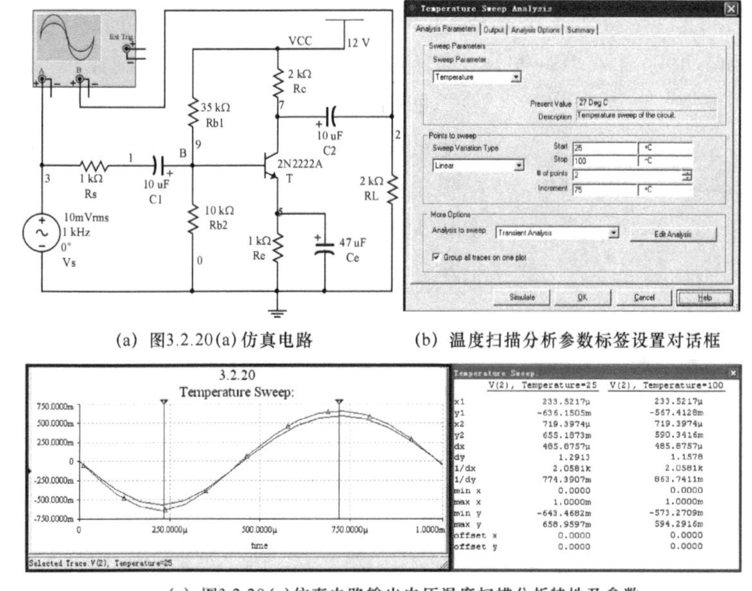

(a) 图3.2.20(a)仿真电路　　(b) 温度扫描分析参数标签设置对话框

(c) 图3.2.20(a)仿真电路输出电压温度扫描分析特性及参数

图 3.3.1　图 3.2.20(a)实验电路温度扫描分析参数标签设置

从图 3.3.1(c)所示的温度扫描分析特性曲线及参数中可以看出，一是图 3.2.20(a)所示共射放大电路的输出电压呈负温度系数变化；二是当温度从 25 ℃上升到 100 ℃时，产生的最大输出电压偏差为 $\Delta V_o=(636.1505-567.4128)\,\text{mV}=68.7377\ \text{mV}$，大约变化了 10.8%。

2. 带恒流源的差分放大电路的温度扫描分析

为了使两种放大电路具有可比性，采用同一个三极管 2N222A 组成的单端输入、单端输出接法的带恒流源(输出交流电阻相当于发射极电阻 R_e)的差分放大实验电路，且信号源、负载等电路参数都相同，如图 3.3.2(a)所示。在 Multisim 10 中，按图 3.3.2(a)所示搭建实验电路，启动仿真开关，进行仿真测量，如图 3.3.2(b)所示。

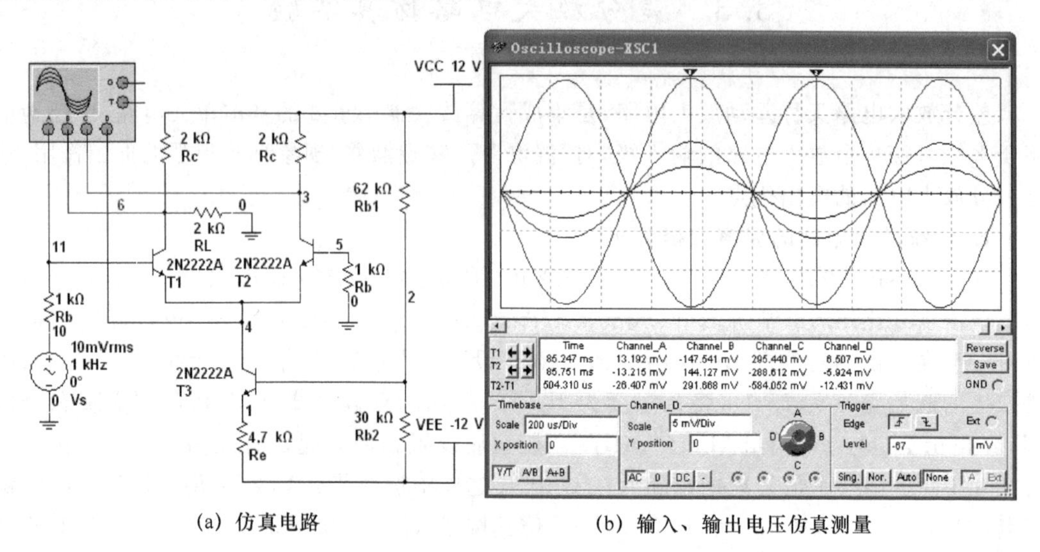

(a) 仿真电路　　(b) 输入、输出电压仿真测量

图 3.3.2　带恒流源的差分放大实验电路仿真测量

由电路分析可知，在差动放大电路、尤其是单端输出接法的差动放大电路中，增大发射极电阻 R_e 的阻值，能够有效地抑制每一边电路的温漂，提高共模抑制比。

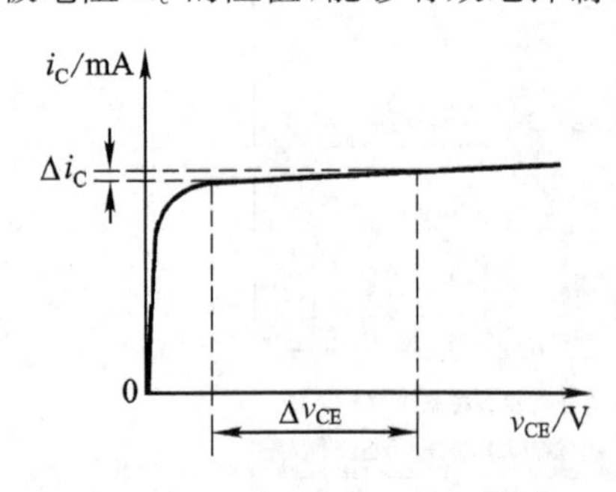

图 3.3.3　放大电路的恒流特性

如图 3.3.3 所示，当三极管工作在放大区时，对于确定的基极电流(亦即确定的发射结电压)而言，其集电极电流具有近似的恒流特性，即当集电极电压有一个较大的变化量 Δv_{ce} 时，集电极电流 i_c 基本不变，Δi_C 很小。此时，三极管 c、e 之间的交流等效电阻 $r_{ce}=\dfrac{\Delta v_{CE}}{\Delta i_C}$ 数值很大，而直流电阻很小($r_{CE}=\dfrac{V_{CE}}{I_C}$)。

因此，在集成运放电路中广泛地采用这种由工作在放大区内的三极管构成的恒流源电路来代替差分电路中的发射极电阻 R_e(和集电极电阻 R_c)的方法。这样，既增大了发射极电阻 R_e 的阻值，去除了集成电路中难以制造大电阻和设置高电压的困扰，还可以将共模抑制比 K_{CMR} 提高 1～2 个数量级。

单击 Multisim 10 界面菜单“Simulate/Analyses /Temperature Sweep…”(温度扫描分析)按钮，在弹出的对话框 Analysis Parameters 设置栏中设置：扫描方式为线性(Linear)；所

要扫描的起始温度为 25 ℃，终止温度为 100 ℃；扫描的点数为 2 点；分析类型为瞬态分析(Transient Analysis)；单击“Edit Analysis”按钮后设置扫描的起始时间为 0 Sec，终止时间为 0.001 Sec(即一个信号周期)；随后在 Output 选项中选择节点 $V[6]$为待分析的输出电路节点；单击“Simulate”仿真按钮，即可得到图 3.2.2(a)带恒流源的差分放大实验电路的温度扫描分析特性曲线及参数，如图 3.3.4 所示。

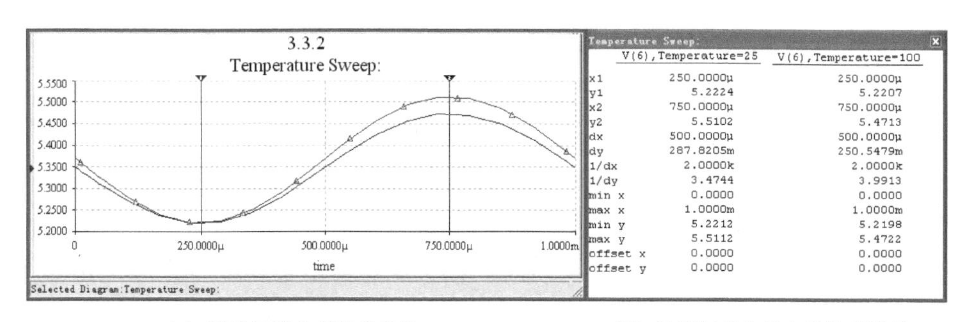

(a) 温度扫描分析特性曲线　　(b) 温度扫描分析参数仿真测量

图 3.3.4　图 3.3.2(a)仿真电路输出电压温度扫描分析特性及参数

从图 3.3.4 所示温度扫描分析特性曲线及参数中可以看出，当温度从 25 ℃上升到 100 ℃时，图 3.2.2(a)所示带恒流源的差分放大电路节点 $V[6]$产生的最大输出电压偏差为

$$\Delta V_{o}=(5.5102-5.4713)\text{V}=0.0389\text{ V}$$

100 ℃时的输出电压幅值仅比 25 ℃时的输出电压幅值下降了 0.7%左右。

3. 分析、讨论

由图 3.3.1 所示共射放大电路的温度扫描仿真分析及图 3.3.2 所示差分放大电路的仿真测量和图 3.3.4 所示温度扫描仿真分析的结果可知：

(1) 用 Multisim 的温度扫描分析功能可简单、形象地检测放大电路的“温漂”(零点漂移)特性。

(2) 单端输出接法的差动放大电路的电压放大倍数是相应的双端输出接法的差动放大电路的电压放大倍数的一半；双端输出接法的差动放大电路的共模抑制比 K_{CMR} 较单端输出接法的差动放大电路高。

(3) 普通的放大电路和差分放大电路的输出电压都是呈负温度系数变化的。带恒流源的差分放大电路共模抑制比 K_{CMR} 较普通的放大电路可提高 1～2 个数量级。

3.4　负反馈放大电路仿真实验

在实用放大电路中，几乎都要视实际需要引入这样或那样的反馈，以改善放大电路某些方面的性能。为了改善放大电路的性能，在放大电路中引入负反馈是一种常用的重要手段。可以说，几乎没有不采用负反馈的电子线路(包括放大电路)。下面通过一个实例仿真来研究负反馈对改善放大电路性能的作用和基本的分析方法。

1. 放大电路的开环性能仿真实验

在 Multisim 10 中，按图 3.4.1(a)所示搭建两级电压放大实验电路并存盘，断开负反馈设置开关 J_1、负载连接开关 J_2，使放大实验电路工作在无负反馈(开环)、无负载(开路)的电压放大状态。按照前述的方法，启动仿真开关，进行仿真测量，如图 3.4.1(b)所示；单击开关 J_2 边上随鼠标箭头显现的控制按钮"A"，闭合负载连接开关 J_2，使放大实验电路工作在无负反馈(开环)、带负载(闭路)的电压放大状态，如图 3.4.2(a)所示，启动仿真开关，进行仿真测量，如图 3.4.2(b)所示。同样，在放大实验电路工作在无负反馈(开环)、带负载(闭路)的电压放大状态时，单击 Multisim 10 界面" Simulate/Analyses/AC analysis…"(交流分析) 按钮，在弹出的对话框 Output 选项中选择待分析的输出电路节点 $V[10]$，在启动的频率特性分析参数设置对话框中设定相关参数，单击"Simulate"仿真/移动游标按钮，移动幅频特性曲线上的游标至在游标测量数据显示栏中显示的中频段电压增益分贝数(max y)减小 3 dB 后的上、下位置，即可得到如图 3.4.2(c)所示的图 3.4.2(a)放大电路的幅频特性曲线及参数。

开环时，依据图 3.4.1(b)、图 3.4.2(b)和图 3.4.2(c)所示的仿真测量数据，有

$$R_{\mathrm{i}}=\frac{V_{\mathrm{ip}}}{V_{\mathrm{sp}}-V_{\mathrm{ip}}}R_{\mathrm{s}}\approx\frac{2.657}{2.818-2.657}\times 1\ \mathrm{k\Omega}\approx 16.5\ \mathrm{k\Omega}$$

$$R_{\mathrm{o}}=(\frac{V_{\mathrm{op}}}{V_{\mathrm{oLp}}}-1)R_{\mathrm{L}}\approx(\frac{1\,142}{576.777}-1)\times 2\ \mathrm{k\Omega}\approx 1.96\ \mathrm{k\Omega}$$

$$A_{\mathrm{vo}}=\frac{V_{\mathrm{op}}}{V_{\mathrm{ip}}}\approx\frac{1\,142}{2.657}\approx 429.8$$

$$A_{\mathrm{vL}}=\frac{V_{\mathrm{oLp}}}{V_{\mathrm{ip}}}\approx\frac{582.413}{2.656}\approx 219.3$$

$$\Delta A/A=(A_{\mathrm{vo}}-A_{\mathrm{vL}})/A_{\mathrm{vo}}=(429.8-219.3)/429.8\approx 0.49$$

中频段的电压增益为 220.010 5 dB，$\mathrm{BW}=f_{\mathrm{H}}-f_{\mathrm{L}}\approx(146.572-895.4\times10^{-3})\ \mathrm{kHz}$ $\approx 145.68\ \mathrm{kHz}$。

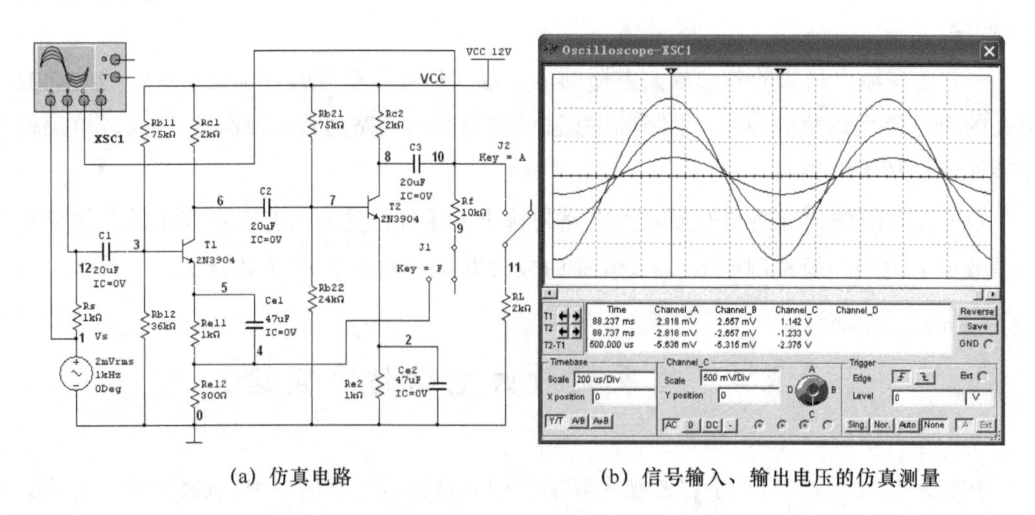

(a) 仿真电路　　(b) 信号输入、输出电压的仿真测量

图 3.4.1　电压放大实验电路开环性能的仿真测量

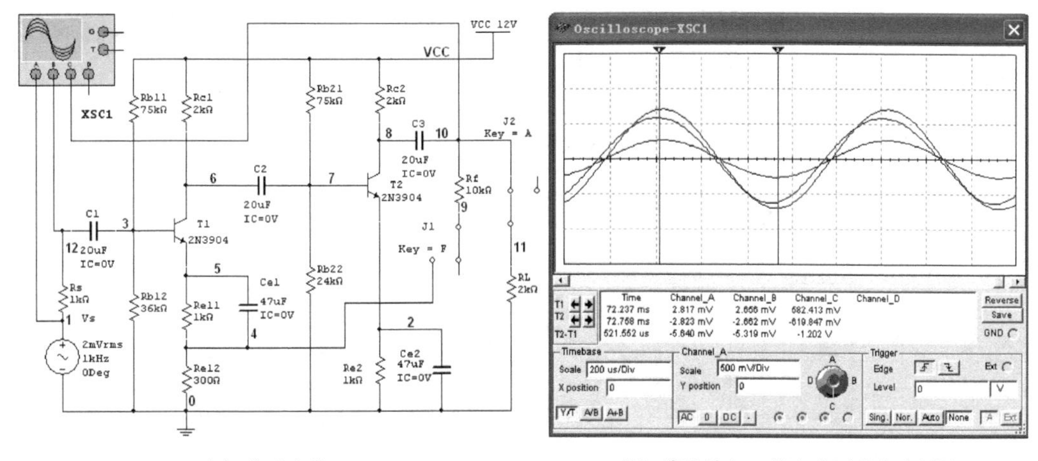

(a) 仿真电路　　　　(b) 信号输入、输出电压的仿真测量

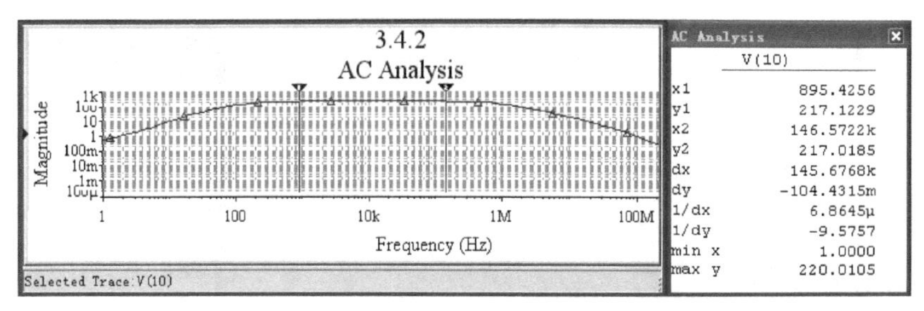

(c) 交流分析，幅频特性，通频带（BW）的仿真测量

图 3.4.2　电压放大实验电路开环性能的仿真测量

分别将开环时测量、分析的输入电阻 R_i、输出电阻 R_o、无负载（开路）电压放大倍数 A_{vo}、带负载（闭路）时的电压放大倍数 A_{vL}、带负载（闭路）时的通频带 BW、电压放大倍数变化量 $\Delta A/A$ 等数据填入表 3.4.1 相对应的栏目中。

2. 放大电路的闭环性能仿真实验

在打开的图 3.4.2(a)所示两级电压放大实验电路中，单击负反馈设置开关 J_1 边上随鼠标箭头显现的控制按钮“F”，闭合负反馈设置开关 J_1，使放大实验电路工作在负反馈（闭环）、带负载（闭路）的电压串联负反馈的放大状态，如图 3.4.3(a)所示。按照前述的方法，启动仿真开关，进行仿真测量和仿真分析，如图 3.4.3(b)和图 3.4.3(c)所示。

闭环时，依据图 3.4.3(b)和图 3.4.3(c)所示仿真测量的数据，有

$$R_i=\frac{V_{ip}}{V_{sp}-V_{ip}}R_s\approx\frac{2.709}{2.828-2.709}\times 1\ \text{k}\Omega\approx 22.765\ \text{k}\Omega$$

$$R_o=(\frac{V_{op}}{V_{oLp}}-1)R_L\approx\left(\frac{85.749}{80.276}-1\right)\times 2\ \text{k}\Omega\approx 0.136\ \text{k}\Omega$$

$$A_{vo}=\frac{V_{op}}{V_{ip}}\approx\frac{85.749}{2.709}\approx 31.65$$

$$A_{vL}=\frac{V_{oLp}}{V_{ip}}\approx\frac{80.276}{2.709}\approx 29.63$$

$$\Delta A/A=(A_{vo}-A_{vL})/A_{vo}=(31.65-29.63)/31.65\approx 0.064$$

中频段的电压增益为 28.428 0 dB，$\text{BW}=f_H-f_L\approx(3.700\,5-26.342\,9\times 10^{-6})\text{MHz}\approx 3.700\,5\ \text{MHz}$

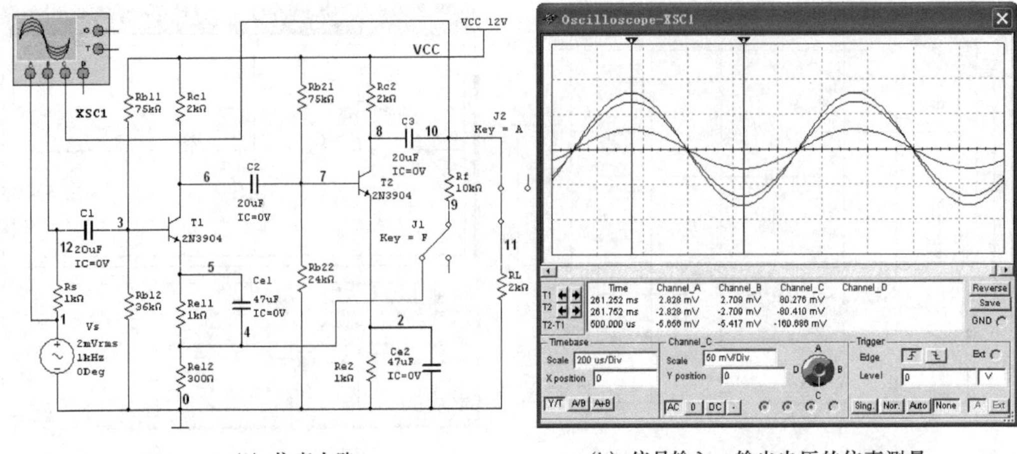

(a) 仿真电路　　(b) 信号输入、输出电压的仿真测量

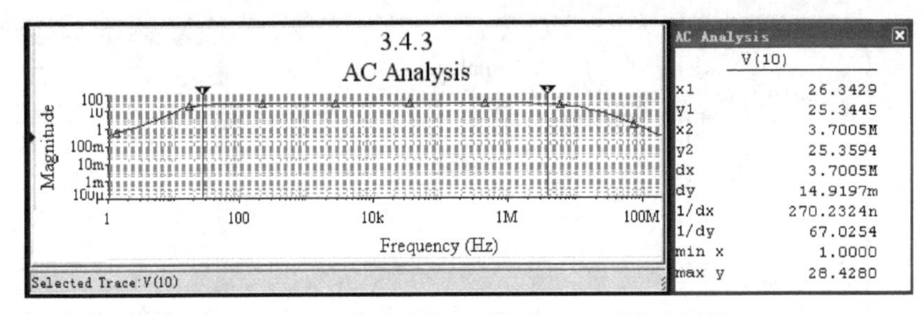

(c) 交流分析，幅频特性，通频带(BW)的仿真测量

图 3.4.3　电压放大实验电路闭环性能仿真测量

分别将闭环时测量、分析的输入电阻 R_i、输出电阻 R_o、无负载(开路)电压放大倍数 A_{vo}、带负载(闭路)时的电压放大倍数 A_{vL}、带负载(闭路)时的通频带 BW、电压放大倍数变化量 $\Delta A/A$ 等数据填入表 3.4.1 中。

表 3.4.1　仿真测量数据

电路工作状态	R_i/kΩ	R_o/kΩ	A_{vo}	A_{vL}	BW/kHz	$\Delta A/A$
开 环	16.5	1.96	429.8	219.3	145.68	0.49
闭 环	22.765	0.136	31.65	29.63	3 700.5	0.064

3. 减小非线性失真的仿真实验

由于组成放大电路的半导体器件的非线性，当输入信号的幅值较大时，放大电路的半导体器件可能工作在其传输特性的非线性部分，因而使输出波形产生非线性失真。引入负反馈后，可使这种由于放大电路内部产生的非线性失真减小。

(1) 放大电路的开环非线性失真

在 Multisim 10 中，打开存盘的图 3.4.2(a)开环(无负反馈)的两级电压放大实验电路。为便于观测，断开示波器 A 通道连线，在其他电路参数不变的情况下，增大信号源 v_s 的幅值(20 mV rms)如图 3.4.4(a) 所示，并存盘，使放大电路产生非线性失真，输入的正弦波电压信号(v_i)和产生了非线性失真的输出电压信号(v_o)如图 3.4.4 (b) 所示。

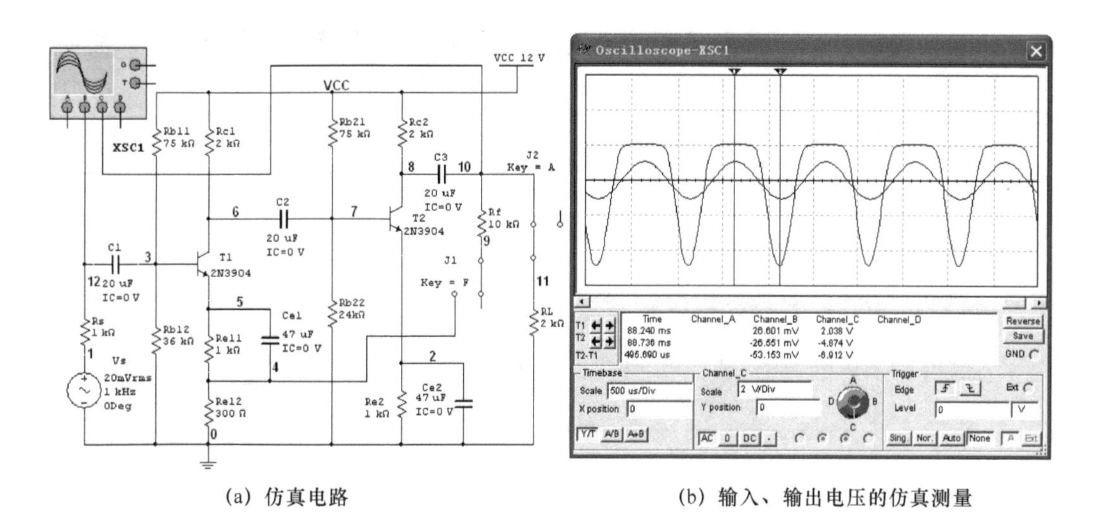

(a) 仿真电路　　　　　　(b) 输入、输出电压的仿真测量

图 3.4.4　电压放大实验电路开环非线性失真的仿真测量

(2) 闭环放大电路减小非线性失真

打开存盘的图 3.4.4(a)开环(无负反馈)的两级电压放大实验电路，在其他电路参数不变的情况下(信号源 v_s 的幅值仍为 20 mV rms)，单击负反馈设置开关 J_1 边上随鼠标箭头显现的控制按钮"F"，闭合负反馈设置开关 J_1，使放大实验电路工作在电压串联负反馈(闭环)的放大状态，如图 3.4.5(a)所示。启动仿真开关，进行仿真测量，测得输入的正弦波电压信号(v_i)和输出的电压信号(v_o)如图 3.4.5 (b) 所示。显然，闭环时，由于引入了负反馈，上述由于放大电路内部产生的非线性失真明显地减小了，但是放大电路的电压放大倍数也减小了。

4. 分析、讨论

由图 3.4.1、图 3.4.2、图 3.4.3、图 3.4.4 和图 3.4.5 所示的仿真测量、分析数据和结果可知：

(1) 在放大电路中引入负反馈可以改善放大电路某些方面的性能。

① 引入电压串联负反馈后，电路的输入电阻增大了。与无级间反馈时的输入电阻 R_i 相比，增加的不多，这是由于闭环时，图 3.4.3 所示电路总的输入电阻为 $R_{if}=R'_{if} // R_{b11} // R_{b12}$，引入电压串联负反馈只是增大了反馈环路内的输入电阻 R'_{if}，而 $R_{b11} // R_{b12}$ 不在反馈环路内，不受影响，因此总的输入电阻 R_{if} 增加得不多。

② 引入电压串联负反馈后，输出电阻减小了。

③ 引入负反馈后，中频电压增益下降了，但下限频率降低了、上限频率升高了，因此总的通频带展宽了。

④ 引入负反馈后，电压放大倍数的变化量 $\Delta A/A$ 减小了，放大倍数的稳定性提高了，带负载的能力加强了。

⑤ 引入负反馈后，由于放大电路内部产生的非线性失真明显地减小了。

(2) 引入负反馈后，电路的放大倍数下降了。

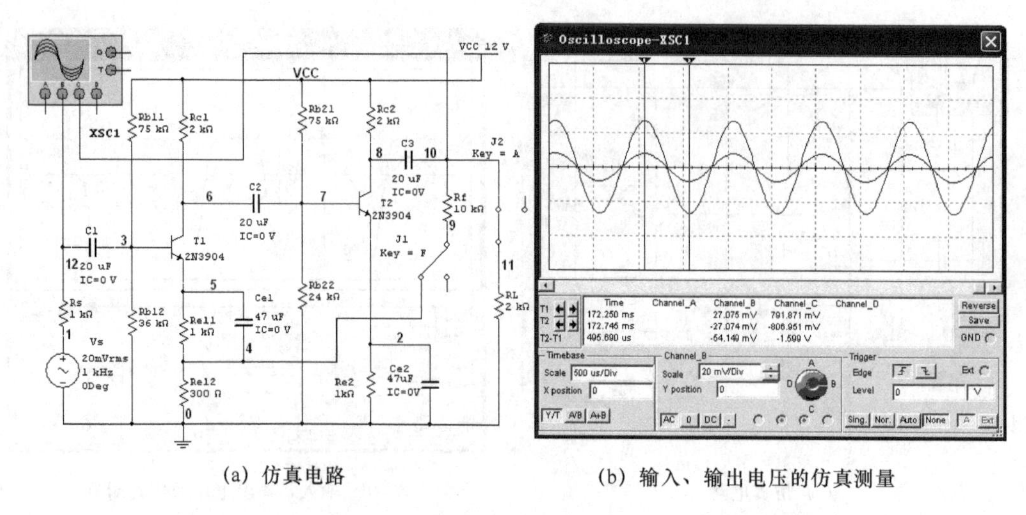

(a) 仿真电路　　　　(b) 输入、输出电压的仿真测量

图 3.4.5　闭环电压放大实验电路减小非线性失真性能的仿真测量

3.5　集成运放信号运算和处理电路仿真实验

集成运算放大器(简称集成运放)是一种理想的集成放大器件,在模拟集成电路中的应用,已远远超出了数学运算的范畴,几乎涉及模拟信号处理的各个领域,应用十分广泛。

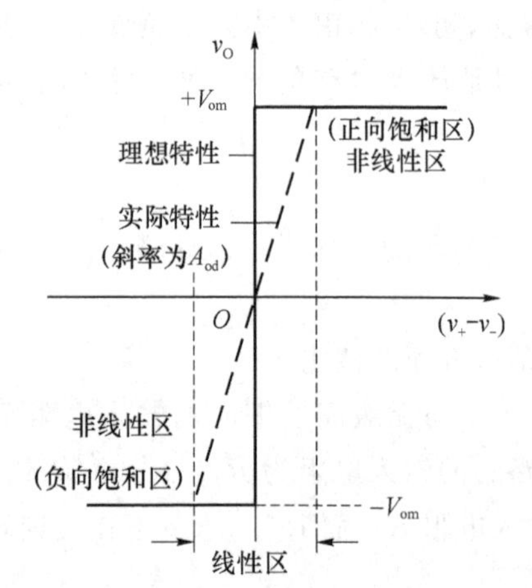

图 3.5.1　集成运放的电压传输特性

集成运算放大器的电压传输特性曲线如图 3.5.1 所示。由于集成运放的开环差模电压放大倍数 A_{od} 很大,通常可达 10^5,因此,只有在 $|v_+ - v_-|$ 值很小时,v_O 才与 $(v_+ - v_-)$ 成线性关系,此时称集成运放工作在线性区,且 $v_O = (v_+ - v_-)A_{od}$。当 $|v_+ - v_-|$ 值稍大时,v_O 的值依 $(v_+ - v_-)$ 的极性变化只有两种可能:不是 $+V_{om}$,就是 $-V_{om}$。此时,称集成运放工作在非线性区,且 $v_O \neq (v_+ - v_-)A_{od}$。

集成运放工作在线性区时,由于 A_{od} 足够大,相对的差模输入电压 $(v_+ - v_-)$ 的值很小,所以有 $v_+ \approx v_-$ 的特点,可以认为两输入端近似为"虚短路",简称"虚短";由于集成运放的差模输入电阻 $r_{id} \approx \infty$,且差模净输入电压近似为零,所以两个输入端的输入电流近似为零,即 $i_+ \approx i_- \approx 0$,称为"虚断路",简称"虚断"。"虚短"和"虚断"的概念是分析集成运放线性应用电路输入信号与输出信号关系的两个基本出发点。

3.5.1　比例运算电路仿真实验

在 Multisim 10 中,分别构建反相输入、同相输入和差分输入三种比例运算电路,分别如图 3.5.2 (a)、(b)、(c) 所示。分别按表 3.5.1 所示设置直流输入电压 V_I(或 V_{I1} 和 V_{I2}),启动仿真开关,进行仿真测量,并把测得的输出电压 V_O 填入表 3.5.1 中。

对于反相输入、同相输入和差分输入三种比例运算电路,依据理论分析分别有反相输入：$v_O=-\frac{R_f}{R_1}v_I=-\frac{20}{10}\times 1\ \text{V}=-2\ \text{V}$

同相输入：$v_O=(1+\frac{R_f}{R_1})v_I=(1+\frac{20}{10})\times 1\ \text{V}=3\ \text{V}$

差分输入：$R_1=R_2$、$R_f=R_3$，$v_O=\frac{R_f}{R_1}(v_{I2}-v_{I1})=\frac{20}{10}\times(2-1)\text{V}=2\ \text{V}$

对照理论分析和表3.5.1所列仿真测量数据可知：仿真测量数据和理论分析计算数据基本一致，稍有误差是由于采用的是虚拟真实器件，参数离散，而非虚拟理想器件所致。

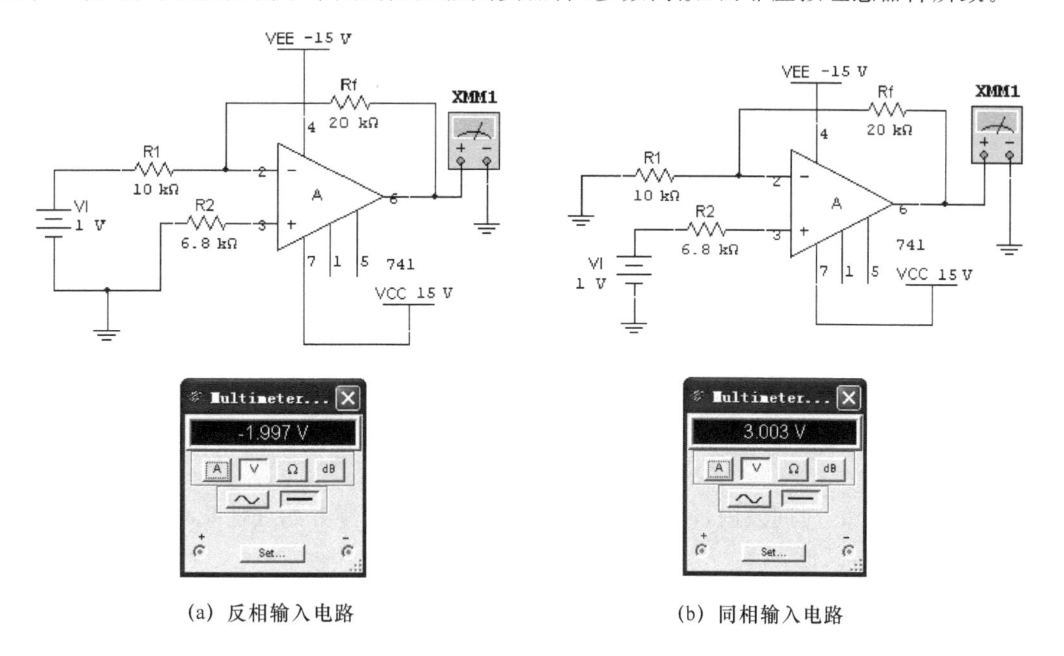

(a) 反相输入电路　　(b) 同相输入电路

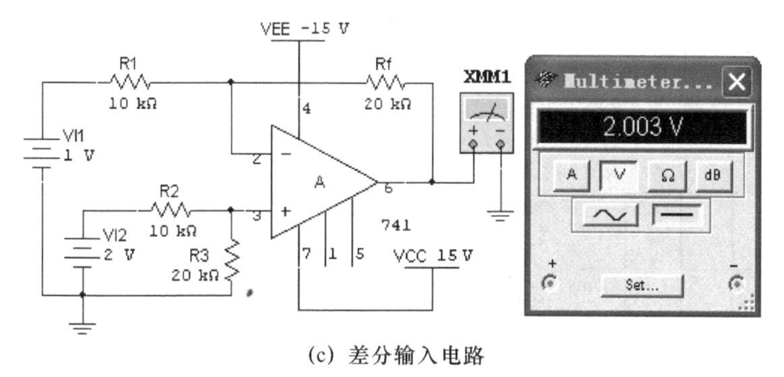

(c) 差分输入电路

图3.5.2　比例运算实验电路的仿真测量

表3.5.1　比例运算电路测量数据

反相输入电路		同相输入电路		差分输入电路		
V_I/V	V_O/V	V_I/V	V_O/V	V_{I1}/V	V_{I2}/V	V_O/V
1	−1.997	1	3.003	1	2	2.003
2	−3.997	2	6.003	3	1	−3.997

3.5.2　积分运算电路仿真实验

在 Multisim 10 中，构建反相积分运算电路，如图 3.5.3(a)所示。设置输入信号 v_I 为幅值 $V_{im}=10$ V、占空比 $q=50\%$、周期 $T=1$ ms 的矩形波。启动仿真开关，进行仿真测量，即可得到如图 3.5.3(b)所示的输入(v_I)、输出(v_O)电压波形。

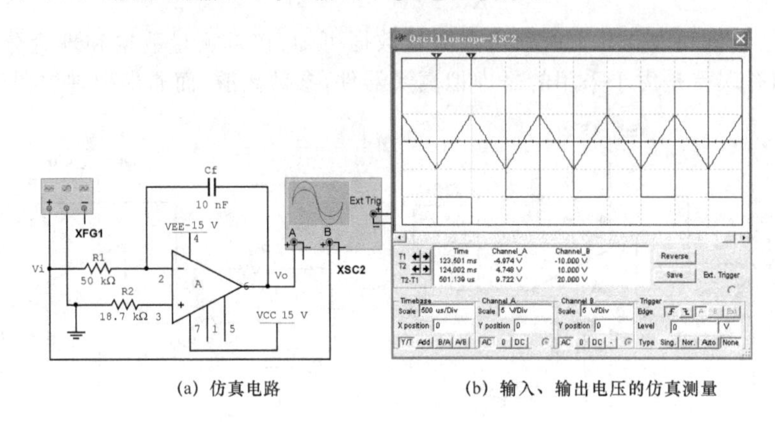

(a) 仿真电路　　(b) 输入、输出电压的仿真测量

图 3.5.3　反相积分运算实验电路的仿真测量

设图 3.5.3(a)所示电路中集成运放的最大输出电压为±15 V，$t=0$ 时电容器 C_f 上的电压为零，依理论分析有

$$\tau=R_1C_f=50\times0.01\ \text{ms}=0.5\ \text{ms}$$

在 0～0.25 ms 时间段内，$v_I=10$ V，v_O 将从初始状态的零开始线性减小，在 $t=0.25$ ms 时达到反向峰值，其值为

$$v_O\big|_{t=0.25\ \text{ms}}=-\frac{1}{R_1C_f}\int_0^t v_I\mathrm{d}t+v_O(0)=\frac{1}{0.5}\int_0^{0.25}10\ \mathrm{d}t\ \text{V}=-5\ \text{V}$$

在 0.25～0.75 ms 时间段内，$v_I=-10$ V，v_O 将从 −5 V 开始线性增大，在 $t=0.75$ ms 时达到正向峰值，其值为

$$v_O\big|_{t=0.75\ \text{ms}}=-\frac{1}{R_1C_f}\int_{0.25}^{0.75}v_I\mathrm{d}t+v_O\big|_{t=0.25\ \text{ms}}=-\frac{1}{0.5}\int_{0.25}^{0.75}(-10)\mathrm{d}t\ \text{V}+(-5)\text{V}=5\ \text{V}$$

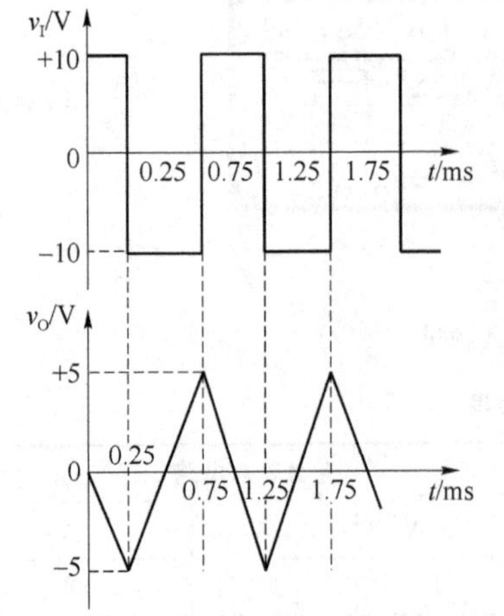

图 3.5.4　输入、输出电压波形

上式输出电压 v_O 的正、反向峰值均未超出集成运放的最大输出电压，所以输出电压与输入电压为线性积分关系。由于输入信号是周期性信号，由此可作出输出电压的波形如图 3.5.4 所示。由图可见，输入信号 v_I 是一矩形波，输出信号 v_O 是一三角波，实现了由矩形波变成三角波的转换。

对照理论分析和如图 3.5.3(b)所示仿真测量的输入(v_I)、输出(v_O)电压波形及数据可知：仿真测量的波形及数据和理论分析计算的数据及波形基本一致。

另外，为防止低频信号增益过大，工程上常在电容 C_f 上并联一个电阻加以限制。

3.5.3　单电源小信号交流放大电路仿真实验

在仅需用作交流信号放大时，为简化电路，集成运放可采用单电源（$+V_{CC}$或$-V_{EE}$）供电的方式。因为双电源供电的集成运放的参考点电位是正、负总电源的中间值，即正、负电源的公共接地端。改用单电源（假设为$+V_{CC}$）供电后，参考点电位是单电源的负端，集成运放内电路各点对地（参考点）的电位都将提高，是以电源电压的一半作为参考点。因此，当输入为零时，输出不再为零，而且这是调零电路无法解决的。也因此，为了使集成运放在单电源供电方式下也能正常工作，必须重新设置直流偏置，将输入端的电位提升，并采用电容器来隔断直流通路。为了使电路对称，以获得最大的动态范围，通常设置直流偏置电路，使静态时$V_+=V_-=V_O=V_{CC}/2$。另外，为了获得必要的输入直流偏置电流，集成运放的每一个输入端和地之间应该有直流的通路。

在 Multisim 10 中，构建单电源同相交流放大电路，如图 3.5.5(a)所示。启动仿真开关，进行仿真测量，即可得到如图 3.5.5(a)所示的设置直流偏置和如图 3.5.5(b)所示的同相输入(v_I)、输出(v_O)电压波形。

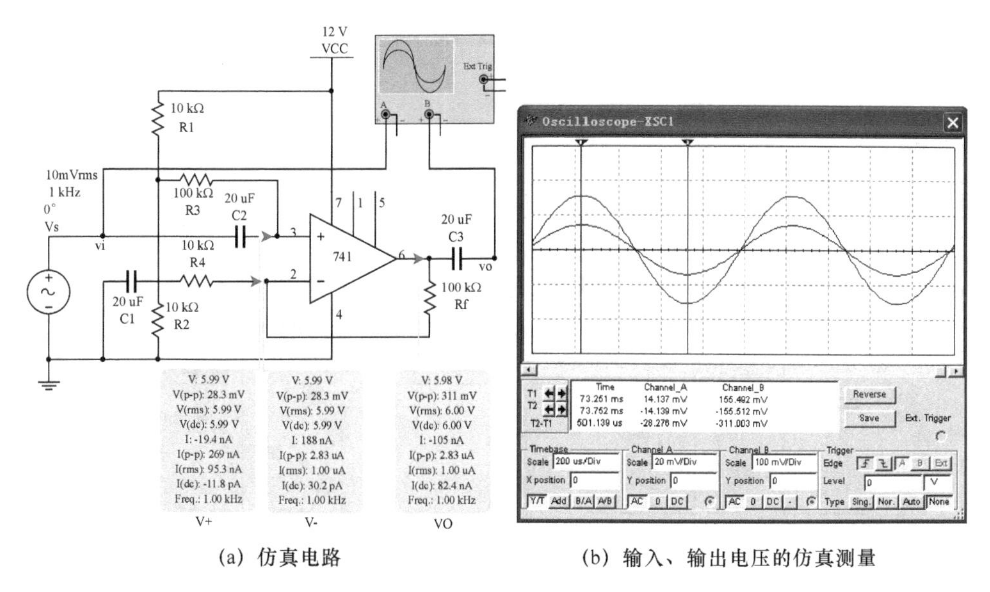

(a) 仿真电路　　　(b) 输入、输出电压的仿真测量

图 3.5.5　单电源同相交流放大电路

3.5.4　有源低通滤波电路仿真实验

滤波电路的作用实质上就是“选频”，即允许某些频率的信号可从电路中顺利通过，而将另外一些频率的信号滤除。为了补偿信号在传输过程中的损耗及提高电路带负载的能力，在无源低通 *RC* 滤波电路和负载之间加入一个输入电阻高、输出电阻低的集成运算放大电路，就构成了一个有源低通滤波电路。

滤波电路的过渡带越窄，过渡带幅频特性曲线衰减斜率的值越大，电路的选择性越好，滤波特性越理想。

1. 一阶低通有源滤波电路仿真实验

在 Multisim 10 中，构建同相输入的一阶低通有源滤波电路并存盘，如图 3.5.6(a)所示。对于由 RC 低通电路构成的一阶低通有源滤波电路，理论分析如下：

通带上限截止频率为

$$f_{\mathrm{p}}=\frac{1}{2\pi RC}=\frac{1}{2\pi\times1\times1}\times10^{3}\,\mathrm{kHz}\approx159.155\,\mathrm{kHz}$$

电路中的集成运算放大电路工作在线性区，其通带电压放大倍数为

$$A_{\mathrm{vf}}=1+\frac{R_{\mathrm{f}}}{R_{1}}=1+\frac{2}{2}=2$$

$$A_{\mathrm{vf}}(\mathrm{dB})\approx6.021\,\mathrm{dB}$$

当 $f\gg f_{\mathrm{p}}$ 时，理论上的幅频特性曲线，在过渡带按 -20 dB 每十倍频斜率下降。

在 Multisim 10 中，用扫频仪测得通带电压放大倍数为 6.02 dB，移动游标至 A_{vf} 下降 3 dB(约为 3.3 dB)的位置，测得上限截止频率约为 136.678 kHz，对应的幅频特性曲线如图 3.5.6(b)所示；移动游标至在频率约为 1.421 MHz(约十倍频)的位置，测得 A_{vf} 约为 -22.716 dB，如图 3.5.6(c)所示。过渡带(没有拐点段)按 $-[3.3-(-22.716)]$dB 每十倍频，约为 -26.016 dB 每十倍频的斜率下降。

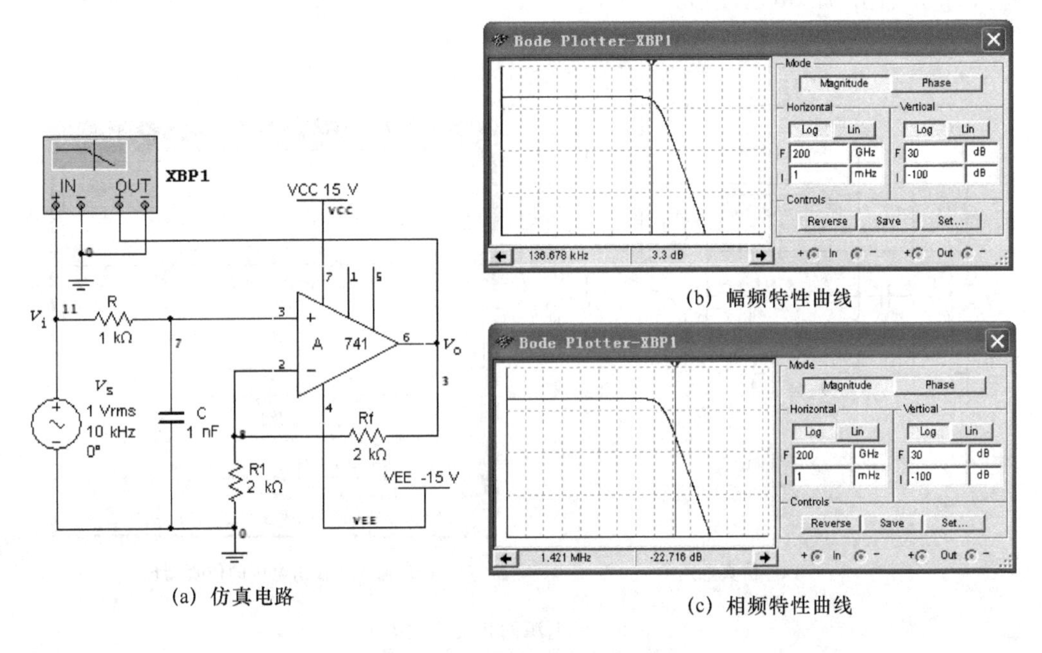

(a) 仿真电路　(b) 幅频特性曲线　(c) 相频特性曲线

图 3.5.6　一阶低通有源滤波电路

理想情况下，希望当 $f>f_{\mathrm{p}}$ 时，电压放大倍数立即降为零。由图 3.5.6 所示的幅频特性曲线可以看出，一阶低通有源滤波电路虽然可以滤除 f_{p} 以上的高频信号，但与理想的幅频特性曲线差距较大，当 $f>f_{\mathrm{p}}$ 时，幅频特性曲线在过渡带(没有拐点段)只是以 -26.016 dB每十倍频的斜率缓慢下降，过渡带较宽。

2. 二阶压控电压源低通滤波电路仿真实验

在 Multisim 10 中，打开存盘的图 3.5.6(a)所示一阶低通有源滤波电路，使输入信号通过两级 RC 低通滤波网络后，再接到集成运放的同相输入端，并将第一级 RC 低通滤波网络中电容器的下端不接地，而是连接到集成运放的输出端，便可构成二阶压控电压源低通滤波电路，如图 3.5.7(a)所示。这种接法相当于引入了一个正反馈，从而使输出信号在高频段

迅速下降，滤波电路的幅频特性曲线在过渡带将以－40 dB 每十倍频的速度下降，与一阶低通有源滤波电路相比，其下降的速度将提高一倍，从而使其滤波特性更接近于理想的情况。由理论推导可知，图 3.5.7(a)所示电路的通带截止频率、通带电压放大倍数、等效品质因数分别为

$$f_{\mathrm{p}}=\frac{1}{2\pi RC}=\frac{1}{2\pi\times1\times1}\times10^{3}\ \mathrm{kHz}\approx159.155\ \mathrm{kHz}$$

$$A_{\mathrm{vf}}=1+\frac{R_{\mathrm{f}}}{R_{1}}=1+\frac{2}{2}=2, R_{\mathrm{f}}=2\ \mathrm{k\Omega}$$

$$A_{\mathrm{vf}}(\mathrm{dB})\approx6.021\ \mathrm{dB}$$

$$Q=\left|\frac{1}{3-A_{\mathrm{vf}}}\right|=\left|\frac{1}{3-2}\right|\approx1, R_{\mathrm{f}}=2\ \mathrm{k\Omega}$$

在 Multisim 10 中，用扫频仪测得通带电压放大倍数为 6.02 dB，移动游标至 A_{vp} 下降 3 dB(约 3.238 dB)处的位置，测得上限截止频率约为 158.489 kHz，对应的幅频特性曲线如图3.5.7(b)所示；移动游标至在频率约为 331.131 kHz(约为 2 倍频)的位置，测得 A_{vf} 约为－11.776 dB，如图 3.5.7(c)所示。过渡带(没有拐点段)约按－[3.238－(－11.776)]×5 dB 每十倍频，即－73.88 dB 每十倍频的斜率下降。

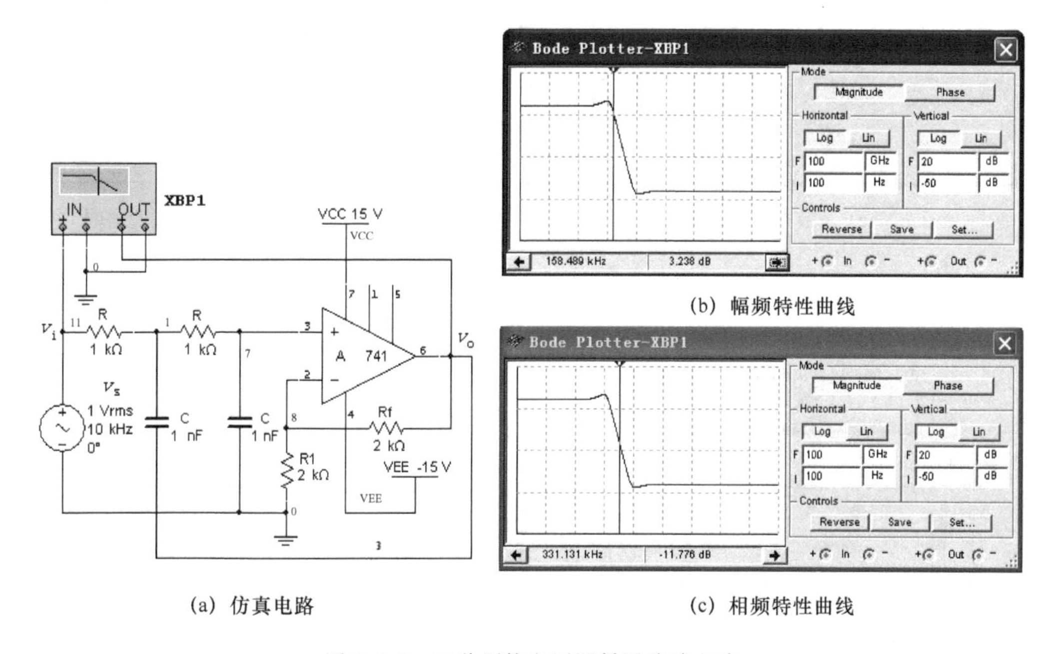

(a) 仿真电路　(b) 幅频特性曲线　(c) 相频特性曲线

图 3.5.7　二阶压控电压源低通滤波电路

由图 3.5.7 所示的幅频特性曲线可以看出，当 $f>f_{\mathrm{p}}$ 时，其电压放大倍数下降的速度更快，约为一阶低通有源滤波电路的 2.8 倍，过渡带较窄，具有更好的低通滤波特性。

另外，对于二阶有源低通滤波电路，其等效品质因数 Q 的大小对电路的幅频特性影响较大，Q 值越大，则 $f=f_{\mathrm{p}}$ 时的 $|\dot{A}_{\mathrm{v}}|$ 值也越大。当 $Q=1$ 时，即可保持通带的增益，又能使高频段的电压放大倍数快速地衰减，同时还避免了在 $f=f_{\mathrm{p}}$ 处幅频特性曲线产生一个较大的凸峰，因此滤波的效果较好。

单击 Multisim 10 中的“Simulate / Analyses / Parameter Sweep…”(参数扫描分析)按

钮，在弹出的参数选项设置对话框 Sweep Parameters 区中，设置 Device Parameter 为参数模型；因为 R_f 的变化将影响等效品质因数 Q 的大小，故设置反馈电阻 R_f(rrf)为分析对象。在 Points to Sweep 区中的 Sweep Variation Type 下拉列表中设置扫描方式为 Linear(线性)；设置扫描的初始值为 2 kΩ，终值为 4 kΩ，点数为 3，步进数为 1 kΩ。在 Output(输出)选项中设置输出端 V_O(节点 $V[3]$)为分析节点；在 More Options 区中分析类型下拉列表栏中设置选项为 AC Analysis(交流频率分析)等，分别如图 3.5.8(a)、(b)所示。单击"Simulate"(仿真)按钮，即可得到当 R_f 分别为 2 kΩ、3 kΩ 和 4 kΩ 时，对应不同 Q 值的幅频特性曲线和相频特性曲线及幅频特性曲线对应的参数，分别如图 3.5.9(a)和图 3.5.9(b)所示。

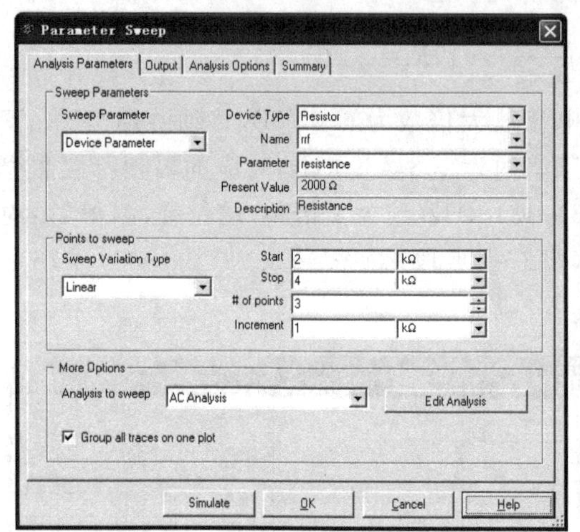

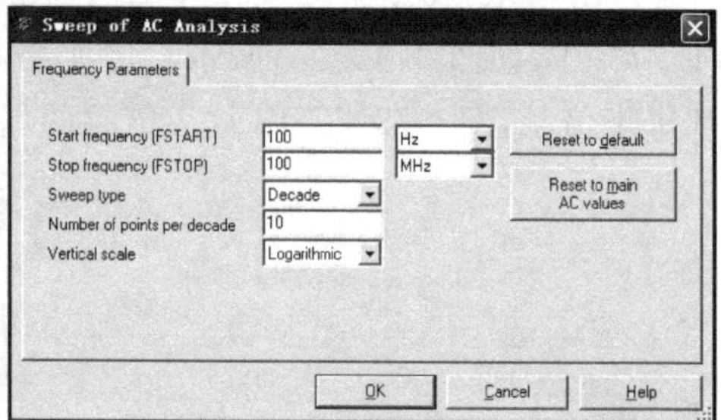

(a) 参数选项设置对话框　　(b) "Edit Analysis"参数选项设置对话框

图 3.5.8　参数扫描分析参数选项设置对话框

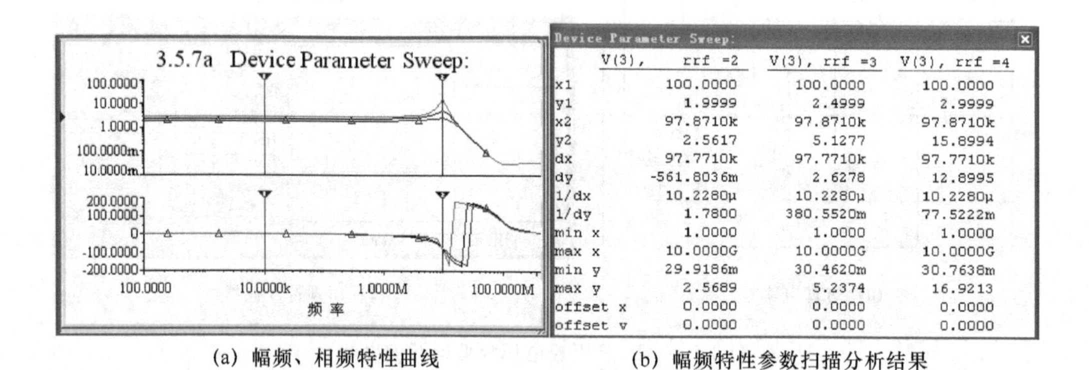

	V(3), rrf =2	V(3), rrf =3	V(3), rrf =4
x1	100.0000	100.0000	100.0000
y1	1.9999	2.4999	2.9999
x2	97.8710k	97.8710k	97.8710k
y2	2.5617	5.1277	15.8994
dx	97.7710k	97.7710k	97.7710k
dy	-561.8036m	2.6278	12.8995
1/dx	10.2280μ	10.2280μ	10.2280μ
1/dy	1.7800	380.5520m	77.5222m
min x	1.0000	1.0000	1.0000
max x	10.0000G	10.0000G	10.0000G
min y	29.9186m	30.4620m	30.7638m
max y	2.5689	5.2374	16.9213
offset x	0.0000	0.0000	0.0000
offset y	0.0000	0.0000	0.0000

(a) 幅频、相频特性曲线　　(b) 幅频特性参数扫描分析结果

图 3.5.9　不同 R_f 的压控电压源二阶低通滤波电路的幅频特性曲线

3. 分析、讨论

(1) 通过对一阶、二阶有源低通滤波电路的仿真分析可以看出，滤波电路中引入 RC 低通滤波电路的环节越多(阶数越高)，$f>f_p$ 时，电压放大倍数下降的速度越高，过渡带幅频特性曲线衰减斜率的值越大，幅频特性曲线的过渡带越窄，滤波特性越理想。

(2) 压控电压源二阶低通滤波电路中反馈电阻 R_f 越大，通带电压增益越大，等效品质因数 Q 越大，从而使 $f=f_p$ 处的电压增益越大。适当调节 Q 值，可以改变滤波电路的频率特性。

(3) 仿真测量数据与理论分析计算的数据基本一致,仿真实验对实际电路调试具有实际的指导意义,但在对二阶有源低通滤波电路高频段的仿真分析时,偏差较大。

3.6　互补对称(OCL)功率放大电路仿真实验

3.6.1　乙类 OCL 功率放大电路仿真实验

乙类互补对称功率放大电路是采用两个特性相同、不同类型的功放管,一管在正半周导通,另一管在负半周导通,两管交替导通的推挽工作方式,并在负载上将它们的集电极电流波形合成为完整的正弦波,即乙类推挽电路具有"两管交替工作"和"输出波形合成"两个功能。

乙类互补对称功率放大电路为零偏置(静态电流为 0),而 T_1 和 T_2 都存在死区电压,当输入电压 v_i 低于死区电压(硅管为 0.5 V,锗管为 0.2 V)时,T_1 和 T_2 均截止,负载电流基本为零。这样就在输出电压正、负半周交界处产生失真。由于这种失真发生在两管交替工作的时刻,故称为交越失真。

在 Multisim 10 中构建乙类 OCL 功率放大电路并存盘,如图 3.6.1(a)所示,其中 T_1 为 NPN 型低频大功率管 2SC2001,其共射电流放大系数 β_F(BF) ≈40,$V_{BE(on)}$(VJE)=1.8 V;T_2 为 PNP 型低频大功率管 2SA952,其共射电流放大系数 β_F(BF)≈99,$V_{BE(on)}$(VJE)=1.93 V。分别设置信号源 V_s rms 为 0 V(断开信号源、放大电路输入端短接)、2 V、9 V 后,启动仿真开关,进行仿真测量,即可得到如图 3.6.1(b)所示(V_s rms=2 V 时)的输入(v_I)、输出(v_O)电压波形。

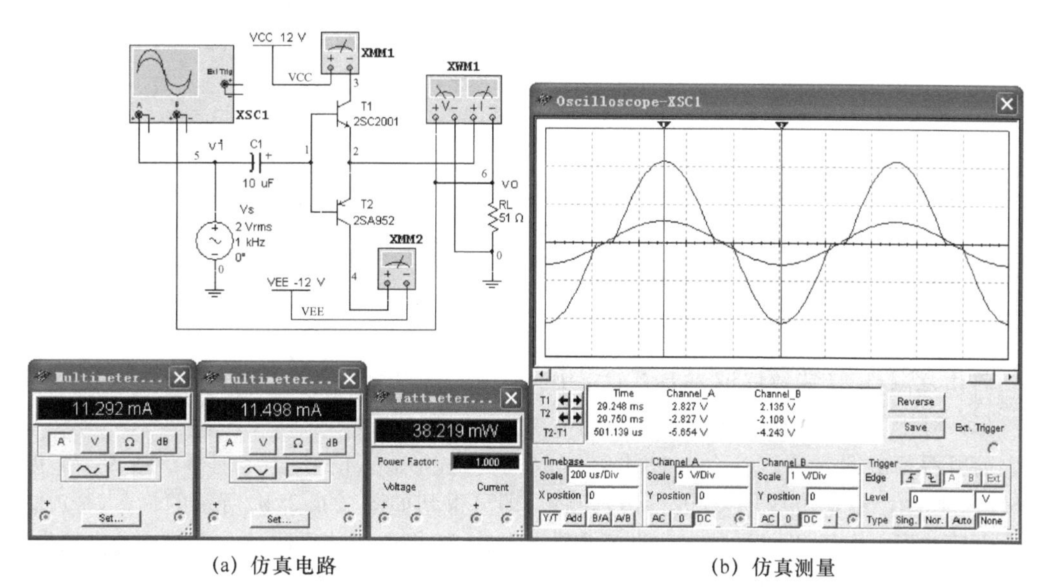

(a) 仿真电路　　　　(b) 仿真测量

图 3.6.1　乙类 OCL 功率放大电路仿真测量

1. 直流分析

单击 Multisim 10 中的"Simulate/Analyses/DC Operating Point Analysis"(直流工作点

分析)按钮,在弹出的参数选项设置对话框 Output(输出)选项中设置待分析节点,如图 3.6.2(a)所示;单击"Simulate"(仿真)按钮,即可得到实验电路的直流工作点分析测量数据,如图 3.6.2(b)所示。从分析数据可以看出,静态时,T_1、T_2 的发射结电压 $V_{BEQ}\approx 0$,$I_{CQ}\approx 0$,T_1、T_2 工作在乙类放大状态。

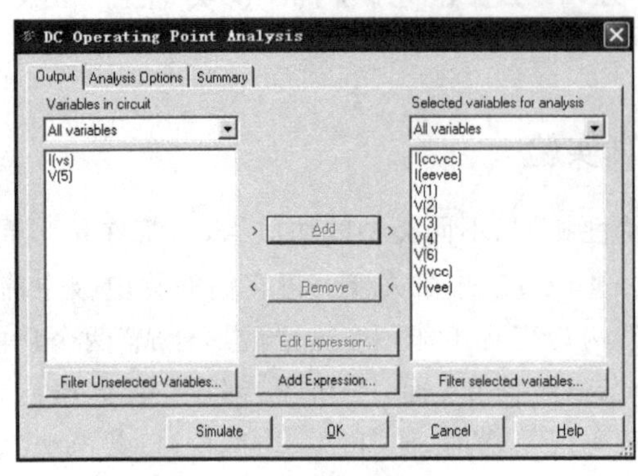

(a) 直流分析选项对话框

3.6.1 DC Operating Point

	DC Operating Point	
1	V(1)	-19.33596 m
2	V(6)	-13.73393 p
3	V(vee)	-12.00000
4	V(vcc)	12.00000
5	V(3)	12.00000
6	V(2)	-13.73393 p
7	V(4)	-12.00000
8	I(ccvcc)	0.00000
9	I(eevee)	0.00000

(b) 直流工作点分析数据

图 3.6.2 乙类 OCL 功率放大电路直流工作点仿真分析

2. 动态分析

(1) 对于 $V_s=2$ Vrms 的正弦输入信号

当 V_s rms=2 V 时,用双踪示波器仿真测量的输入、输出电压波形及数据如图 3.6.1(b)所示。由于 T_1、T_2 是工作在乙类放大状态,输出电压信号存在明显的交越失真。

在图 3.6.1(a)所示电路中,用瓦特表测量的是交流输出功率 P_O;用直流电流表分别测量的是电源 V_{CC}、V_{EE} 输出的平均电流 I_C、I_E。依据其仿真测量的数据(P_V 是电源消耗的功率),有

$$P_V = I_C V_{CC} + I_E V_{EE} = (11.292\times 12+11.498\times 12)\,\text{mW}=273.48\text{ mW}$$

$$P_O = 38.219\text{ mW}$$

$$\eta=\frac{P_O}{P_V}=\frac{38.219}{273.48}\approx 0.14$$

依据图 3.6.1(b)所示仿真测量的数据,有

$$P_O=V_O I_O=\frac{V_{cem}^2}{2R_L}=\frac{1}{2R_L}\left(\frac{V_{cem+}+V_{cem-}}{2}\right)^2=\frac{(2.135+2.108)^2}{8\times 51}\times 10^3\text{ mW}\approx 44.13\text{ mW}$$

$$\eta=\frac{P_O}{P_V}\approx\frac{44.13}{273.48}\approx 0.16$$

将仿真测量、计算数据填入表 3.6.1 中。

(2) 对于 $V_s=9$ Vrms 的正弦输入信号

打开存盘的图 3.6.1(a)乙类 OCL 功率放大电路,将输入信号增大,使 $V_s=9$ Vrms,如图 3.6.3(a)所示。启动仿真开关,进行仿真测量,即可得到如图 3.6.3(b)所示的输入(v_I)、输出(v_O)电压波形。由于 T_1、T_2 是工作在乙类放大状态,输出电压信号同样存在明显的交越失真。

依据图 3.6.3(a)所示的仿真测量数据,有

$$P_V = I_C V_{CC} + I_E V_{EE} = (70.271\times 12+69.958\times 12)\,\text{mW}\approx 1.683\text{ W}$$

$$P_O = 1.359\text{ W}$$

$$\eta=\frac{P_O}{P_V}=\frac{1.359}{1.683}\approx 0.81$$

依据图 3.6.3(b)所示的仿真测量数据，有

$$P_O=\frac{1}{2R_L}\left(\frac{V_{cem+}+V_{cem-}}{2}\right)^2=\frac{(11.903+11.893)^2}{8\times51}\ \text{W}\approx1.388\ \text{W}$$

$$\eta=\frac{P_O}{P_V}\approx\frac{1.388}{1.683}\approx0.82$$

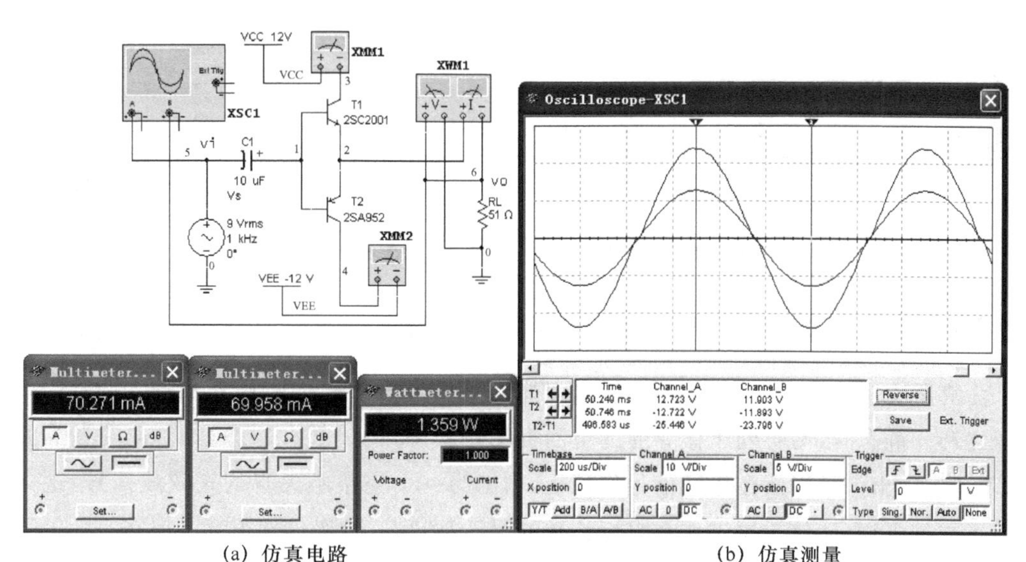

(a) 仿真电路　　　　　　　　(b) 仿真测量

图 3.6.3　乙类 OCL 功率放大电路仿真测量

将仿真测量、计算数据填入表 3.6.1 中。

表 3.6.1　乙类 OCL 电路仿真测量数据

输入信号 V_i/Vrms	I_{C1}/mA	I_{C2}/mA	P_V/mW	P_o/mW		η(计算值)
				功率表	计算值	
0	0	0	0	0	0	/
2	11.292	11.498	273.48	38.219	44.13	16%
9	70.271	69.958	1 683	1 359	1 388	82%

(3) 瞬态分析(V_s=2 Vrms)

打开存盘的图 3.6.1(a)乙类 OCL 功率放大电路，单击“Simulate / Analyses / Transient Analysis…”(瞬态分析)按钮，在弹出的参数选项设置对话框 Analysis Parameters 选项卡 Initial Conditions 区中，设置仿真开始时的初始条件为 Automatically determine initial conditions(初始状态为静态工作点)；在 Parameters 区中，设置仿真起始时间和终止时间分别为 0 Sec 和 0.002 Sec(2 个信号周期)；在 Output(输出)选项中设置待分析的输入、输出节点为 $V[1]$、$V[2]$等参数；单击“Simulate”(仿真)按钮，即可得到实验电路输入(v_i)、输出(v_o)电压的瞬态分析波形和测量数据，分别如图 3.6.4(a)和图 3.6. 4(b)所示。

如图 3.6.4(a)所示，由于 T_1、T_2 是工作在乙类放大状态，输出电压信号存在着明显的交越失真。

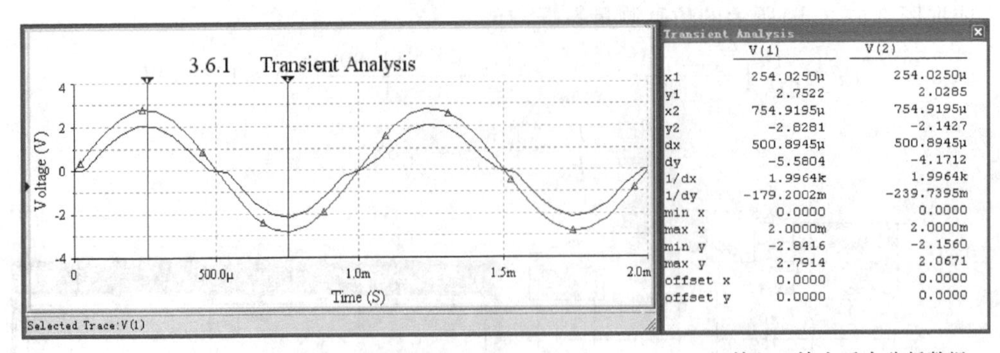

	V(1)	V(2)
x1	254.0250μ	254.0250μ
y1	2.7522	2.0285
x2	754.9195μ	754.9195μ
y2	-2.8281	-2.1427
dx	500.8945μ	500.8945μ
dy	-5.5804	-4.1712
1/dx	1.9964k	1.9964k
1/dy	-179.2002m	-239.7395m
min x	0.0000	0.0000
max x	2.0000m	2.0000m
min y	-2.8416	-2.1560
max y	2.7914	2.0671
offset x	0.0000	0.0000
offset y	0.0000	0.0000

(a) 输入、输出电压波形　　　　(b) 输入、输出瞬态分析数据

图 3.6.4　乙类 OCL 功率放大电路输入、输出电压瞬态仿真分析

3.6.2　甲乙类 OCL 功率放大电路仿真实验

为克服交越失真，可在两管的基极之间加个很小的正向偏置电压，其值约为两管的死区电压之和。静态时，两管处于微导通的甲乙类工作状态，虽然都有静态电流，但两者等值反向，不产生输出信号。而在正弦信号作用下，输出为一个完整不失真的正弦波信号，这样既消除了交越失真，又使功放工作在接近乙类的甲乙类状态，效率仍然很高。但在实际电路中为了提高工作效率，在设置偏压时，应尽可能接近乙类。因此，通常甲乙类互补对称电路的参数估算可近视按乙类处理。

在 Multisim 10 中构建甲乙类 OCL 功率放大电路，如图 3.6.5(a)所示。

启动仿真开关，进行仿真测量，即可得到如图 3.6.5(b)所示($V_s$rms＝2 V 时)的输入(v_I)、输出(v_O)电压波形；静态($V_s$rms＝0)时 I_{C1Q}、I_{C2Q}和 P_O 的数据如图 3.6.6 所示。

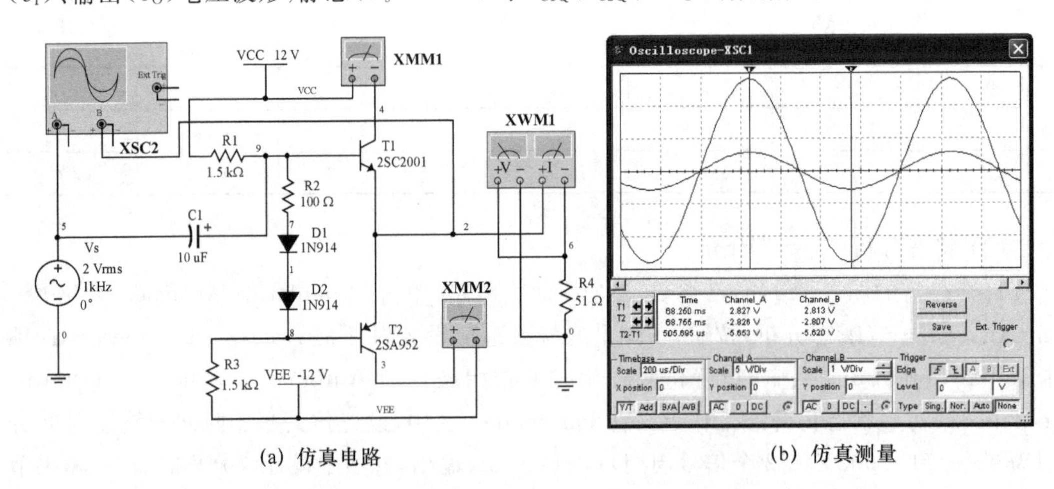

(a) 仿真电路　　　　(b) 仿真测量

图 3.6.5　甲乙类 OCL 功率放大电路仿真测量

1. 直流分析

单击图 3.6.5(a)中的"Simulate/Analyses/DC Operating Point Analysis"(直流工作点分析)按钮，在弹出的参数选项设置对话框 Output(输出)选项中设置待分析的电路节点；单

击“Simulate”(仿真)按钮,即可得到实验电路的直流工作点分析测量数据,如图 3.6.7 所示。从图 3.6.6 所示静态($V_s$rms=0)时的仿真测量数据和图 3.6.7 所示直流工作点分析数据中可以看出,静态时:

$$V_{BE1Q}=(2.21934-1.40722)\text{V}\approx 812.12\text{ mV}$$,发射结正偏

$$V_{BC1Q}=(2.21934-12)\text{V}\approx -9.78\text{ V}$$,集电结反偏

$$V_{CE1Q}=(12-1.40722)\text{V}\approx 10.59\text{ V}$$,趋近于截止

$$I_{C1Q}\approx 681.301\text{ mA}$$,放大状态

$$V_{BE2Q}=(635.93743-1407.22)\text{mV}\approx -771.28\text{ mV}$$,发射结正偏

$$V_{BC2Q}=[0.63593743-(-12)]\text{V}\approx 11.36\text{ V}$$,集电结反偏

$$V_{CE2Q}=(-12-1.40722)\text{V}\approx -13.41\text{ V}$$,趋近于截止

$$I_{C2Q}\approx 651.807\text{ mA}$$,放大状态

$$P_O\approx 38.825\text{ mW}$$,静态损耗功率

由此可以看出,静态($V_s$rms=0)时,T_1、T_2 均已导通,T_1、T_2 是工作在甲乙类放大状态。

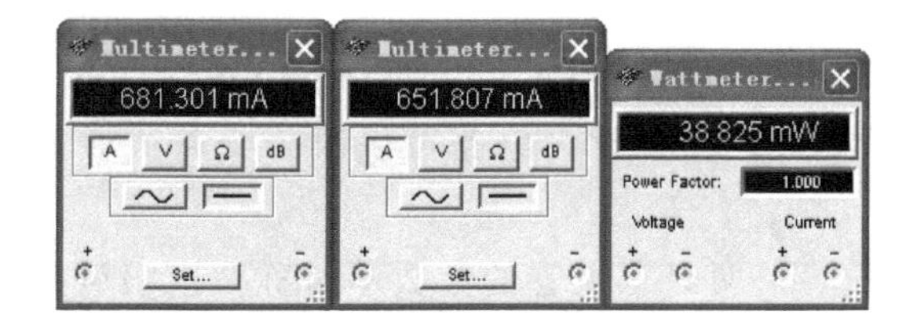

图 3.6.6　静态仿真测量数据

3.6.5 DC Operating Point

	DC Operating Point	
1	V(2)	1.40722
2	V(9)	2.21934
3	V(8)	635.93743 m
4	I(eevee)	660.27503 m
5	I(ccvcc)	-687.86676 m
6	V(3)	-12.00000
7	V(4)	12.00000

图 3.6.7　直流工作点分析数据

2. 动态分析

(1) 示波器测量(V_s=2 Vrms)

当 $V_s$rms=2 V 时,用双踪示波器仿真测量的输入、输出电压波形及数据如图 3.6.5(b)所示。观察输入、输出电压波形,由于 T_1、T_2 是工作在甲乙类放大状态,输出电压信号波形与图 3.6.1(b)所示的波形相比较,明显得到了改善,已基本上消除了交越失真。

(2) 瞬态分析(V_s=2 Vrms)

打开图 3.6.5(a)甲乙类 OCL 功率放大电路,单击“Simulate/Analyses/Transient Analysis…”(瞬态分析)按钮,在弹出的参数选项设置对话框 Analysis Parameters 选项卡 Initial Conditions 区中,设置仿真开始时的初始条件为 Automatically determine initial conditions(初始状态为静态工作点);在 Parameters 区中,设置仿真起始时间和终止时间分别为 0 和 0.002 Sec(2 个信号周期);在 Output(输出)选项中设置待分析的输入、输出节点为 V[5]、V[6]等参数;单击“Simulate”(仿真)按钮,即可得到图 3.6.5(a)甲乙类 OCL 功率放大实验电路输入(v_I)、输出(v_O)电压的瞬态分析波形和测量数据,分别如图 3.6.8(a)和图 3.6.8(b)所示,可以看出,输出电压信号波形明显得到了改善,已基本上消除了交越失真。

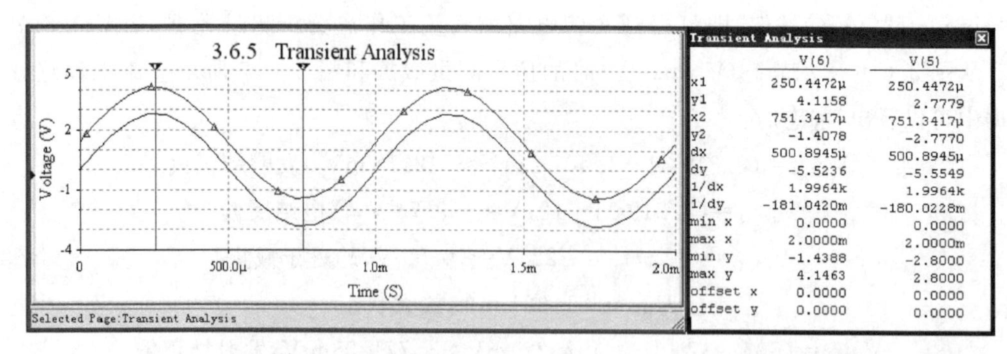

	V(6)	V(5)
x1	250.4472μ	250.4472μ
y1	4.1158	2.7779
x2	751.3417μ	751.3417μ
y2	-1.4078	-2.7770
dx	500.8945μ	500.8945μ
dy	-5.5236	-5.5549
1/dx	1.9964k	1.9964k
1/dy	-181.0420m	-180.0228m
min x	0.0000	0.0000
max x	2.0000m	2.0000m
min y	-1.4388	-2.8000
max y	4.1463	2.8000
offset x	0.0000	0.0000
offset y	0.0000	0.0000

(a) 输入、输出电压波形　　(b) 输入、输出瞬态分析数据

图 3.6.8　甲乙类 OCL 功率放大电路输入、输出电压瞬态仿真分析

3. 分析、讨论

通过对乙类 OCL 功率放大电路仿真实验和甲乙类 OCL 功率放大电路仿真实验的仿真分析，可以看出：

(1) 无论是乙类 OCL 功率放大电路，还是甲乙类 OCL 功率放大电路，其中的两只三极管都是工作在共集组态(射极输出)，两种电路都只有电流放大作用，没有电压放大作用，二者输出信号的峰值都略小于输入信号的峰值。

(2) 乙类 OCL 功率放大电路产生交越失真的原因在于 T_1、T_2 两只三极管没有设置合适的静态工作点，工作在乙类状态。甲乙类 OCL 功率放大电路可以改善交越失真的工作状况。

(3) 正、负向输出不对称的原因在于，T_1、T_2 两只三极管的参数不对称及三极管的非线性。

(4) 理论上推导乙类 OCL 功率放大电路的效率可达 78.5%，是假定电路工作在乙类、互补对称、负载电阻为理想值，忽略三极管的饱和压降 V_{CES} 和输入信号幅值足够大($V_{im} \approx V_{om} \approx V_{CC}$)条件下导出的。实际效率由于交越失真、非对称性失真、负载电阻值不理想、输入信号幅值不够大和连线的损耗等原因，肯定与理论数值有偏差。尤其是当输入信号幅值较小时，静态损耗功率所占比例较大，效率较低，偏差更大。因此，通常乙类 OCL 功率放大电路的效率只作为定性分析、比较的参量。

3.7　信号产生和转换电路仿真实验

3.7.1　*RC* 桥式(文氏)正弦波振荡器电路仿真实验

正弦波振荡电路是一种具有正反馈网络的自激选频放大电路，谐振频率取决于正反馈选频网络的相关参数。理论上，为了维持稳定的振荡，在谐振频率上环路增益 AF 等于 1。但为了容易起振，一般取环路的增益 AF 略大于 1。当正弦波振荡电路达到等幅正弦振荡后，它的输出信号是正弦波。

在 Multisim 10 中构建 *RC* 桥式(文氏)正弦波振荡电路实验电路，如图 3.7.1 所示。图中，放大器为同相比例运算放大电路，正反馈选频网络由 RC 串并联电路组成。D_1、D_2、R_4 并联后和 R_f 及 R_3 组成负反馈网络，以稳定和改善输出电压的波形，其中 D_1 和 D_2 具有自动稳幅的作用。

正常工作时，放大器的闭环电压增益 A 等于 3，反馈系数 F 等于 1/3，环路增益 $AF=3\times1/3=1$。当输出电压 v_O 幅值较小时，D_1、D_2 接近于开路，由于 R_4 阻值较小，由 D_1、D_2 和 R_4 组成的并联支路的等效电阻近似为略小于 R_4 的阻值，有

$$A_v=1+\frac{(r_d/\!/R_4)+R_f}{R_3}\approx1+\frac{R_4+R_f}{R_3}=1+\frac{1+1.8}{1}\approx3.8$$

式中，r_d 为二极管 D_1、D_2 导通时动态电阻。可见 A_v 略大于 3。随着输出电压 v_O 的增加，D_1、D_2 的正向电阻将逐渐减小，负反馈逐渐增强，放大器的电压增益也随之降低，直至降为 3，振荡电路将输出幅值稳定的正弦波。

如果放大器的电压增益过高，运算放大器就可能进入饱和状态，这时振荡电路的输出有可能不再是正弦波，而是方波信号。

该 RC 桥式(文氏)振荡电路的振荡频率为

$$f_O=\frac{1}{2\pi RC}=\frac{1}{2\pi\times1.6\times10^3\times0.1\times10^{-6}}\times10^3=1\ \text{kHz}$$

改变 R 或 C 的参数，即可改变振荡电路的频率。改变 R_f 的参数可改变振荡器的工作状态：当 R_f 过小时，$A_v<3$，电路停振，v_O 波形为一条与时间轴重合的直线；当 R_f 过大时，$A_v\to\infty$，输出信号 v_O 的波形近似为方波。

1. 示波器测量

在图 3.7.1(a)所示实验电路中，分别设置 R_f 的量值为 1.8 kΩ、1 kΩ 和 10 kΩ，启动仿真开关，进行仿真测量，即可得到如图 3.7.1(b)所示的正弦波，如图 3.7.2(a)所示的一条与时间轴重合的直线，如图 3.7.2(b)所示的近似为方波的输出电压(v_O)波形。

由图 3.7.1(b)所示的输入、输出电压波形仿真测量数据可以看出，稳定振荡时，运算放大电路同相端输入信号的峰值约是输出信号峰值的三分之一，即正常工作时，放大器的闭环电压增益 A 约等于 3，反馈系数 F 约等于 1/3，环路增益 AF 约等于 1。

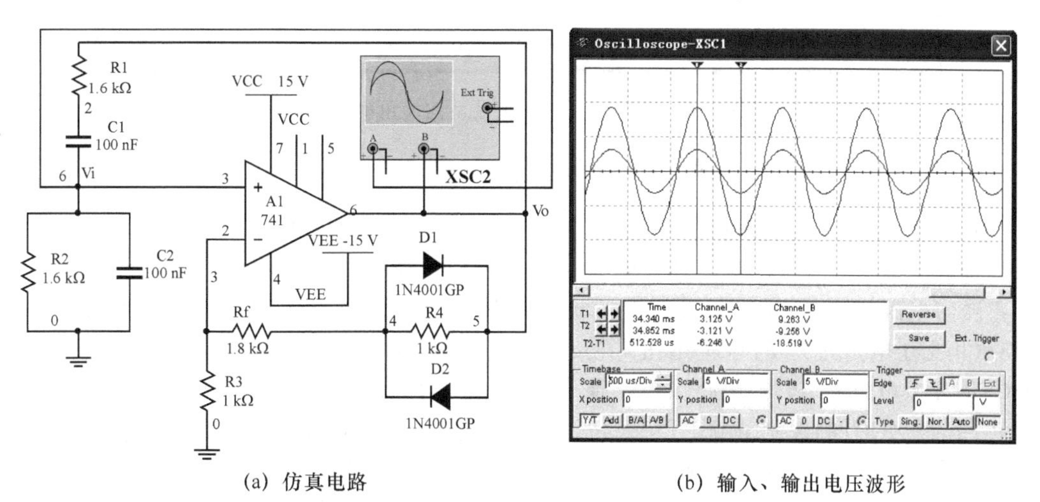

(a) 仿真电路　　(b) 输入、输出电压波形

图 3.7.1 RC 桥式(文氏)正弦波振荡电路仿真测量

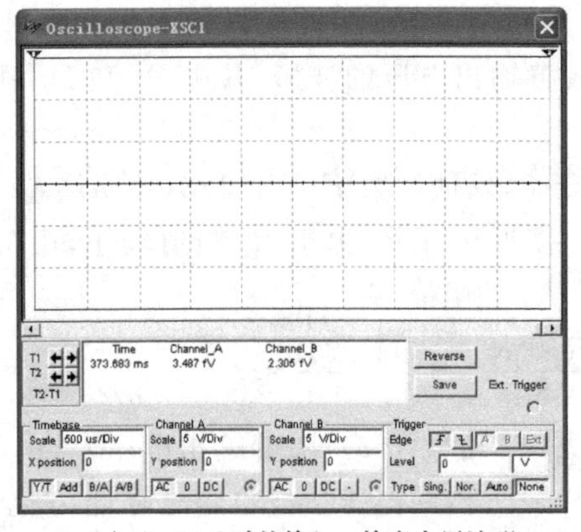

(a) $R_f=1\ \text{k}\Omega$时的输入、输出电压波形

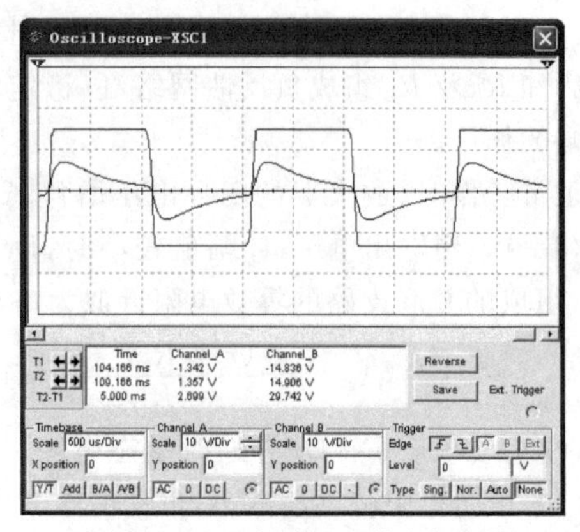

(b) $R_f=10\ \text{k}\Omega$时的输入、输出电压波形

图 3.7.2 *RC* 桥式(文氏)正弦波振荡电路仿真测量

2. 瞬态分析

打开图 3.7.1(a)*RC* 桥式(文式)正弦波振荡电路实验电路,单击"Simulate/Analyses/Transient Analysis…"(瞬态分析)按钮,在弹出的参数选项设置对话框 Analysis Parameters 选项卡 Initial Conditions 区中,设置仿真开始时的初始条件为 Set to zero(初始状态为零);在 Parameters 区中,设置仿真起始时间和终止时间分别为 0 和 0.015 Sec;在 Output(输出)选项中设置待分析的输出节点为 *V* [5]等参数;单击"Simulate"(仿真)按钮,即可看见在实际中很难观察到的振荡电路输出电压振幅从小到大,然后稳定的过渡(起振)过程的波形及相关数据(振荡周期约为 1 ms),如图 3.7.3 所示。

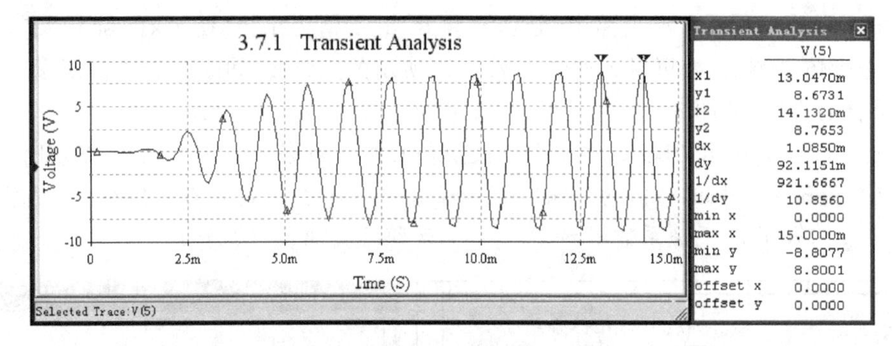

图 3.7.3 *RC* 桥式(文氏)正弦波振荡电路输出电压瞬态仿真分析

3.7.2 电压-频率转换电路仿真实验

在 Multisim 10 中构建电压-频率转换实验电路,如图 3.7.4(a)所示。图中,U_1、R_1、C_1、R_2、R_4 等构成反相积分电路,U_2、R_6、R_7、R_8 等构成滞回电压比较器。v_S 是转换电路的输入电压,V_1 是滞回电压比较器的参考电压。开关状态的输出电压 v_O(节点 2)经反馈电阻 R_5 控制三极管 T_1(相当于电子开关)的导通、截止,在反相积分电路的输入端形成矩形波,从而控制了电容器 C_1 的充放电时间。转换电路输入电压 v_S 经 R_2、R_4 分压后决定了反相积分电路同相端的电位、电路的积分时间,控制了输出频率的变化,从而实现了输入电压对输出频率变化的控制。

在图 3.7.4(a)所示电压-频率转换实验电路中,分别设置输入电压 v_S 为 6 V、3 V、12 V。单击"Simulate/Analyses/Transient Analysis…"(瞬态分析)按钮,在弹出的参数选项设置对话框 Analysis Parameters 选项卡 Initial Conditions 区中,设置仿真开始时的初始条件为

Automatically determine initial conditions(初始状态为静态工作点)；在 Parameters 区中，设置仿真起始时间和终止时间分别为 0 和 0.01 Sec；在 Output(输出)选项中设置待分析的反相积分电路输出节点 $V[6]$和电压-频率转换电路输出节点 $V[2]$等参数；单击“Simulate”(仿真)按钮，即可分别得到如图 3.7.4(b)、(c)、(d)所示积分电路输出的三角波、转换电路输出的矩形波(v_O)及相关参数。

由图 3.7.4(b)、(c)、(d)仿真分析所示电压-频率转换电路输出的矩形波(v_O)和仿真测量的数据可知：转换电路的输入电压 v_S 减小一半，输出矩形波的周期约增加一倍(频率减小一半)；转换电路的输入电压 v_S 增加一倍，输出矩形波的周期约减小一半(频率增加一倍)。说明电压-频率转换(压控振荡)电路输出的矩形波(v_O)频率与输入电压 v_S 的幅值成正比，实现了电压-频率的转换(压控振荡)。亦可依据分析、测量数据和电路参数自行定量地分析计算相关参量，验证电压-频率的转换关系。

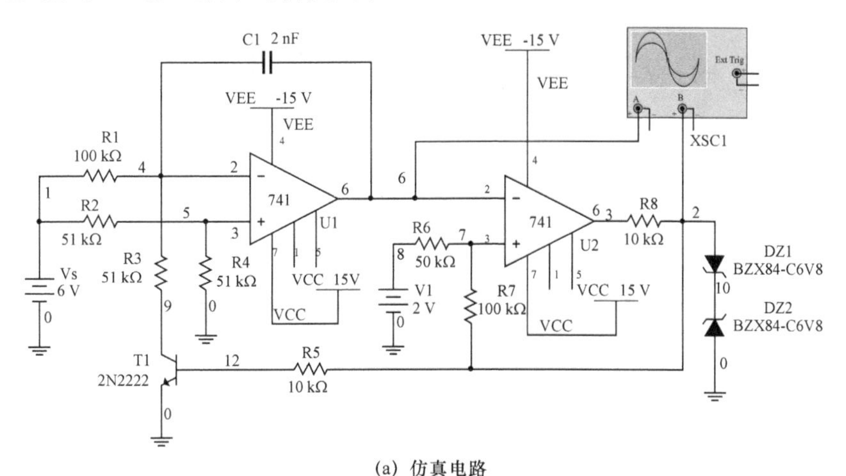

(a) 仿真电路

3.7.4 Transient Analysis

Voltage (V)

Time (S)

Transient Analysis

	V(2)	V(6)
x1	741.4105μ	741.4105μ
y1	6.8779	3.4838
x2	1.5552m	1.5552m
y2	6.9859	2.9092
dx	813.7432μ	813.7432μ
dy	107.9958m	-574.6548m
1/dx	1.2289k	1.2289k
1/dy	9.2596	-1.7402
min x	0.0000	0.0000
max x	10.0000m	10.0000m
min y	-7.1344	-14.1153
max y	6.9896	4.5257
offset x	0.0000	0.0000
offset y	0.0000	0.0000

(b) v_s=6 V

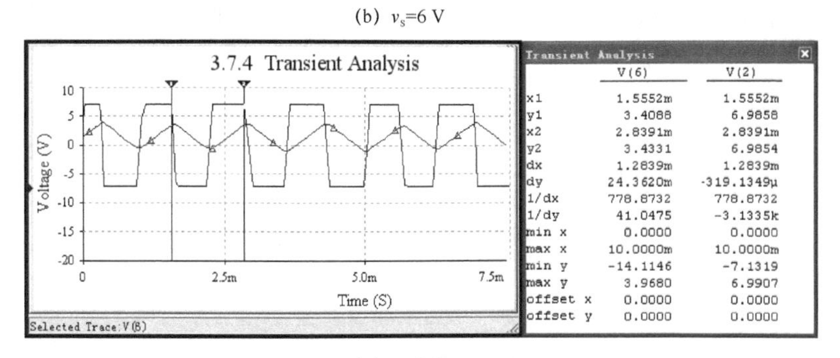

Transient Analysis

	V(6)	V(2)
x1	1.5552m	1.5552m
y1	3.4088	6.9858
x2	2.8391m	2.8391m
y2	3.4331	6.9854
dx	1.2839m	1.2839m
dy	24.3620m	-319.1349μ
1/dx	778.8732	778.8732
1/dy	41.0475	-3.1335k
min x	0.0000	0.0000
max x	10.0000m	10.0000m
min y	-14.1146	-7.1319
max y	3.9680	6.9907
offset x	0.0000	0.0000
offset y	0.0000	0.0000

(c) v_s=3 V

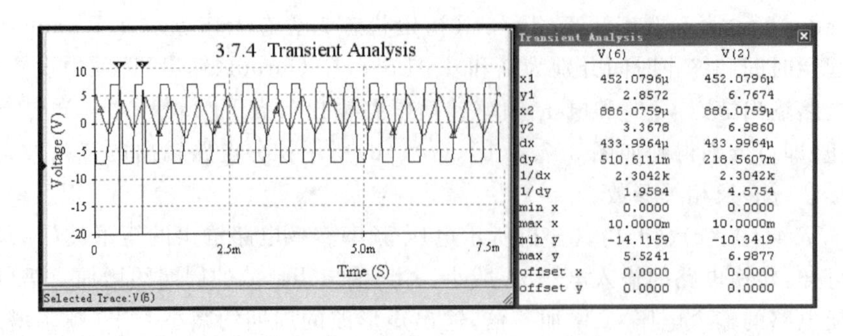

(d) v_s=12 V

图 3.7.4 电压-频率转换电路瞬态仿真分析的输出电压波形及测量数据

3.8 可调式三端集成直流稳压电源电路仿真实验

三端可调输出集成稳压器是指输出电压可调节的稳压器，其性能优于三端固定式集成稳压器。该集成稳压器也分为正、负电压稳压器，正电压稳压器为 CW117 系列，负电压稳压器为 CW137 系列。其内部结构与三端固定式稳压电路相似，所不同的是 3 个引线端分别为输入端 V_I、输出端 V_O 及调整端 ADJ。在输出端 V_O 和调整端 ADJ 之间为基准电压 V_{REF}，流经调整端的电流为基准电流 I_{ADJ}。

在 Multisim 10 中构建三端可调输出集成稳压实验电路，如图 3.8.1(a)所示。图中，LM117H 为正系列可调式三端集成稳压器。可调式三端集成稳压器的一般特性参数：基准电压 $V_{REF}=1.25$ V，基准电流 $I_{ADJ}=50\ \mu$A，最小输入、输出压差 $(V_I-V_O)_{min}=3$ V，最大输入、输出压差 $(V_I-V_O)_{max}=40$ V，最小负载电流 $I_{Omin}=3.5$ mA（工程上，为保证稳压器在空载时也能正常工作，一般要求流过稳压器输出端电流不小于 5 mA）；R_1 为泄放电阻，取 $I_{Omin}=5$ mA，则有 $R_{1max}=\frac{V_{REF}}{I_{Omin}}=\frac{1.25}{5}$ kΩ=250 Ω，取为系列值 240 Ω；为减小调整输出电压，改变 R_2 大小时产生的纹波电压，与 R_2 并联了一个 10 μF 的电容器 C_4；在输出端短路时，C_4 将向稳压器调整端放电，并使调整管发射结反偏；为保护稳压器，在图 3.8.1(a)所示电路中接入了一个保护二极管 D_2（取为 1N4148），从而为 C_4 提供了一个放电回路；由于输出端接有容量较大的滤波电容 C_5（820 μF），一旦输入端开路，C_5 将向稳压器放电，为保护稳压器，在稳压器的输入、输出端之间跨接了一个二极管 D_1（取为 1N4148）。

如图 3.8.1(a)所示，输出电压、电流分别为

$$V_O=V_{REF}(1+\frac{R_2}{R_1})+I_{ADJ}R_2=[1.25\times(1+\frac{1}{0.24})+0.05\times1]\text{V}\approx6.508\text{ V}$$

$$I_O=V_O/R_L\approx6.508/10\text{ A}=650.08\text{ mA}$$

1. 直流分析

(1) 仪表测量

打开图 3.8.1(a)实验电路，启动仿真开关，进行仿真测量，即可得到如图 3.8.1(b)所示

的输出电流 I_O、输出电压 V_O 的仿真测量数据。由测量数据可以看出，仿真实验的结果和理论分析、计算的数据基本一致。

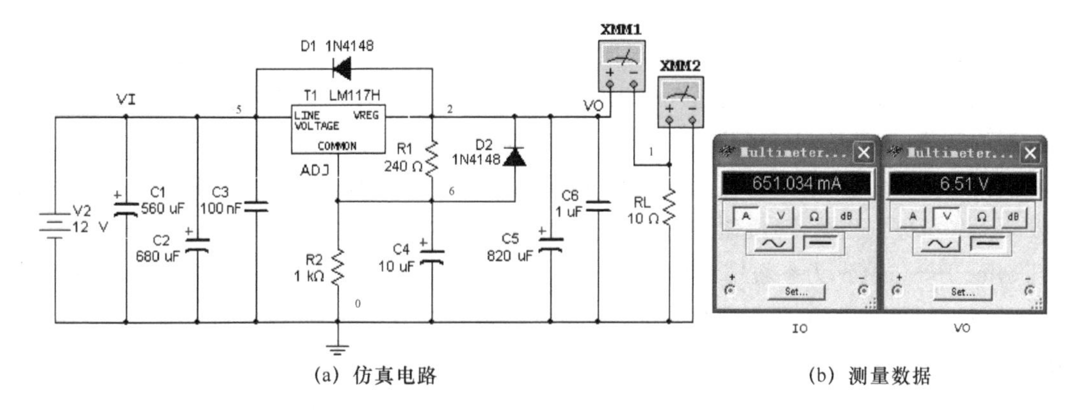

(a) 仿真电路　　(b) 测量数据

图 3.8.1　三端可调输出集成稳压电源实验电路

（2）参数扫描分析

打开图 3.8.1(a)实验电路，单击 Multisim 10 中的"Simulate/Analyses/Parameter Sweep…"(参数扫描分析)按钮，在弹出的参数选项设置对话框 Sweep Parameters 区中，设置 Device Parameter 为参数模型；因为调整 R_2 的大小即可调整输出电压 V_O 的大小，故设置调整电阻 R_2(rr2)为分析对象。在 Points to Sweep 区中的 Sweep Variation Type 下拉列表中设置扫描方式为 Linear(线性)；设置扫描的初始值为 0.8 kΩ，终值为 1.2 kΩ，点数为 3，步进数为 0.2 kΩ。在 Output(输出)选项中设置输出端 V_O(节点 $V[1]$)为分析节点；在 More Options 区中分析类型下拉列表栏中设置选项为 DC Operating point(直流工作点分析)等，如图 3.8.2(a)所示。单击"Simulate"(仿真)按钮，即可得到当 R_2 分别为 0.8 kΩ、1 kΩ 和 1.2 kΩ时，对应不同 R_2 值时输出电压 V_O(节点 $V[1]$)的列表数值，如图 3.8.2(b)所示。

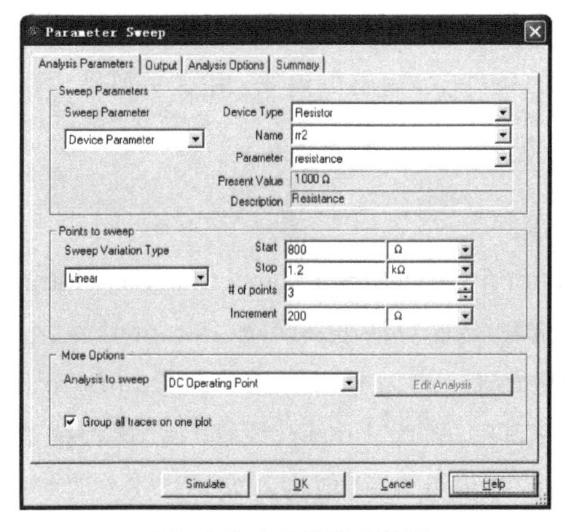

3.8.1 Device Parameter Sweep:

1	V(1), rr2 resistance=800	5.45922
2	V(1), rr2 resistance=1000	6.51034
3	V(1), rr2 resistance=1200	7.56113

Selected Diagram:Device Parameter Sweep:

(a) 参数选项设置对话框　　(b) 参数扫描分析数据

图 3.8.2　三端可调输出集成稳压电源实验电路

2. 检测稳压系数 S_r

稳压系数 S_r 定义为在负载 R_L 不变的条件下，稳压电路的输出电压的相对变化量与输

入电压的相对变化量之比，即

$$S_r = \left.\frac{\Delta V_O / V_O}{\Delta V_I / V_I}\right|_{\Delta R_L = 0}$$

式中，输入电压 V_I 与电网电压基本成正比。因此，S_r 反映了电网电压波动对稳压电路输出电压稳定性的影响。工程上，常用输入电压波动±10%，即 $\Delta V_I/V_I = \pm 10\%$ 条件下引起输出电压相对的变化量 $[(\Delta V_O/V_O)/\Delta V_I] \times 100\%$ 来表征稳压性能，称为电压调整率 S_V(%/V)。

打开图 3.8.1(a)实验电路，单击 Multisim 10 中的"Simulate/Analyses/Parameter Sweep…"(参数扫描分析)按钮，在弹出的参数选项设置对话框 Sweep Parameters 区中，设置 Device Parameter 为参数模型；设置输入电压 V_I(vv2)为分析对象。在 Points to Sweep 区中的 Sweep Variation Type 下拉列表中设置扫描方式为 Linear(线性)；设置扫描的初始值为 10.8 V，终值为 13.2 V，点数为 3，步进数为 1.2 V。在 Output(输出)选项中设置输出端 V_O(节点 $V[1]$)为分析节点；在 More Options 区中分析类型下拉列表栏中设置选项为 DC Operating point(直流工作点分析)等，单击"Simulate"(仿真)按钮，即可得到当输入电压 V_I(vv2)分别为 10.8 V、12 V 和 13.2 V 时，对应不同 V_I 值时输出电压 V_O(节点 $V[1]$)的列表数值。将仿真分析数据及分析、计算的数据填入表 3.8.1 中。

表 3.8.1 S_r 仿真分析及分析、计算数据

负载电阻 R_L/Ω	输入电压 V_I/V	输出电压 V_O/V	电压调整率 S_V (%/mV)	稳压系数 S_r
10	10.8	6.509 53	10.368 1	0.001 244
10	12	6.510 34		
10	13.2	6.511 15		

3. 检测电流调整率 S_I

电流调整率 S_I 定义为在输入电压 V_I 不变的条件下，输出电流 I_O 由零变到最大额定值时，输出电压 V_O 的相对变化量，即

$$S_I = \left.\frac{\Delta V_O}{V_O}\right|_{\Delta V_I = 0} \times 100\%$$

打开图 3.8.1(a)实验电路，单击 Multisim 10 中的"Simulate/Analyses/Parameter Sweep…"(参数扫描分析)按钮，在弹出的参数选项设置对话框 Sweep Parameters 区中，设置 Device Parameter 为参数模型；设置负载电阻 R_L(rrL)为分析对象。在 Points to Sweep 区中的 Sweep Variation Type 下拉列表中设置扫描方式为 Linear(线性)；设置扫描的初始值为额定 R_L 较小时(额定输出电流 I_O 较大时)的数值 8 Ω，终值为额定 R_L 较大时(额定输出电流 I_O 较小时)的数值 12 Ω，点数为 3，步进数为 2 Ω。在 Output(输出)选项中设置输出端 V_O(节点 $V[1]$)为分析节点；在 More Options 区中分析类型下拉列表栏中设置选项为 DC Operating point(直流工作点分析)等，单击"Simulate"(仿真)按钮，即可得到当负载电阻 R_L 分别为 8 Ω、10 Ω 和 12 Ω 时，对应不同 $R_L(I_O)$ 值时输出电压 V_O(节点 $V[1]$)的列表数值。将仿真分析数据及分析、计算的数据填入表 3.8.2 中。

表 3.8.2　S_I 仿真分析及分析、计算数据

输入电压 V_I/V	负载电阻 R_L/Ω	输出电压 V_O/V	电流调整率 S_I(%)
12	8	6.509 85	0.007 526
12	10	6.510 34	/
12	12	6.510 66	0.004 915

4. 讨论、分析

(1) 仿真分析、测量的数据与理论分析、计算的数据基本一致，仿真实验对实际电路的设计、分析、调试具有指导意义。

(2) 改变调整电阻 R_2 的大小即可调整输出电压 V_O 的大小。

(3) 在 $V_I=(1+10\%)\times 12$ V 的条件下，检测得电压调整率 S_V 为 10.368 1% /mV。

(4) 在 8 Ω<R_L<12 Ω，542.6 mA< I_O<813.7 mA 的条件下，检测得电流调整率 S_I 约为(0.004 915～0.007 526)×100%。

第4章 数字电子技术仿真实验

4.1　逻辑代数基础仿真实验

逻辑代数部分是数字电子技术的基础，而逻辑函数的表示则是其中的重点。逻辑函数可以用逻辑函数表达式、真值表和逻辑电路图等多种方式表示，在实际工作中视需求情况可具体选用并相互转换。逻辑转换仪恰好可以在仿真系统中完成多种表示方式的转换，它是Multisim系统中特有的分析仪表，但在实际工作中没有与之对应的设备。逻辑转换仪能完成真值表、逻辑函数表达式和逻辑电路图三者之间的相互转换，从而为逻辑电路的设计与仿真带来了很多的方便。

4.1.1　由逻辑函数表达式求真值表

已知逻辑函数表达式 $F=AC+A\overline{B}$，求其对应的真值表。

从 Multisim 10 仪器仪表库栏目中把逻辑转换仪拖出，双击逻辑转换仪图标，在显示的面板图底部最后一行的空白位置中输入需转换的逻辑函数表达式，如图 4.1.1 所示。注意，在逻辑函数表达式中逻辑变量右上方的“′”表示逻辑“非”。按下逻辑转换仪表板上“由表达式转换为真值表”按钮，即可得到与逻辑函数表达式对应的真值表，如图 4.1.2 所示。

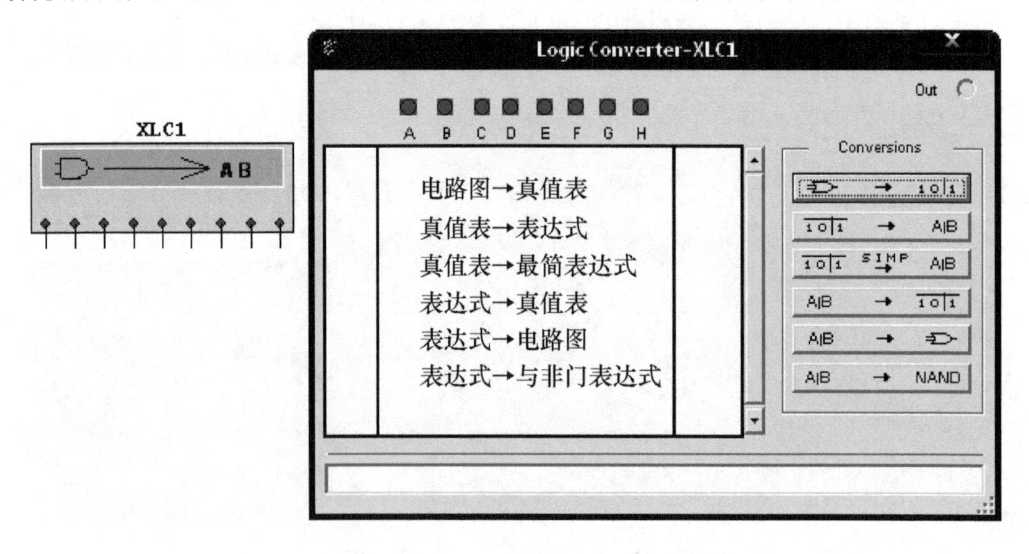

图 4.1.1　逻辑转换仪的面板图及表达式的输入

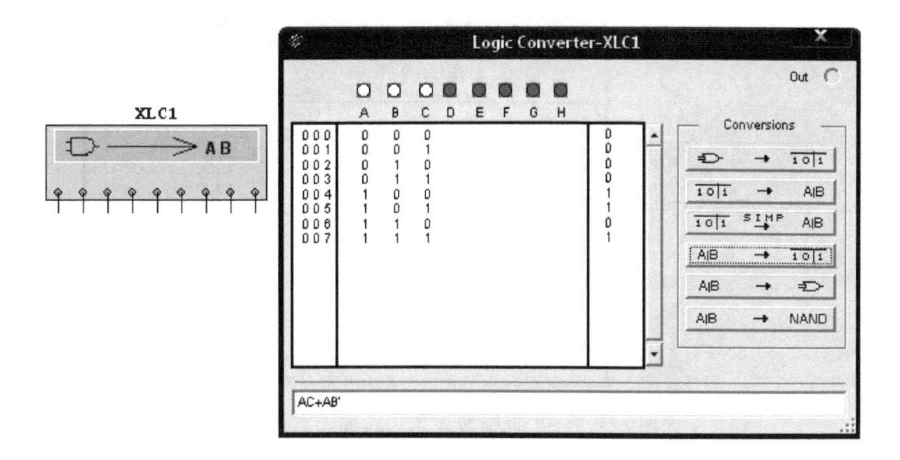

图 4.1.2　逻辑函数表达式和对应的真值表

4.1.2　由逻辑函数表达式求逻辑电路图

已知逻辑函数表达式 $F=AC+A\overline{B}$，求其对应的逻辑电路图。

如前所述，在逻辑转换仪面板图中输入逻辑函数表达式，按下"由表达式转换为电路图"按钮，即可得到相应的逻辑电路图，如图 4.1.3 所示。注意，由逻辑转换仪得到的逻辑电路都是由虚拟元件构成的，没有元件封装等属性。

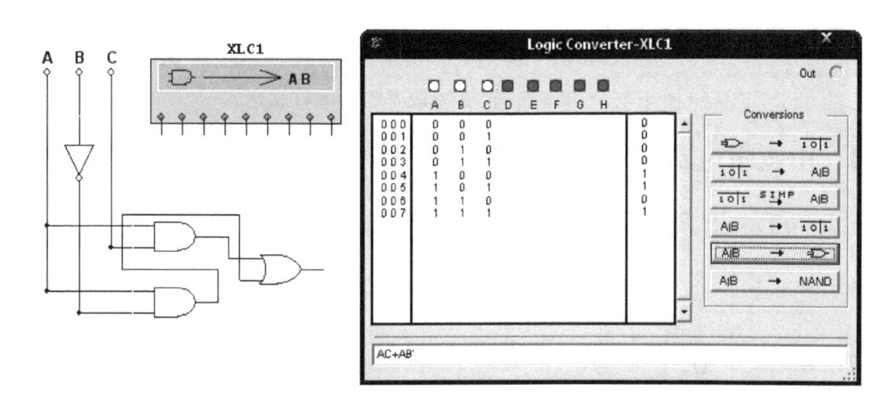

图 4.1.3　由逻辑函数表达式转换为对应的电路图

4.1.3　逻辑函数的化简

逻辑转换仪无法直接化简逻辑函数，而是先将逻辑函数表达式转换成对应的真值表，然后再由其真值表转换成化简后的最简逻辑函数表达式。

已知逻辑函数表达式 $F=AC+A\overline{B}+BC$，求其最简逻辑函数表达式。

拖出逻辑转换仪，双击逻辑转换仪图标，在弹出的逻辑转换仪面板上输入需化简的逻辑函数表达式，先将逻辑函数表达式通过逻辑转换仪转换成对应的真值表，如图 4.1.4 所示，再按下逻辑转换仪面板上的"由真值表转换为最简表达式"按钮，在逻辑转换仪面板底部最后一行的逻辑函数表达式的栏目中即可得到化简的最简逻辑函数表达式，如图 4.1.5 所示。

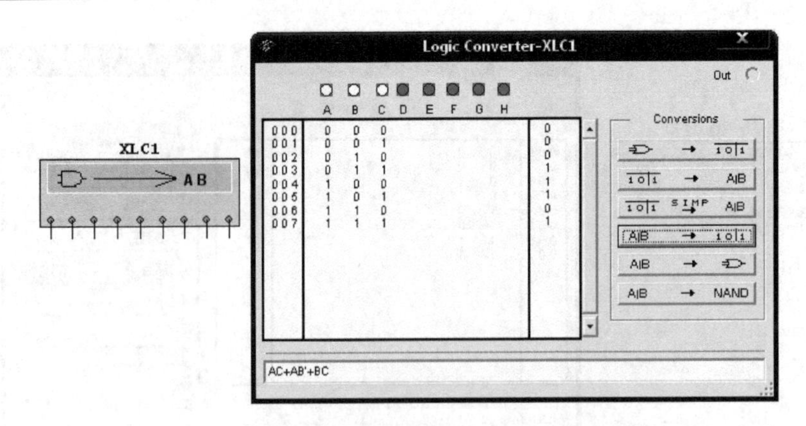

图 4.1.4　逻辑函数表达式转换为真值表

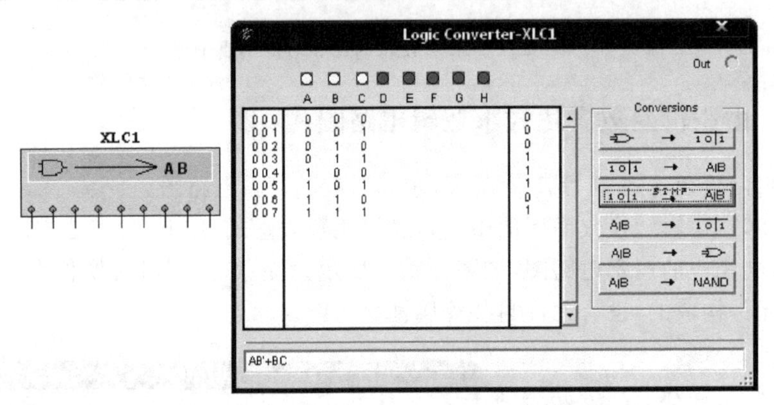

图 4.1.5　真值表转换为最简逻辑函数表达式

4.1.4　由逻辑电路图求真值表和最简表达式

如图 4.1.6 所示，在实验工作区搭建已知的逻辑电路图。

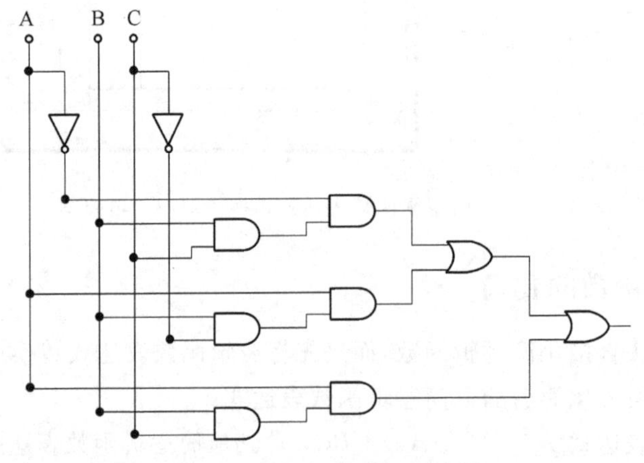

图 4.1.6　已知的逻辑电路图

将该逻辑电路的输入、输出端分别连接到逻辑转换仪的输入、输出端按钮上，如图 4.1.7 所示，双击逻辑转换仪图标，在弹出的逻辑转换仪表面上按下“由电路图转换为真值表”按钮，即可得到该逻辑电路图所对应的真值表，如图 4.1.8 所示。然后，再按下“由真值表转换为最简表达式”按钮，即可得到所求的最简逻辑函数表达式，如图 4.1.9 所示。

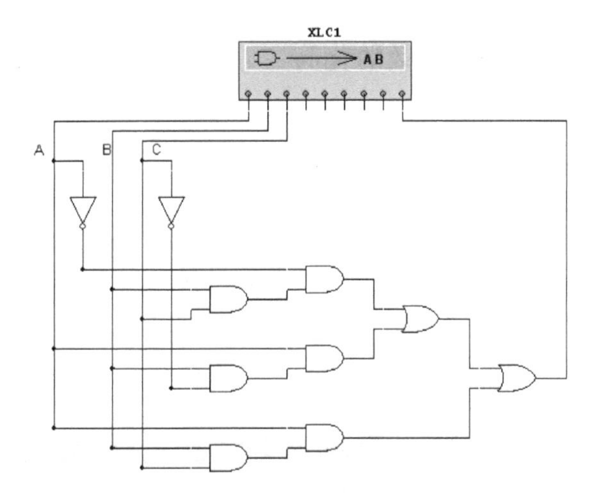

图 4.1.7　逻辑转换仪电路连接

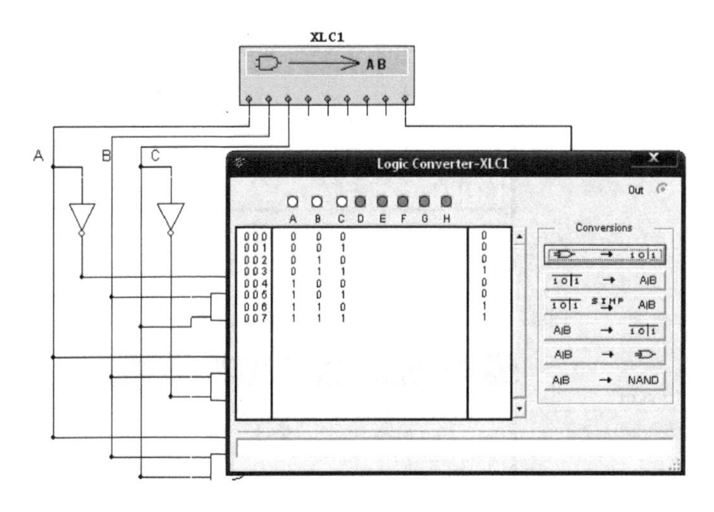

图 4.1.8　由逻辑电路图到真值表的转换

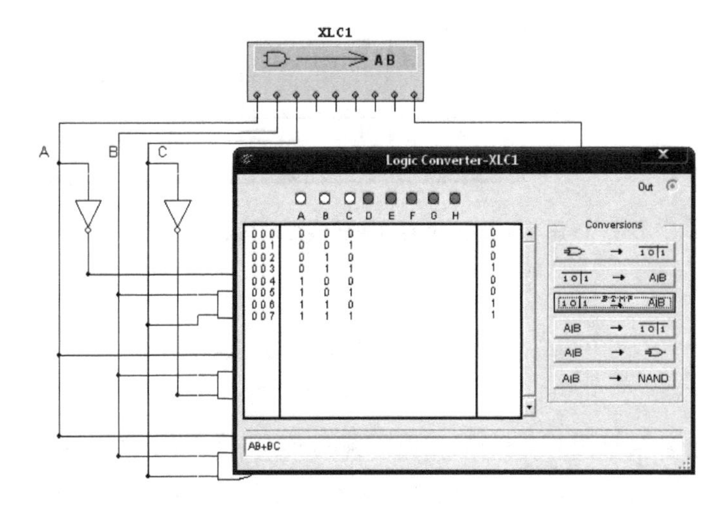

图 4.1.9　由真值表到最简逻辑函数表达式的转换

4.1.5　包含无关项逻辑函数的化简

已知逻辑函数

$$F(A,B,C,D)=\sum m_i+\sum d_j \qquad i=0,1,4,9,14,j=5,7,8,11,12,15$$

求最简逻辑函数表达式。

在打开的逻辑转换仪面板顶部选择 4 个输入端(A,B,C,D),此逻辑转换仪真值表区就会自动出现对应 4 个输入逻辑变量的所有组合,而右边输出列的初始值全部为零,依据已知的逻辑函数表达式对其赋值(**1**、**0** 或 X),得到如图 4.1.10 所示的真值表。按下“由真值表转换为最简表达式”按钮,即可在逻辑转换仪底部逻辑函数表达式栏中得到化简后的最简逻辑函数表达式,如图 4.1.11 所示。

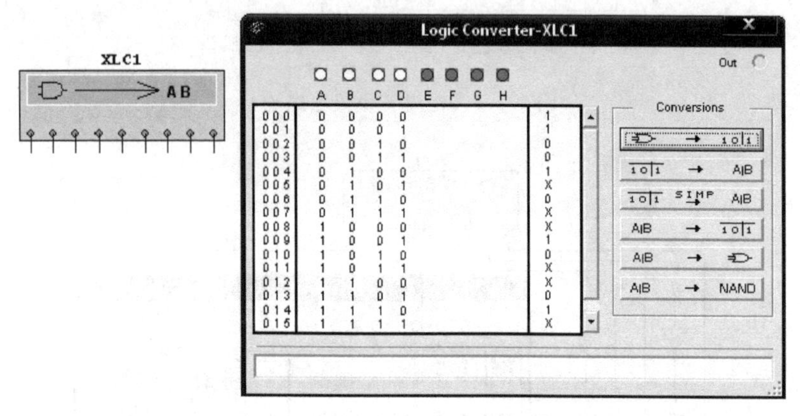

图 4.1.10　包含无关项的逻辑函数真值表

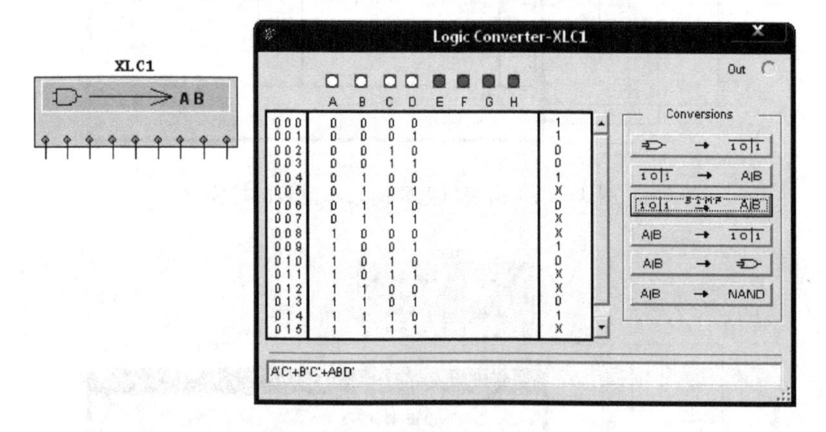

图 4.1.11　由真值表转换为最简表达式

4.2　逻辑门电路仿真实验

门电路是对脉冲信号起开关作用,用以实现一些基本逻辑关系的电路。门电路有一个输出端,一个或几个输入端,每一个门电路的输入与输出之间都有一定的逻辑关系。最基本的逻辑关系可归结为**与**、**或**、**非**三种,与此相应的基本逻辑门电路分别为**与**门、**或**门、**非**门电路。在实际使用的门电路中,并不只限于基本的**与**门、**或**门和**非**门三种,还常常使用具有复合逻辑运算的逻辑门电路,如**与非**门、**或非**门、**与或非**门、**异或**门、**同或**门等。

4.2.1 基本逻辑门电路仿真实验

1. 与门仿真实验

使用快捷键 Ctrl+W 调出放置元件对话框,在弹出的对话框中的 Group 栏中选择 TTL,Family 栏中选取 74LS 系列,并在 Component 栏中找到 74LS08D 并选中,这就是所需的 2 输入**与**门,如图 4.2.1 所示。单击右上角的"OK"按钮,放置**与**门在工作平台上。74LS08D 中集成了 4 个独立的 2 输入**与**门单元,因此随即会弹出一个新的窗口,如图 4.2.2(a)所示,其中的"A、B、C、D"分别表示 4 个独立单元,单击"A"即会放置一个**与**门"U1A",如图 4.2.2(b)所示。"U1"表示网络标识,标识相同的单元属于同一个集成电路。放置完成后单击"Cancel",退回放置对话框,若不需再放置其他元件,则可关闭对话框。

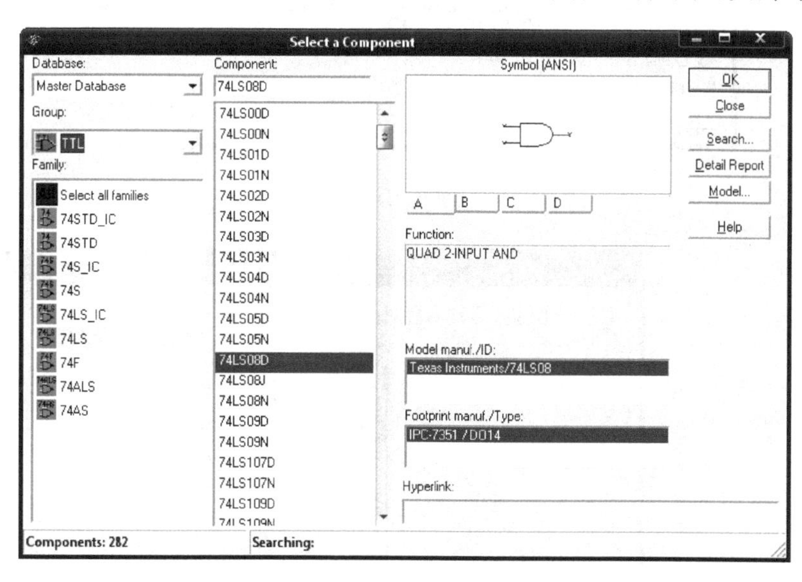

图 4.2.1 放置**与**门对话框

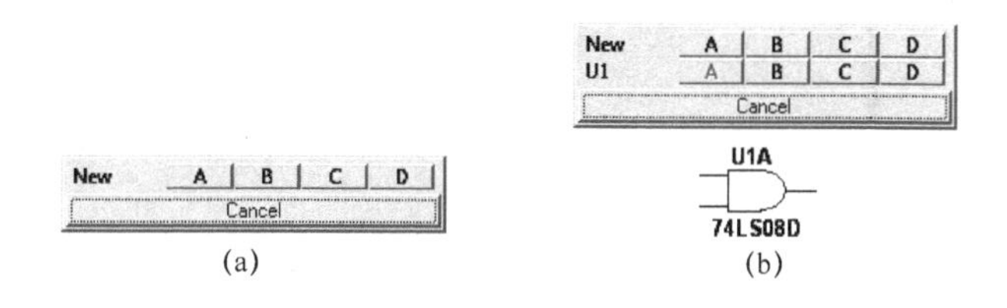

图 4.2.2 放置单元图

与门的输入变量分别由两个单刀双掷开关控制,使用快捷键 Ctrl+W 调出放置元件对话框,在弹出的对话框中的 Group 栏中选择 Basic,Family 栏中选取 SWITCH,并在 Component 栏中找到 SPDT 并选中,这就是所需的开关,如图 4.2.3 所示。单击右上角的"OK"按钮,放置开关 J1 在工作平台上。按以上步骤再放置一个开关 J2。双击开关 J1,在弹出对话框中 Key for Switch 右侧的下拉菜单里选取一个字符作为该开关控制键,然后单击"OK"退出,如图 4.2.4 所示。例如选取"A",则表示可通过键盘上的"A"按钮控制开关的状态。

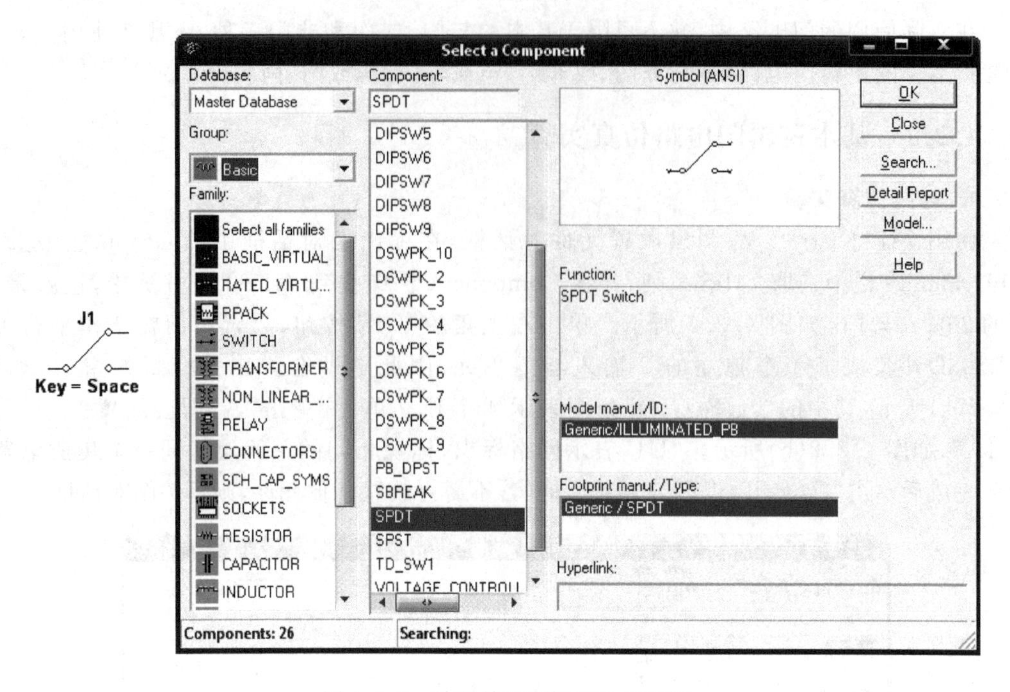

图 4.2.3　放置单刀双掷开关对话框

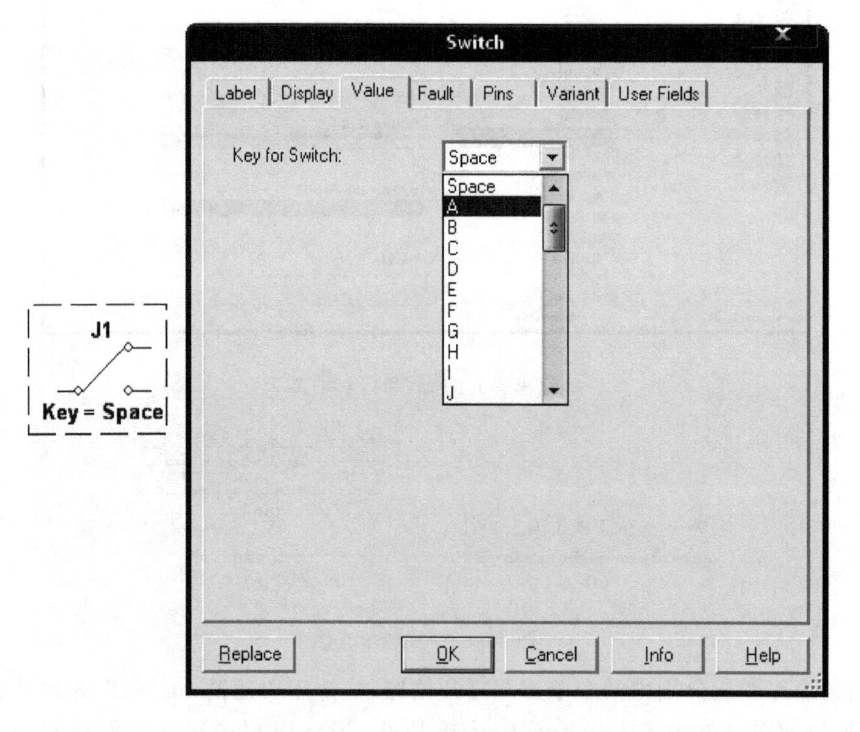

图 4.2.4　开关设置对话框

输入输出状态可用逻辑指示灯显示，使用快捷键 Ctrl＋W 调出放置元件对话框，并在弹出的对话框中的 Group 栏中选择 Indicator，Family 栏中选取 PROBE 系列，并在 Component 栏中找到 PROBE_BLUE 并选中，这就是所需的逻辑指示灯，如图 4.2.5 所示。放置 3 个在工作平台中，颜色可自行选择。

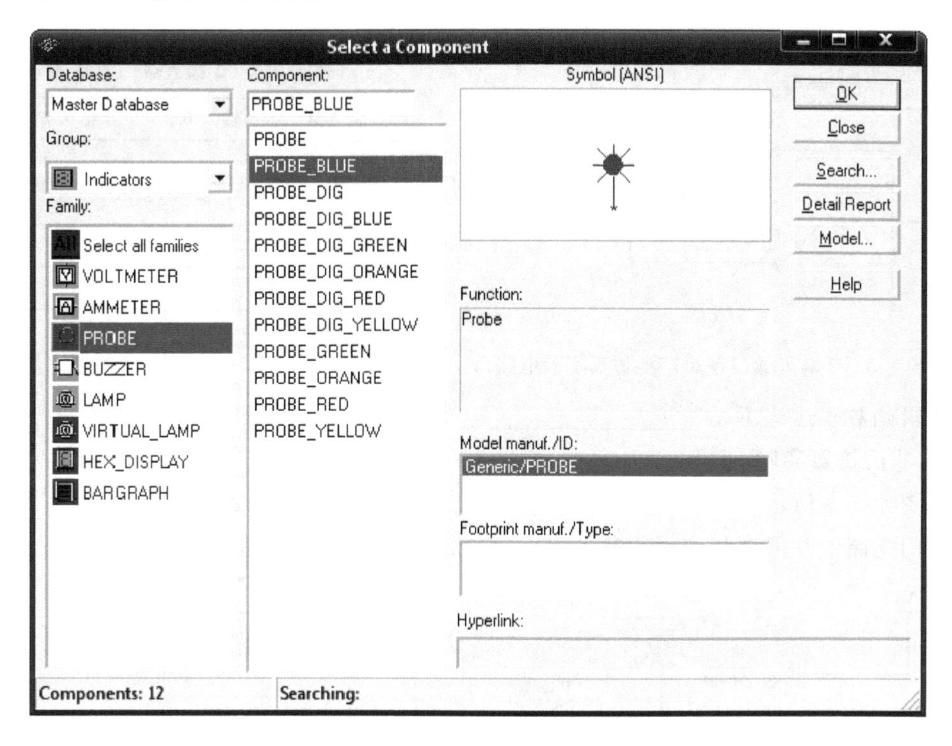

图 4.2.5　蓝色逻辑指示灯放置对话框

输入信号的“1”由＋5 V 电源提供，“0”用接地信号提供，探测器批示灯泡对应“1”电平亮，对应“0”电平不亮。在实验工作区搭建实验电路，如图 4.2.6 所示。按下键盘上相应开关的控制键按键，改变切换开关的状态，将逻辑探测器指示灯泡对应的变化情况填写入表 4.2.1 中，这个仿真结果表就是被仿真的**与**门电路的真值表。由此验证**与**门电路的真值表和逻辑函数表达式。

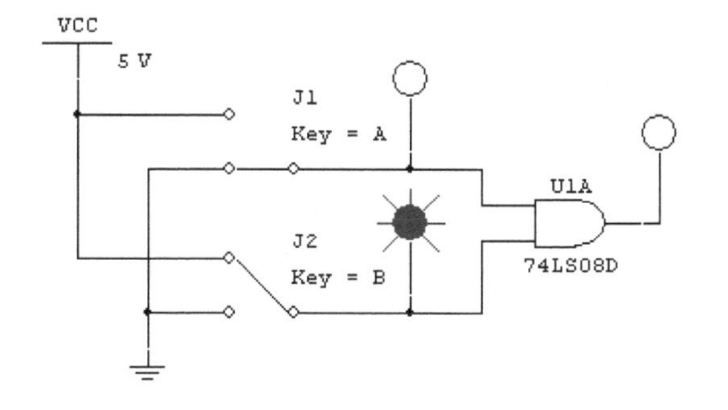

图 4.2.6　2 输入**与**门逻辑功能仿真实验电路

表 4.2.1　2 输入与门真值表

输入 A	输入 B	输出 F

逻辑函数表达式 F = ________________。

2. 或门仿真实验

按照放置**与**门的方法，在工作平台放置一个集成**或**门“74LS32D”的一个单元，并搭接一个**或**门仿真实验电路，如图 4.2.7 所示。验证**或**门电路的真值表和逻辑函数表达式，并把仿真结果填入表 4.2.2 中。

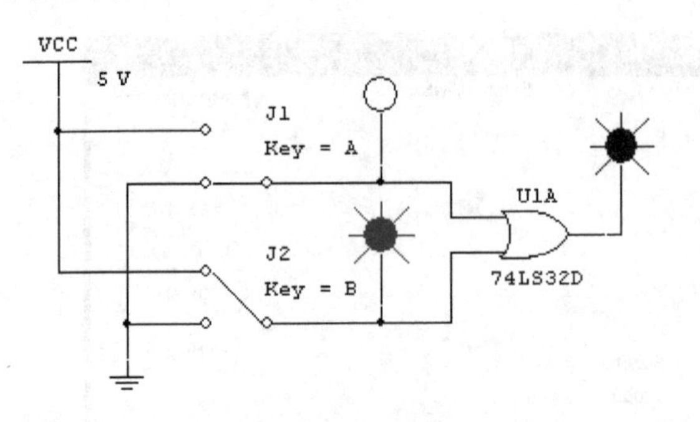

图 4.2.7　2 输入**或**门逻辑功能仿真实验电路

表 4.2.2　2 输入或门真值表

输入 ***A***	输入 ***B***	输出 ***F***

逻辑函数表达式 $F=$ ________________。

3. 非门仿真实验

按图 4.2.8 所示在仿真工作平台搭建非门电路逻辑功能仿真实验电路，进行仿真实验，验证**非**门电路的真值表和逻辑函数表达式，并把仿真结果填入表 4.2.3 中。

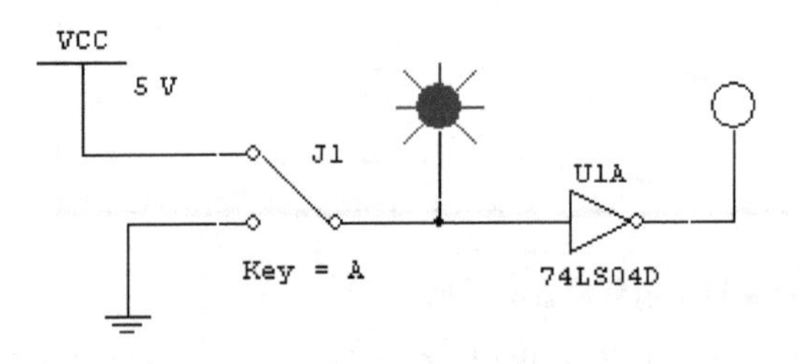

图 4.2.8　**非**门逻辑功能仿真实验电路

表 4.2.3　非门真值表

输入 ***A***	输出 ***F***

逻辑函数表达式 $F=$ ________________。

4.2.2　复合运算逻辑门电路仿真实验

1. 与非逻辑门仿真实验

(1) 在仿真工作区搭建 2 输入**与非**门的仿真电路，如图 4.2.9 所示，进行仿真实验，验证**与非**门电路的真值表和逻辑函数表达式，并把仿真结果填入表 4.2.4 中。

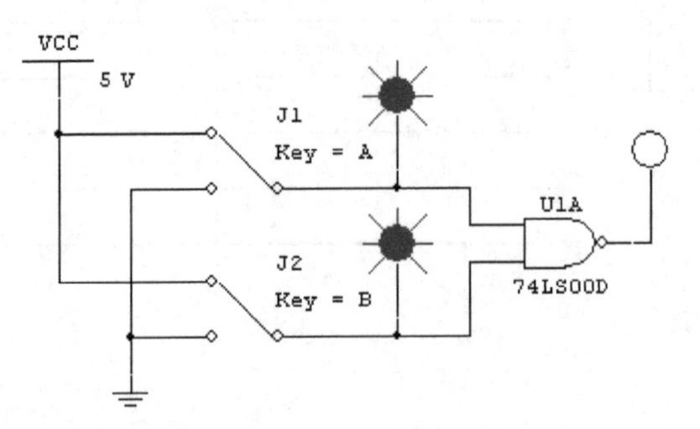

图 4.2.9　**与非**门逻辑功能仿真实验电路

表 4.2.4　2 输入与非门真值表

输入 ***A***	输入 ***B***	输出 ***F***

逻辑函数表达式 F =______________。

(2) 在仿真工作区搭建 4 个**与非门**复合运算的仿真电路，如图 4.2.10 所示，进行仿真实验，验证该电路的真值表和逻辑函数表达式，并把仿真结果填入表 4.2.5 中。

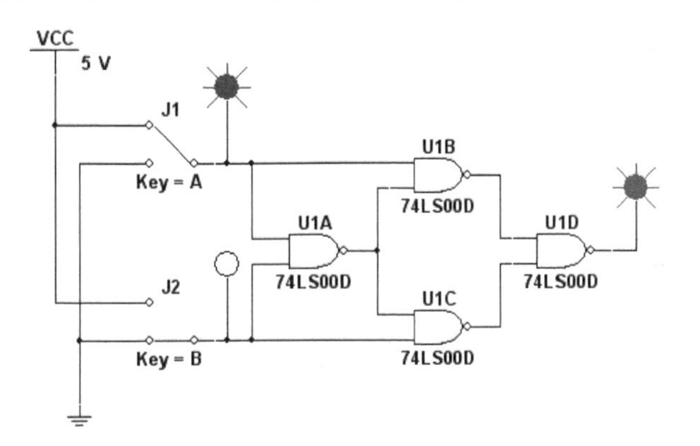

图 4.2.10　**与非门复合运算仿真实验电路**

表 4.2.5　与非门复合运算电路真值表

输入 A	输入 B	输出 F

逻辑函数表达式 F =______________。

(3) 拖出数字信号发生器(Word Generator)和逻辑分析(Logic Analyzer)如图 4.2.11 所示，在仿真工作区搭建实验电路。数字信号发生器如图 4.2.12(a)所示设置。单击仿真开关，运行动态分析。由数字信号发生器底部输出的一系列脉冲信号加到逻辑电路的 2 个输入端时，电路的电压/时间波形就会显示在逻辑分析仪的屏幕上，其中第一条曲线为 A 端输入波形，第二条为 B 端输入波形，第三条为 F 端输出波形，如图 4.2.12(b)所示。

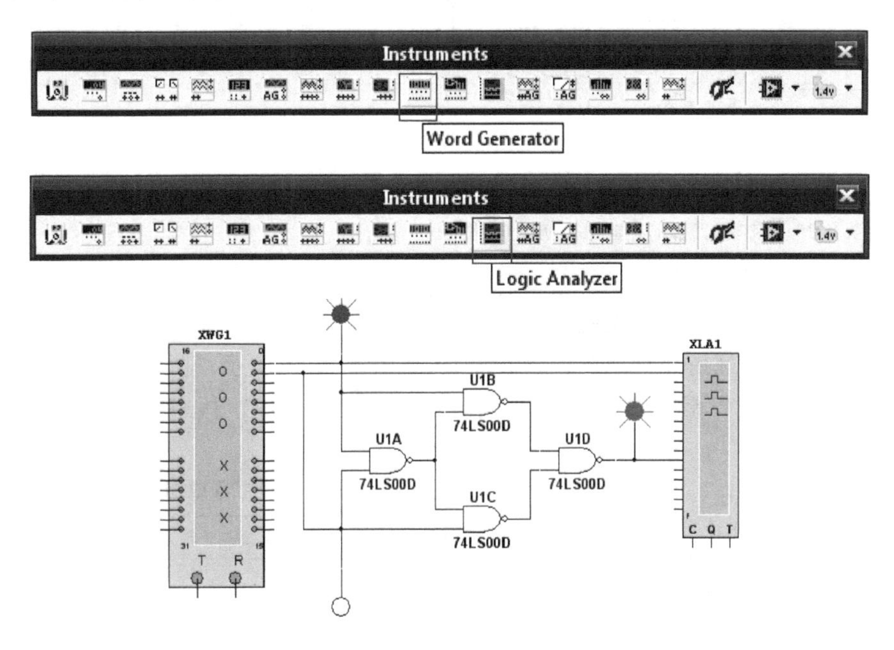

图 4.2.11　**与非门复合运算仿真实验电路**

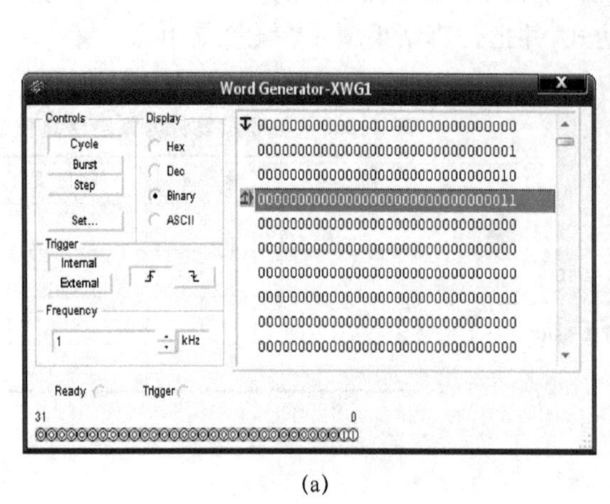

(a)

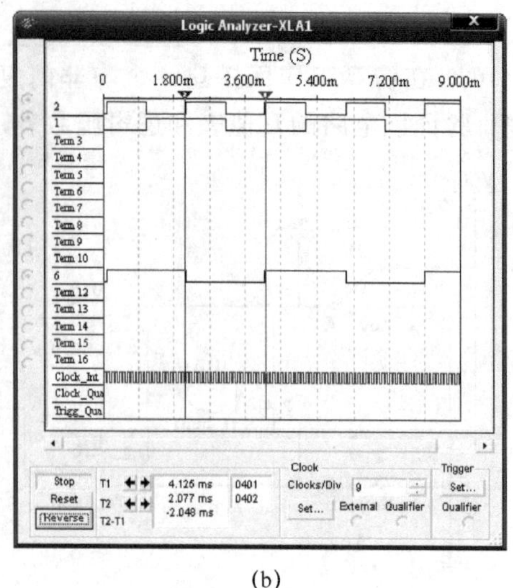

(b)

图 4.2.12　数字信号发生器设置和逻辑分析仪显示

2. 或非逻辑门仿真实验

在仿真工作区搭建 2 输入**或非**门的仿真电路，如图 4.2.13 所示，进行仿真实验，验证**或非**门电路的真值表和逻辑函数表达式，并把实验结果填入表 4.2.6 中。

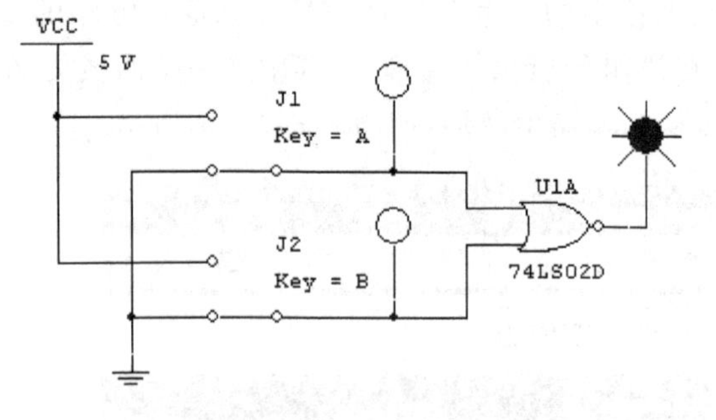

图 4.2.13　**或非**门逻辑功能仿真实验电路

表 4.2.6　或非门逻辑功能电路真值表

输入 A	输入 B	输出 F

逻辑函数表达式 $F=$＿＿＿＿＿＿＿＿＿＿。

3. 异或、同或逻辑门仿真实验

(1) 在仿真工作区搭建**异或**门的仿真电路，如图 4.2.14 所示，进行仿真实验，验证**异或**门电路的真值表和逻辑函数表达式，并把实验结果填入表 4.2.7 中。

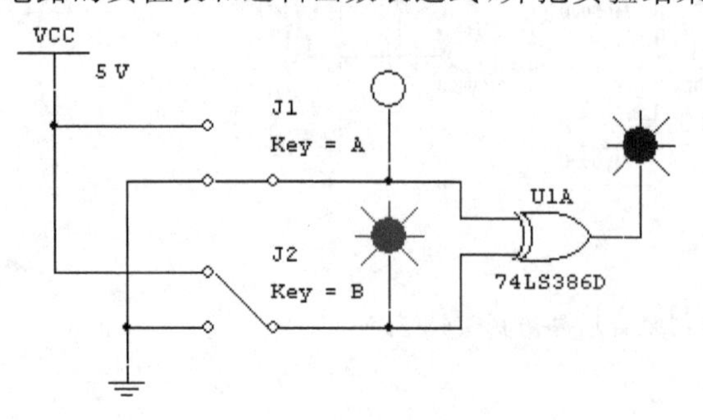

图 4.2.14　**异或**门逻辑功能仿真实验电路

表 4.2.7　异或门逻辑功能电路真值表

输入 A	输入 B	输出 F

逻辑函数表达式 $\boldsymbol{F}$ = ________________。

(2) 利用数字信号发生器和逻辑分析仪观测输入输出的时序波形图，如图 4.2.15 所示，并和图 4.2.12 进行比较分析。

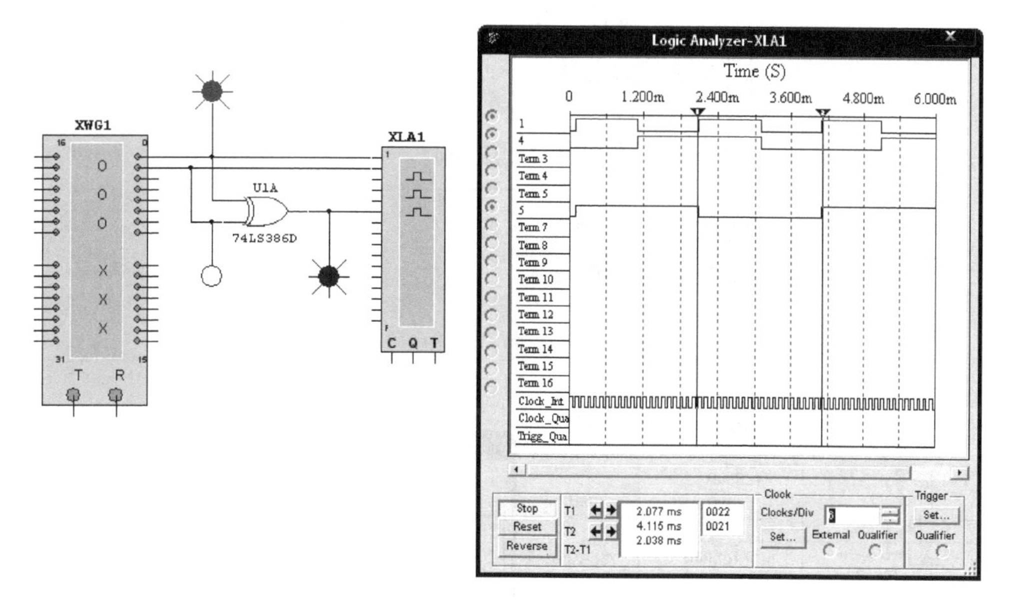

图 4.2.15　异或门逻辑分析仪显示

4.3　组合逻辑电路仿真实验

电路任一时刻的输出状态只取决于该时刻各输入状态的组合，而与信号作用前电路的状态无关的逻辑电路，称为组合逻辑电路。组合逻辑电路又可分为分析、设计和常用组合逻辑集成电路三大部分。组合逻辑电路的分析，是由已知的逻辑电路求出其对应的逻辑函数表达式、真值表，进而说明其逻辑功能的过程。组合逻辑电路的设计是根据具体的逻辑功能的要求，用逻辑函数加以描述，再用最简单的逻辑电路将其实现的过程。常用的组合逻辑集成电路有全加器、数值比较器、编码器、译码器、数据选择器和数据分配器等。

4.3.1　组合逻辑电路分析仿真实验

(1) 在仿真工作区搭建仿真电路，从仪器仪表库栏中拖出逻辑转换仪，按图 4.3.1 所示将逻辑电路的输入端接入逻辑转换仪的输入端，将逻辑电路的输出端接至逻辑转换仪的输出端。双击逻辑转换仪，在弹出的逻辑转换仪面板上按下“由电路图转换为真值表”按钮，在真值表区即会弹出真值表，再按下“由真值表转换为最简逻辑函数表达式”按钮，在逻辑转换仪底部的逻辑函数表达式栏内即可得到最简逻辑函数表达式 $F=\overline{A}C+B\,\overline{C}+A\,\overline{B}$，如图 4.3.2所示。分析真值表可知，当输入变量 A、B、C 不完全相同时，$F=\mathbf{1}$；而当 A、B、C 完全相同时，$F=\mathbf{0}$。所以，这个逻辑电路的功能是判断输入信号是否一致。

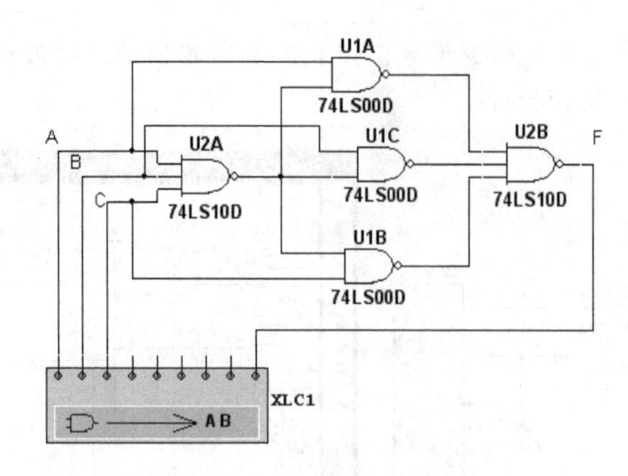

图 4.3.1 仿真实验电路

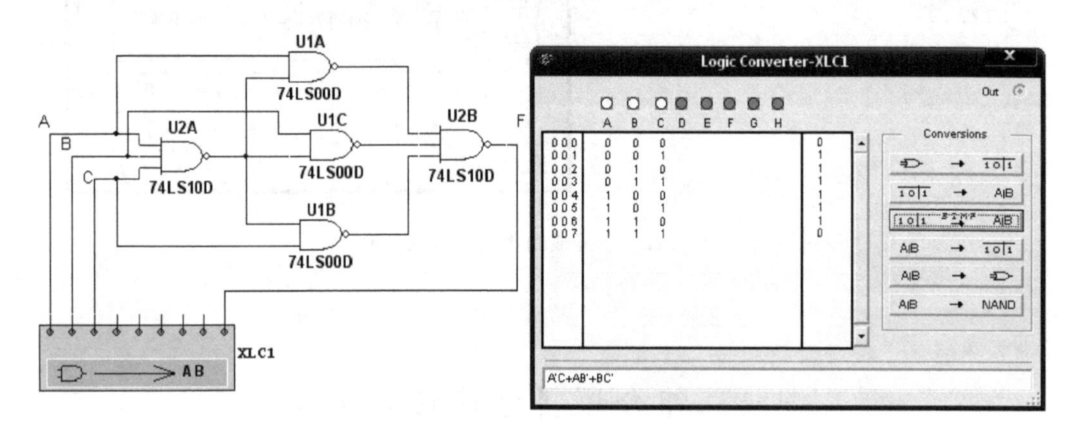

图 4.3.2 真值表和最简逻辑函数表达式

(2) 在仿真工作区搭建仿真电路，如图 4.3.3 所示，依上述步骤进行仿真实验，将所得真值表填入表 4.3.1 中，并依据所得真值表和逻辑函数表达式分析该逻辑电路的逻辑功能。

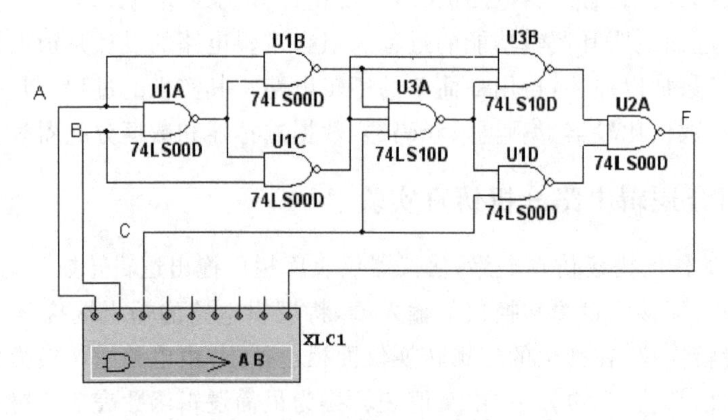

图 4.3.3 仿真实验电路

表 4.3.1　逻辑函数真值表

A	*B*	*C*	*F*	逻辑功能

最简逻辑函数表达式 F = ____________________。

4.3.2　组合逻辑电路设计仿真实验

1. 利用逻辑转换仪自动绘图

试为某一燃油锅炉设计一个报警逻辑电路。要求在燃油喷嘴处于开启状态时，如果锅炉水温或烟道温度过高则发出报警信号，设计该报警电路。

(1) 根据实际问题，进行逻辑抽象，确定输入变量和输出变量，并进行逻辑赋值。设输入变量 A 为喷嘴的状态，开启为 **1**、关闭为 **0**；B 为锅炉水温，过高为 **1**、正常为 **0**；C 为烟道温度，过高为 **1**、正常为 **0**；F 为是否发出报警信号的输出变量，发出报警信号为 **1**、否则为 **0**。

(2) 列真值表并求出最简表达式。打开仪器库，拖出逻辑转换仪，双击图标，打开面板，在面板顶部选中 A、B、C 三个输入信号，在真值表区出现的输入信号的所有组合的右边，列出对应的输出初始值，依设计要求赋值(**1**、**0** 或 X)，所得真值表如图 4.3.4 所示。再按下逻辑转换仪面板上的"由真值表转换为最简逻辑函数表达式"按钮，相应的化简的逻辑函数表达式 $F=AB+AC$ 就会出现在逻辑转换仪底部最后一行的逻辑函数表达式栏内，如图4.3.4 所示。

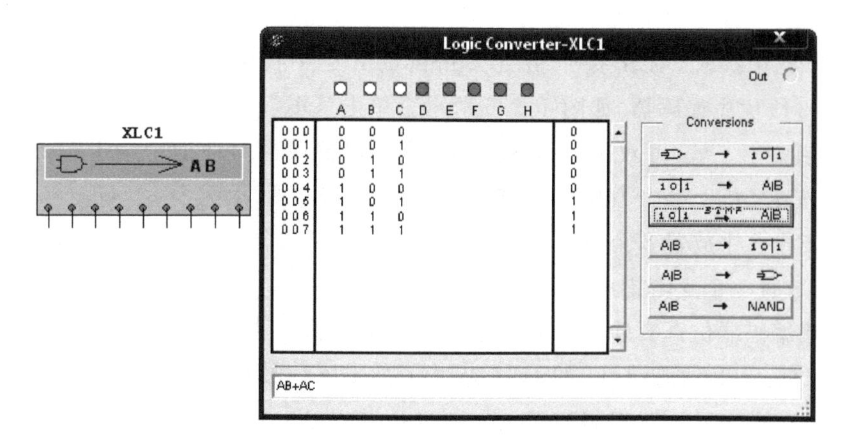

图 4.3.4　设计电路的真值表

(3) 由逻辑函数表达式求出逻辑电路图。按下逻辑转换仪面板上的"由表达式转换为逻辑电路图”按钮或者“由表达式转换为与非门逻辑电路图”按钮，就会得到所要设计的逻辑电路图，如图 4.3.5 所示。

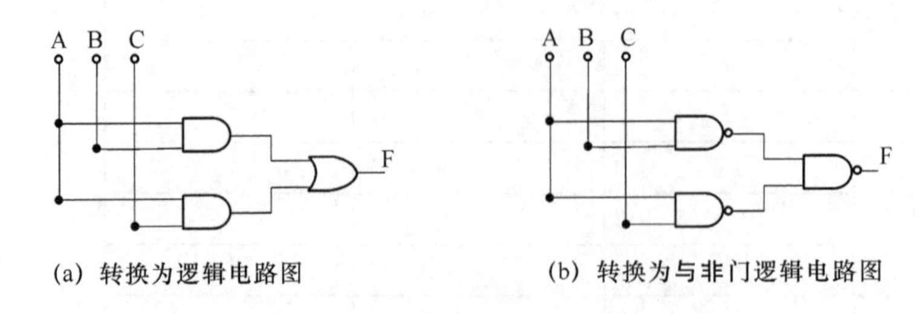

图 4.3.5 需设计的逻辑电路图

2. 手动绘制组合逻辑电路

使用逻辑转换仪可以为一些简单的设计提供便利，但由逻辑转换仪得到的逻辑电路，其中的元件都是虚拟元件，缺少元件封装等一些重要属性；而且应对较复杂的设计，其自动绘制的电路往往不能令人满意，还需要手动补充电源、开关等元件才能仿真，所以大部分时候还是手动绘制逻辑电路。

手动绘制组合逻辑电路普通原理图的绘制步骤也是在元件库中找到所需的实际元件，放置在仿真工作区中，布局、连线、仿真，这里就不再赘述了。

4.3.3 常用组合逻辑电路部件功能测试仿真实验

1. 编码器逻辑功能仿真实验

常用的编码器可分为普通编码器和优先编码器两类。普通编码器任何时刻只允许输入一个编码信号，否则输出将会出现逻辑混乱，因此输入信号间是相互排斥的。优先编码器则不同，允许多个信号同时输入，电路会依照优先级对其中优先级最高的信号进行编码，无视优先级别低的信号。至于优先级别的高低则完全由设计人员根据实际情况所需来决定。这里以常用的集成 8 线-3 线优先编码器为例，测试编码器的逻辑功能。

(1) 按下快捷键 Ctrl＋W 调出放置元件对话框，在弹出对话框中的 Group 栏中选择 TTL，Family 栏中选取 74LS 系列，并在 Component 栏中找到“74LS148D”并选中，这就是所需的 8 线-3 线优先编码器，如图 4.3.6 所示。单击“OK”，将 74LS148D 放置在仿真工作区中。如对引脚不了解，可双击“74LS148D”，在弹出的属性对话框中单击右下角的“Info”(帮助信息)按钮，调出 74LS148D 的全功能表，如图 4.3.7 所示。

(2) 在工作区中放置 8 个单刀双掷开关“SPDT”，然后分别将它们的控制键“Key”设置为 A～H，再放置 3 个逻辑指示灯。

(3) 搭接编码器仿真实验电路并打开仿真开关进行仿真，如图 4.3.8 所示。此时同时有 J2(D1 即$\overline{I}_1$)、J6(D5 即$\overline{I}_5$)、J7(D6 即$\overline{I}_6$)3 个有效输入信号，其中 J7(D6 即$\overline{I}_6$)的优先级最高，因此输出为 J7(D6 即$\overline{I}_6$)的反码“**001**”，通过仿真可以观测输出指示灯的发光情况，正好是高位的两个指示灯未亮，表示最高位和次高位输出低电平，而最低位的指示灯发亮表示输出高电平，正好符合优先编码器的逻辑功能。

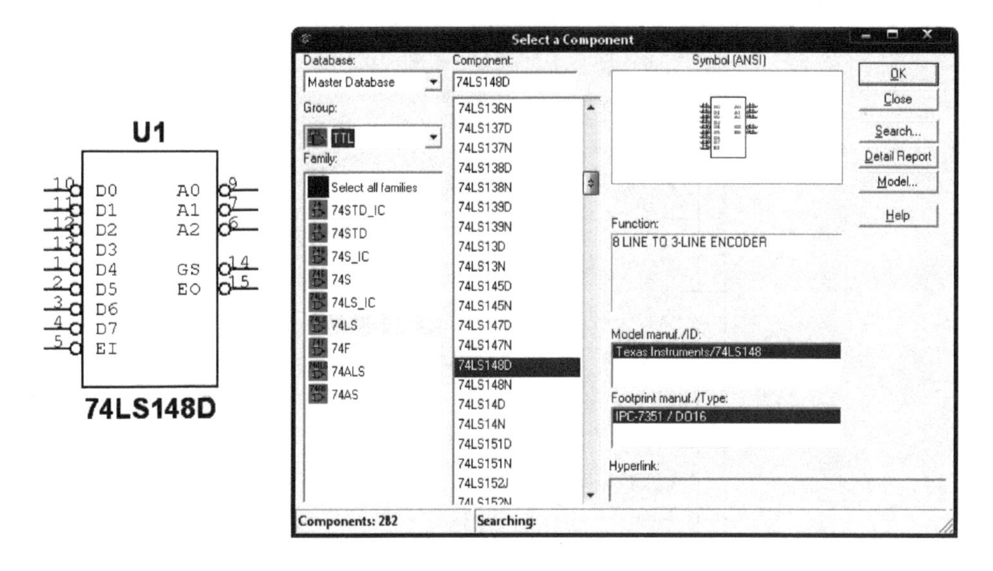

图 4.3.6 放置 74LS148D 对话框

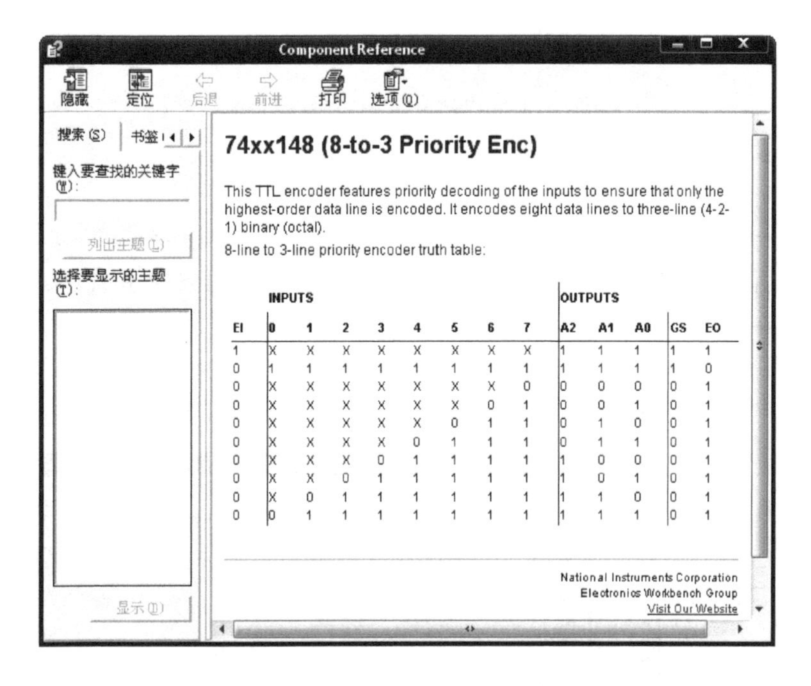

INPUTS									OUTPUTS				
EI	0	1	2	3	4	5	6	7	A2	A1	A0	GS	EO
1	X	X	X	X	X	X	X	X	1	1	1	1	1
0	1	1	1	1	1	1	1	1	1	1	1	1	0
0	X	X	X	X	X	X	X	0	0	0	0	0	1
0	X	X	X	X	X	X	0	1	0	0	1	0	1
0	X	X	X	X	X	0	1	1	0	1	0	0	1
0	X	X	X	X	0	1	1	1	0	1	1	0	1
0	X	X	X	0	1	1	1	1	1	0	0	0	1
0	X	X	0	1	1	1	1	1	1	0	1	0	1
0	X	0	1	1	1	1	1	1	1	1	0	0	1
0	0	1	1	1	1	1	1	1	1	1	1	0	1

图 4.3.7 74LS148D 功能表帮助信息

2. 译码器逻辑功能仿真实验

译码是编码的逆过程，译码器是将输入的具有特定含义的二进制代码翻译、转换成对应的控制信号的一种逻辑电路部件。常用的译码器主要有二进制线译码器和显示译码器两类。二进制线译码器是将输入的代码转换成与之一一对应的有效信号，而显示译码器则是将表示数字、文字和符号的二进制编码通过译码器译出，并通过显示器件显示成十进制数字或其他符号，以便直观观察或读取，这类译码器译出的信号要能和具体显示器件配合，或能直接驱动显示器。

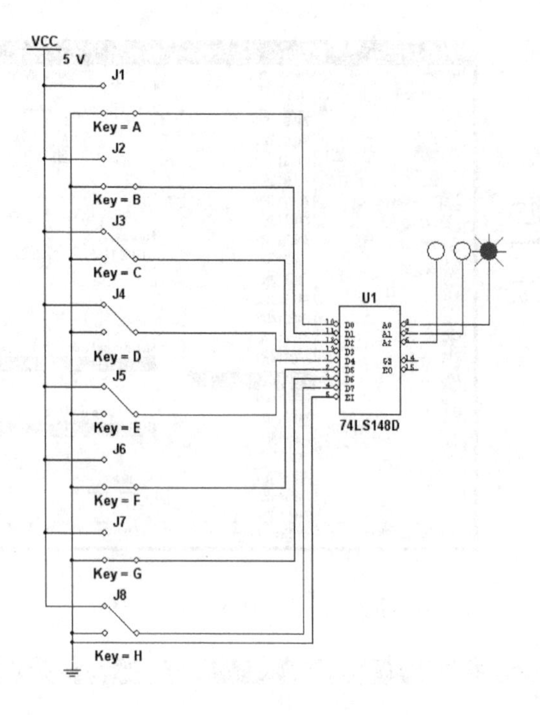

图 4.3.8　74LS148D 仿真实验电路

(1) 3 线-8 线译码器 74LS138D 的逻辑功能仿真实验

① 功能仿真

按下快捷键 Ctrl＋W 调出放置元件对话框，在弹出对话框中的 Group 栏中选择 TTL，Family 栏中选取 74LS 系列，并在 Component 栏中找到“74LS138D”并选中，这就是所需的 3 线-8 线译码器，如图 4.3.9 所示。单击“OK”，将 74LS138D 放置在仿真工作区中。若对引脚不了解，可双击“74LS138D”，在弹出的属性对话框中单击右下角的“Info”（帮助信息）按钮，调出 74LS138D 的全功能表，如图 4.3.10 所示。

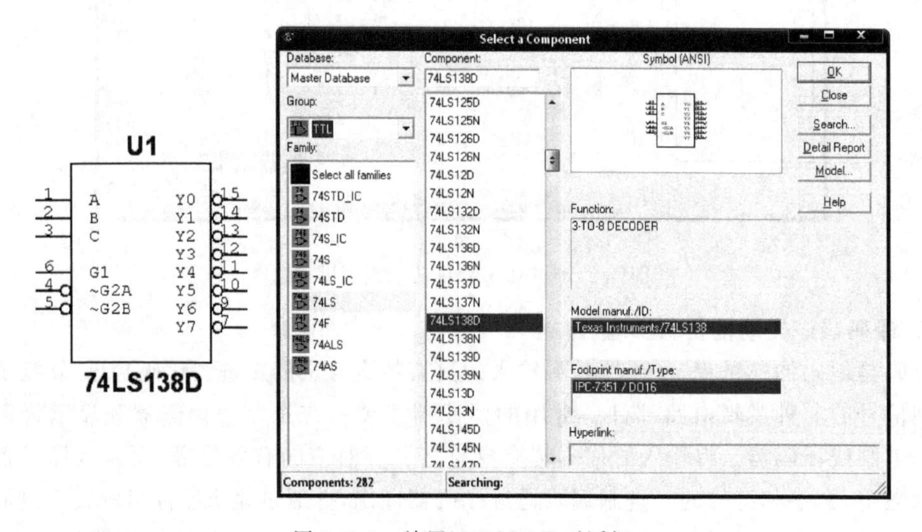

图 4.3.9　放置 74LS138D 对话框

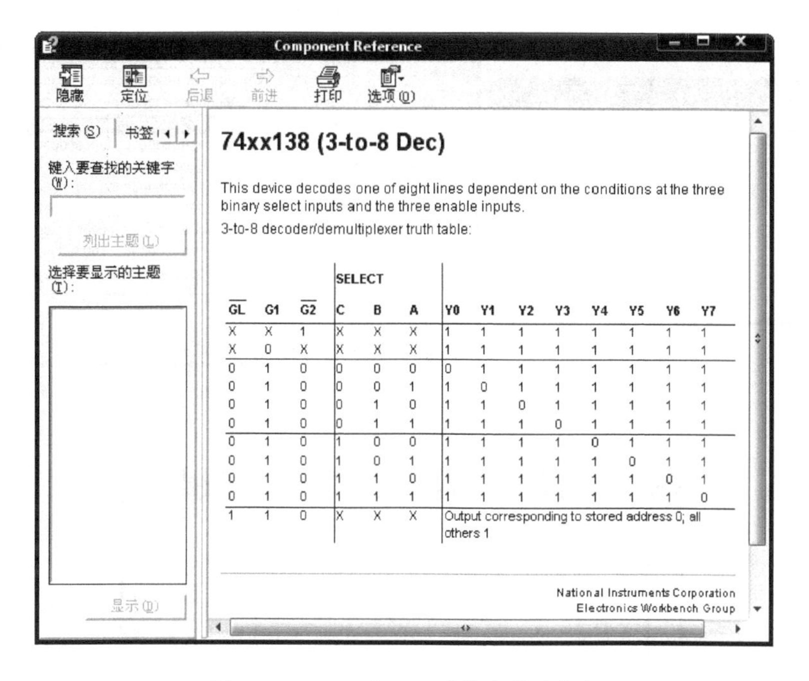

Component Reference

隐藏　定位　后退　前进　打印　选项(O)

搜索(S)　书签

键入要查找的关键字(W):

列出主题(L)

选择要显示的主题(T):

显示(D)

74xx138 (3-to-8 Dec)

This device decodes one of eight lines dependent on the conditions at the three binary select inputs and the three enable inputs.

3-to-8 decoder/demultiplexer truth table:

			SELECT										
$\overline{GL}$	G1	$\overline{G2}$	C	B	A	Y0	Y1	Y2	Y3	Y4	Y5	Y6	Y7
X	X	1	X	X	X	1	1	1	1	1	1	1	1
X	0	X	X	X	X	1	1	1	1	1	1	1	1
0	1	0	0	0	0	0	1	1	1	1	1	1	1
0	1	0	0	0	1	1	0	1	1	1	1	1	1
0	1	0	0	1	0	1	1	0	1	1	1	1	1
0	1	0	0	1	1	1	1	1	0	1	1	1	1
0	1	0	1	0	0	1	1	1	1	0	1	1	1
0	1	0	1	0	1	1	1	1	1	1	0	1	1
0	1	0	1	1	0	1	1	1	1	1	1	0	1
0	1	0	1	1	1	1	1	1	1	1	1	1	0
1	1	0	X	X	X	Output corresponding to stored address 0; all others 1							

National Instruments Corporation
Electronics Workbench Group

图 4.3.10　74LS138D 功能表帮助信息

3 线-8 线译码器 74LS138D 有 3 个使能输入端，只有当 $G_1=\mathbf{1}$、$G'_{2A}=G'_{2B}=\mathbf{0}$ 时，译码器才处于工作状态，否则译码器被禁止，所有输出端均被封锁为高电平(正常工作，输出低电平有效)。

在仿真工作区搭建仿真电路，如图 4.3.11 所示。输入信号的 3 位二进制代码由数字信号发生器产生，输入、输出信号波形用逻辑分析仪显示。

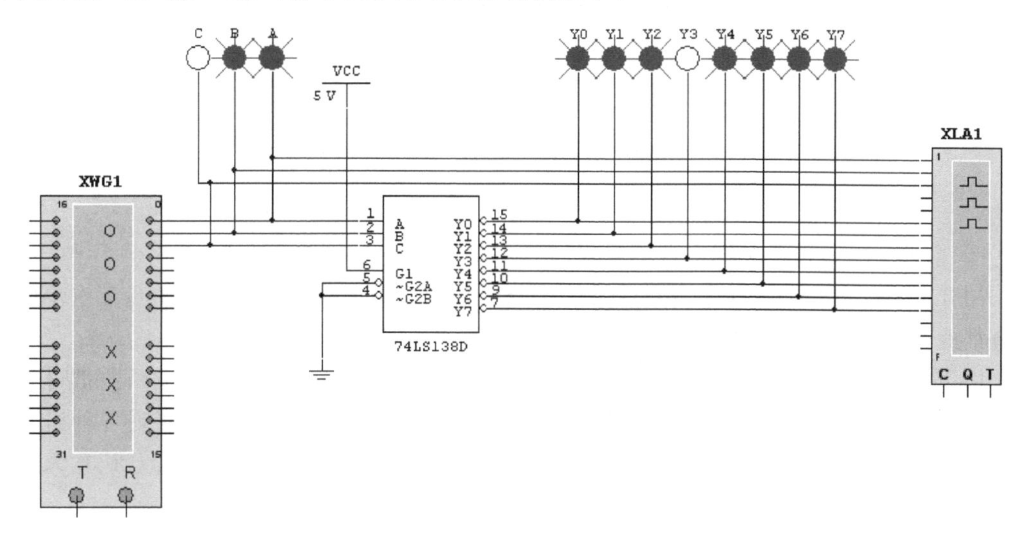

图 4.3.11　3 线-8 线译码器 74LS138D 仿真电路

双击数字信号发生器，单击控制面板上“SET”设置按钮，打开设置对话框，如图4.3.12 所示，选择 Up counter(递增编码方式)，再单击“Accept”按钮；双击逻辑分析仪图标打开逻辑分析仪面板，即可观测到输入、输出信号的对应波形，如图 4.3.13 所示。

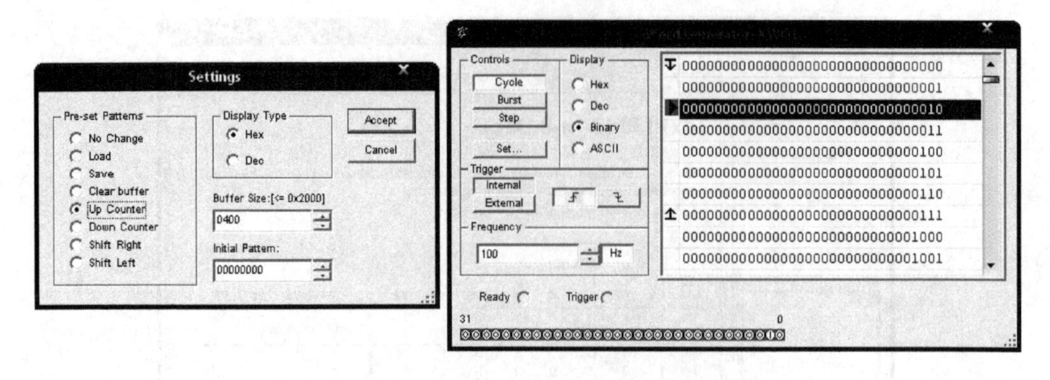

图 4.3.12　数字信号发生器的设置

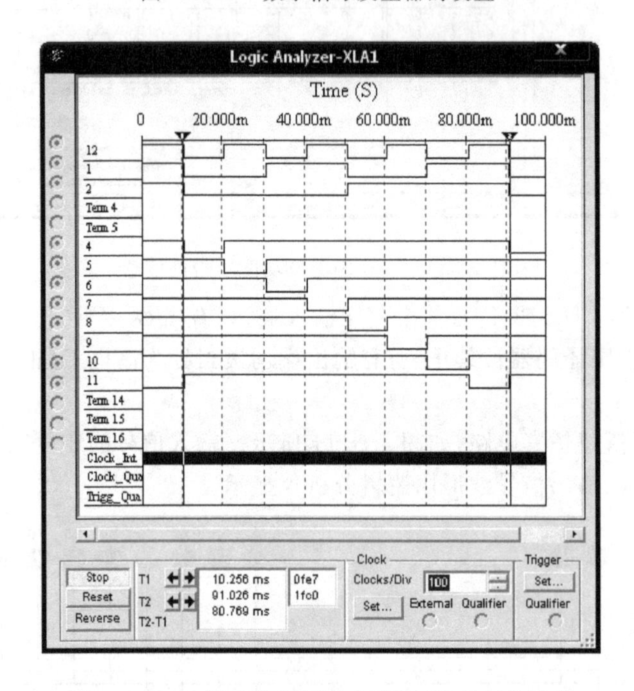

图 4.3.13　3 线-8 线译码器 74LS138D 的工作波形

② 二进制线译码器实现组合逻辑设计

用 3 线-8 线译码器 74LS138D 设计一个路灯控制逻辑电路，要求在 A、B、C 三个不同的地方都能独立地控制路灯的开和关。

由于译码器的每一输出量都对应于一个输入变量的最小项，而一般逻辑函数都可以表示为一个最小项之和的**与或**表达式，因此利用译码器和门电路的组合可以实现各种组合逻辑函数的设计。但要注意的是，使用集成译码器实现组合逻辑函数，必须选择代码输入端数与组合逻辑函数的变量数相同的译码器。

用译码器设计组合逻辑电路的一般方法是：

a. 列出要设计组合逻辑电路的逻辑函数最小项**与或**表达式；

b. 确定译码器的输入变量，并用译码器的输出信号表示所要设计的组合逻辑电路的逻辑函数；

c. 按照译码器输出信号表示的所要设计的组合逻辑电路的逻辑函数表达式画出逻辑电路图。

根据设计要求，设输入变量 A、B、C 为三个不同地方的开关信号，接通为 **1**，断开为 **0**；路灯 F 为输出变量，开亮为 **1**，关灭为 **0**；初始状态为 $A=B=C=0$、$F=\mathbf{0}$，在此基础上，只要有一个开关改变状态，路灯的开关状态就会改变。据此，可列路灯与输入开关信号的真值表。

调出逻辑转换仪，在真值表区列出真值表并按下“由真值表转换为函数表达式”按钮，在控制面板底部逻辑函数表达式栏内即可获得所求的逻辑函数表达式，如图 4.3.14 所示。

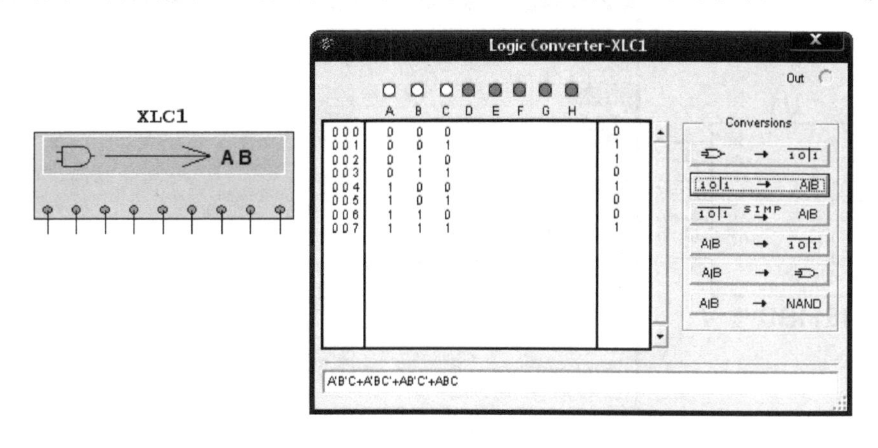

图 4.3.14　三地路灯控制电路真值表与逻辑函数表达式

3 线-8 线译码器 74LS138D 有 3 个代码输入端 A_2、A_1、A_0，3 个使能控制输入端，只有当 $G_1=\mathbf{1}$、$G'_{2A}=G'_{2B}=\mathbf{0}$ 时，译码器才处于工作状态。为此根据设计要求赋值：

$$A_2=A、A_1=B、A_0=C$$

由 3 线-8 线译码器 74LS138D 工作状态时（输出低电平有效）的逻辑函数表达式：

$$Y_0=\overline{\overline{A_2}\,\overline{A_1}\,\overline{A_0}}\quad Y_1=\overline{\overline{A_2}\,\overline{A_1}A_0}\quad Y_2=\overline{\overline{A_2}A_1\overline{A_0}}\quad Y_3=\overline{\overline{A_2}A_1A_0}$$

$$Y_4=\overline{A_2\overline{A_1}\,\overline{A_0}}\quad Y_5=\overline{A_2\overline{A_1}A_0}\quad Y_6=\overline{A_2A_1\overline{A_0}}\quad Y_7=\overline{A_2A_1A_0}$$

可知要设计的路灯信号：

$$F=\overline{Y}_1+\overline{Y}_2+\overline{Y}_4+\overline{Y}_7=\overline{Y_1Y_2Y_4Y_7}$$

放置 3 线-8 线译码器 74LS138D 在仿真工作区并搭建实验电路，如图 4.3.15 所示。

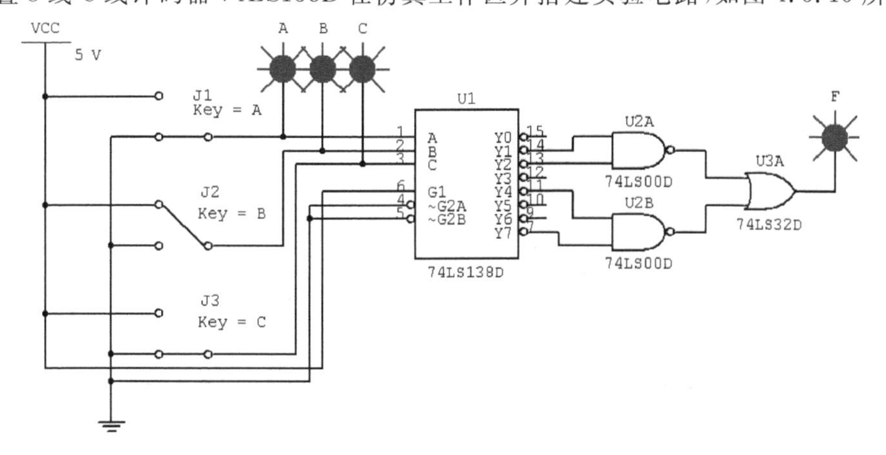

图 4.3.15　三控路灯仿真实验电路

(2) 七段码显示译码器 4511BD 的逻辑功能仿真实验

使用快捷键 Ctrl＋W 调出放置元件对话框，在弹出对话框中的 Group 栏中选择 CMOS，Family 栏中选取 CMOS_5V 系列，并在 Component 栏中找到"4511BD_5V"并选中，这就是所需的七段码显示译码器，如图 4.3.16 所示。单击"OK"，将 4511BD 放置在仿真工作区中。若对引脚不了解，可双击"4511BD"，在弹出的属性对话框中单击右下角的"Info"(帮助信息)按钮，调出 4511BD 的全功能表，如图 4.3.17 所示。

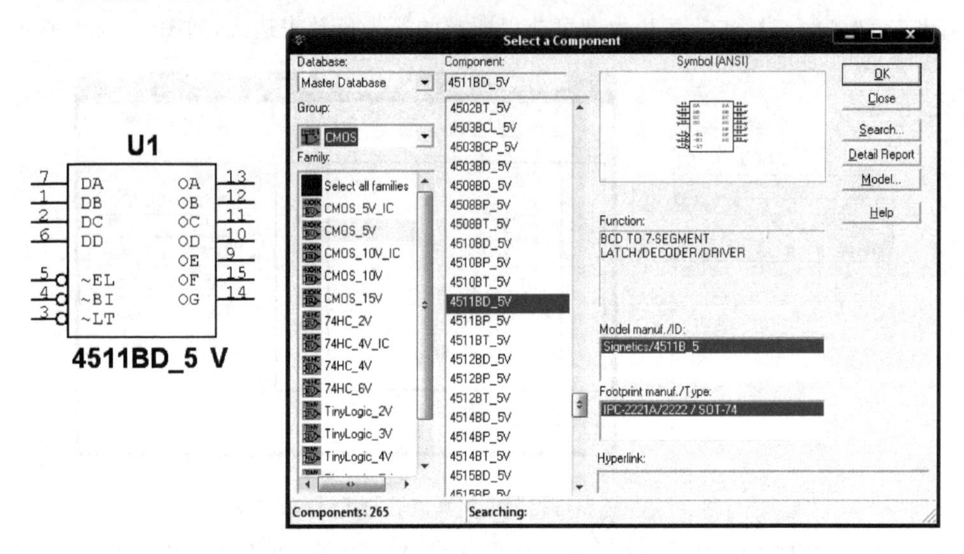

图 4.3.16　放置 4511BD 对话框

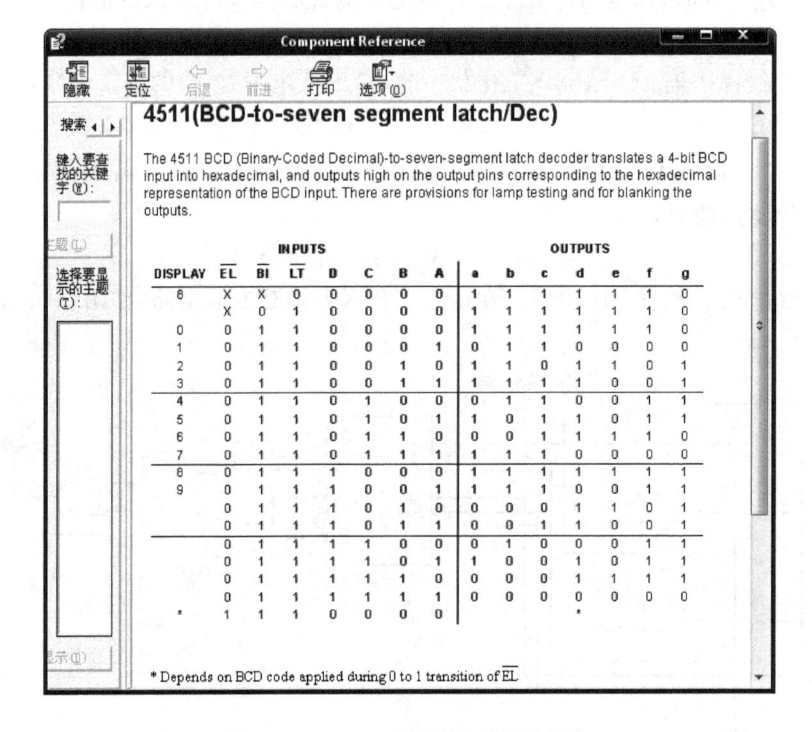

Component Reference

4511(BCD-to-seven segment latch/Dec)

The 4511 BCD (Binary-Coded Decimal)-to-seven-segment latch decoder translates a 4-bit BCD input into hexadecimal, and outputs high on the output pins corresponding to the hexadecimal representation of the BCD input. There are provisions for lamp testing and for blanking the outputs.

	INPUTS							OUTPUTS						
DISPLAY	$\overline{EL}$	$\overline{BI}$	$\overline{LT}$	D	C	B	A	a	b	c	d	e	f	g
8	X	X	0	0	0	0	0	1	1	1	1	1	1	0
	X	0	1	0	0	0	0	1	1	1	1	1	1	0
0	0	1	1	0	0	0	0	1	1	1	1	1	1	0
1	0	1	1	0	0	0	1	0	1	1	0	0	0	0
2	0	1	1	0	0	1	0	1	1	0	1	1	0	1
3	0	1	1	0	0	1	1	1	1	1	1	0	0	1
4	0	1	1	0	1	0	0	0	1	1	0	0	1	1
5	0	1	1	0	1	0	1	1	0	1	1	0	1	1
6	0	1	1	0	1	1	0	0	0	1	1	1	1	0
7	0	1	1	0	1	1	1	1	1	1	0	0	0	0
8	0	1	1	1	0	0	0	1	1	1	1	1	1	1
9	0	1	1	1	0	0	1	1	1	1	0	0	1	1
	0	1	1	1	0	1	0	0	0	0	1	1	0	1
	0	1	1	1	0	1	1	0	0	1	1	0	0	1
	0	1	1	1	1	0	0	0	1	0	0	0	1	1
	0	1	1	1	1	0	1	1	0	0	1	0	1	1
	0	1	1	1	1	1	0	0	0	0	1	1	1	1
	0	1	1	1	1	1	1	0	0	0	0	0	0	0
*	1	1	1	0	0	0	0				*			

* Depends on BCD code applied during 0 to 1 transition of $\overline{EL}$

图 4.3.17　4511BD 功能表帮助信息

七段译码器 4511 输入信号的 4 位二进制代码由数字信号发生器产生，输出信号低电平有效连接到共阴极七段显示器上，为便于观测，输入、输出信号同时都接有逻辑探测器批示灯泡。按照使用要求，七段译码器工作时，应使 LT＝BI＝**1**，EL＝**0**。双击数字信号发生器图标，在打开的控制面板上单击“SET”（设置）按钮，打开设置对话框，如图 4.3.18 所示，选择 Up counter（递增编码方式），再单击“Accept”按钮。

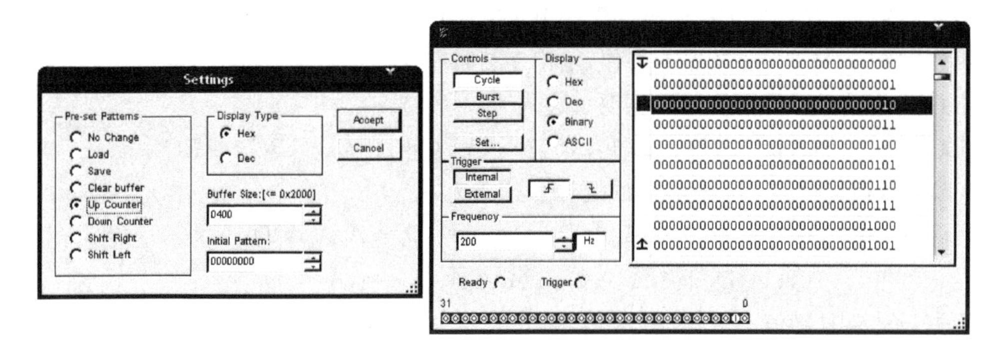

图 4.3.18　数字信号发生器的设置

在仿真工作区搭建仿真电路，如图 4.3.19 所示。打开仿真开关并观测逻辑指示灯和数码管的显示状态，还可以将数字信号发生器换成开关控制进行仿真。

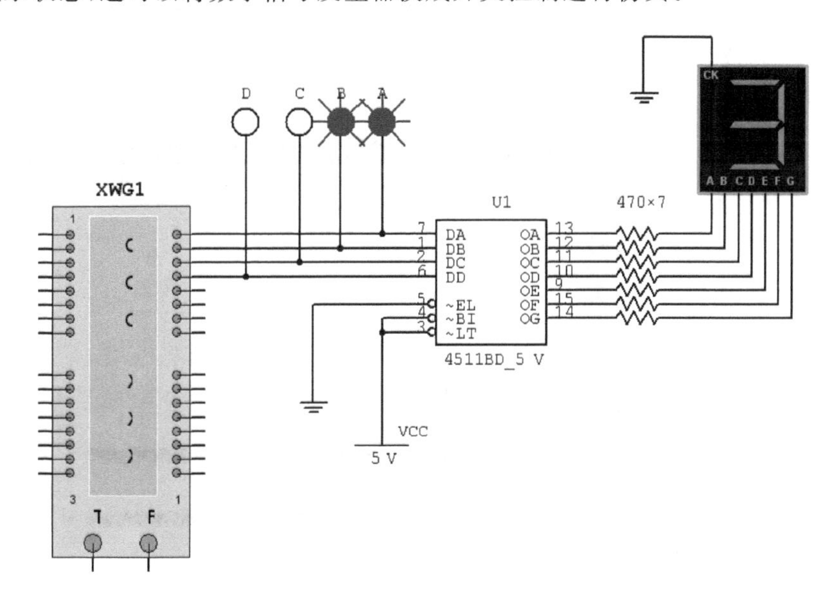

图 4.3.19　七段译码器 4511BD_5 V 仿真电路

3. 数据选择器逻辑功能仿真实验

数据选择器是能从多路输入数据中，根据地址控制信号，选择其中一路送到数据总线上进行传送的逻辑部件。

用 8 选 1 数据选择器 74LS151D 实现下列逻辑函数：

$$F(A,B,C)=\sum m(1,2,5,7)$$

用数据选择器实现组合逻辑函数的方法一般是：

① 将要实现的逻辑函数化为最小项的表达式；

② 以最小项因子作为数据选择器的地址控制信号；

③ 将要实现的逻辑函数表达式中已存在最小项 m_i 相对应的数据输入端 D_i 赋值为 **1**，将函数表达式中不存在的最小项相对应的数据输入端赋值为 **0**。

8 选 1 数据选择器 74LS151D 有 3 个地址输入端 C、B、A，可选择 $D_7 \sim D_0$ 8 路输入数据中的一路输出；有 2 个互补输出端 Y 和 $\overline{W}$；有一个控制端 $G'(\overline{\mathrm{ST}})$，当 $G'=\mathbf{0}$ 时，选择器最正常工作，当 $G'=\mathbf{1}$ 时，选择器不工作，输出 $Y=\mathbf{0}$。

本设计要实现逻辑函数的最小项表达式为

$$F(A,B,C)=\sum m(1,2,5,7)=\overline{A}\,\overline{B}C+\overline{A}B\overline{C}+A\overline{B}C+ABC$$

8 选 1 数据选择器 74LS151D 的逻辑表达式为

$$\begin{aligned}Y=&\overline{A}_2\overline{A}_1\overline{A}_0D_0+\overline{A}_2\overline{A}_1A_0D_1+\overline{A}_2A_1\overline{A}_0D_2+\overline{A}_2A_1A_0D_3+\\&A_2\overline{A}_1\overline{A}_0D_4+A_2\overline{A}_1A_0D_5+A_2A_1\overline{A}_0D_6+A_2A_1A_0D_7\end{aligned}$$

根据设计要求赋值，令

$$A=C、B=B、C=A、D_1=D_2=D_5=D_7=1,D_0=D_3=D_4=D_6=\mathbf{0}$$

按下快捷键 Ctrl＋W 调出放置元件对话框，在弹出对话框中的 Group 栏中选择 TTL，Family 栏中选取 74LS 系列，并在 Component 栏中找到“74LS151D”并选中，这就是所需的 8 选 1 数据选择器，如图 4.3.20 所示。单击“OK”，将 74LS151D 放置在仿真工作区中。如对引脚不了解，可双击“74LS151D”，在弹出的属性对话框中单击右下角的“Info”（帮助信息）按钮，调出 74LS151D 的全功能表，如图 4.3.21 所示。

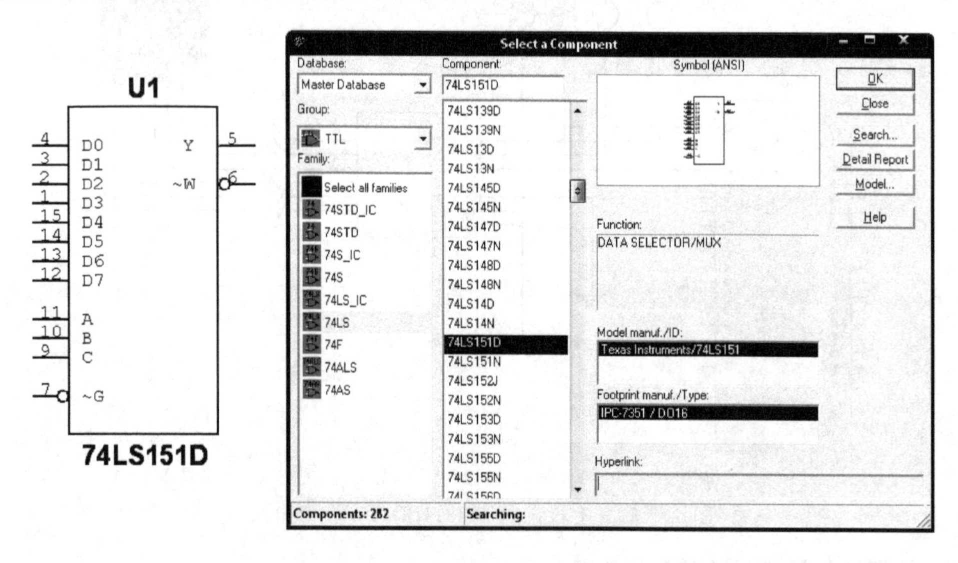

图 4.3.20　放置 74LS151D 对话框

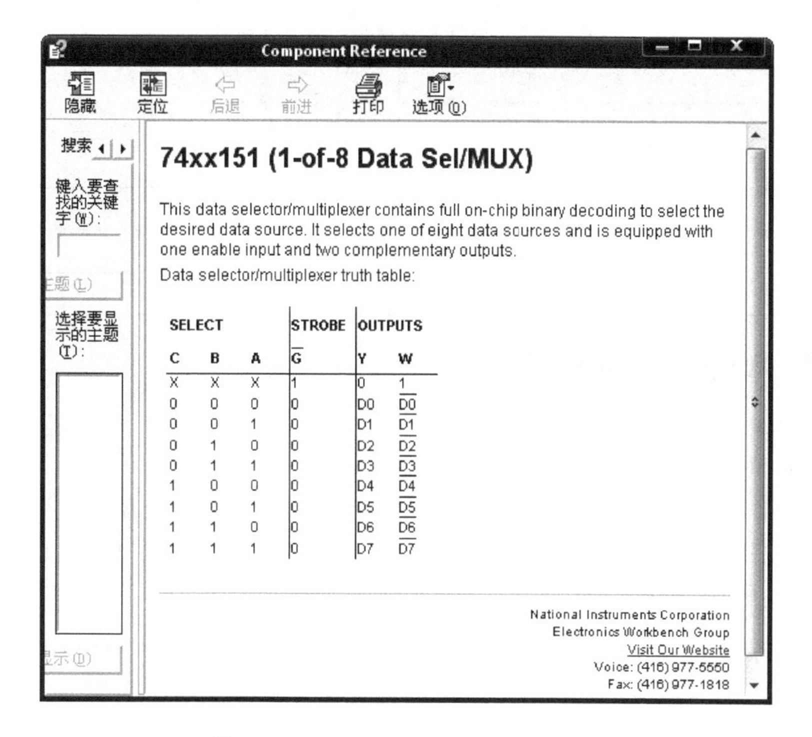

74xx151 (1-of-8 Data Sel/MUX)

This data selector/multiplexer contains full on-chip binary decoding to select the desired data source. It selects one of eight data scources and is equipped with one enable input and two complementary outputs.

Data selector/multiplexer truth table:

SELECT			STROBE	OUTPUTS	
C	B	A	$\overline{G}$	Y	W
X	X	X	1	0	1
0	0	0	0	D0	$\overline{D0}$
0	0	1	0	D1	$\overline{D1}$
0	1	0	0	D2	$\overline{D2}$
0	1	1	0	D3	$\overline{D3}$
1	0	0	0	D4	$\overline{D4}$
1	0	1	0	D5	$\overline{D5}$
1	1	0	0	D6	$\overline{D6}$
1	1	1	0	D7	$\overline{D7}$

National Instruments Corporation
Electronics Workbench Group
Visit Our Website
Voice: (416) 977-5550
Fax: (416) 977-1818

图 4.3.21　74LS151D 功能表帮助信息

放置 8 选 1 数据选择器 74LS151D 可在仿真工作区后，搭建仿真电路，如图 4.3.22 所示。

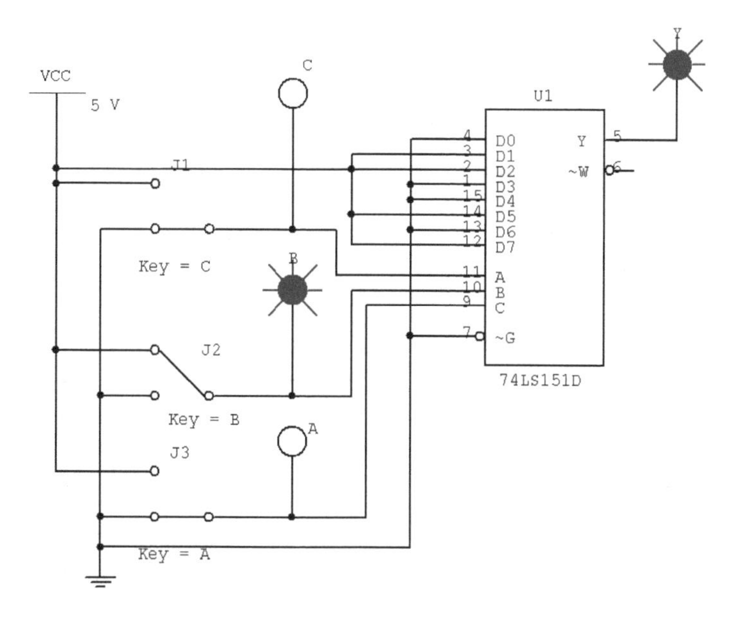

图 4.3.22　用数据选择器 74LS151D 实现逻辑函数的仿真电路

根据逻辑探测批示灯泡指示情况，可测试实验电路的逻辑功能。把仿真实验的测试结果记入表 4.3.2 中，并验证设计要求。

表 4.3.2　设计电路逻辑功能测试结果

输入			输出	输入			输出
C	*B*	*A*	*F*(*A*,*B*,*C*)	*C*	*B*	*A*	*F*
0	0	0		1	0	0	
0	0	1		1	0	1	
0	1	0		1	1	0	
0	1	1		1	1	1	

4.3.4　观察组合逻辑电路中的冒险现象

在组合逻辑电路中，由于输入信号传输到输出端路径和时间的不同(称为竞争)，在输出端可能会出现不应有的干扰脉冲(称为冒险)。

在仿真工作区搭建组合逻辑电路，如图 4.3.23 所示。其中，*A*、*B* 为信号输入端，接高电平；*C* 为时钟脉冲信号；*F* 为输出信号。用示波器观察到的有竞争冒险现象的输出信号波形如图 4.3.24 所示。

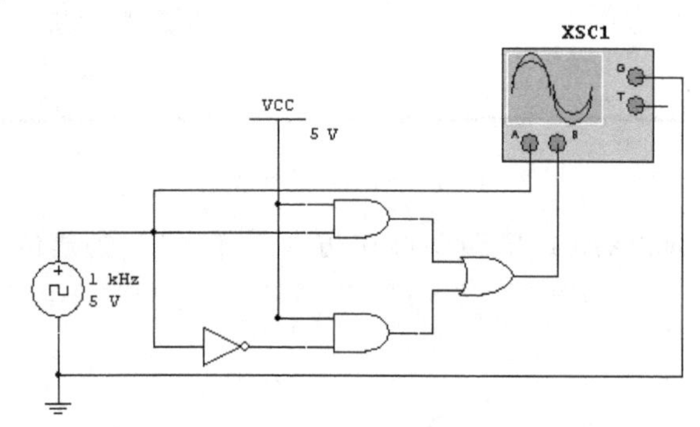

图 4.3.23　有竞争冒险现象的组合逻辑电路

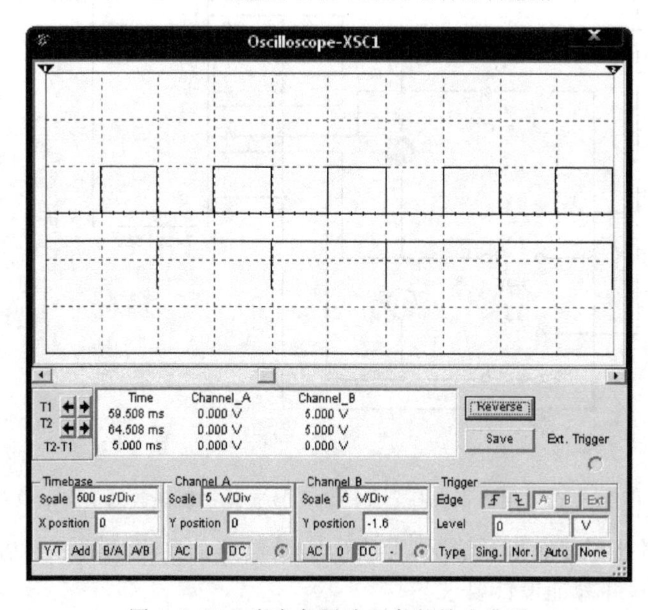

图 4.3.24　有竞争冒险现象的输出波形

从理论上说,图 4.3.23 所示电路的逻辑函数表达式为 $F=AC+B\overline{C}=\mathbf{1}$,输出信号始终为高电平,但输出波形中却出现了如图 4.3.24 所示的负向尖脉冲,这就是竞争冒险现象。

为消除竞争冒险现象所产生的负向尖脉冲信号,在改进电路中增加了冗余项 AB,如图 4.3.25 所示,这样电路的逻辑函数表达式变为 $F=AC+B\overline{C}+AB$,当 $A=B=\mathbf{1}$ 时,不论 C 如何变化,F 始终为 1,从而消除了负向尖脉冲信号,如图 4.3.26 所示。

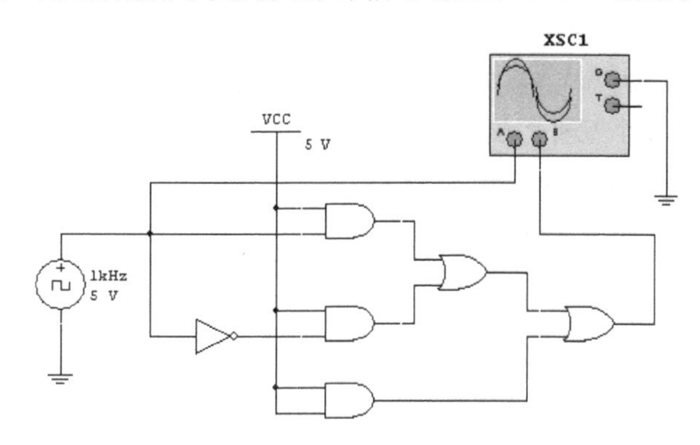

图 4.3.25　为消除竞争冒险现象的改进电路

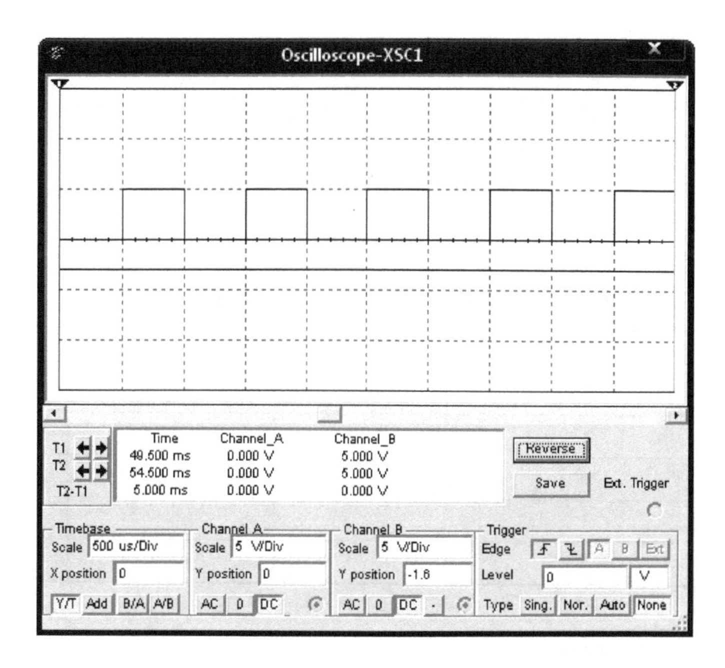

图 4.3.26　消除了竞争冒险现象的输出波形

4.4　触发器仿真实验

具有记忆功能,能够存储一位二进制数字信号的基本逻辑单元电路叫触发器,是时序逻辑电路的基本单元。它有两种稳定的工作状态,**0** 状态或 **1** 状态。当外加不同的触发信号时,可以把它置成 **1** 或 **0** 状态。根据是否有时钟脉冲信号输入,可以把触发器分为时钟触发器和基本触发器两大类。不同的触发器有不同的逻辑功能，常用的触发器有 RS 触发器、JK 触发器、D 触发器、T 触发器等。

4.4.1　*RS* 触发器逻辑功能仿真实验

1. 基本 *RS* 触发器单元仿真实验

基本 RS 触发器是最基本的二进制数存储单元。如图 4.4.1 所示的基本 RS 触发器是由两个**与非**门交叉连接组成，它有 2 个输入端$\overline{R}$端（复位端，置 **0**，低电平有效）和$\overline{S}$端（置位端，置 **1**，低电平有效）；2 个互补的输出端 Q 端（约定 Q 的状态为触发器的状态）和$\overline{Q}$端。

当$\overline{R}=\mathbf{1}$、$\overline{S}=\mathbf{0}$ 时，$Q=\mathbf{1}$；当$\overline{R}=\mathbf{0}$、$\overline{S}=\mathbf{1}$ 时，$Q=\mathbf{0}$；当$\overline{R}=\overline{S}=\mathbf{1}$ 时，Q 保持原状态不变。

如图 4.4.1 所示，在仿真工作区搭建实验电路。单击仿真开头运行动态分析，切换按键开关使$\overline{R}$、$\overline{S}$处于相应的输入状态，观察逻辑指示灯的明暗变化，把测试结果填入表 4.4.1 中，并验证基本 RS 触发器的逻辑功能。

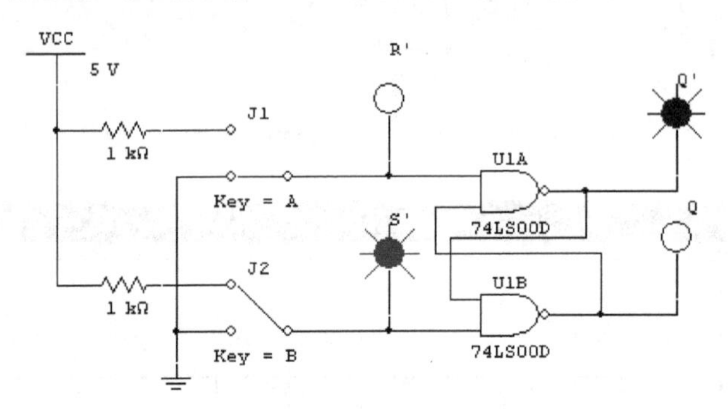

图 4.4.1　基本 RS 触发器逻辑功能测试电路

表 4.4.1　与非门组成的基本 *RS* 触发器的状态表

输入信号		输出信号		逻辑功能说明
$\overline{S}$	$\overline{R}$	Q	$\overline{Q}$	
1	1			
1	0			
0	1			
0	0			

2. 集成 RS 触发器仿真实验

74LS279D 是一种由基本 RS 触发器构成的四 RS 锁存器集成电路，其内部共集成了 4 个独立的基本 RS 触发器，其中两个和一般的基本 RS 触发器一样，另两个则都拥有两个$\overline{S}$端，可并联作为一个输入端使用。

使用快捷键 Ctrl＋W 调出放置元件对话框，在弹出对话框中的 Group 栏中选择 TTL，Family 栏中选取 74LS 系列，并在 Component 栏中找到“74LS279D”并选中，这就是所需的四 RS 锁存器，如图 4.4.2 所示。单击“OK”，将 74LS279D 放置在仿真工作区中。双击“74LS279D”，在弹出的属性对话框中单击右下角的“Info”（帮助信息）按钮，可调出 74LS279D 的全功能表，如图 4.4.3 所示。

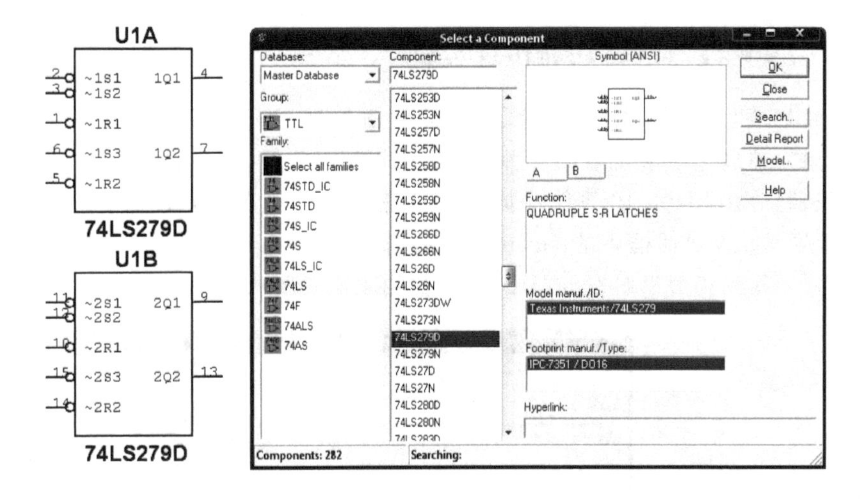

图 4.4.2 放置 74LS279D 对话框

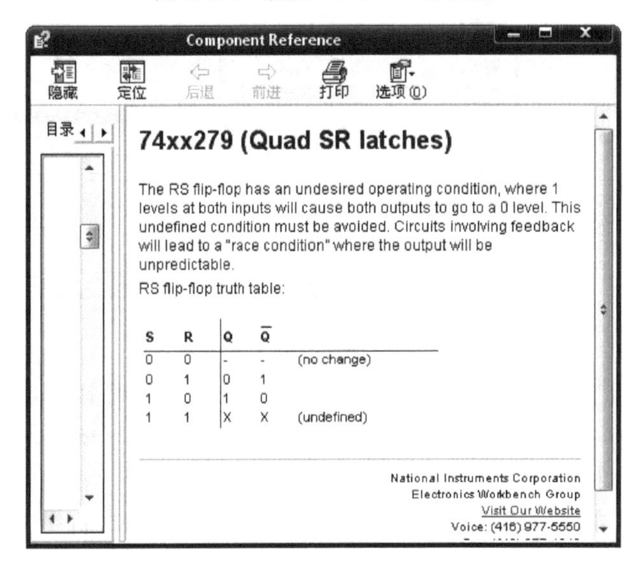

Component Reference

74xx279 (Quad SR latches)

The RS flip-flop has an undesired operating condition, where 1 levels at both inputs will cause both outputs to go to a 0 level. This undefined condition must be avoided. Circuits involving feedback will lead to a "race condition" where the output will be unpredictable.

RS flip-flop truth table:

S	R	Q	$\overline{Q}$	
0	0	-	-	(no change)
0	1	0	1	
1	0	1	0	
1	1	X	X	(undefined)

National Instruments Corporation
Electronics Workbench Group
Visit Our Website
Voice: (416) 977-5550

图 4.4.3 74LS279D 功能表帮助信息

放置四 *RS* 锁存器 74LS279D 在仿真工作区后，搭建仿真电路，如图 4.4.4 所示。观察逻辑指示灯的状态来验证其逻辑功能。

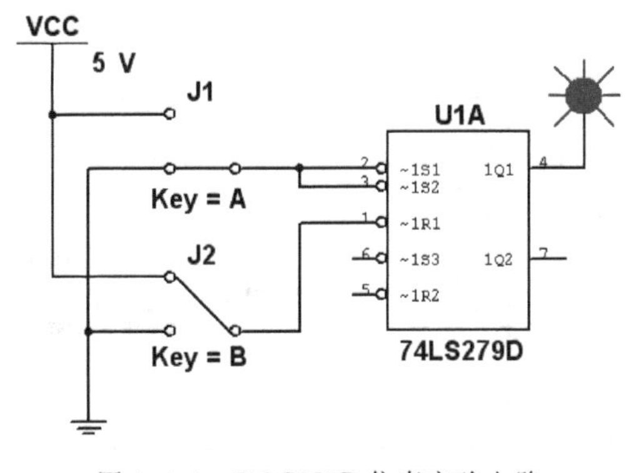

图 4.4.4 74LS279D 仿真实验电路

4.4.2 JK 触发器逻辑功能仿真实验

为提高触发器工作的可靠性，设计了靠 CP 时钟脉冲上升沿或下降沿进行触发的边沿触发器，JK 触发器属边沿触发器的一种，也是比较常用的一种触发器。

JK 触发器在 Multisim 10 系统中同样也有虚拟元件和实际元件两种。调用虚拟 JK 触发器时，在放置元件对话框中的 Group 栏中选择 Misc Digital，Family 栏中选择 TIL，在 Component 栏中找到正边沿触发的“JK_FF”，如图 4.4.5 所示。

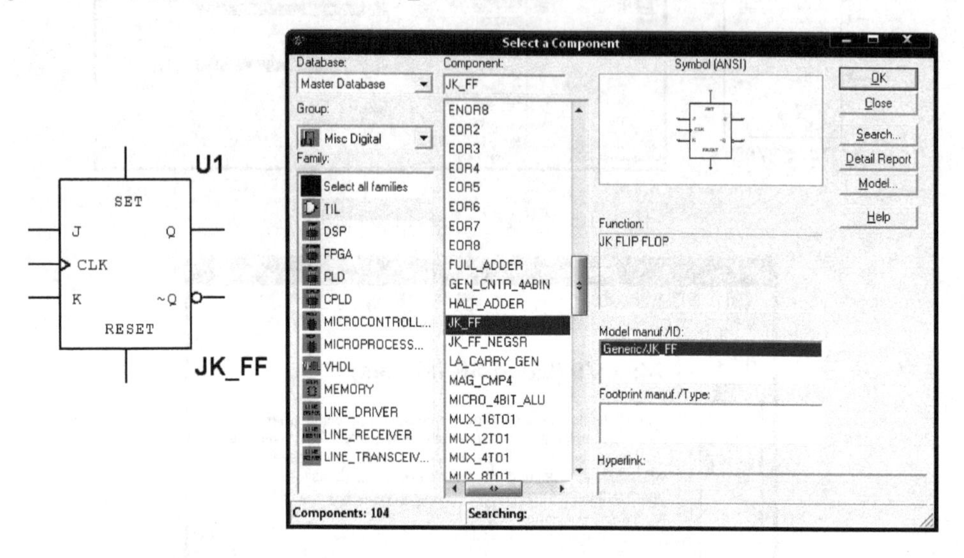

图 4.4.5 放置虚拟 JK 触发器对话框

调用实际 JK 触发器以集成双 JK 触发器 74LS112D 为例，其内部集成了两个独立的 JK 触发器单元。使用快捷键 Ctrl＋W 调出放置元件对话框，在弹出对话框中的 Group 栏中选择 TTL，Family 栏中选取 74LS 系列，并在 Component 栏中找到“74LS112D”并选中，这就是所需的双 JK 集成触发器，如图 4.4.6 所示。单击“OK”，将 74LS112D 放置在仿真工作区中。双击“74LS112D”，在弹出的属性对话框中单击右下角的“Info”（帮助信息）按钮，可调出 74LS112D 的全功能表，如图 4.4.7 所示。

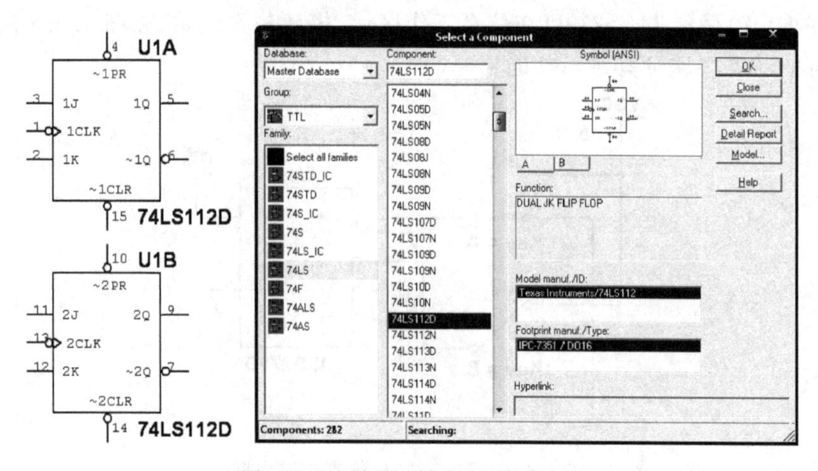

图 4.4.6 放置 74LS112D 对话框

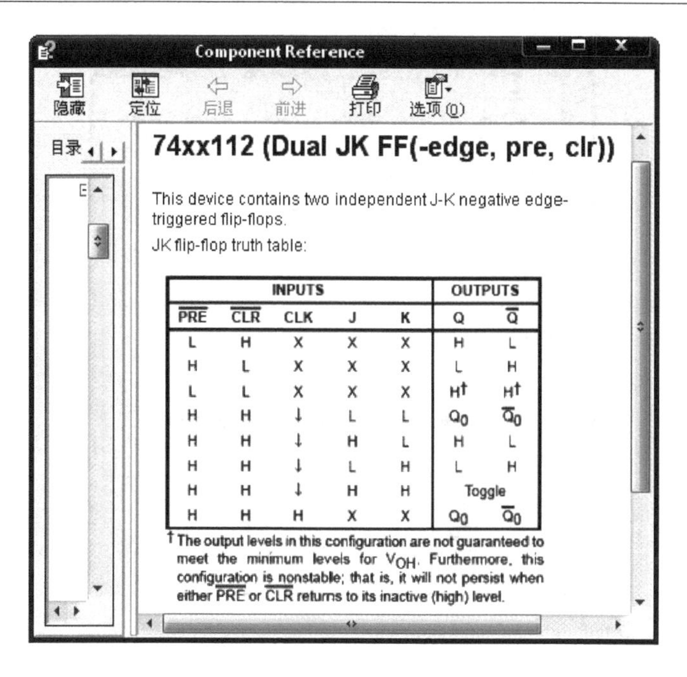
Component Reference

隐藏　定位　后退　前进　打印　选项(O)

目录

74xx112 (Dual JK FF(-edge, pre, clr))

This device contains two independent J-K negative edge-triggered flip-flops.

JK flip-flop truth table:

INPUTS					OUTPUTS	
$\overline{PRE}$	$\overline{CLR}$	CLK	J	K	Q	$\overline{Q}$
L	H	X	X	X	H	L
H	L	X	X	X	L	H
L	L	X	X	X	H†	H†
H	H	↓	L	L	Q_0	$\overline{Q}_0$
H	H	↓	H	L	H	L
H	H	↓	L	H	L	H
H	H	↓	H	H	Toggle	
H	H	H	X	X	Q_0	$\overline{Q}_0$

† The output levels in this configuration are not guaranteed to meet the minimum levels for V_{OH}. Furthermore, this configuration is nonstable; that is, it will not persist when either $\overline{PRE}$ or $\overline{CLR}$ returns to its inactive (high) level.

图 4.4.7　74LS112D 功能表帮助信息

在仿真工作区搭建仿真电路，如图 4.4.8 所示，打开仿真开关，进行仿真实验，按测试要求给触发输入端 J 和 K 置数，并观察输出端 Q 和$\overline{Q}$的状态。

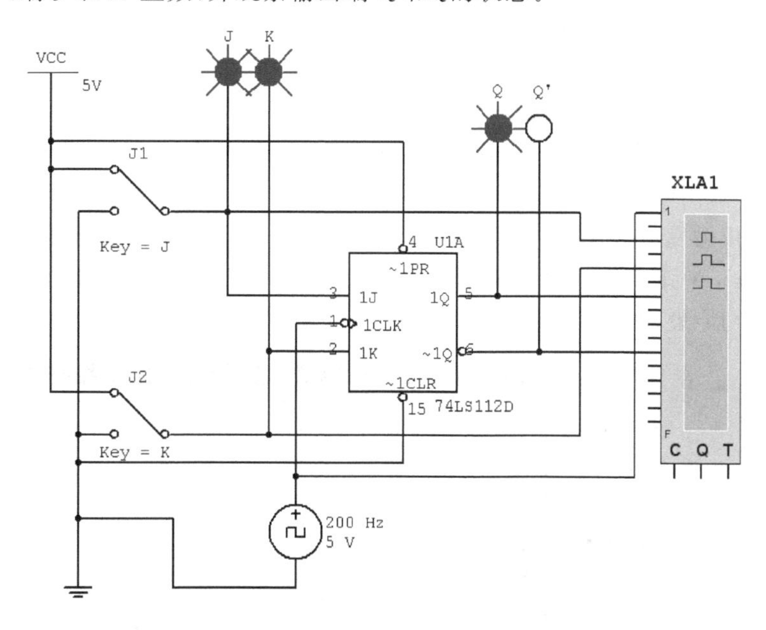

图 4.4.8　双 JK 集成触发器逻辑功能仿真实验电路

双击逻辑分析仪图标，打开逻辑分析仪表面。当 $J=K=1$ 时，可以看到上升沿触发的 JK 触发器的工作电压波形如图 4.4.9 所示。从中可以明显地看到：

① Q 和$\overline{Q}$的翻转和时钟脉冲上升沿的对应关系；

② Q 和$\overline{Q}$端之间的非逻辑关系；

③ Q 和$\overline{Q}$端与时钟脉冲信号的 2 分频关系。

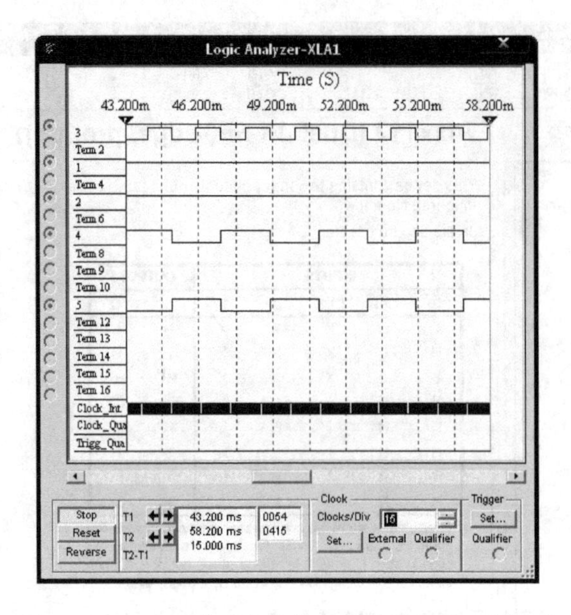

图 4.4.9　双 JK 集成触发器 $J=K=1$ 时的工作波形

4.4.3　*D* 触发器逻辑功能仿真实验

D 触发器也是一种常用的边沿触发器，在 Multisim 系统中同样也有虚拟和实际两类元件。调用虚拟 *D* 触发器的步骤与调用虚拟 *JK* 触发器一样，只是最后在 Component 栏中找到"D_FF"即可。

而调用实际 *D* 触发器以集成双 *D* 触发器 74LS74D 为例，其内部集成了两个独立的 *D* 触发器单元。使用快捷键 Ctrl＋W 调出放置元件对话框，在弹出对话框中的 Group 栏中选择 TTL，Family 栏中选取 74LS 系列，并在 Component 栏中找到"74LS74D"并选中，这就是所需的双 *D* 集成触发器，如图 4.4.10 所示。单击"OK"，将 74LS74D 放置在仿真工作区中。双击"74LS74D"，在弹出的属性对话框中单击右下角的"Info"(帮助信息)按钮，可调出 74LS74D 的全功能表，如图 4.4.11 所示。

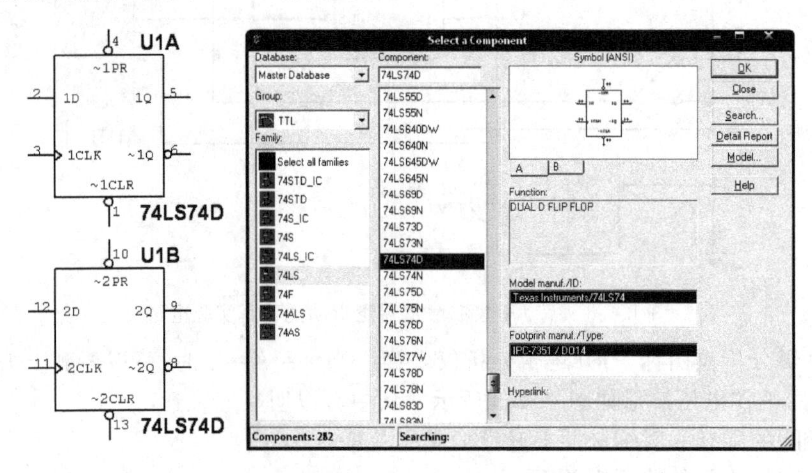

图 4.4.10　放置 74LS74D 对话框

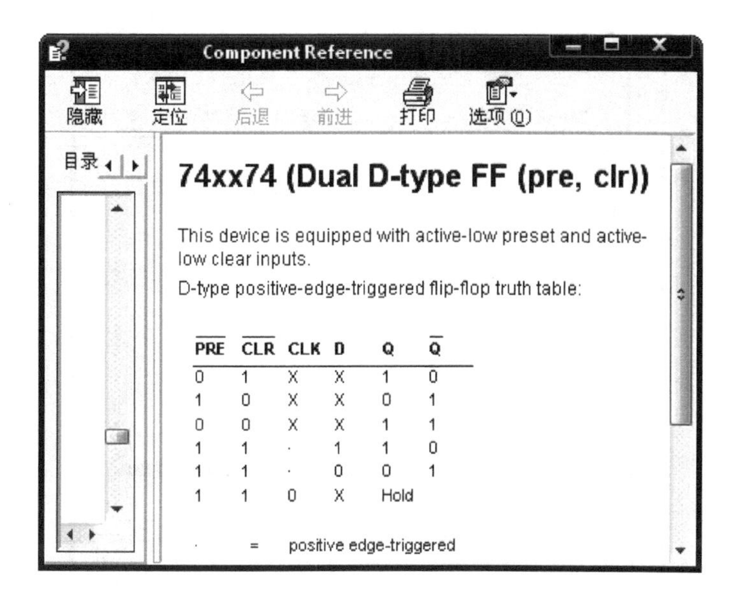

74xx74 (Dual D-type FF (pre, clr))

This device is equipped with active-low preset and active-low clear inputs.

D-type positive-edge-triggered flip-flop truth table:

$\overline{PRE}$	$\overline{CLR}$	CLK	D	Q	$\overline{Q}$
0	1	X	X	1	0
1	0	X	X	0	1
0	0	X	X	1	1
1	1	·	1	1	0
1	1	·	0	0	1
1	1	0	X	Hold	

· = positive edge-triggered

图 4.4.11　74LS74D 功能表帮助信息

在仿真工作区搭建如图 4.4.12 所示的实验电路。该实验电路 $\overline{Q}$ 端与 D 触发端相连接，在检测 D 触发器逻辑功能的同时并具有计数的功能。

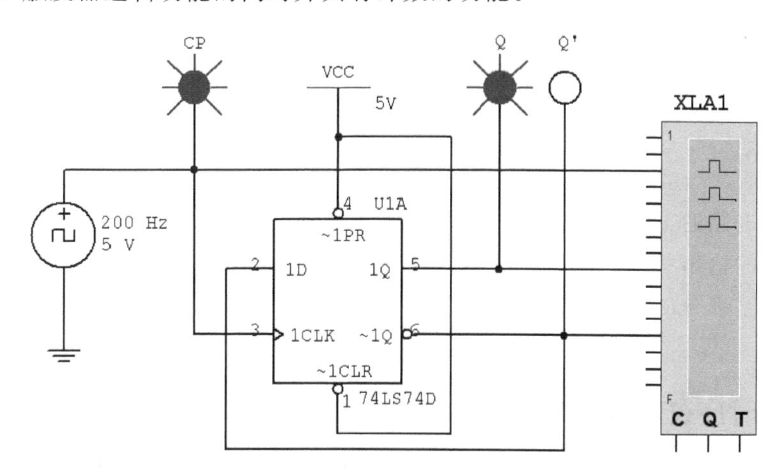

图 4.4.12　双 D 集成触发器逻辑功能仿真实验电路

双击逻辑分析仪图标，打开逻辑分析仪面板，设置合适的内部时钟信号。

进行仿真实验，可看到如图 4.4.13 所示的 D 触发器工作电压波形。从波形图中可明显地看到：

① 时钟脉冲上升沿与 Q 和$\overline{Q}$翻转的对应关系；

② D 触发器的特性方程为 $Q^{n+1}=D$；

③ Q 端输出信号与时钟脉冲信号之间的 2 分频关系。

观测逻辑指示灯和逻辑分析仪的结果，并验证 D 触发器的逻辑功能。

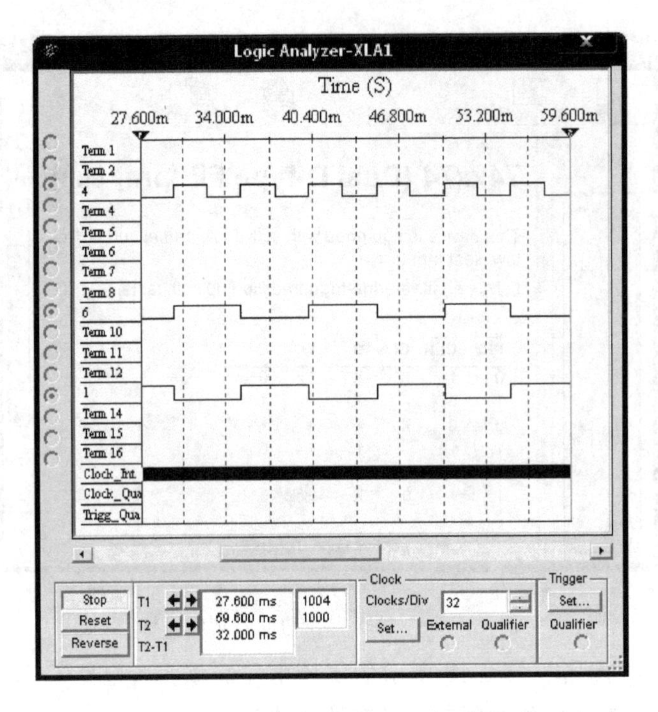

图 4.4.13　双 D 集成触发器 $D=Q'$ 时的工作波形

4.5　时序逻辑电路仿真实验

时序逻辑电路通常包含组合逻辑电路和存储电路(如触发器)两部分;时序逻辑电路中存储电路部分的输出状态必须反馈到组合逻辑电路部分的输入端,与输入信号一起共同决定组合逻辑电路部分的输出。常用的时序逻辑集成电路有寄存器、计数器和顺序脉冲发生器等。

4.5.1　时序逻辑电路分析仿真实验

时序逻辑电路的分析目的就是明了时序逻辑电路的逻辑功能,一般传统的方法是:

① 根据给定电路写出触发器的驱动方法(各触发器输入信号的逻辑函数表达式)和输出方法;

② 将驱动方法代入相应的触发器的状态方法,求出电路的状态方程;

③ 把电路的输入和现态各种取值可能代入状态方程和输出方程进行状态计算,得到相应的次态和输出;

④ 依据状态计算结果列出真值表画出时序图,从而分析逻辑功能。使用模拟仿真技术,可由给出的时序逻辑电路直接输出对应的时序图、真值表,从而明了给定时序逻辑电路的逻辑功能。

应用 Multisim 10 仿真软件可以直接给出形象的逻辑指示信号、数码显示信号、各输入输出端的波形图,可以给分析时序逻辑电路提供便利。

(1) 如图 4.5.1 所示，在仿真工作区搭建仿真电路。其中，U_0、U_1、U_2 为上升沿触发，高电平置位(复位)的虚拟 JK 触发器为“JK_FF”。首先按下开关控制键“A”，使键控切换开关 J_1 切换到低电平，使复位端“RESET”端接入低电平清零，然后将其切换到高电平，使电路进入正常工作状态。

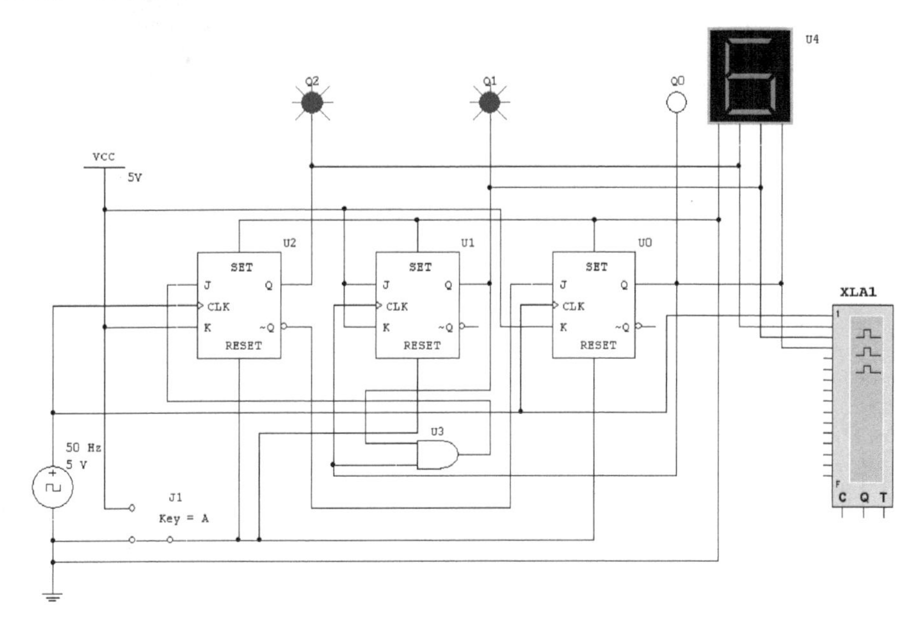

图 4.5.1　时序逻辑分析仿真实验电路

双击逻辑分析仪图标，打开逻辑分析仪面板，选择合适的 Clocks per division 参数，使计数器工作波形便于观测，如图 4.5.2 所示。观测逻辑指示灯的显示状态，七段译码显示器显示的十进制数字，以及逻辑分析仪显示的计数器输入、输出电压波形图。

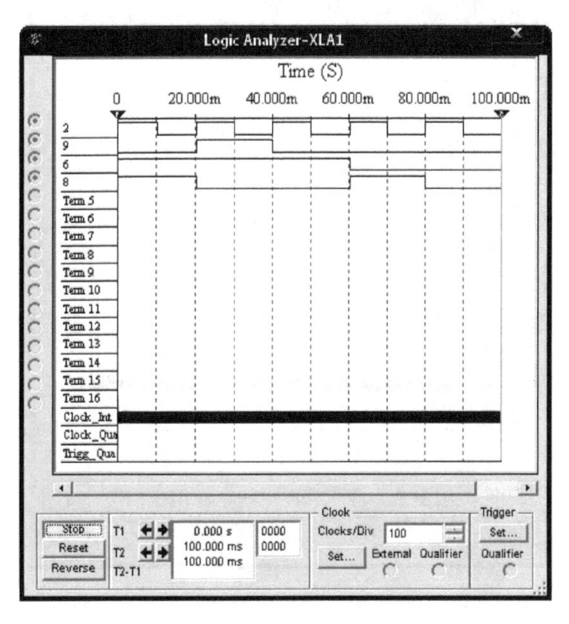

图 4.5.2　时序逻辑实验电路工作电压波形

由分析可知,图 4.5.1 所示实验电路是一个上升沿触发五进制异步计数器,按“0→3→6→2→1”的顺序循环计数。

(2) 如图 4.5.3 所示,在仿真工作区搭建仿真电路,分析其逻辑功能。

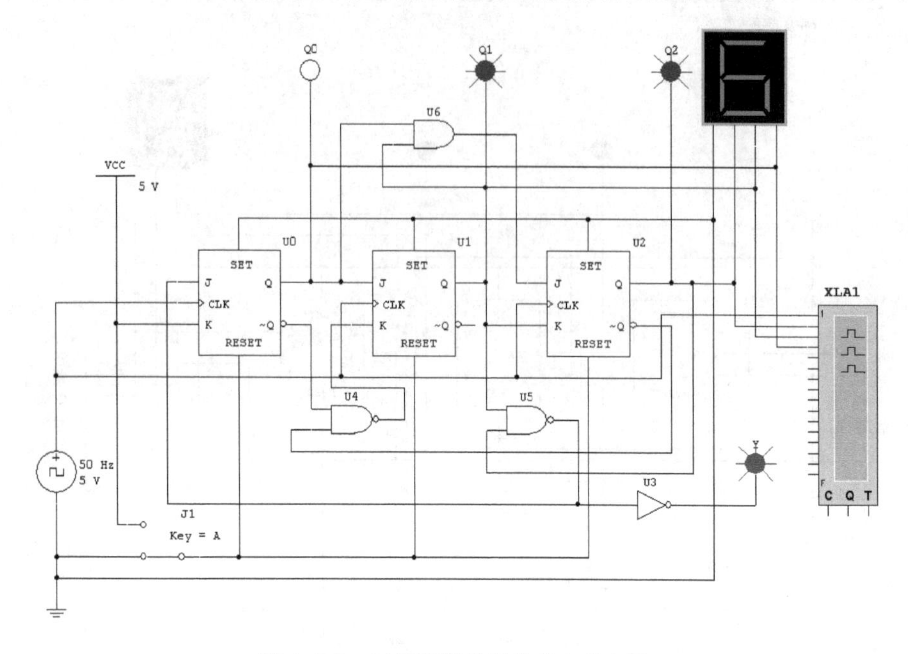

图 4.5.3 时序逻辑分析仿真实验电路

双击逻辑分析仪图标,打开逻辑分析仪面板,选择合适的参数,使计数器工作波形便于观测,如图 4.5.4 所示。观测逻辑指示灯的显示状态,七段译码显示器显示的十进制数字,以及逻辑分析仪显示的计数器输入、输出电压波形图。

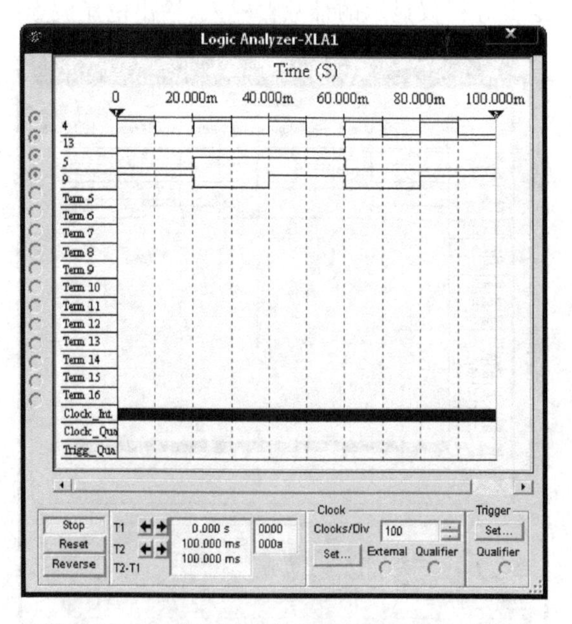

图 4.5.4 时序逻辑分析实验电路工作电压波形

由分析可知，图4.5.3所示实验电路是一个上升沿触发带进位“Y”的七进制同步加法计数器，按“0→1→2→3→4→5→6”的顺序循环计数，当计到“6”时产生进位信号，此时“Y”端输出高电平信号。

4.5.2 常用时序逻辑电路仿真实验

1. 双向移位寄存器 74*LS*194*D* 逻辑功能仿真实验

74LS194D是4位双向移位寄存器，其功能表如表4.5.1所示。

表4.5.1 双向移位寄存器74LS194D逻辑功能表

输入			输出	逻辑功能
$\overline{CLR}$	S_1	S_0	Q_D　Q_C　Q_B　Q_A	
0	X	X	**0　0　0　0**	清零
1	**0**	**0**	$Q_D^{n+1}=Q_D^n, Q_C^{n+1}=Q_C^n,\cdots$	保持当前状态
1	**0**	**1**	$Q_A^{n+1}=S_R, Q_B^{n+1}=Q_A^n,\cdots$	右移串行输入
1	**1**	**0**	$Q_D^{n+1}=S_L, Q_C^{n+1}=Q_D^n,\cdots$	左移串行输入
1	**1**	**1**	$Q_D=D, Q_C=C, Q_B=B, Q_A=A$	并行输入

从表4.5.1中可以看出：

① $\overline{CLR}$为清零端，低电平有效；$\overline{CLR}$=**1**时，允许工作。

② S_1、S_0为工作方式选择端。当S_1S_0=**00**时，寄存器保持原态，当S_1S_0=**01**时，寄存器工作在向右移位方式，在时钟脉冲CLK上升沿到来时，右移输入端SR的串行输入数据，依次右移；当S_1S_0=**10**时，工作在向左移位方式，在时钟脉冲CLK上升沿到来时，左移输入端SL的串行输入数据，依次左移；当S_1S_0=**11**时，工作在并行输入方式，在时钟脉冲CLK上升沿到来时，将A、B、C、D输入端输入的数据，经寄存器直接从并行输出端Q_A、Q_B、Q_C、Q_D输出。

从数字器件库中选出74LS194D放置在仿真工作区并搭建仿真电路，如图4.5.5所示。打开仿真开关，进行仿真实验。

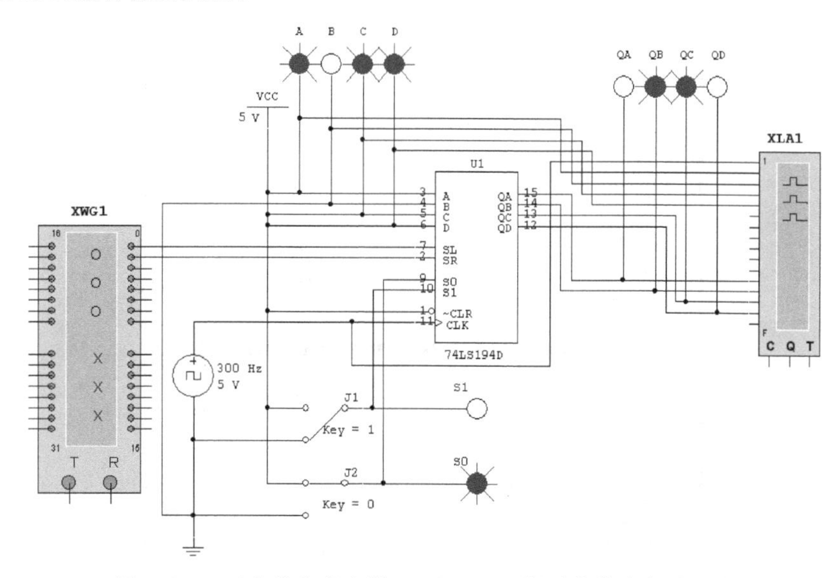

图4.5.5　双向移位寄存器74LS194D逻辑功能仿真实验电路

双击数字信号发生器图标，打开数字信号发生器面板，设置对应串行输入信号 S_R 和 S_L 代码的 4 位十六进制数码；设置输出数据的起始地址(Inital)和终止地址(Final)；设置循环(Cycle)和单帧(Burse)输出速率的输出频率(Frequency)；选择循环(Cycle)输出方式，如图 4.5.6 所示。

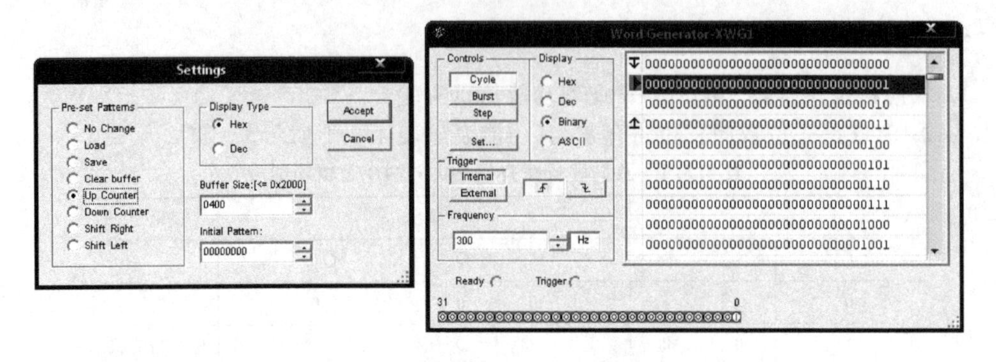

图 4.5.6 数字信号发生器控制面板

分别按下键盘[1]或[0]键，设置 S_1S_0 参数，决定双向移位寄存器的工作方式。通过观测逻辑指示灯的显示状态可以发现，当 S_1S_0 = **00** 时，寄存器输出保持原态不变，当 S_1S_0 = **01** 时，寄存器工作在向右移位方式，此时右移输入端 S_R 的串行输入数据如图 4.5.6 所示为 **“0011”**4 个数循环，所以可以观测到 4 个逻辑指示灯状态为依次向右同时点亮两盏指示灯；当 S_1S_0 = **10** 时，工作在向左移位方式，此时左移输入端 S_L 的串行输入数据如图 4.5.6 所示为 **“0101”**4 个数循环，所以可以观测到 4 个指示灯分 Q_A、Q_C 和 Q_B、Q_D 两组间隔点亮；当 S_1S_0 = **11** 时，工作在并行输入方式，可观测到并行输出端 Q_A、Q_B、Q_C、Q_D 的 4 个指示灯的状态与输入端 A、B、C、D 的 4 个指示灯的状态一一对应且完全相同。

最后打开逻辑分析仪面板观测时序图，如图 4.5.7 所示，仿真结果与工作原理完全相符。

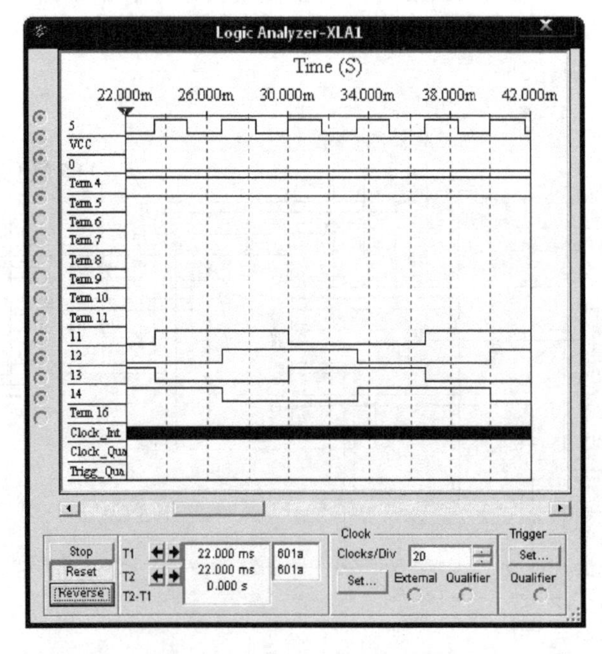

图 4.5.7 测试电路工作波形图

2. 集成计数器仿真实验

(1) 集成计数器逻辑功能仿真实验

随着计算机技术与电子技术的发展，集成芯片以其体积小、功耗低、功能全、使用方便等优点，得到广泛应用，在数字电子电路中尤其得到广泛应用，成为现代电子电器必不可少的核心器件。

以集成计数器 74LS192D 为例，测试其逻辑功能。

使用快捷键 Ctrl+W 调出放置元件对话框，在弹出对话框中的 Group 栏中选择 TTL，Family 栏中选取 74LS 系列，并在 Component 栏中找到“74LS192D”并选中，这就是所需的集成计数器，如图 4.5.8 所示。单击“OK”，将 74LS192D 放置在仿真工作区中。若对其引脚功能不清楚，双击“74LS192D”，在弹出的属性对话框中单击右下角的“Info”(帮助信息)按钮，可调出 74LS192D 的全功能表，如图 4.5.9 所示。

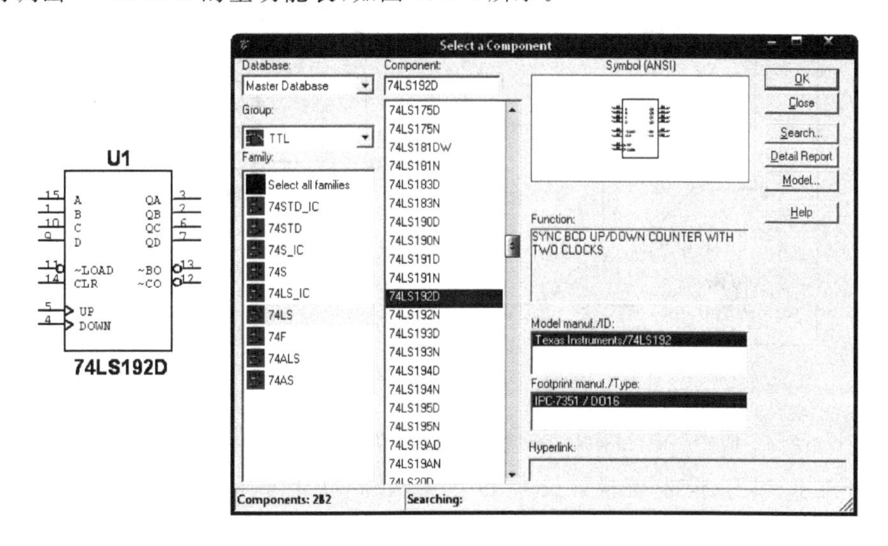

图 4.5.8　放置 74LS192D 对话框

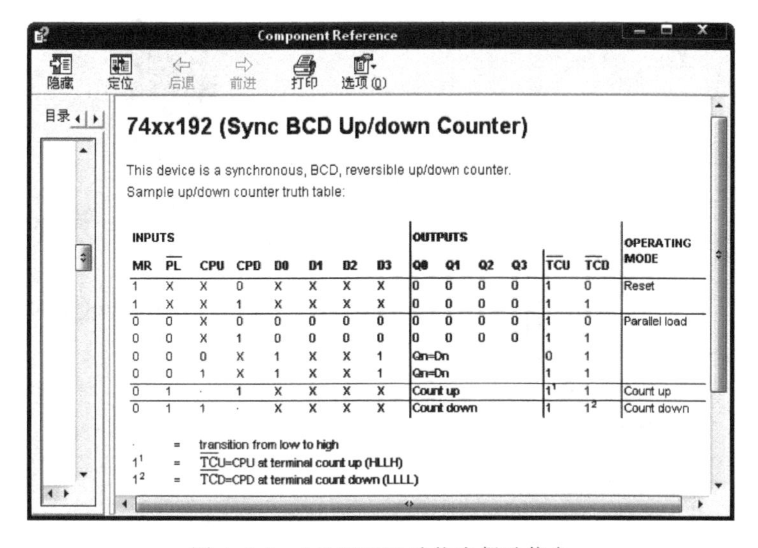

74xx192 (Sync BCD Up/down Counter)

This device is a synchronous, BCD, reversible up/down counter.

Sample up/down counter truth table:

INPUTS								OUTPUTS						OPERATING MODE
MR	$\overline{PL}$	CPU	CPD	D0	D1	D2	D3	Q0	Q1	Q2	Q3	$\overline{TCU}$	$\overline{TCD}$	
1	X	X	0	X	X	X	X	0	0	0	0	1	0	Reset
1	X	X	1	X	X	X	X	0	0	0	0	1	1	
0	0	X	0	0	0	0	0	0	0	0	0	1	0	Parallel load
0	0	X	1	0	0	0	0	0	0	0	0	1	1	
0	0	0	X	1	X	X	1	Qn=Dn				0	1	
0	0	1	X	1	X	X	1	Qn=Dn				1	1	
0	1	·	1	X	X	X	X	Count up				1^1	1	Count up
0	1	1	·	X	X	X	X	Count down				1	1^2	Count down

· = transition from low to high

1^1 = $\overline{TCU}$=CPU at terminal count up (HLLH)

1^2 = $\overline{TCD}$=CPD at terminal count down (LLLL)

图 4.5.9　74LS192D 功能表帮助信息

74LS192D 是同步十进制可逆计数器，它具有双时钟输入，并具有异步清零和置数等功能，图 4.5.5 中："～LOAD"为置数端，"UP"为加计数端，"DOWN"为减计数端，"～CO"为非同步进位输出端，"～BO"为非同步借位输出端，"A"、"B"、"C"、"D"为计数器输入端，"CLR"为清除端，"Q_A"、"Q_B"、"Q_C"、"Q_D"为数据输出端。

在仿真工作区并搭建仿真电路，调整各控制开关，使 $R=0$，"UP"接时钟脉冲，"DOWN"和"～LD"接高电平。打开仿真开关，进行仿真实验，此时计数器工作在十进制加法计数模式，由"9→0"时，"～CO"端产生进位信号，进位逻辑指示灯亮，如图 4.5.10 所示。

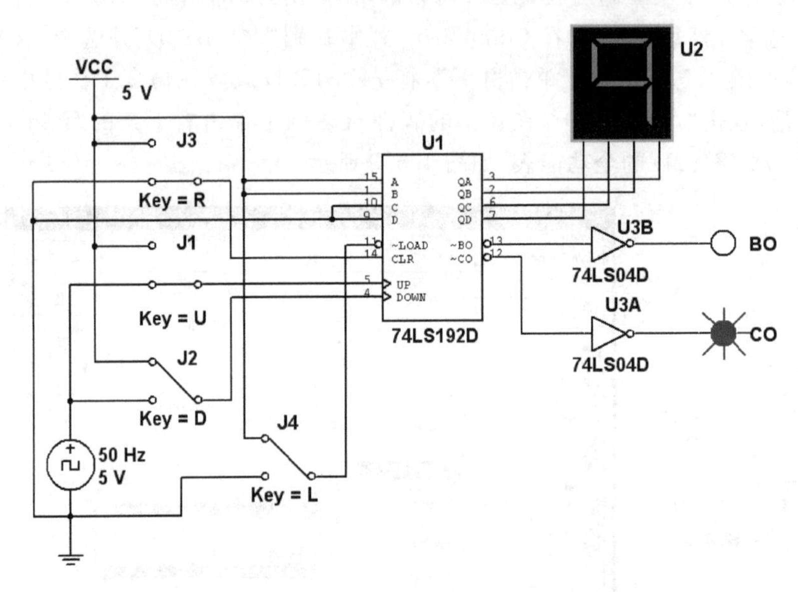

图 4.5.10　集成计数器 74LS192D 加法计数仿真实验电路

保持开关 J_3 和 J_4 不变，互换开关 J_1 和 J_2 的状态，打开仿真开关进行仿真，此时计数器工作在十进制减法计数模式，当由"0→9"时，"～BO"端产生借位信号，借位逻辑指示灯亮，如图 4.5.11 所示。

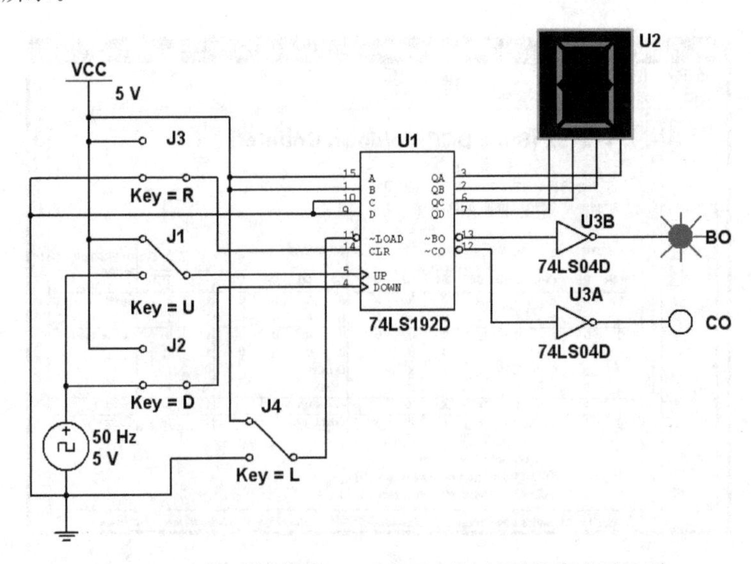

图 4.5.11　集成计数器 74LS192D 减法计数仿真实验电路

若需异步预置数，则只要将开关 J_4 接低电平即可，此时计数器就工作在异步预置数模式，将输入端“$DCBA$=**0011**”的信号置入计数器，数码管即固定显示“3”，如图 4.5.12 所示。

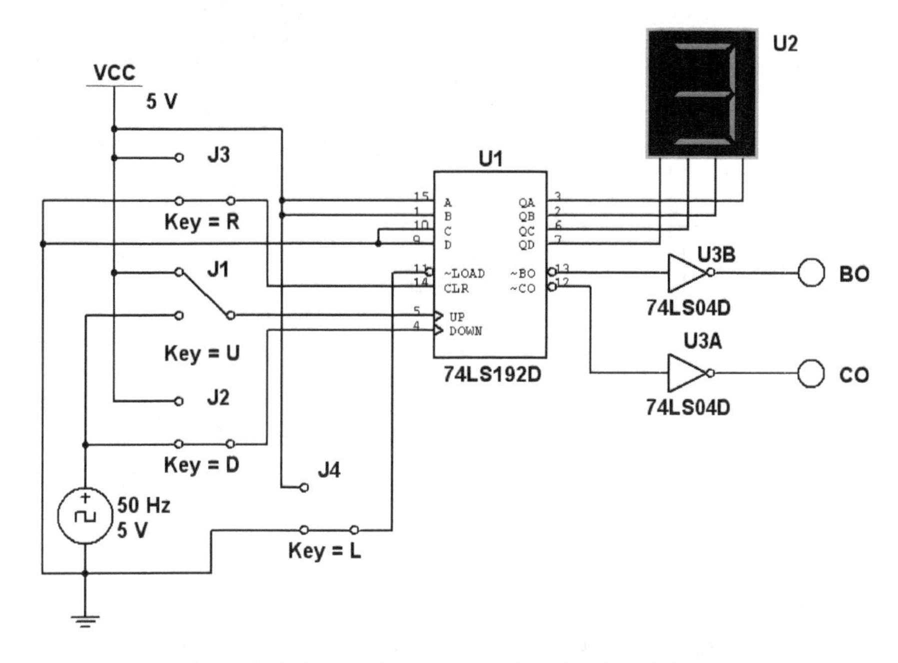

图 4.5.12　集成计数器 74LS192D 异步预置数仿真实验电路

(2) 集成计数器应用仿真实验

在时序逻辑电路中，集成计数器的应用是无孔不入、无所不在。应用集成计数器，加上简单的电路及连线，就可以组成各种形式的、任意进制的计数器，广泛应用于计数、计时、分频等电路中。就其工作原理，通常是利用反馈复位、置位、预置数等功能，采用级联法扩展容量，采用复位法、置位法或预置数法，强行中断原有计数顺序，强行对集成计数器进行复位、置位或预置数，按人们意愿组成新的计数循环，组成符合要求的计数器。在使用中，控制方法科学、简单、明了，控制电路及连线简单、易行，工作稳定性好，从而得到广泛应用。

用同步十进制可逆计数器 74LS192D 设计一个六进制加法计数器。

① 反馈清零法

此时选择让可逆计数器工作在加法计数模式，当计数到 **0110** 状态时，“Q_C”、“Q_B”输出通过 1 个**与**门控制异步清零端“CLR”，使 CLR=**1**，计数器迅速复位到 **0000** 的状态，“CLR”端的清零信号也随之消失，74LS192D 重新从 **0000** 状态开始新的计数周期，从而实现了六进制加法计数。

在仿真工作区搭建仿真电路，如图 4.5.13 所示。打开仿真开关，打开逻辑分析仪面板，观察译码显示器显示的数码和如图 4.5.14 所示的时序波形图，分析、验证所设计电路的逻辑功能。注意清零信号可能会出现竞争冒险现象，所以增加**与**门延时予以避免。

② 反馈置数法

反馈置数法适用于具有预置数功能的集成计数器。利用计数器的置数功能，可以从 N 进制计数循环中的任何一个状态置入适当的数值而跳跃 $N-M$ 个状态，而形成 M 进制计数器。

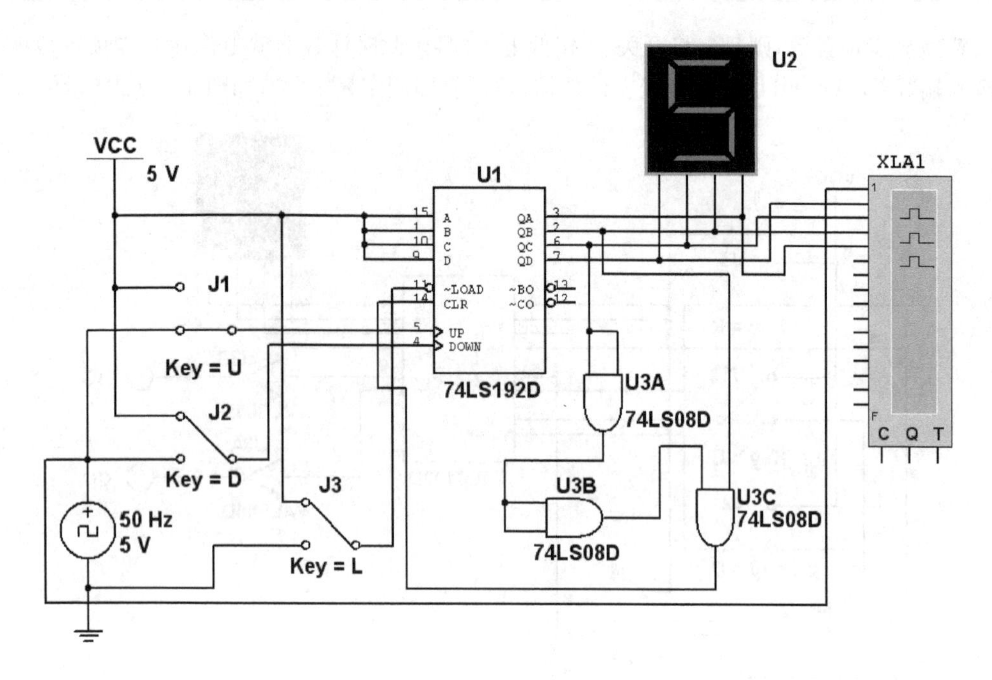

图 4.5.13　由 74LS192D 用反馈清零法设计的同步六进制加法计数器

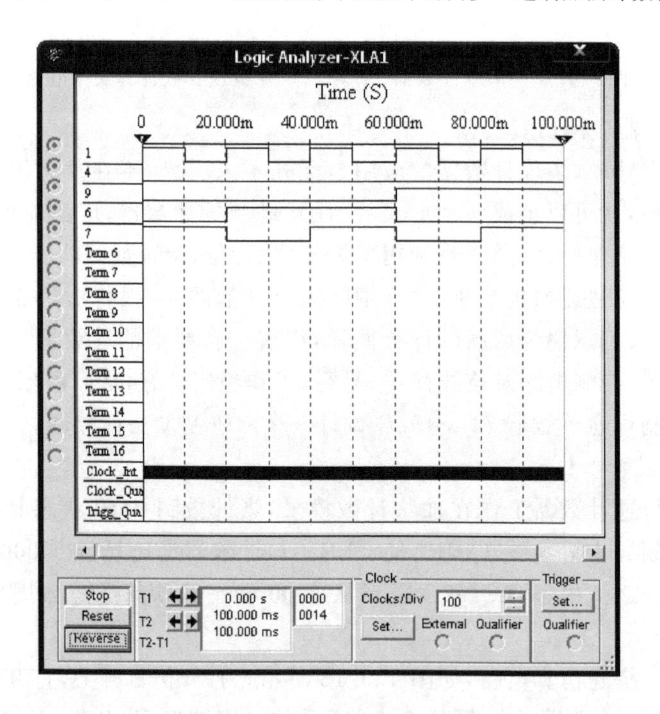

图 4.5.14　反馈清零法设计的同步六进制加法计数器的时序

74LS192D 兼有异步置零和预置数的功能，故可采用反馈置数法。因同步十进制可逆计数器 74LS192D 的进位信号“～CO”是由 **1001** 状态译码产生的。为产生进位信号，现采用**“0000→0001→0010→0011→0100→1001→0000”**的六进制计数循环状态。当进入 **0100** 状态时，在下一个计数脉冲到来时，连接在 Q_C 端的非门电路产生一个置数信号（低电平）加到置数控制端"～LOAD",从而直接将计数器置为 **1001** 状态。再来一个计数脉冲,计数器重回起点 **0000** 状态,并产生一个进位信号,从而实现了"0→1→2→3→4→9→0"的六进制计数循环。

在仿真工作区搭建仿真电路,如图 4.5.15 所示,打开逻辑分析仪面板,观察译码显示器显示的数码和如图 4.5.16 所示的时序波形图,分析、验证所设计电路的逻辑功能。

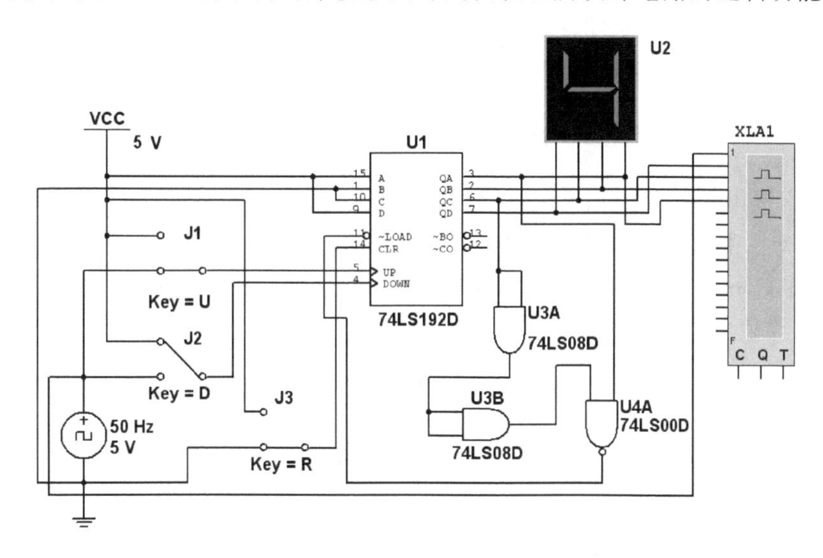

图 4.5.15　由 74LS192D 用反馈置数法设计的同步六进制加法计数器

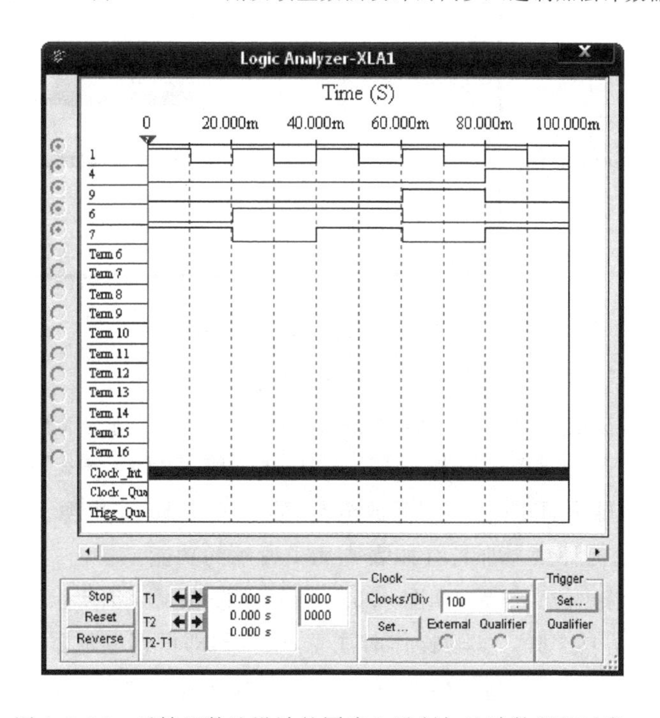

图 4.5.16　反馈置数法设计的同步六进制加法计数器的时序

4.6　脉冲波形的产生与整形电路仿真实验

555 定时器也称 555 时基电路，是一种功能强、使用灵活、应用范围广泛的集成电路，通常只要外接少量的外围元件就可以很方便地构成施密特触发器、单稳态触发器和多谐振荡器等多种电路，被广泛地应用于电子控制、电子检测、仪器仪表、家用电器等方面。

4.6.1　555 定时器逻辑功能仿真实验

通过快捷键 Ctrl＋W 调出放置元件对话框，在弹出对话框中的 Group 栏中选择 Mixed，Family 栏中选取 TIMER 系列（MIXED_VIRTUAL 系列中可找到虚拟模式的 555 定时器），并在 Component 栏中找到“LM555CM”并选中，这就是所需的 555 定时器，如图 4.6.1 所示。单击“OK”，将 LM555CM 放置在仿真工作区中。

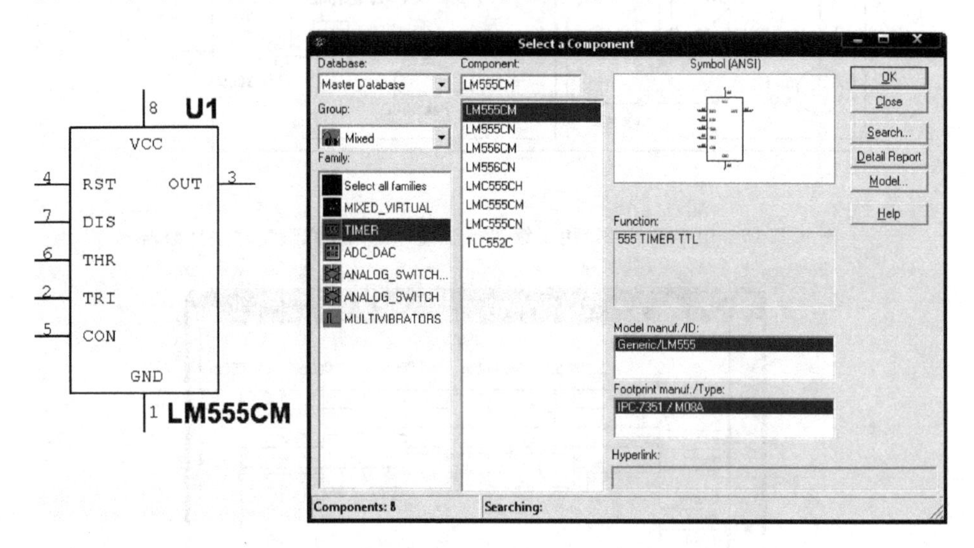

图 4.6.1　放置 LM555CM 对话框

如图 4.6.1 所示，555 定时器有 8 个引脚，分别是：

GND——1 脚，接地；TRI——2 脚，触发输入；OUT——3 脚，输出；RES——4 脚，复位（低电平有效）；CON——5 脚，控制电压（不用时一般通过一个 0.01 μF 的电容接地）；THR——6 脚，阈值输入；DIS——7 脚，放电端；V_{CC}——8 脚，＋电源。

555 定时器不论何种型号都具有如表 4.6.1 所示的功能。

在仿真工作区搭建仿真电路，如图 4.6.2 所示。按表 4.6.1 所示的对输入信号的要求，设置电路参数进行仿真实验。实验操作时注意，电位器即可调电阻器，元件符号旁所显示的数值系指两个固定端子之间的阻值，而百分比数值则表示滑动点下方电阻值与整个总电阻值的百分比。选中该电位器，可移动电位器的滑动臂触点位置以改变按入电阻阻值的大小，或者和开关一样通过“Key”键控制，按“Key”键可增加百分比，按“Key”＋“Shift” 键可减少百分比。

表 4.6.1　555 定时器功能表

输　　入			输　　出	
阈值输入(THR)	触发输入(TRI)	复位(RES)	输出(OUT)	放电端(DIS)
X	X	0	0	导通
$>\frac{2}{3}V_{cc}$	$>\frac{1}{3}V_{cc}$	1	0	导通
$<\frac{2}{3}V_{cc}$	$>\frac{1}{3}V_{cc}$	1	不变	保持原状态
$<\frac{2}{3}V_{cc}$	$<\frac{1}{3}V_{cc}$	1	1	截止

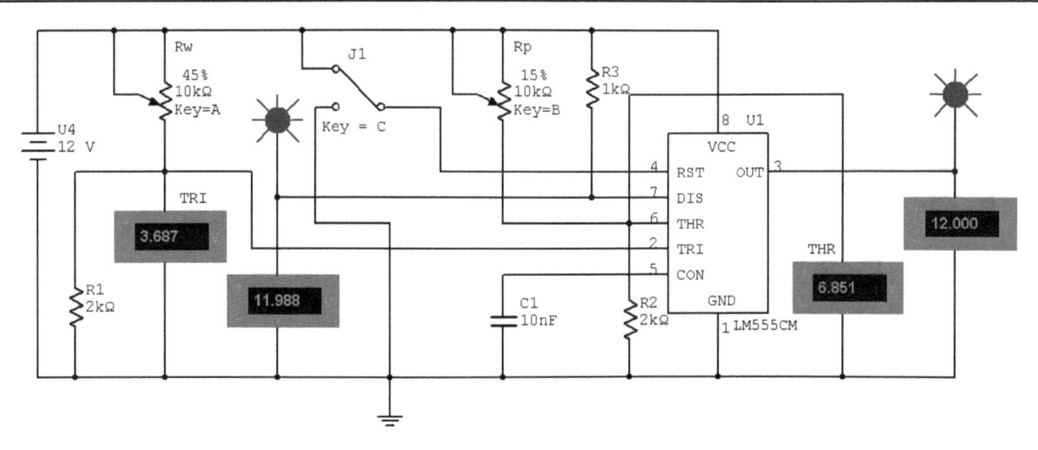

图 4.6.2　555 定时器逻辑功能仿真电路

将实验所测试的数据填入表 4.6.2 中,分析、验证 555 定时器的功能。

表 4.6.2　555 定时器功能检测表　　$V_{cc}=+12$ V

输　　入			输　　出	
阈值输入(THR)	触发输入(TRI)	复位(RES)	输出(OUT)	放电端(DIS)
		0		
		1		
		1		
		1		

4.6.2　555 定时器应用仿真实验

(1) 使用 555 定时器构成施密特触发器仿真实验

施密特触发器是脉冲波形整形和变换电路中经常使用的一种电路。施密特触发器具有两个稳定状态,两个稳定状态的维持和相互转换取决于输入电压的高低,属电平触发,具有两个不同的触发电平,存在回差电压。施密特触发器电路可将缓慢变化的输入信号变换成矩形脉冲输出。

在仿真工作区搭建一个由 555 定时器构成的施密特触发器实验电路,如图 4.6.3 所示,使其中的输入信号为三角波。打开仿真开关,在示波器面板上可以观察到对应于输入三角波形 V_i 的输出波形 V_o 为方波信号,如图 4.6.4 所示。

对应输入信号 V_i 的变化情况，由 555 定时器的功能分析可知：

① 当 $V_i<\frac{1}{3}V_{cc}$ 即 $V_{TH}=V_{TR}<\frac{1}{3}V_{cc}$ 时，输出 V_o 为高电平，$V_o=V_{cc}$。随着 V_i 的上升，只要 $V_i<\frac{2}{3}V_{cc}$，输出信号将维持原状态不变，设此状态为电路的第一稳定状态。

② 当 V_i 上升到 $V_i\geqslant\frac{2}{3}V_{cc}$ 时，输出 V_o 为低电平，$V_o=0$，电路由第一稳态翻转为第二稳态，电路的正向阈值电压 $V_{T+}=\frac{2}{3}V_{cc}$。

随着 V_i 上升后又下降的情况，只要 $V_i>\frac{1}{3}V_{cc}$，电路将维持在第二稳态不变。

③ 当 V_i 下降到 $V_i\leqslant\frac{1}{3}V_{cc}$ 时，电路又翻转到第一稳态，电路的负向阈值电压 $V_{T-}=\frac{1}{3}V_{cc}$。

观测如图 4.6.4 所示的工作电压小型，分析、验证施密特触发器的功能。

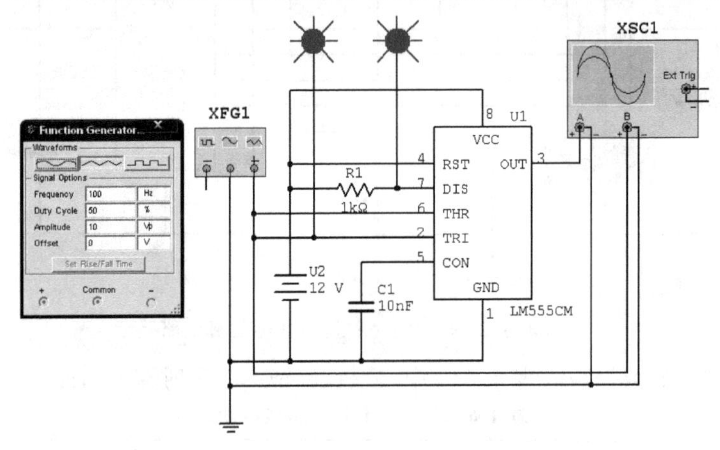

图 4.6.3　由 555 定时器构成的施密特触发器电路

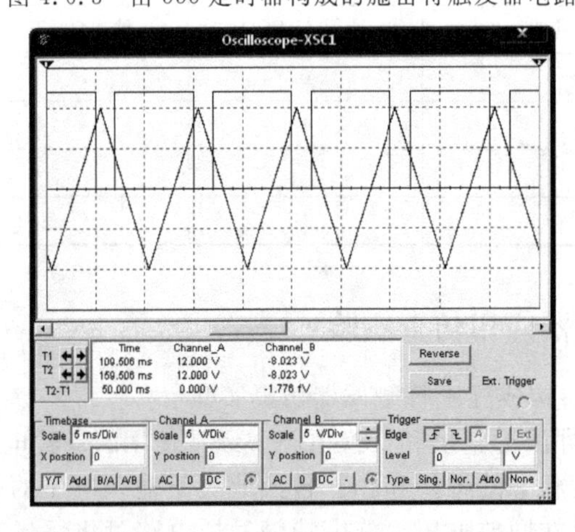

图 4.6.4　施密特触发器工作波形

(2) 使用 555 定时器构成单稳态触发器仿真实验

单稳态触发器是在脉冲波形的变换和延迟中经常使用的一种电路。单稳态触发器具有稳态和暂稳态两个不同的工作状态，在外加触发脉冲信号的作用下能从稳态翻转到暂稳态，暂稳态维持一段时间后，电路自动返回稳态。暂稳态持续时间的长短取决于电路本身的参数，与触发脉冲的宽度和幅度无关。

在仿真工作区搭建一个由 555 定时器构成的单稳态触发器实验电路，如图 4.6.5 所示。其中，输入触发信号为方波信号，单稳态的持续时间 t_w 可由 R、C 的参数调整。

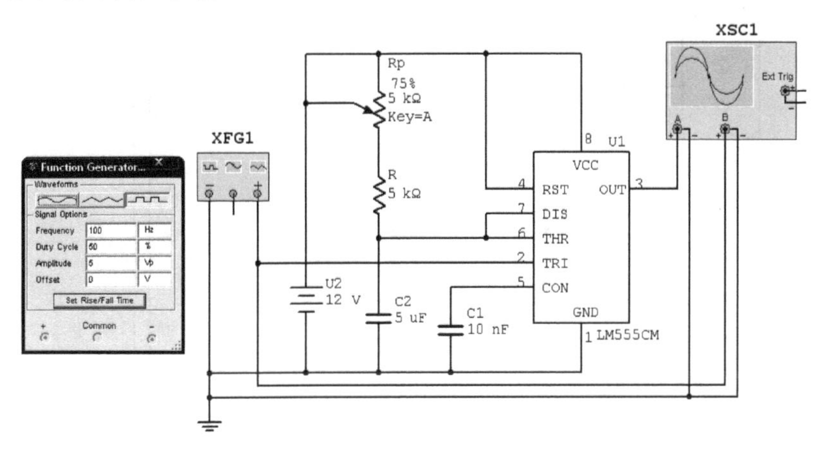

图 4.6.5　由 555 定时器构成的单稳态触发器电路

由于不可重复触发单稳态触发器的输出脉冲宽度主要取决于定时元件 R 和 C，所以若将不符合要求的脉冲信号输入单稳态触发器，则可在单稳态触发器的输出端获得边沿、宽度和幅值都符合要求的矩形脉冲。其中，单稳态脉冲的脉宽 $t_w = 1.1RC$。

打开仿真开关，进行仿真实验，在示波器面板上可以观察到如图 4.6.6 所示的单稳态触发器的工作波形。

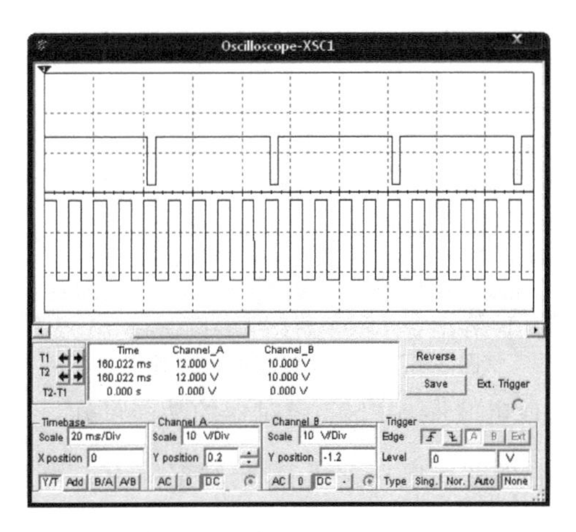

图 4.6.6　单稳态触发器工作波形

通过调整电位器阻值的大小，单稳态触发器输出矩形脉冲的脉冲宽度将发生变化。通过观察示波器波形变化，分析单稳态触发器工作波形，并验证由 555 定时器构成的单稳态触发器的功能。

(3) 使用 555 定时器构成多谐振荡器仿真实验

多谐振荡器是一种自激振荡电路，不需要外加输入触发信号就能自动产生一定频率和幅值的矩形脉冲信号。多谐振荡器在工作过程中不存在稳定状态，只有两个暂稳态。

在实验工作区搭建一个由 555 定时器构成的多谐振荡器，如图 4.6.7 所示。打开仿真开关，在示波器面板上可以观察到电容器 C 上的充放电波形和与之对应的矩形波输出，如图 4.6.8 所示。

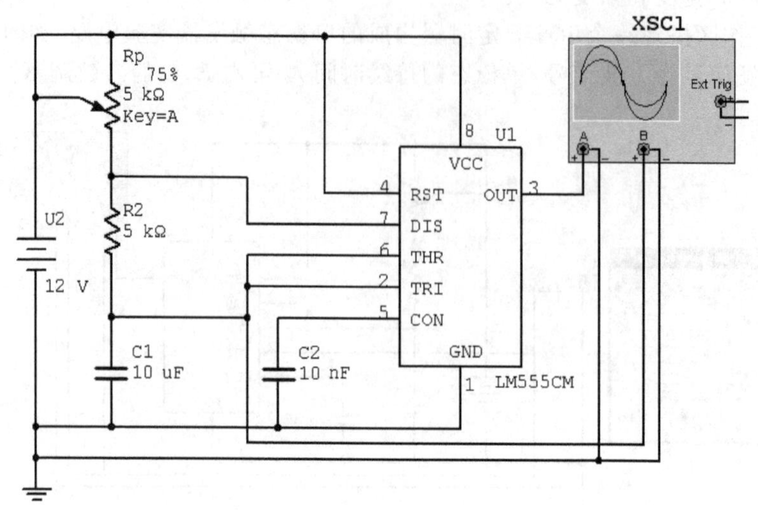

图 4.6.7 由 555 定时器构成的多谐振荡器电路

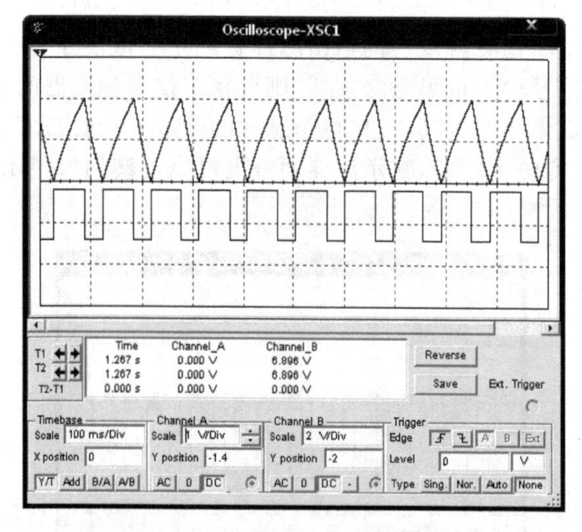

图 4.6.8 多谐振荡器的工作波形

对应电容器 C 上的充放电波形，由 555 定时器的功能可知：

① 接通电源时，设电容的初始电压 $V_c=0$，此时 V_{TR}、V_{TH} 均小于 $\frac{1}{3}V_{cc}$，放电截止，输出端电压 V_o 为高电平，V_{cc} 通过 R_1 和 R_2 对 C 充电，V_c 按指数规律逐步上升。

② 当 V_c 上升到 $\frac{2}{3}V_{cc}$ 时，放电管导通，输出端电压 V_o 为低电平，电容器 C 通过 R_2 放电，V_c 按指数规律逐步下降，设此时电路的状态为一个暂稳态。

③ 当 V_c 下降到 $\frac{1}{3}V_{cc}$ 时，放电管截止，输出电压 V_o 由低电平翻转为高电平，电容器 C 又开始充电，电路回到另一个暂稳态。当电容器 C 充电到 $V_c=\frac{2}{3}V_{cc}$ 时，又开始放电。如此周而复始，在输出端即可产生一矩形波信号。

矩形波信号的周期取决于电容器充、放电回路的时间常数，输出矩形脉冲信号的周期$T \approx 0.7(R_1+2R_2)C$。

观测如图 4.6.8 所示的电压波形图，分析、验证多谐振荡器的功能。

(4) 使用 555 定时器构成占空比可调的多谐振荡器仿真实验

数控线切割机床中的高频电源的信号源一般都采用由 555 定时器构成的占空比可调的多谐振荡器电路，在仿真工作区搭建仿真电路，如图 4.6.9 所示。图中，R_1 和 R_2 是定时电容 C 的充电电阻，R_3 和 R_W 是 C 的放电电阻。当电源接通后放电端截止，V_{cc}通过 R_1、R_2 和 D_1 对 C 充电，电路翻转时，放电端导通，C 通过 D_2、R_W 和 R_3 放电。输出端输出矩形脉冲信号的周期为 $T \approx 0.7(R_1+R_2+R_3+R_W)C$。

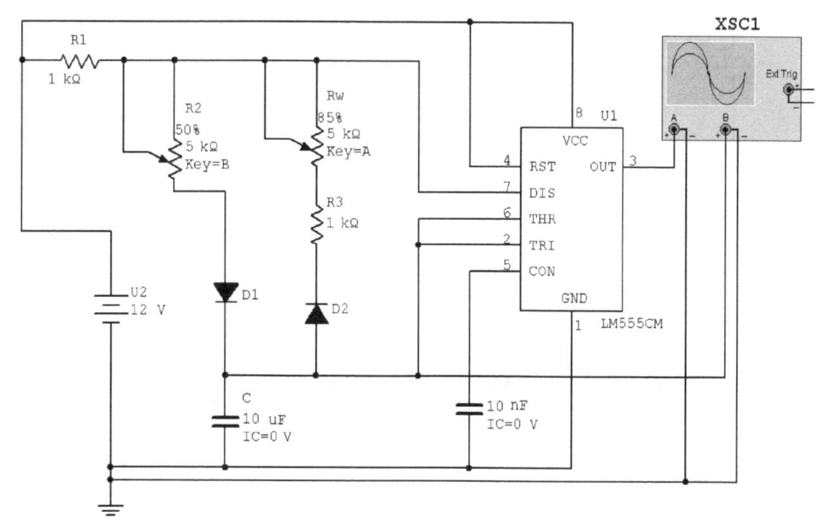

图 4.6.9　由 555 定时器构成的占空比可调的多谐振荡器(一)

调节 R_1、R_2 和 C 的参数可调节矩形脉冲的宽度，调节 R_W、R_3、C 的参数可调节矩形脉冲的间隔。D_1 和 D_2 的作用是减小调节脉冲宽度和脉冲间隔的互相影响。

打开仿真开关，观测如图 4.6.10 所示的示波器面板上显示的输出电压波形。

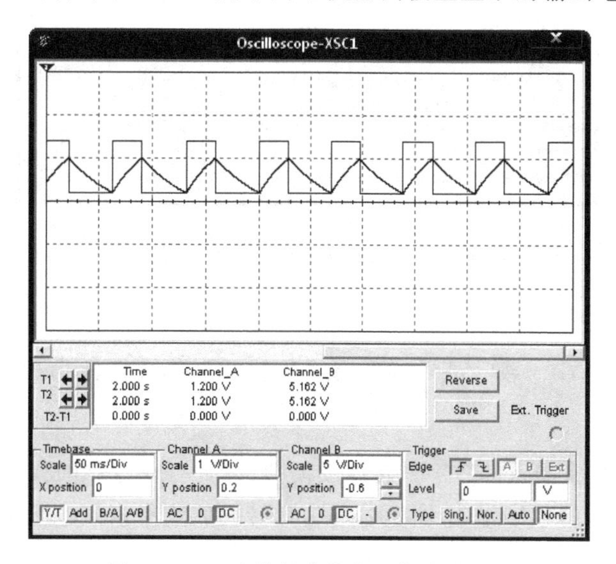

图 4.6.10　多谐振荡器的工作波形(一)

改变 R_1、R_2 和 R_W 的参数，如图 4.6.11 所示，注意观测如图 4.6.12 所示的输出波形的变化情况。

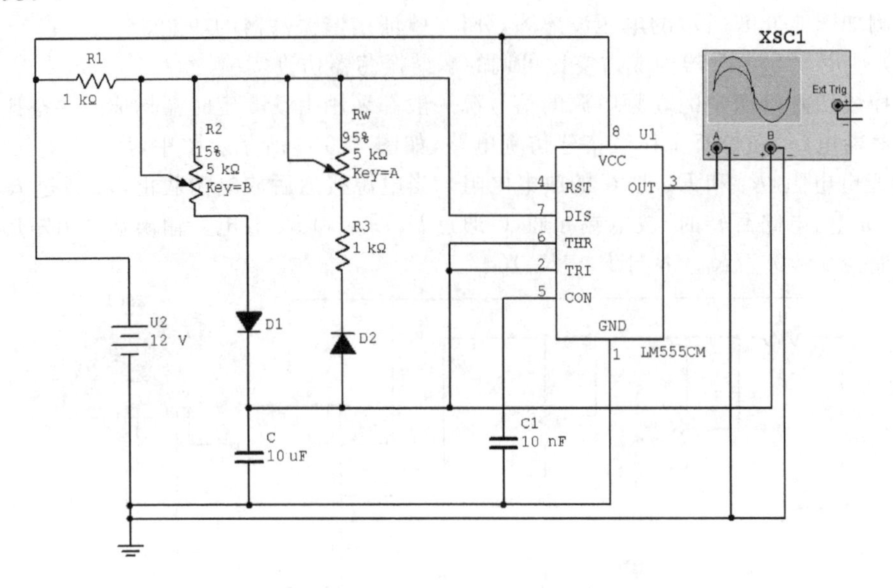

图 4.6.11　由 555 定时器构成的占空比可调的多谐振荡器(二)

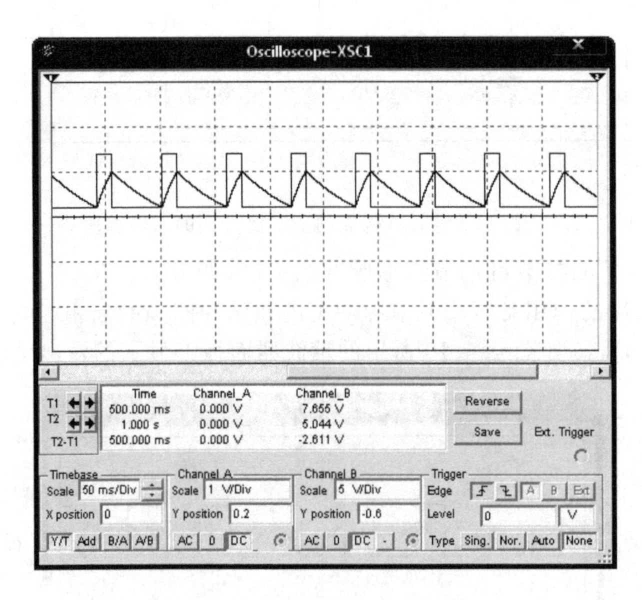

图 4.6.12　多谐振荡器的工作波形(二)

4.7　数模与模数转换电路仿真实验

D/A 转换电路是将输入的数字量转换成模拟量的一种电路组成，其输出的模拟电压 V_o 或模拟电流 I_o 与输入的数字量成比例关系式，如转换后输出模拟电压 V_o 为

$$V_o = K_v \cdot D$$

其中，K_v 为电压转换比例系数，D 为输入的二进制数字量。

当 D 为 n 位二进制数码时，可得

$$V_o = K_v \cdot (2^{n-1} \cdot D_{n-1} + 2^{n-2} \cdot D_{n-2} + \cdots + 2^0 \cdot D_0) = K_v \sum_{i=0}^{n-1} 2^i D_i = K_v D_{10}$$

目前常见的D/A转换器中，有权电阻网络D/A转换器、倒T形电阻网络D/A转换器、权电流型D/A转换器、权电容网络D/A转换器和开关树型D/A转换器等多种类型。

R-2R 倒T形D/A转换器是集成D/A转换器电路中应用最为广泛的一种。

常用的集成D/A转换器一般都是由倒T形电阻网络、模拟开关和数据寄存器组成。

A/D转换电路是把连续变化的模拟信号转换成相应的数字信号的一种电路组成。A/D转换电路通常由取样、保持、量化和编码4个部分组成。

常用的A/D转换器有并联比较型A/D转换器、逐次比较型A/D转换器和双积分型A/D转换器等多种类型。

常用的集成A/D转换器一般都是由A/D转换电路、模拟开关、地址锁存与译码电路及三态输出锁存器等部分组成。

4.7.1 4位 *R*-2*R* 倒T形D/A转换电路仿真实验

在仿真工作区搭建实验电路，如图4.7.1所示的4位 R-2R 倒T形D/A转换电路，输入的4位二进制数字信号 D_3、D_2、D_1、D_0 分别控制开关 S_3、S_2、S_1、S_0。当 $D_i = \mathbf{1}$ 时，开关 S_i 与求和运算放大器的反相输入端（虚地端）接通；当 $D_i = \mathbf{0}$ 时，开关 S_i 与求和运算放大器的同相输入端（接地端）接通。

运算放大器的 $V_+ \approx V_-$，$V_+ = \mathbf{0}$，所以无论 $D_i = \mathbf{1}$ 或 $D_i = \mathbf{0}$，S_i 不是接通虚地就是直接接地，都等效于接地，流过 R-2R 倒T形电阻网络每个支路的电流始终不变。

在 R-2R 倒T形电阻等效连接网络中，从上往下看，每个横向端口的等效电阻都是 R，因此从基准电压源 V_{REF} 流入倒T形电阻网络的总电流为 $I = \frac{V_{REF}}{R}$ 且固定不变，而每个支路的电流，从上而下依次为 $I_3 = \frac{1}{2}I$，$I_2 = \frac{1}{4}I$，$I_1 = \frac{1}{8}I$，$I_0 = \frac{1}{16}I$。

流入求和运算放大器反相输入端的总电流为

$$I_{\Sigma} = I \cdot \left(\frac{D_3}{2} + \frac{D_2}{4} + \frac{D_1}{8} + \frac{D_0}{16}\right) = \frac{V_{REF}}{2^4 R}(2^3 D_3 + 2^2 D_2 + 2^1 D_1 + 2^0 D_0) = \frac{V_{REF}}{2^n \cdot R} \cdot D_{10} = \frac{V_{REF}}{2^4 R} \cdot D_{10}$$

求和运算放大器的输出电压为

$$V_o = -I \sum R_f = -\frac{V_{REF} \cdot R_f}{2^n R} \cdot D_{10} = -\frac{V_{REF}}{2^4 R} \sum_{i=0}^{3} 2^i D_i = K_v \cdot D_{10}$$

式中，$K_v = -\frac{V_{REF} R_f}{2^4 R}$ 为电压转换比例系数当量。

若令 $R_f = R$，则 $K_v = -\frac{V_{REF}}{2^n} = \frac{V_{REF}}{2^4}$，输出的模拟量 V_o 与输入的数字量 D 成比例。

在图4.7.1所示的电路中，$K_v = -\frac{5}{16}$ V。

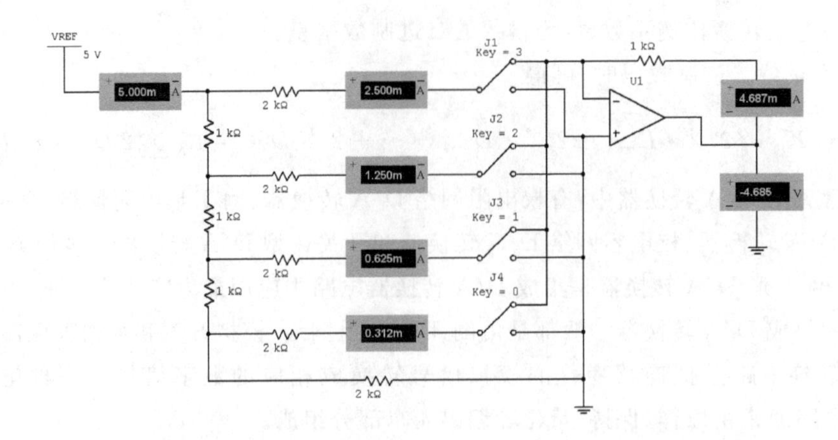

图 4.7.1　4 位 R-$2R$ 倒 T 形 D/A 转换仿真实验电路

对应三组 4 位二进制数 **1111**、**1110**、**1101**，分别设置模拟开关 S_i 的状态，进行仿真实验，把所测数据记入表 4.7.1 中，分析、验证 R-$2R$ 倒 T 形 D/A 转换器的工作原理。

表 4.7.1　图 4.7.1D/A 转换器实验电路功能测试表

输入信号	工作状态					输出电压 V_o/V
D_3 D_2 D_1 D_0	I_3	I_2	I_1	I_0	I_Σ	
1 1 1 1						
1 1 1 0						
1 1 0 1						

K_v＝____________________。

4.7.2　集成数模转换器(DAC)仿真实验

Multisim 10 仿真软件混合集成器件库中有电流输出型(IDAC)和电压输出型(VDAC)两种 DAC 元件。

通过快捷键 Ctrl＋W 调出放置元件对话框，在弹出对话框中的 Group 栏中选择 Mixed，Family 栏中选取 ADC_DAC 系列，并在 Component 栏中找到“VDAC”并选中，这就是所需的集成数模转换器，如图 4.7.2 所示。单击“OK”，将其放置在仿真工作区中。其中，基准电压 V_{REF} 可为正电源，也可为负电源。当 V_{REF} 为正电源时，输出为负；当 V_{REF} 为负电源时，输出为正。0～7 端为输入数字信号的输入端，其输出模拟量与输入数字量之间的关系为

$$V_o=\frac{V_{REF}\cdot D_{10}}{2^n}$$

式中，V_o 为输出模拟量(电压)，V_{REF} 为基准电源电压，D_n 为输入二进制数字信号所对应的十进制数码。

(1) 集成数模转换器(DAC)实验电路(一)

在仿真工作区搭建实验电路，如图 4.7.3 所示。取 V_{REF}＝12 V，输入的二进制数字量为 11011011。

输出的模拟电压为

$$V_o=\frac{V_{REF}\cdot D_{10}}{2^n}=\frac{12\times(11011011)_2}{2^8}\text{ V}=\frac{12\times(219)_{10}}{256}\text{ V}=10.265\,6\text{ V}$$

打开仿真开关，观测测试数据，分析、验证集成 DAC 元件的转换功能。

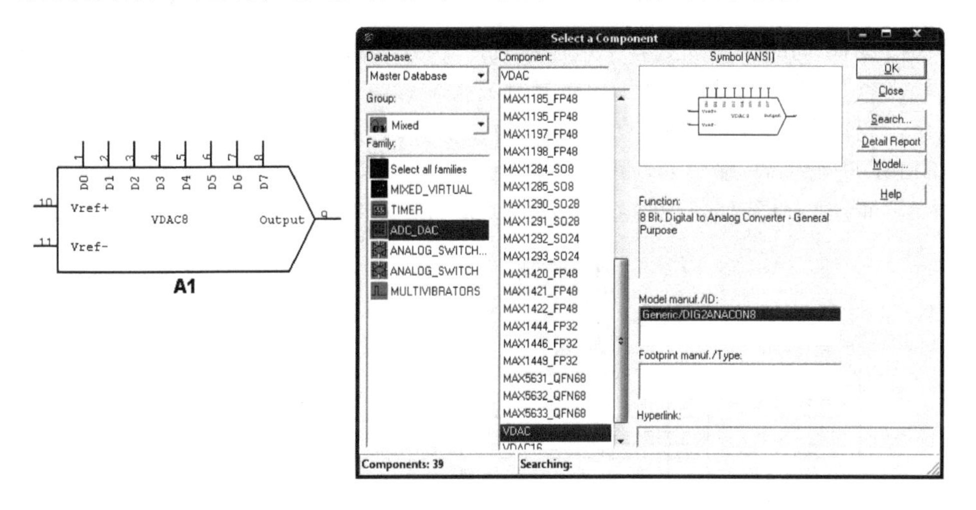

图 4.7.2　集成电压输出型 D/A 转换器

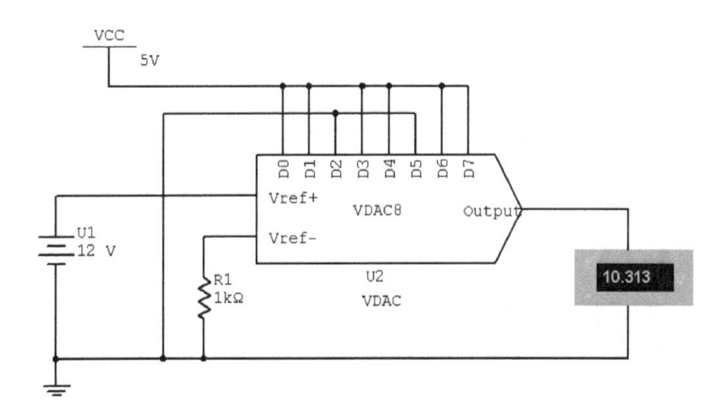

图 4.7.3　DAC 功能测试电路（一）

(2) 集成数模转换器(DAC)实验电路(二)

如图 4.7.4 所示，在实验工作区用一个十进制加法计数器 74LS160D 和一个电压输出型 D/A 转换器构成一个 D/A 转换功能测试电路。其中，74LS160D 十进制加法计数器工作在计数状态，$\overline{CLR}=\overline{LOAD}=ENP=ENT=\mathbf{0}$，计数时钟脉冲 CLK 上升沿有效，计数器输出端 Q_D、Q_C、Q_B、Q_A 输出的递进 4 位二进制数码送入七段译码显示器和集成 DAC 的低 4 位输入端，DAC 的高 4 位输入信号端接地。

打开仿真开关，当时钟频率为 100 Hz 时，DAC 输出电压波形如图 4.7.5 所示；当时钟频率为 1 kHz 时，DAC 输出电压波形如图 4.7.6 所示。

对照 DAC 输出的阶梯形电压波形，分析、验证 DAC 的数模转换功能。

(3) 3 位并联比较型 A/D 转换电路

由分压电阻、集成运放电压比较器 8 线-3 线优先编码器、门电路和译码显示电路构成的 3 位并联比较型 A/D 转换电路如图 4.7.7 所示。图中，基准电压 V_{REF} 以电阻分压电路分压后形成 7 个比较基准电压，从下往上依次为$\frac{1}{15}V_{REF}$、$\frac{3}{15}V_{REF}$、$\frac{5}{15}V_{REF}$、$\frac{7}{15}V_{REF}$、$\frac{9}{15}V_{REF}$、$\frac{11}{15}V_{REF}$、$\frac{13}{15}V_{REF}$。这 7 个基准电压依次分别输入到各个电压比较运算放大器的反相输入端。输入的模拟量 U_i 同时并行加到各个电压比较运算放大器的同相输入端，与各自的基准电压进行比较。当 U_i 大于基准电压时，比较运算放大器输出为 1，反之为 0。经分压电阻、集成运放电压比较器取样，量化后输出的一组 7 位二值代码，由反相器输出到 8 线-3 线优先编码器 74LS148D 进行编码，输出对应的二进制代码，经七段译码显示器输出 $Q_1 \sim Q_7$、编码器输出 $A_2 \sim A_0$ 和十进制译码显示数码间的对应关系如表 4.7.2 所示。

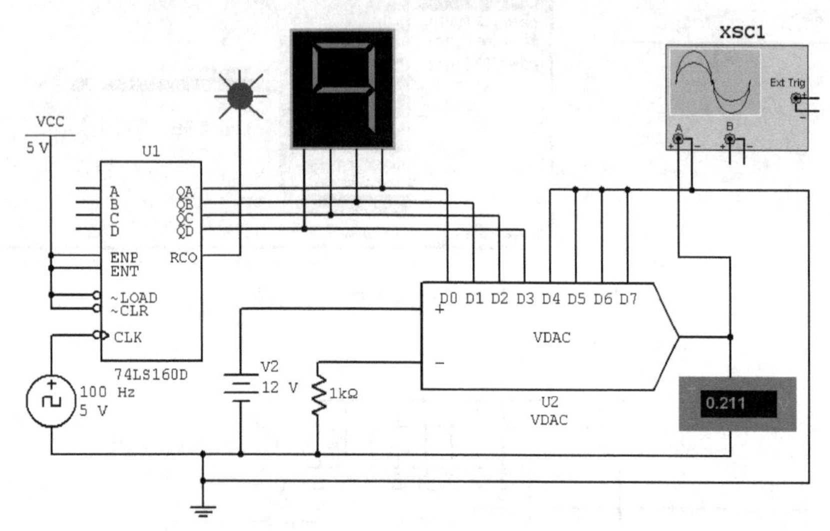

图 4.7.4　DAC 功能测试电路(二)

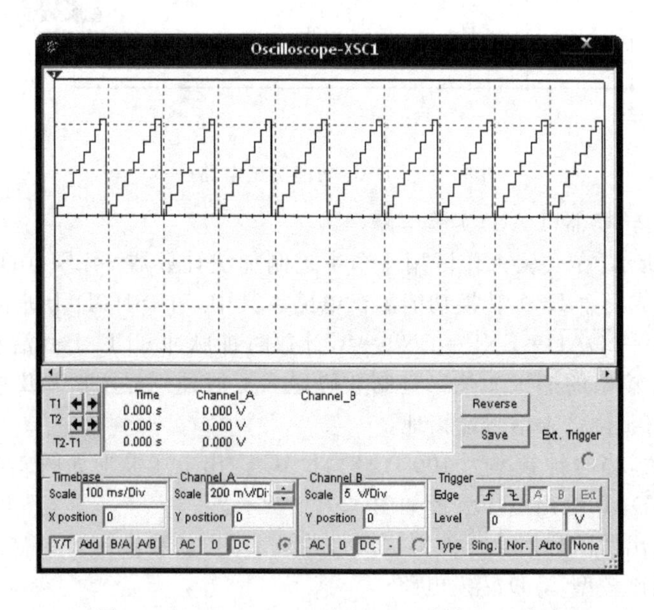

图 4.7.5　f=100 Hz 时的 DAC 输出电压波形

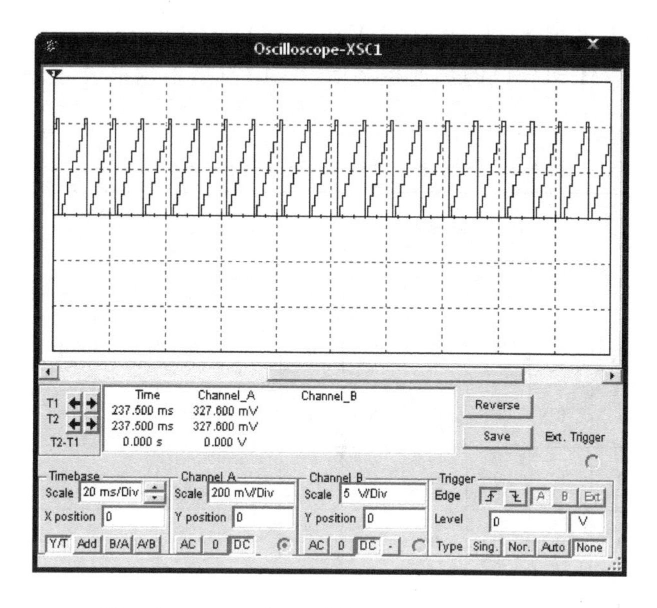

图 4.7.6　$f=1$ kHz 时的 DAC 输出电压波形

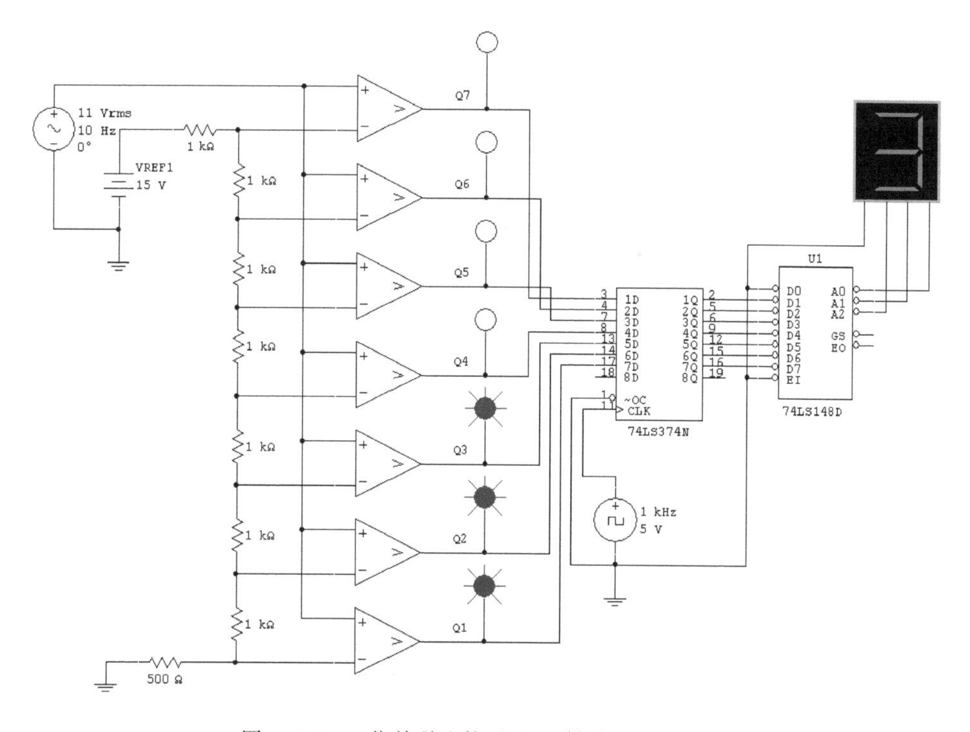

图 4.7.7　3 位并联比较型 A/D 转换器实验电路

在实验工作区搭建实验电路，如图 4.7.7 所示。8 线-3 线优先编码器 74LS148D 输入信号“$D_7 \sim D_0$”低电平有效，“D_7”的优先等级最高，依次降低，“D_0”的优先等级最低；输出信号“$A_2 \sim A_0$”低电平有效；EI 为选通控制端，低电平有效，当 EI=**0** 时，编码器正常工作，当 EI=**1** 时，编码器停止工作，所有输出端均被封锁为高电平；EO 为选通输出端，当编码器工作且有信号输入时，EO=**1**，当编码器工作但无信号输入时，EO=**0**；GS 为扩展端，只要任何一个编码信号输入端有低电平信号输入，且选通控制信号 EI=**0** 时，GS=**0**，否则 GS=**1**。

为便于观测，输入模拟量 U_i 取为 11 V/0.02 Hz 的正弦交流信号。取样开关信号由 8 线-3 线优先编码器 74LS148D 的选通控制信号 EI 构成，根据取样定理 $f_s \geqslant 2f_{imax}$，取时钟信号 $f_s = 0.5$ Hz。

表 4.7.2　电压比较器输出与编码器输出对应关系表

输入模拟信号	电压比较器输出状态							编码器数字量输出			十进制数显示
	Q_7	Q_6	Q_5	Q_4	Q_3	Q_2	Q_1	A_2	A_1	A_0	
$\left(0\sim\frac{1}{15}\right)V_{REF}$	**0**	**0**	**0**	**0**	**0**	**0**	**0**	**0**	**0**	**0**	0
$\left(\frac{1}{15}\sim\frac{3}{15}\right)V_{REF}$	**0**	**0**	**0**	**0**	**0**	**0**	**1**	**0**	**0**	**1**	1
$\left(\frac{3}{15}\sim\frac{5}{15}\right)V_{REF}$	**0**	**0**	**0**	**0**	**0**	**1**	**1**	**0**	**1**	**0**	2
$\left(\frac{5}{15}\sim\frac{7}{15}\right)V_{REF}$	**0**	**0**	**0**	**0**	**1**	**1**	**1**	**0**	**1**	**1**	3
$\left(\frac{7}{15}\sim\frac{9}{15}\right)V_{REF}$	**0**	**0**	**0**	**1**	**1**	**1**	**1**	**1**	**0**	**0**	4
$\left(\frac{9}{15}\sim\frac{11}{15}\right)V_{REF}$	**0**	**0**	**1**	**1**	**1**	**1**	**1**	**1**	**0**	**1**	5
$\left(\frac{11}{15}\sim\frac{13}{15}\right)V_{REF}$	**0**	**1**	**1**	**1**	**1**	**1**	**1**	**1**	**1**	**0**	6
$\left(\frac{13}{15}\sim1\right)V_{REF}$	**1**	**1**	**1**	**1**	**1**	**1**	**1**	**1**	**1**	**1**	7

打开仿真开关，进行仿真实验。注意观测在 EI=**0**、电路取样编码工作期间，随着输入模拟量 V_i 的增减变化，输出数字量对应的增减变化。分析、验证 3 位并联比较型 A/D 转换器功能。

第5章 电子电路综合设计与仿真

本章主要介绍了电子电路设计的一般方法。希望通过几个典型的设计实例来深刻领会进行电子电路系统设计、制作与调试的思路、流程、技巧和方法。

电路系统一般包括输入电路、控制转换电路、输出电路和电源电路等部分。任何复杂的电子电路系统都可以逐步划分成不同层次、相对独立的子系统。通过对子系统的输入输出关系、时序等的分析，最后可以选用合适的单元电路来实现，将各子系统组合起来，便完成了整个大系统的设计。

电子电路系统设计的一般方法与步骤如下。

(1) 消化课题

必须充分了解设计要求，明确被设计系统的全部功能、要求及技术指标。熟悉被处理信号与被控制转换对象的各种参数与特点。

(2) 确定总体设计方案

根据系统总体功能画出系统的原理框图，将系统分解。确定连接不同方框间各种信号的相互关系与时序关系。方框图应能简洁、清晰地表示设计方案的原理。

(3) 绘制单元电路并对单元电路进行仿真

选择合适的电路器件，用电子仿真软件绘出各单元的电路图，然后利用电子软件中的电路仿真功能对设计的电路进行仿真测试，从而确定设计的电路是否正确。

当电路中采用了TTL、COMS、运放、分立元件等多种器件时，如果采用不同的电源供电，则要注意不同电路之间电平的正确转换，并应绘制出电平转换电路。

(4) 分析电路

设计的单元电路可能不存在问题，但组合起来后系统可能不能正常工作，因此，充分分析各单元电路，特别是对控制信号要从输入输出关系、正负极性、时序等几个方面进行深入考虑，确保不存在冲突。在深入分析的基础上对原设计电路不断修改，从而获得最佳设计方案。

(5) 完成整体设计

在各单元电路完成的基础上，再用电子仿真软件对整个电路进行仿真，验证设计。

需要说明的是，由于电子仿真元器件模型的典型化(理想化)及真实元器件参数的离散性、电路连线或印制板形成的分布参数、电子装配工艺等方面的原因，工程上，设计完成的电路必须经过实体安装、调整、测试验证后才能投产，形成产品。

5.1 小信号阻容耦合放大电路仿真设计

本例试图通过小信号阻容耦合放大电路仿真设计来讨论单元电路的一般分析、设计、元器件选取与调试的思路、流程、技巧和方法。

5.1.1 小信号阻容耦合放大电路设计

1. 设计要求

试设计一个工作点稳定的小信号单元放大电路。要求：$|A_v|>40$，$R_i>1\ \text{k}\Omega$，$R_o<3\ \text{k}\Omega$，$f_L<100$ Hz，$f_H>100$ kHz，电路的 $V_{CC}=+12$ V，$R_L=3\ \text{k}\Omega$，$V_i=10$ mV，$R_s=600\ \Omega$。

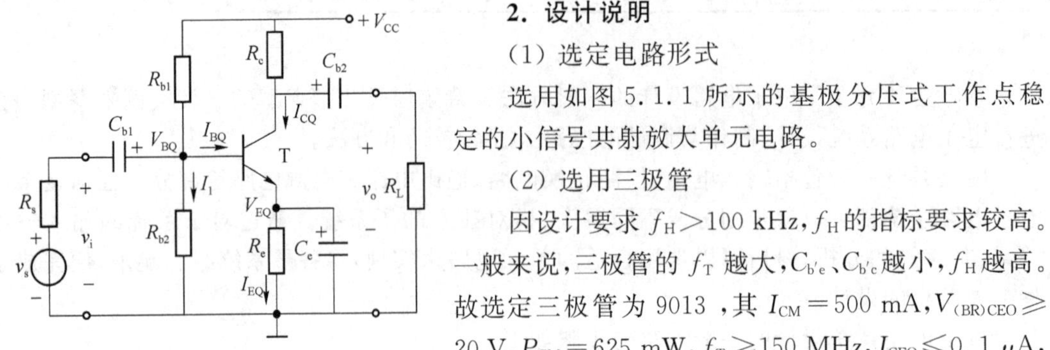

图 5.1.1 共射放大电路

2. 设计说明

(1) 选定电路形式

选用如图 5.1.1 所示的基极分压式工作点稳定的小信号共射放大单元电路。

(2) 选用三极管

因设计要求 $f_H>100$ kHz，f_H 的指标要求较高。一般来说，三极管的 f_T 越大，$C_{b'e}$、$C_{b'c}$ 越小，f_H 越高。故选定三极管为 9013，其 $I_{CM}=500$ mA，$V_{(BR)CEO}\geqslant 20$ V，$P_{CM}=625$ mW，$f_T\geqslant 150$ MHz，$I_{CEO}\leqslant 0.1\ \mu$A，$h_{FE}(\beta)$ 为 60～200。对于小信号电压放大电路，工程上通常要求 β 的数值应大于 A_v 的数值，故取 $\beta=60$。

3. 设置静态工作点并计算元件参数

由设计要求 $R_i(R_i\approx r_{be})>1\ \text{k}\Omega$，取 $r_{bb'}=200\ \Omega$，有

$$r_{be}\approx r_{bb'}+r_{b'e}=\left(r_{bb'}+\beta\frac{26}{I_{CQ}}\right)\ \Omega$$

$$I_{CQ}<\beta\frac{26}{R_i-r_{bb'}}=60\times\frac{26}{1\,000-200}=1.95\ \text{mA}，取\ I_{CQ}=1.5\ \text{mA}$$

取 $V_{BQ}=3$ V，$V_{BEQ}=0.6$ V，有

$$R_e\approx\frac{V_{BQ}-V_{BEQ}}{I_{CQ}}=\frac{3-0.6}{1.5}\ \text{k}\Omega=1.6\ \text{k}\Omega，取\ \text{E24}\ 系列(\pm5\%)标称值，R_e=1.6\ \text{k}\Omega$$

由图 5.1.1 有

$$R_{b2}=\frac{V_{BQ}}{I_1}=\beta\frac{V_{BQ}}{(5\sim10)I_{CQ}}=\frac{60\times3}{(5\sim10)\times1.5}\ \text{k}\Omega=(12\sim24)\text{k}\Omega，取\ \text{E24}\ 系列标称值，R_{b2}=20\ \text{k}\Omega$$

$$V_{BQ}\approx V_{CC}\frac{R_{b2}}{R_{b1}+R_{b2}}$$

$$R_{b1}\approx R_{b2}\frac{V_{CC}-V_{BQ}}{V_{BQ}}=\frac{20\times(12-3)}{3}\ \text{k}\Omega=60\ \text{k}\Omega，取\ \text{E24}\ 系列标称值，R_{b1}=56\ \text{k}\Omega$$

$$r_{be}=r_{bb'}+\beta\frac{26}{I_{CQ}}=\left(200+60\times\frac{26}{1.5}\right)\Omega=1\,240\ \Omega$$

由 $R'_L=R_c/\!/R_L$，有

$$R'_L=\frac{|A_v|r_{be}}{\beta}=\frac{40\times1.24}{60}\ \text{k}\Omega\approx0.827\ \text{k}\Omega$$

$$R_c=\frac{R_LR'_L}{R_L-R'_L}\approx\frac{3\times0.827}{3-0.827}\ \text{k}\Omega\approx1.14\ \text{k}\Omega，取\ \text{E24}\ 系列标称值，R_c=1.2\ \text{k}\Omega$$

放大电路的通频带主要受电路中存在的各种电容的影响，f_H 主要受三极管结电容及电路中分布电容的限制；f_L 主要受耦合电容 C_{b1}、C_{b2} 及旁路电容 C_e 的影响。

要严格计算 C_{b1}、C_{b2} 及 C_e 同时作用时对 f_L 的影响，计算较为复杂。通过分析可知，C_{b1}、C_{b2}、C_e 越大，f_L 越低，因此，在工程设计中，为了简化计算，通常采用以 C_{b1} 或 C_{b2} 或 C_e 单独作用时的转折频率作为基本频率，再降低若干倍作为下限频率的方法。电容 C_{b1}、C_{b2}、C_e 单独作用时对应的等效回路分别如图 5.1.2(a)、(b)、(c)所示。如果设计要求中 f_L 为已知量，则可按下列表达式估算：

$$C_{b1} \geqslant (3 \sim 10)\frac{1}{2\pi f_L(R_s + r_{be})} \tag{5.1.1}$$

$$C_{b2} \geqslant (3 \sim 10)\frac{1}{2\pi f_L(R_c + R_L)} \tag{5.1.2}$$

$$C_e \geqslant (1 \sim 3)\frac{1}{2\pi f_L\left(R_e /\!/ \dfrac{R_s + r_{be}}{1+\beta}\right)} \tag{5.1.3}$$

一般常取 $C_{b1} = C_{b2}$，可在式(5.1.2)与式(5.1.3)中选用回路电阻较小的一式计算。

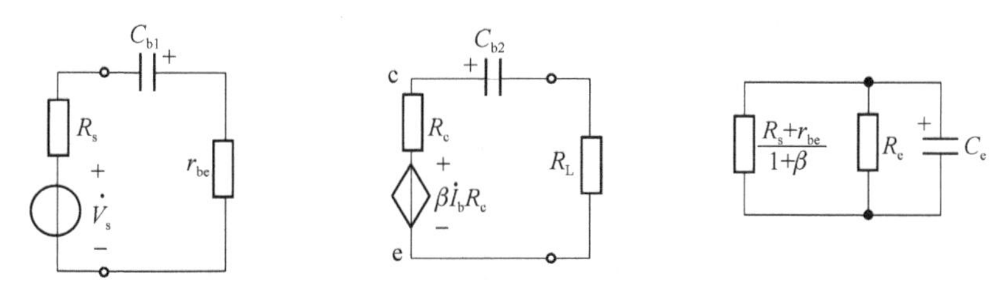

(a) C_{b1}单独作用的等效回路　(b) C_{b2}单独作用的等效回路　(c) C_e单独作用的等效回路

图 5.1.2　C_{b1}、C_{b2}、C_e 对应的等效回路

由于$(R_s + r_{be}) < (R_c + R_L)$，故取 $C_{b1} = C_{b2}$，有

$$C_{b2} = C_{b1} \geqslant (3 \sim 10)\frac{1}{2\pi f_L(R_s + r_{be})} = \frac{(3 \sim 10) \times 1}{2\pi \times 100 \times (600 + 1\,240)}\ \text{F} \approx (2.6 \sim 8.6)\ \mu\text{F}$$

取 $C_{b2} = C_{b1} = 10\ \mu\text{F}/25\ \text{V}$，有

$$C_e \geqslant (1 \sim 3)\frac{1}{2\pi f_L\left(R_e /\!/ \dfrac{R_s + r_{be}}{1+\beta}\right)} \approx \frac{(1 \sim 3) \times 1}{2\pi \times 100 \times \left(1\,600 /\!/ \dfrac{600 + 1\,240}{1+60}\right)}\ \text{F} \approx (53 \sim 159)\ \mu\text{F}$$

取 $C_e = 100\ \mu\text{F}/25\ \text{V}$

5.1.2　仿真设计

在 Multisim 10 实验平台上，按上述设计参数搭建实验电路，依设计要求，验证放大电路的性能指标：静态工作点，电压放大倍数，输入、输出电阻以及频率特性。若不符合要求，则可修改实验电路中相应的元件参数，直至符合设计要求。

1. 搭建实验电路

在 Multisim 10 电路实验窗口，按上述设计参数搭建小信号共射放大电路，如图 5.1.3(a)所示。

2. 仿真分析

(1) 用直流工作点分析功能(DC Operating Point Analysis)分析计算实验电路

打开存盘的如图 5.1.3(a)所示的实验电路，单击 Multisim 10 界面菜单“Simulate /

Analyses/DC operating Point… ”按钮。在弹出的对话框中，设定节点 1(基极)、节点 2(集电极)、V_{CC}(直流电源)、节点 3(发射极)和 I[ccvcc](流入直流电源 V_{CC} 的电流)为待分析的电路节点。单击“Simulate”仿真按钮进行直流工作点仿真分析，即有分析结果(待分析电路节点的电位)显示在“Analysis Graph”(分析结果图)中，如图 5.1.4 所示。依分析结果(相当于“在路电压测量”中待测试点相对于参考点的电压降)，有

$$V_{BEQ}=V_1-V_3\approx(2.92772-2.18949)\text{V}\approx0.74\text{ V}$$

$$V_{CEQ}=V_2-V_3\approx(10.37662-2.18949)\text{V}\approx8.19\text{ V}$$

$$I_{CQ}=(V_{CC}-V_2)/R_c\approx[(12-10.37662)/1.2]\text{mA}\approx1.35\text{ mA}$$

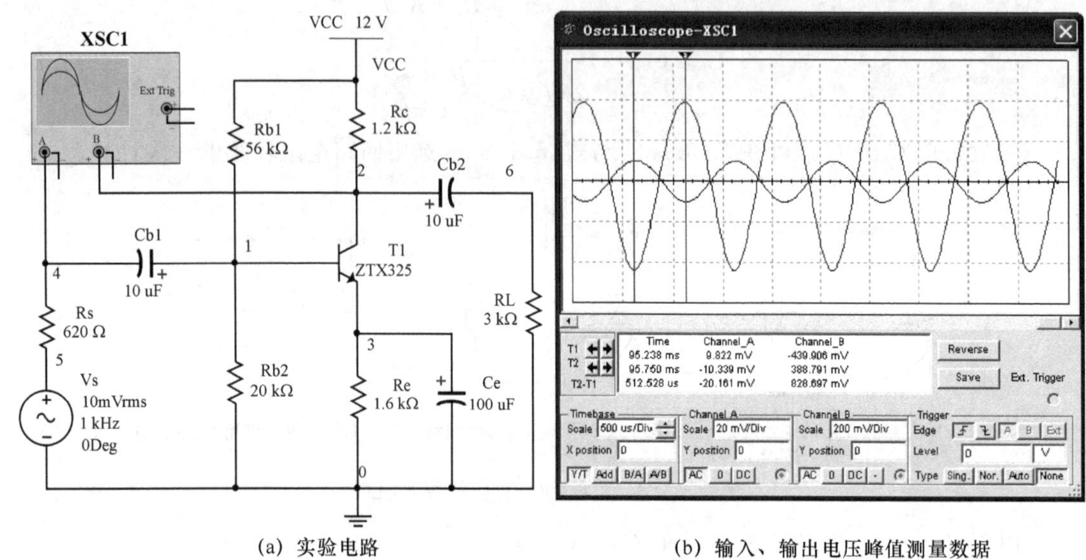

(a) 实验电路　　(b) 输入、输出电压峰值测量数据

图 5.1.3　仿真电路

5.1.3a DC Operating Point

	DC Operating Point	
1	V(2)	10.37662
2	V(1)	2.92772
3	V(3)	2.18949
4	I(ccvcc)	-1.51482 m

图 5.1.4　直流工作点分析数据

(2) 用测量仪器仿真测量、分析实验电路的电压放大倍数和输入、输出电阻

用示波器测量的输入、输出信号波形参数如图 5.1.3(b)所示。由示波器游标 T_1、T_2 的读数窗口中读取二组数据，取其平均数值，则实验电路的电压放大倍数为

$$A_v=\frac{v_{op}}{v_{ip}}=-\frac{388.791+439.906}{10.339+9.822}\approx-41.1\text{，数值余量不大}$$

如图 5.1.5(b)所示，测得电路信号源的峰值约为 14.14 mV，由图 5.1.3(b)所示输入信号的平均数值约为 10.08 mV，则实验电路的输入电阻为

$$R_i=\frac{V_{ip}}{V_{sp}-V_{ip}}R_s=\left(\frac{10.08\times0.62}{14.14-10.08}\right)\text{k}\Omega\approx1.54\text{ k}\Omega$$

由图 5.1.5(a)所示，断开负载电阻 R_L 后，测得输出电压峰值 V_{OP} 的平均数值约为 576.35 mV，如图 5.1.5(b)所示，则实验电路的输出电阻为

$$R_o=\left(\frac{V_{OP}}{V_{OLP}}-1\right)R_L\approx\left(\frac{576.35}{414.35}-1\right)\times 3\ k\Omega\approx 1.17\ k\Omega$$

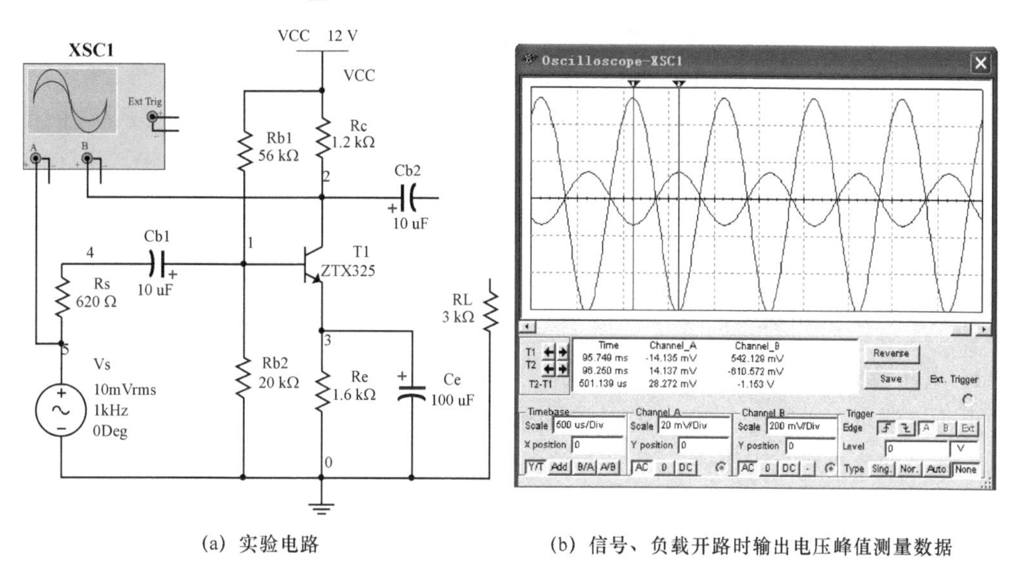

(a) 实验电路　　(b) 信号、负载开路时输出电压峰值测量数据

图 5.1.5　仿真测量电路

(3) 利用交流分析功能(AC Analysis)分析实验电路的频率特性

打开存盘的如图 5.1.3(a)所示的实验电路，单击 Multisim 10 界面菜单“Simulate/Analyses/AC Analysis…”(交流分析)按钮。在弹出的对话框“Output”选项中，选择待分析的输出电路节点 $V[6]$。在启动的频率特性分析参数设置对话框中设定相关参数，单击“Simulate”仿真按钮，即可得到图 5.1.3(a)放大电路的幅频特性曲线、相频特性曲线和相关数据，分别如图 5.1.6(a)和图 5.1.6(b)所示。由图 5.1.6(b)所示数据可知：

下限频率 $f_L\approx 136.9$ Hz，略大于设计要求

上限频率 $f_H\approx 4.3489$ MHz

通带宽度 $BW=f_H-f_L\approx(4\,348.9-0.137)\text{kHz}\approx 4\,348.76\ \text{kHz}$

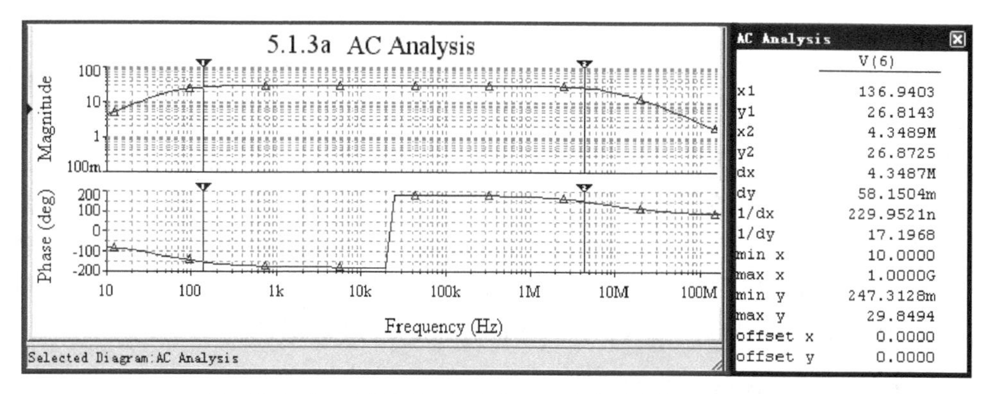

(a) 图5.1.3放大电路的幅频特性曲线和相频特性曲线　　(b) 相关数据

图 5.1.6　图 5.1.3(a)放大电路的幅频特性曲线、相频特性曲线和相关数据

(4) 用示波器仿真测量、分析实验电路的频率特性

放大电路的幅频特性也可以通过测量不同频率信号作用时的电压放大倍数 A_v 来获得。工程上通常采用“逐点法”来测量放大电路的幅频特性。在维持输入信号幅值不变、输出波形不失真的情况下，每改变一次输入信号的频率，即用电子毫伏表或示波器测得一个输出电压值，计算对应的电压放大倍数，然后将测量数据，f_i、A_v(dB)列表，整理并标于坐标纸上，将逐点测量的结果连接成线，即为所求的幅频特性曲线。

如果只需测量放大电路的通频带 BW，则只需先测出放大电路中频段(如 $f_o=1$ kHz)的输出电压 V_o，然后分别升高、降低输入信号的频率，直至输出电压降到 $0.707\ V_o$ 为止(过程中，应维持输入信号的幅值不变)，此时所对应的输入信号的频率即为 f_H 和 f_L，则有

$$BW=f_H-f_L$$

5.1.3　分析研究

1. 电压放大倍数 A_v

由仿真测量所得图 5.1.3(a)实验电路的电压放大倍数约为 -41.1，数值余量不大。本书 3.2.2 节的分析研究表明，A_v 几乎与放大电路中的三极管无关，而仅与放大电路中的电阻阻值及环境温度有关，且与 I_{CQ} 成正比。因此，调节(减小)R_{b1} 以增大 I_{CQ}，是增大阻容耦合共射放大电路电压放大倍数最有效的方法。据此，取 $V_{BQ}=4$ V；在 Multisim 10 中查得三极管 ZTX325(代替 9013)的正向共射电流放大系数 $\beta_F=93$、$r_{bb'}=7\ \Omega$，$V_{BE(on)}=1.12$ V，取 $V_{BEQ}=1$ V，有

$$I_{CQ}<\beta\frac{26}{R_i-r_{bb'}}\approx\left(90\times\frac{26}{1\,000-7}\right)\text{mA}\approx2.36\ \text{mA}，取\ I_{CQ}=2\ \text{mA}$$

$$R_e\approx\frac{V_{BQ}-V_{BEQ}}{I_{CQ}}=\frac{4-1}{2}\text{k}\Omega=1.5\ \text{k}\Omega，取\ \text{E24}\ 系列(\pm5\%)标称值，R_e=1.5\ \text{k}\Omega$$

$$R_{b2}=\frac{V_{BQ}}{I_1}=\beta\frac{V_{BQ}}{(5\sim10)I_{CQ}}=\frac{90\times4}{(5\sim10)\times2}\ \text{k}\Omega=(18\sim36)\text{k}\Omega，取\ \text{E24}\ 系列标称值，R_{b2}=24\ \text{k}\Omega$$

$$V_{BQ}\approx V_{CC}\frac{R_{b2}}{R_{b1}+R_{b2}}$$

$$R_{b1}\approx R_{b2}\frac{V_{CC}-V_{BQ}}{V_{BQ}}=\frac{24\times(12-4)}{4}\text{k}\Omega=48\ \text{k}\Omega，取\ \text{E24}\ 系列标称值，R_{b1}=51\ \text{k}\Omega$$

2. 下限截止频率 f_L

由仿真分析所得图 5.1.3(a)实验电路的下限截止频率 f_L 约为 136.9 Hz，数值略大于设计要求。由仿真测量、分析可知，要想降低下限截止频率，应增大耦合电容 C_{b1}、C_{b2} 和旁路电容 C_e。工程上，在分析计算电路的下限频率时，如果当其中一个电容所在回路的时间常数明显地小于其他电容所在回路的时间常数时(工程上常取为 5 倍)，那么该电容所确定的下限频率就是整个电路的下限频率，而没有必要计算其他电容的影响。旁路电容 C_e 所在回路的等效电阻最小，影响最大，要想降低下限截止频率应增大 C_e，故将 C_e 从 100 μF 调整为 220 μF(系列值)；将耦合电容 C_{b1}、C_{b2} 从 10 μF 调整为 22 μF(系列值)。

5.1.4　电路的测量与调试

由于电路元器件参数的离散性、电路连线或印制板形成的分布参数、电子装配工艺等方

面的原因，工程上，设计完成的电路必须经过实体安装、调整、测试验证后才能投产，形成产品。为此，需将前面设计的放大电路安装后进行测试、调整。

1. 静态工作点的测试与调整

根据设计，组装后的放大电路，通电前应先用万用表的"Ω"挡检测电源间有无短路现象、电路连接是否正确，然后才可接通电源，检测静态工作点。

为调试方便，R_{b1}可先用 47 kΩ 固定电阻与由 33 kΩ 电位器构成的可变电阻串联后替代，待调试完成后，根据实测阻值，再用相应的固定电阻取代。

测量静态工作点，应使 $v_s=0$，即将放大电路的交流输入端(耦合电容 C_{b1} 的左端)对地短路，然后用万用表的直流电压挡分别测量三极管的 b、e、c 极对地电压 V_{BQ}、V_{EQ}、V_{CQ}。测量的目的，一是查看静态工作点是否合适，是否能保证在 $V_{ip\text{-}p}$ 范围内，三极管都工作在放大状态；二是通过检测，确认电路设计、安装、元器件质量的好坏等情况。

如果出现 $V_{CQ}\approx V_{CC}$，说明三极管工作在截止状态；如果出现 $V_{CEQ}<0.5$ V，说明三极管已经饱和。这时，应调整 R_{b1} 的大小，即调整电位器(可变电阻)阻值的大小，同时用万用表监测 V_{BQ}、V_{EQ}、V_{CQ}的变化。当工作点偏高(靠近饱和区)时，应增加 R_{b1} 的阻值，以减小 I_{BQ}；当工作点偏低(靠近截止区)时，应减小 R_{b1} 的阻值，以增大 I_{BQ}。如果测得 V_{CEQ}为正几伏，说明三极管已工作在放大状态。此时可依据 V_{BQ}、V_{EQ}、V_{CQ}的数值换算出 I_{CQ}，也可通过测量已知电阻 R_c 或 R_e 两端的电压降，换算出对应的 I_{CQ}或 I_{EQ}。一般在检测电路的在线电流时，多用此法，而不采用断开电路串入电流表的测量方法。虽然测得 V_{CEQ}为正几伏的电压，但并不能说明放大电路的静态工作点已设置在合适的位置，还要进行动态测试，以保证在输入信号 v_i(或 v_s)的全周期内，三极管都工作在放大状态。

按设计要求，在放大电路的输入端接入 $v_i=10$ mV，$f_i=1$ kHz 的正弦波信号，并用双踪示波器分别监测放大电路输入端的输入电压 v_i 的波形和输出端(负载电阻 R_L 两端)的输出电压 v_o 的波形，观测 v_o 正弦波波形是否产生了失真。

如果 v_o 的波形顶部产生了削波，如图 5.1.7(b)所示，说明放大电路的静态工作点偏低，电路产生了截止失真，应调大基极偏流 I_{BQ}；如果 v_o 的波形底部被削波，如图 5.1.7(c)所示，说明放大电路的静态工作点偏高，电路产生了饱和失真，应调小基极偏流 I_{BQ}。如果逐渐增大输入信号 v_i 的幅值，输出波形的顶部和底部差不多同时开始产生削波，则说明静态工作点设置得比较合适，这当然是忽略了放大电路静态功耗指标的要求。此时，移去信号源，重新使 $v_i=0$，测量 V_{BQ}、V_{EQ}、V_{CEQ}和 I_{CQ}，并去除 V_{CC}，断开连线，测量并记录 R_{b1}的大小，即为所求。也可以在 $v_i=0$ 的情况下，直接调试，即在忽略三极管饱和压降 V_{CES}的情况下，使 $V_{CEQ}\approx\frac{1}{2}V_{CC}$。

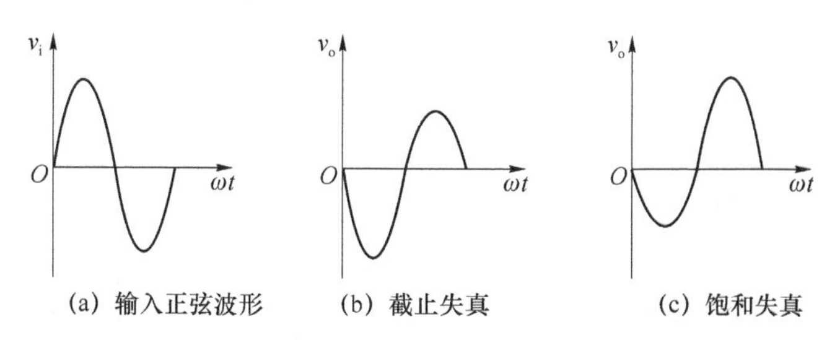

图 5.1.7　调整静态工作点

2. 放大电路动态性能指标的检测

(1) 电压放大倍数的仿真测量

在 Multisim 10 实验平台上，按上述分析研究修改后的参数搭建实验电路，如图 5.1.8(a)所示。用示波器测量的输入、输出信号波形参数如图 5.1.8(b)所示。由示波器游标 T_1、T_2 读数窗口中读取两组数据的平均值，修改参数后实验电路的电压放大倍数为

$$A_v=\frac{v_{op}}{v_{ip}}=-\frac{998.033}{18.530}\approx -53.9$$

可见，电路的电压放大倍数明显增大了。

另外，如果是大致估算，用示波器即可完成测量；如果是精确测量，则应使用电子交流毫伏表进行测量，示波器只是用来监测输出波形的失真情况(如果输出波形产生了失真，A_v 的检测是没有意义的)。

(2) 实验电路频率特性的仿真测量

工程上常用扫频仪(或示波器)来测量放大电路的频率特性。为简捷起见，打开存盘的图 5.1.8(a)所示实验电路，单击 Multisim 10 界面菜单“Simulate/Analyses/AC analysis…”(交流分析)按钮。在弹出的对话框“Output”选项中，选择待分析的输出电路节点 $V[6]$。在启动的频率特性分析参数设置对话框中设定相关参数，单击“Simulate ”仿真按钮，即可得到图 5.1.8(a)放大电路的幅频特性曲线、相频特性曲线和相关数据，分别如图 5.1.9(a)和图 5.1.9(b)所示。

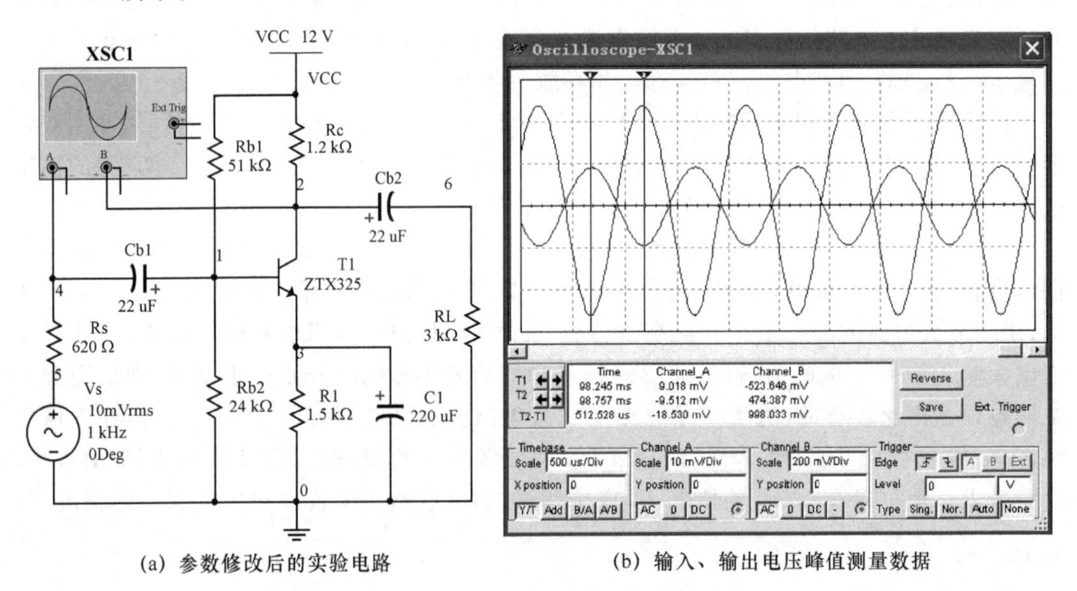

(a) 参数修改后的实验电路　　(b) 输入、输出电压峰值测量数据

图 5.1.8 仿真电路

由图 5.1.8(b)所示数据可知：

下限频率 $f_L\approx 82.9$ Hz

上限频率 $f_H\approx 3.257\,7$ MHz

通带宽度 $BW=f_H-f_L\approx(3\,257.7-0.083)\text{kHz}\approx 3\,257.6\text{ kHz}$

可见，增大耦合电容 C_{b1}、C_{b2} 和旁路电容 C_e 后，电路的下限截止频率降低了。但由于工作点的改变，电路的上限截止频率和通带宽度也降低了。

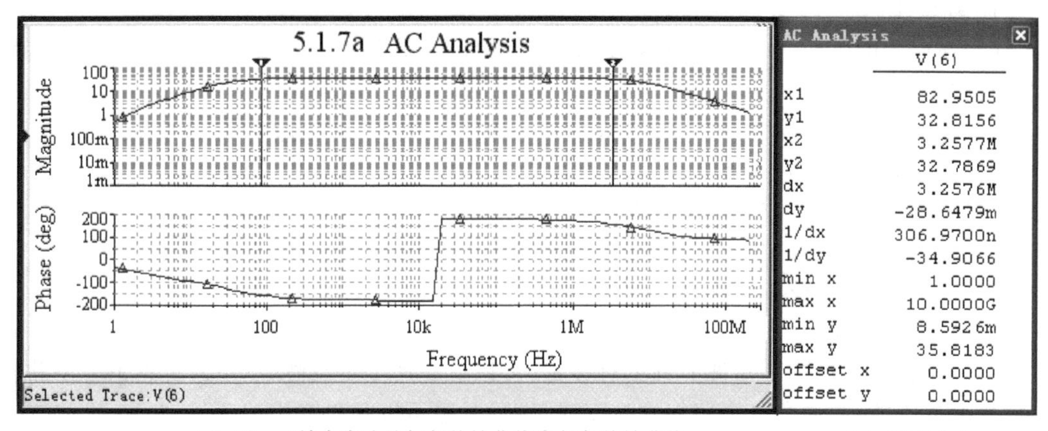

(a) 图5.1.8放大电路的幅频特性曲线和相频特性曲线　　(b) 相关数据

图 5.1.9　图 5.1.8(a)放大电路的幅频特性曲线、相频特性曲线和相关数据

(3) 动态性能指标调整

对于一个低频放大电路，当然希望电路的稳定性要好、非线性失真要小、电压放大倍数要大、输入阻抗要高、输出阻抗要低、f_L 要低、f_H 要高。但这些要求往往很难同时满足。例如，对于图 5.1.1 所示的小信号共射放大电路而言，要提高其电压放大倍数，依式 $A_v=-\beta\frac{R_c/\!/R_L}{r_{be}}$，可知有 3 种途径：$R'_L\uparrow(\rightarrow R_c\uparrow\rightarrow R_o\uparrow)$；$r_{be}\downarrow(\rightarrow R_i\downarrow)$；$\beta\uparrow(\rightarrow r_{be}\uparrow)$。

显然，增大 R'_L，即增大 R_c，会使 R_o 增大；减小 r_{be} 会使 R_i 减小。如果 R_o 和 R_i 离设计指标要求还有充分余地，似乎可以通过调整 R_c（负载 R_L 一般为固定值，不容调整）或 I_{CQ} 来提高电压放大倍数，但改变 R_c 及 I_{CQ} 又会影响放大电路的静态工作点设计，从而影响放大电路的其他动态性能指标；似乎，只有提高三极管的 β，才是提高放大电路电压放大倍数的最简措施，但这与3.2.2节的分析研究结论又有矛盾。实际上，调整放大电路的电压放大倍数应通盘综合考虑。同样，在调整放大电路频率特性性能指标时，也应通盘综合考虑。

5.1.5　电路扩展训练

试设计一个工作点稳定的小信号单元放大电路。要求：$|A_v|>30$，$R_i>10\ \text{k}\Omega$，$R_o<100\ \Omega$，$f_L<100$ Hz，$f_H>1$ MHz，电路的 $V_{CC}=+12$ V，$R_L=2\ \text{k}\Omega$，$V_i=20$ mV，$R_s=600\ \Omega$。

提示：可采用共射—共集组合放大电路，或负反馈放大电路，或运放交流放大电路。

5.2　函数信号发生器仿真设计

函数信号发生器一般是指能自动产生正弦波、三角波、方波、锯齿波及阶梯波等电压波形的电路或仪器。根据用途不同，有产生三种或多种波形的函数发生器，使用的器件可以是分立器件（如全部采用晶体管的低频信号函数发生器 S101），也可以采用集成电路（如单片函数发生器模块 8038）。为进一步掌握电路的基本理论及调试技术，本实例讨论由集成运算放大器与晶体管差分放大器组成的方波-三角波-正弦波函数发生器的设计方法。

1. 功能要求

(1)在给定的±12 V 直流电源电压条件下,使用运算放大器设计并制作一个函数信号发生器。

(2)函数信号发生器包括方波、三角波、正弦波产生电路,且频率和幅度可调。

(3)信号频率:1 Hz～1 kHz。

(4)输出电压:方　波 $V_{P-P} \leqslant 24$ V

三角波 $V_{P-P} \leqslant 8$ V

正弦波 $V_{P-P} > 1$ V

2. 总体设计方案

产生正弦波、方波、三角波的方案有多种,可以首先产生正弦波,然后通过整形电路将正弦波变换成方波,再由积分电路将方波变成三角波;也可以首先产生三角波-方波,再将三角波变成正弦波或将方波变成正弦波等。本实例采用先产生方波-三角波,再将三角波变换成正弦波的电路设计方法,其电路组成框图如图 5.2.1 所示。

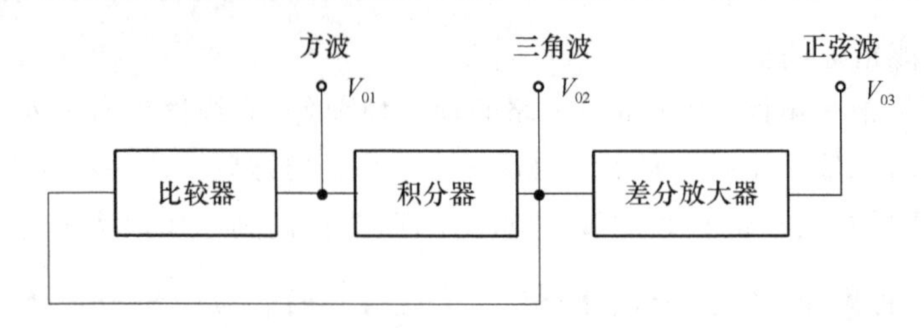

图 5.2.1　函数信号发生器原理框图

图 5.2.1 中,比较器输出的方波经由积分器后输出三角波;三角波经由差分放大器变换为正弦波输出。差分放大器具有工作点稳定,输入阻抗高,抗干扰能力较强等优点。特别是作为直流放大器时,可以有效地抑制零点漂移,因此可将频率很低的三角波变换成正弦波。波形变换的原理是利用差分放大器传输特性曲线的非线性。

3. 单元电路设计

(1) 方波-三角波转换电路

此部分电路的设计可以参照第三章的比例运算电路和积分运算电路仿真实验。连接后的电路如图 5.2.2 所示。运算放大器 U_1 与 R_1、R_2、R_3 及 R_{P1} 组成同相输入的滞回电压比较器。运放的反相端通过平衡电阻 R_1 接基准电压,即 $V_- = 0$,同相输入端接反馈输入电压 V_{O2}。比较器的输出 V_{O1} 的高电平等于正电源电压 $+V_{CC}$,低电平等于负电源电压 $-V_{EE}$ $(-V_{CC})$,$V_{CC} = V_{EE}$。当 $V_{O1} = +V_{CC}$ 时,通过 R_4 与 R_{P2} 向 C_1 充电,由于输入加在反相积分器的方向输入端,故使 V_{O2} 减小,同时也使电压比较器的 V_+ 减小,当比较器的 $V_+ = V_- = 0$ 时,比较器翻转,输出 V_{O1} 从高电平跳到低电平;当 $V_{O1} = -V_{EE}$ 时,通过 R_4 与 R_{P2} 向 C_1 反向充电,由于输入加在反相积分器的方向输入端,故使 V_{O2} 增大,同时也是使电压比较器的 V_+ 增大,当比较器的 $V_+ = V_- = 0$ 时,比较器翻转,输出 V_{O1} 从低电平跳到高电平。上述过程周而复始,就构成了一个方波-三角波自动转换电路。

设 $V_{O1} = +V_{CC}$,则

$$V_+ = \frac{R_2}{R_2 + R_3 + R_{P1}}(+V_{CC}) + \frac{R_3 + R_{P1}}{R_2 + R_3 + R_{P1}}V_{O2} = 0 \tag{5.2.1}$$

将上式整理,有比较器翻转的下门限电位 V_{O2-} 为

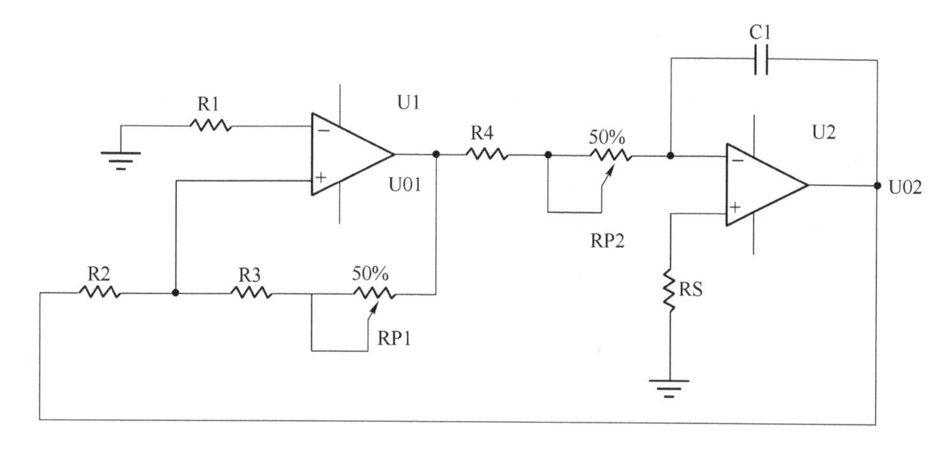

图 5.2.2 方波-三角波转换电路

$$V_{O2-}=\frac{-R_2}{R_3+R_{P1}}(+V_{CC})=\frac{-R_2}{R_3+R_{P1}}V_{CC} \tag{5.2.2}$$

若 $V_{O1}=-V_{CC}$，则比较器翻转的上门限电位 V_{O2+} 为

$$V_{O2+}=\frac{-R_2}{R_3+R_{P1}}(-V_{CC})=\frac{R_2}{R_3+R_{P1}}V_{CC} \tag{5.2.3}$$

比较器的门限宽度为

$$V_H=V_{O2+}-V_{O2-}=2\frac{R_2}{R_3+R_{P1}}V_{CC} \tag{5.2.4}$$

三角波的幅度为

$$V_{O2m}=\frac{R_2}{R_3+R_{P1}}V_{CC} \tag{5.2.5}$$

由方波-三角波的积分公式有方波-三角波的频率 f 为

$$f=\frac{R_3+R_{P1}}{4R_2(R_4+R_{P2})C_1} \tag{5.2.6}$$

由式(5.2.6)可以看出电位器 R_{P2} 在调整方波-三角波的输出频率时，不会影响输出波形的幅度。调整 C_1 可改变输出的频率范围，调整 R_{P2} 可实现输出频率的微调。方波的输出幅度应等于电源电压 $+V_{CC}$。三角波的输出幅度应不超过电源电压 $+V_{CC}$。电位器 R_{P1} 可实现幅度微调，但会影响方波-三角波的频率。

比较器 U_1 与积分器 U_2 的元件计算如下：

由式(5.2.5)及功能设计要求，三角波 $V_{P\text{-}P}\leqslant 8$ V，$V_{CC}=12$ V，有

$$\frac{R_2}{R_3+R_{P1}}=\frac{V_{O2m}}{V_{CC}}=\frac{4}{12}=\frac{1}{3}$$

取 $R_2=10$ kΩ，则 $R_3+R_{P1}=30$ kΩ，取 $R_3=20$ kΩ，R_{P1} 为 47 kΩ 的电位器。取平衡电阻 $R_1=R_2/\!/(R_3+R_{P1})\approx 10$ kΩ。同时由式(5.2.6)有

$$R_4+R_{P2}=\frac{R_3+R_{P1}}{4R_2fC_1}$$

当 1 Hz$\leqslant f\leqslant$10 Hz 时，取 $C_1=10\ \mu$F，则 $R_4+R_{P2}=(7.5\sim75)$ kΩ，取 $R_4=5.2$ kΩ，R_{P2} 为 100 kΩ 电位器。当 10 Hz$\leqslant f\leqslant$100 Hz 时，$C_1=1\ \mu$F，当 100 Hz$\leqslant f\leqslant$1 000 Hz 时，取 $C_1=0.1\ \mu$F，以实现频率波段的转换，R_4 及 R_{P2} 的取值不变。取平衡电阻 $R_5=10$ kΩ。

(2) 三角波-正弦波转换电路

三角波转换为正弦波的方法总的看来有两种,一种是通过滤波器进行"频域"处理的滤波式,另一种则是通过电路作折线近似变换"时域"处理。滤波式的优点是基本不受输入三角波电平变动的影响,缺点是输出正弦波幅度会随频率一起变化(随频率的升高而衰减),一般不采用这种方法。利用差分放大器的差模传输特性曲线的非线性,将三角波近似逼近为正弦波,这种转换方式比较简单,而且频带很宽。差分放大器具有工作点稳定,输入阻抗高,抗干扰能力较强等优点,特别是作为直流放大器,可以有效地抑制零点漂移,因此可将频率很低的三角波变换成正弦波,变换的特性曲线如图 5.2.3 所示。根据这个特点构成的三角波-正弦波变换电路如图 5.2.4 所示。

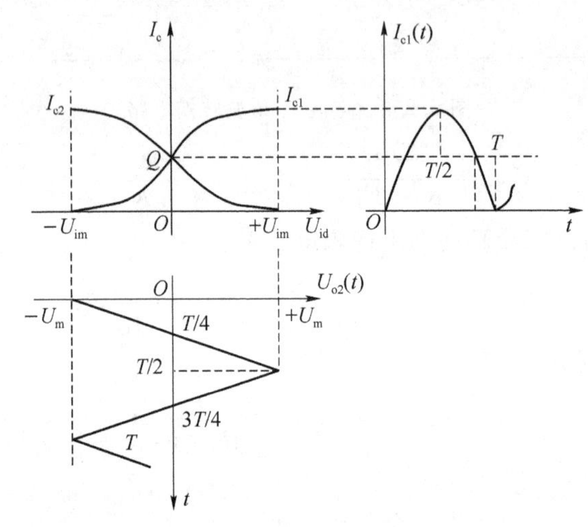

图 5.2.3 三角波-正弦波变换的传输特性曲线

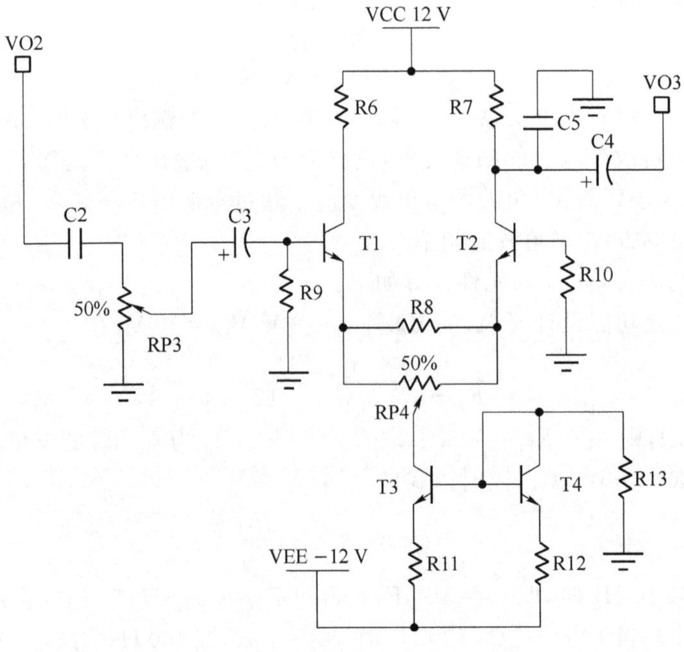

图 5.2.4 三角波-正弦波变换电路

图5.2.4所示电路由两个差分放大电路构成。上半部分为一个单端输入、单端输出的差动放大电路，用于实现三角波-正弦波的变换。下半部分差动放大电路为一个给上半部分差动放大电路提供恒定电流的电流源。其中，调节 R_{P3} 可调节三角波的幅度，调节 R_{P4} 可调整电路的对称性，其并联电阻 R_8 用来减小差分放大器的线性区。电容 C_2、C_3、C_4 为隔直电容，C_5 为滤波电容，以滤除谐波分量，改善输出波形。

分析电路和传输特性曲线可知，为使输出波形更接近正弦波，传输特性曲线越对称、线性区越窄越好；三角波的幅度 V_m 应正好使晶体管接近饱和区或截止区。

假设 V_{O2} 为三角波，输入的三角波波形表达式为

$$V_{O2}=\begin{cases}\dfrac{4V_m}{T}\left(t-\dfrac{T}{4}\right) & \left(0\leqslant t\leqslant\dfrac{T}{2}\right)\\[2ex] \dfrac{-4V_m}{T}\left(t-\dfrac{3T}{4}\right) & \left(\dfrac{T}{2}\leqslant t\leqslant T\right)\end{cases} \tag{5.2.7}$$

式中，V_m 为三角波的幅度（V_{O2m}），T 为三角波的周期。

正弦波的电压

$$V_{O3}=V_{CC}-I_{C2}R_7 \tag{5.2.8}$$

其中，集电极电流 I_{C2} 可由发射极电流 I_{E2} 求得，有

$$I_{C2}=aI_{E2}=\frac{aI_0}{1+e^{V_{O2}/V_T}} \tag{5.2.9}$$

式中，$a=I_C/I_E\approx1$，I_0 为下半部分差分放大器提供的恒定电流，V_T 为温度的电压当量。当室温为25 ℃时，$V_T\approx26$ mV。

因为输出频率很低，隔直电容 C_2、C_3、C_4 取值较大，取 $C_2=C_3=C_4=470\ \mu F$。滤波电容 C_5 取值视输出的波形而定，若含高次谐波成分较多，C_5 取值较小，一般为几十皮法至0.1 μF。R_8（100 Ω）与 R_{P4}（100 Ω）并联，以减小差分放大器的线性区。取平衡电阻 $R_9=R_{10}=10$ kΩ。

要保证正弦波的 $V_{P\text{-}P}>1$ V，需确定 I_{C2} 的大小，由传输特性曲线和式(5.2.8)、(5.2.9)可知，I_{C2} 与差分放大器的静态工作点 Q 以及为下半部分差分放大器提供的恒定电流 I_0 有关，这可通过调整 R_{P4} 及电阻 R_{13} 确定。取 $R_6=R_7=20$ kΩ，$R_{11}=R_{12}=2$ kΩ，$R_{13}=9$ kΩ。

(3) 总电路图

由集成运算放大器与晶体管差分放大器组成的方波-三角波-正弦波函数发生器的总电路图如图5.2.5所示。

4. 电路测试与仿真

(1) 方波-三角波电路仿真

在电容 C_1 处接入一个一刀掷选择开关，可分别选择接入10 μF、1 μF、0.1 μF的电容，以实现将信号频率分成3档：1～10 Hz；10～100 Hz；100～1 000 Hz。例如，选择10～100 Hz挡，将示波器的A、B通道分别与电路中的测试端口 V_{O1} 与 V_{O2} 连接，启动仿真开关，即可得到如图5.2.6所示的输出波形。

从图5.2.6所示的示波器数据栏中可以读出，输出波形的周期约为74 ms（即频率约为14 Hz），方波的峰峰值 $V_{P\text{-}P}$ 约为22 V，三角波的峰峰值 $V_{P\text{-}P}$ 约为7.6 V。

在进行单元电路设计、分析时已知，方波的输出幅度应等于电源电压 $+V_{CC}$，三角波的输出幅度应不超过电源电压 V_{CC}，调整电位器 R_{P1} 可实现输出方波-三角波幅度的微调，但会

影响方波-三角波的频率；调整电位器 R_{P2} 可实现输出方波-三角波频率的微调，但不会影响输出波形的幅度；若要在较宽的频率范围内调整输出方波-三角波的频率，则可调整接入电容 C_1 的大小。

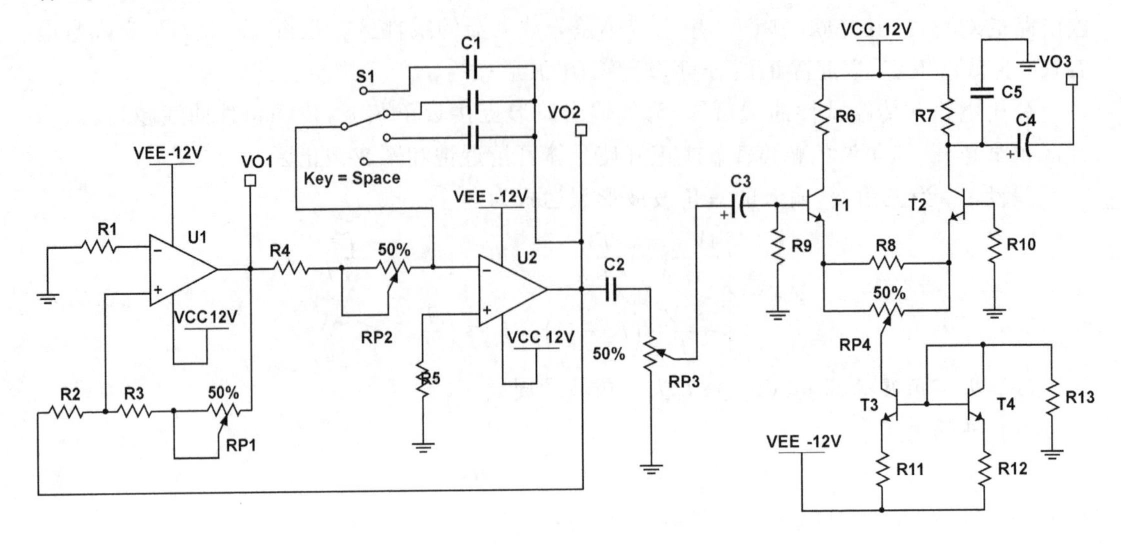

图 5.2.5 函数信号发生器总电路图

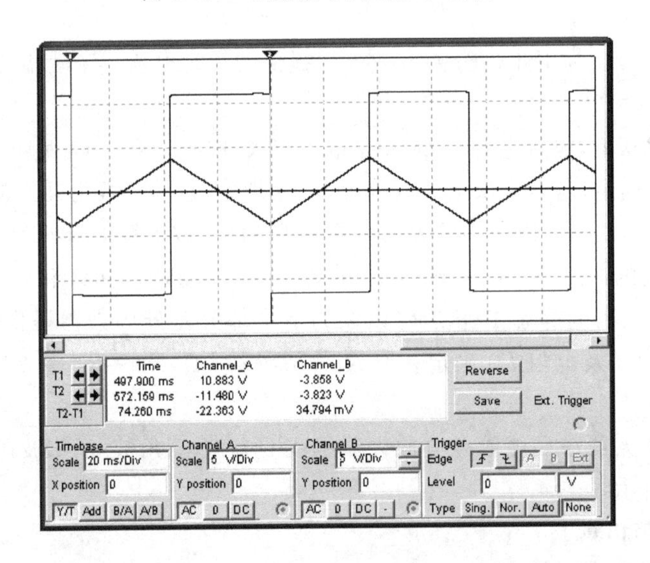

图 5.2.6 方波-三角波电路输出波形

在量程选择开关(C_1 大小)不变的情况下，分别将 R_{P1}、R_{P2} 从 50%调整为 80%，可得到不同周期(频率)和幅度的方波-三角波波形，分别如图 5.2.7 和图 5.2.8 所示。从图 5.2.7 中可以看出，方波-三角波的周期约为 61 ms，方波的峰-峰值 $V_{P\text{-}P}$ 约为 22 V，三角波的峰-峰值 $V_{P\text{-}P}$ 约为 6.1 V；从图 5.2.8 中可以看出，方波-三角波的周期约为 102 ms，方波的峰-峰值 $V_{P\text{-}P}$ 约为 22 V，三角波的峰-峰值 $V_{P\text{-}P}$ 约为 6.7 V，基本符合设计要求。

改变选择开关 K，接入不同的电容 C_1 量值，以调整频率的测量量程，可得到如表 5.2.1 所示的测量数据。如要使数据更准确可调整电位器 R_{P1}、R_{P2} 的量值。

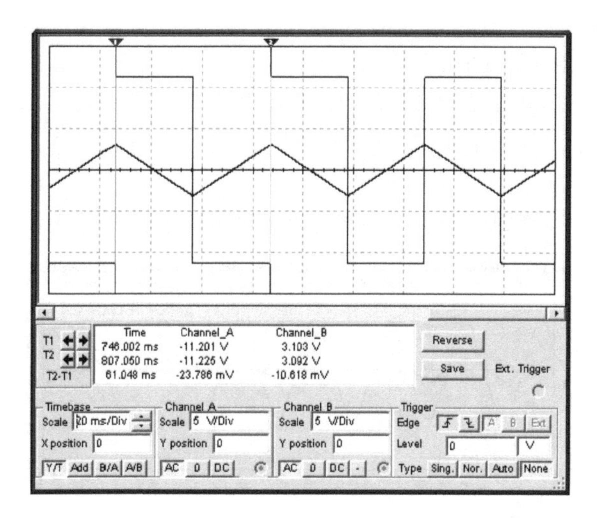

图 5.2.7　改变 R_{P1} 后的波形

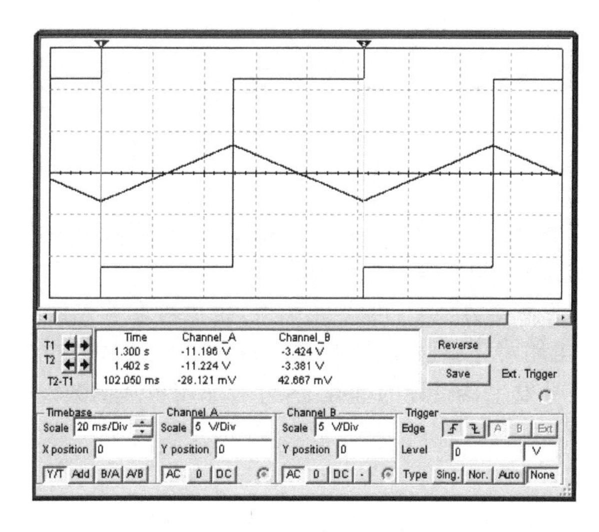

图 5.2.8　改变 R_{P2} 后的波形

表 5.2.1　选择不同 C_1 量值情况下的频率范围

$C_1/\mu F$	f_{min}/Hz	f_{max}/Hz
0.1	138	833
1	18	108
10	2.8	10.7

(2) 三角波-正弦波电路仿真

测试三角波-正弦波电路时应注意按以下步骤进行。

① 断开 R_{P3}，经 C_3 由信号源输入 50 mV/100 Hz 的三角波(差模信号)。调节 R_{P4} 与 R_{13}，使传输曲线对称。逐渐增大差模输入电压，直至传输特性曲线形状如图 5.2.3 所示，记下此时对应的差模电压值，即为最大值。移去信号源，将 C_3 左端接地，测量差分放大器的静态工作点 I_0、V_{C1}、V_{C2}、V_{C3}、V_{C4}。

② 将 R_{P3} 与 C_3 连接，调节 R_{P3} 使三角波的输出幅度为最大值，这时 V_{O3} 的输出波形应接

近正弦波，调节 C_6 大小可改善输出波形。若 V_{O3} 的波形出现失真，则应调节和改善参数，产生失真的原因及可采取的措施有：

- 若出现钟形失真，可能是传输特性曲线的线性区太宽所致，应减小 R_8；
- 若出现圆顶或平顶失真，可能是传输特性曲线的对称性较差、工作点 Q 偏上或偏下所致，应调整电阻 R_{13}。

启动仿真开关，即可得到如图 5.2.9 所示的三角波-正弦波输出波形。

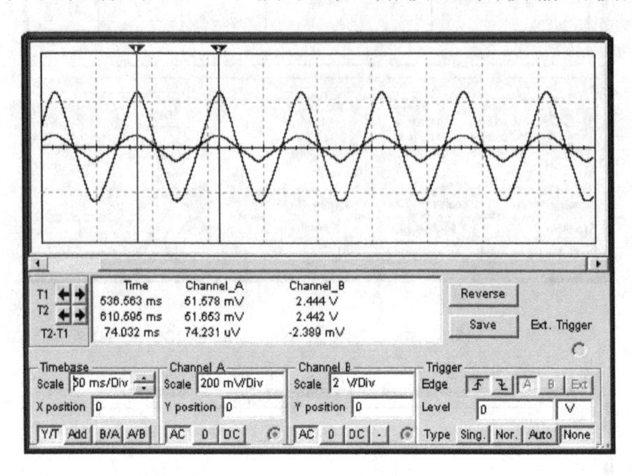

图 5.2.9　三角波-正弦波电路输出波形

5. 电路扩展训练

(1) 本实例中的波形占空比为 50%，可考虑改进电路，使之成为占空比可调的函数信号发生器，如占空比可调之后三角波就可变为锯齿波。

(2) 本实例采用的方法是方波-三角波-正弦波，也可考虑首先使用文氏桥振荡电路产生正弦波，然后通过整形电路将正弦波变换成方波，再由积分电路将方波变三角波的方法。

(3) 在本例函数信号发生器设计的基础上，可考虑用单片函数发生器模块 8038 为核心来构建函数信号发生器。

5.3　智力抢答器仿真设计

智力抢答器是各种竞赛活动中不可或缺的电子设备，发展较快，从一开始的仅具有抢答锁定功能的一个电路，到现在的具有倒计时、定时、自动(或手动)复位、报警(即声响提示)、屏幕显示、按键发光等多种功能的技术融合。因此，抢答器按设计功能要求的不同，可以分为很多种类。下面分别以功能相异、锁存技巧不同的一个四路智力抢答器和一个三路智力抢答器为例，介绍智力抢答器设计的一般过程、思想和方法。

5.3.1　四路智力抢答器仿真设计

1. 设计要求

(1) 在给定 5 V 直流电源电压的条件下设计一个可以容纳四组参赛者的抢答器，每组设置一个抢答按钮供参赛者使用，分别用 4 个按钮 J_1～J_4 表示。

(2) 设置一个系统清零和抢答控制开关 K(该开关由主持人控制)，当开关 K 被按下时，抢答开始(允许抢答),打开后抢答电路清零。

(3) 抢答器具有第一个抢答信号的鉴别、锁存及显示功能。即有抢答信号输入(开关 $J_1 \sim J_4$ 中的任意一个开关被按下)时,锁存相应的编号,并在LED数码管上显示出来,同时扬声器发出声响。此时再按其他任何一个抢答器开关均无效,优先抢答选手的编号一直保持不变,直到主持人将系统清除为止。

2. 总体设计方案

数字式智力抢答器一般包括门控电路、抢答编码电路、译码电路、优先锁存电路、数显电路、声响报警电路。其中,门控电路、抢答编码电路、译码电路是核心,用于完成各组抢答信号的识别、判断;数显电路、声响报警电路用于显示抢答的组号并同时用扬声器提醒;优先锁存电路用于判断、锁存参赛者的第一个抢答信号并使其他抢答信号无效。功能要求电路设置系统清零和控制开关,因此需要一个门控电路。其工作原理框图如图5.3.1所示。

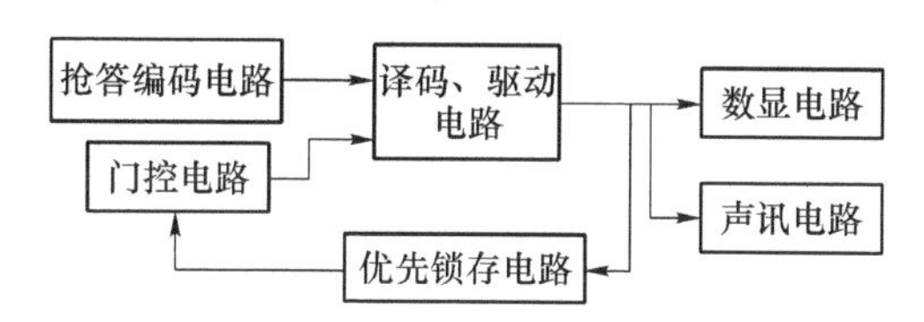

图5.3.1 四路智力抢答器工作原理框图

3. 单元电路设计

(1) 译码、数显电路

由于需要用LED数码管显示抢答的相应编号,因此选用常见的BCD——七段锁存/译码/驱动集成电路CD4511。其工作的逻辑真值表如表5.3.1所示。

表5.3.1 CD4511逻辑真值表

输入							输出							
LE	$\overline{BI}$	$\overline{LT}$	D	C	B	A	a	b	c	d	e	f	g	显示
×	×	0	×	×	×	×	1	1	1	1	1	1	1	日
×	0	1	×	×	×	×	0	0	0	0	0	0	0	熄灭
0	1	1	0	0	0	0	1	1	1	1	1	1	0	0
0	1	1	0	0	0	1	0	1	1	0	0	0	0	1
0	1	1	0	0	1	0	1	1	0	1	1	0	1	2
0	1	1	0	0	1	1	1	1	1	1	0	0	1	3
0	1	1	0	1	0	0	0	1	1	0	0	1	1	4
0	1	1	0	1	0	1	1	0	1	1	0	1	1	5
0	1	1	0	1	1	0	0	0	1	1	1	1	1	6
0	1	1	0	1	1	1	1	1	1	0	0	0	0	7
0	1	1	1	0	0	0	1	1	1	1	1	1	1	8
0	1	1	1	0	0	1	1	1	1	0	0	1	1	9
0	1	1	1	0	1	0	0	0	0	0	0	0	0	熄灭
0	1	1	1	0	1	1	0	0	0	0	0	0	0	熄灭
0	1	1	1	1	0	0	0	0	0	0	0	0	0	熄灭
0	1	1	1	1	0	1	0	0	0	0	0	0	0	熄灭
0	1	1	1	1	1	0	0	0	0	0	0	0	0	熄灭
0	1	1	1	1	1	1	0	0	0	0	0	0	0	熄灭
1	1	1	×	×	×	×				* *				* *

将 CD4511 的七段译码输出端分别与数码管的 7 个端口连接，由于 CD4511 输出端的电压为 5 V，而数码管的前向导通电压和开门电流分别为 1.66 V 和 5 mA，这时 CD4511 与数码管连接时中间需加限流电阻。$R=\frac{5-1.66}{5\times10^{-3}}\ \Omega=668\ \Omega$，限流电阻需小于这个阻值，这里取 600 Ω。连接后的译码、数显电路如图 5.3.2 所示。

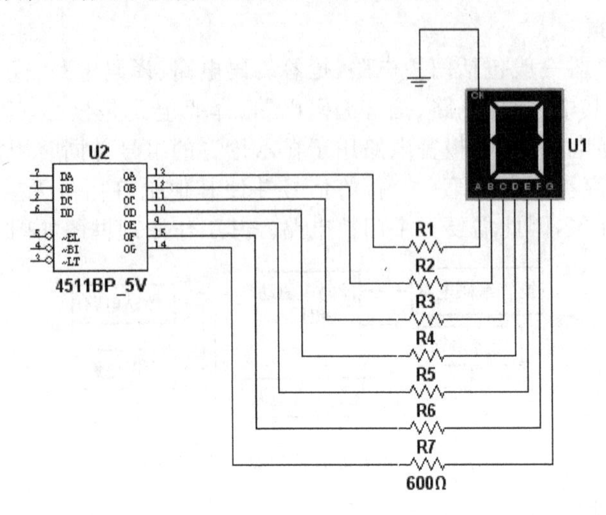

图 5.3.2 四路抢答器译码、数显电路

(2) 抢答编码电路

J_1～J_4 组成 1～4 路抢答键，任一抢答键按下都需编成 BCD 码，将高电平加到 CD4511 的 D_A、D_B、D_C、D_D 4 个 BCD 码输入端。分析 CD4511 的逻辑真值表(表 5.3.1)，要在数码管上显示 4 个十进制编号"1"、"2"、"3"、"4"，所对应输入的 BCD 码应为"**0001**"、"**0010**"、"**0011**"、"**0100**"，4 个二进制位从左到右分别对应 CD4511 的 *D*、*C*、*B*、*A* 4 个编码输入端。显示"1"、"2"、"4"比较容易实现，只需通过按键接通电源将高电平加到相应的端口即可。显示"3"则必须同时在 *A*、*B* 端口加高电平，这可以通过编码二极管来实现，按键同时接在两个二极管的正极，二极管的负极分别接在 CD4511 的 *A*、*B* 端口(注意二极管的负极需加 10 kΩ 的下拉电阻接地)，只要按键接通电源就可同时给两个端口加高电平，以实现编码。按下第几号抢答键，输入的 BCD 码就是键的号码并自动由 CD4511 内部电路译码为十进制数在数码管上显示出来。连接电路如图 5.3.3 所示。

(3) 优先锁存、门控电路

门控电路用来实现允许抢答和清零复位的功能，由一个开关 K 连入电路实现。分析 CD4511 的逻辑真值表(表 5.3.1)可知，CD4511 的端口 LT 只有加高电平时有效，因此连接在电源上。端口 BI 也是高电平有效，低电平时数码管熄灭，可以利用 BI 的这个特性，将端口 BI 通过开关 K 接在电源上。接通电源时允许抢答，断开时清零复位，使数码管熄灭。

由于抢答器都是多路即满足多位参赛者抢答的要求，这就有一个先后判定的锁存优先的电路，确保第一个抢答信号锁存住同时数码显示并拒绝后面抢答信号的干扰。分析 CD4511 的逻辑真值表(表 5.3.1)可知，只需给 CD4511 的端口 LE 加高电平就能实现这一锁存功能。功能要求在抢答的准备阶段，主持人按下开关 K 后，数显为"0"，LE 端口应为低电平，只有当第一个抢答键按下时，数码管显示相应的编号，并且给 LE 一个高电平，锁存此时的编号。观察 CD4511 的逻辑真值表(表 5. 3. 1)发现，数码管显示“0”时与数码管显示“1”、“2”、“3”、“4”时，CD4511 的输出端 e、f 有不同的特性，显“0”时两个端口**与非**可以给 LE 端一个低电平，显“1”、“2”、“3”、“4”时两个端口**与非**可以给 LE 端一个高电平，但此电平不能直接加在 LE 端，因为如果开关 K 断开，BI 为低电平，此时数码管熄灭，给 LE 的是高电平，将始终锁存这个熄灭状态。因此**与非**门的输出应和门控电路的开关 K 输出相与加在 LE 端，这样 LE 端只有在开关接通时才有效。根据上述分析连接后的电路如图 5. 3. 4 所示。

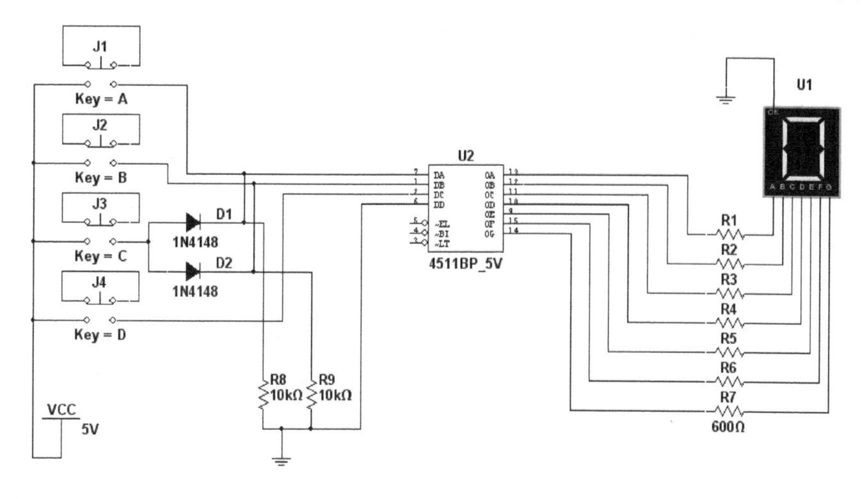

图 5. 3. 3　四路抢答器编码、译码、数显电路

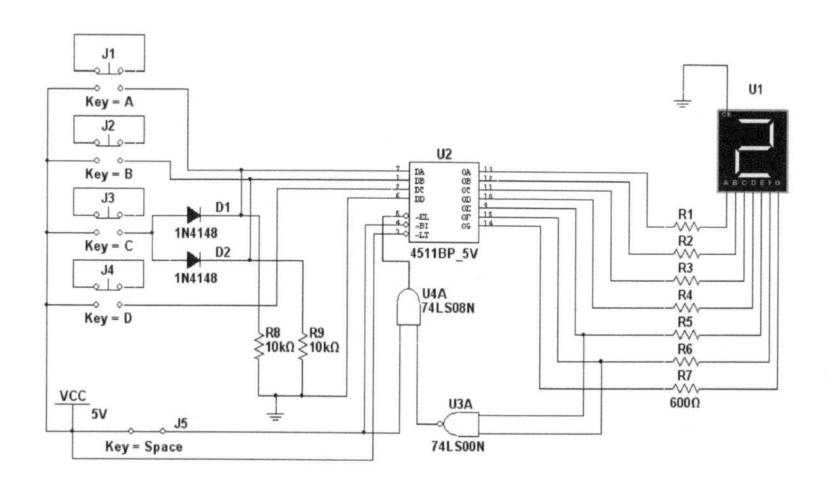

图 5. 3. 4　四路抢答器编码、译码、优先锁存、数显电路

(4) 声响报警电路

要求在抢答后显示编号的同时，蜂鸣器发出间歇式的声响，以示抢答成功，即只有数码管显示“1”、“2”、“3”、“4”时给蜂鸣器一个高电平使之报警，其他情况(数码管熄灭、显示“0”时)均不响。分析 CD4511 的真值表可以发现，数码管熄灭、显示“0”时，CD4511 的 c、e 端口输出同时为“**0**”或“**1**”；显示“1”、“2”、“3”、“4”时，两端口一个为“**0**”、一个为“**1**”，因此可以将这两个端口作为**异或**门的输入，**异或**门的输出接蜂鸣器的输入端(注意蜂鸣器的开门电压应设为 5 V)。加入声响报警电路后的完整智力抢答器电路如图 5. 3. 5 所示。

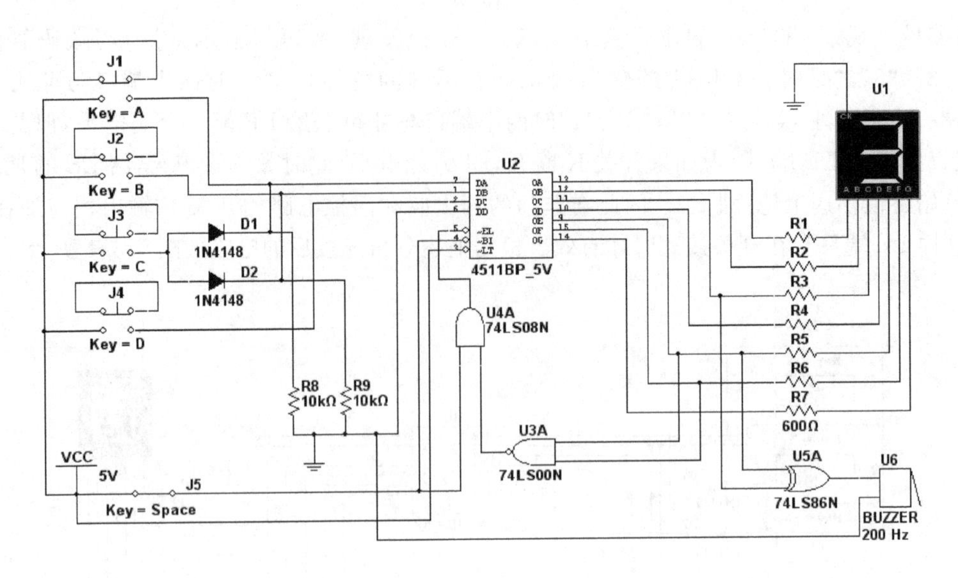

图 5.3.5　四路智力抢答器电路

4. 电路测试与仿真

(1) 启动仿真电路,可观察到按键 K 没有按下时,数码管处于熄灭状态。

(2) 将按键 K 按下,抢答处于开始状态,数码管此时显示"0"。

(3) 按任一键(如 J_3 键),数码管立即显示"3",蜂鸣器发出"嘟嘟"声响,再有其他键按下时数码管未发生改变,仍保持"3",说明编码、译码、锁存及数显、声响电路正确。

(4) 当主持人打开按键 K 时,复位,数码管熄灭。此时按任一键都改变不了此状态,门控电路正常。

(5) 如此循环,按下其他键测试。

按照以上步骤测试,可以验证电路设计正确,符合功能要求。

5. 电路扩展训练

(1) 本实例只做了四路,数码管可显示"0"~"9"10 个数,因此电路最多可扩展为十路数字式智力抢答器。

(2)实现数字式抢答器的方法很多,部分电路可以考虑用触发器的方式来实现。

(3) 功能也可以进行扩展,如设置一个抢答时间,则电路中就需要增加一个定时电路。

5.3.2　三路智力抢答器仿真设计

1. 设计要求

(1) 制作一个可容纳[1]、[2]、[3]三组参赛者的竞赛抢答器,每组设置一个抢答按钮供参加竞赛者使用。

(2) 电路应具有第一抢答信号的鉴别和锁存功能。在主持人[X]清零、发出抢答指令后,如果某组参赛者在第一时间按动抢答开关抢答成功,应立即将其输入锁存器自锁,使其他组别的抢答信号无效,并用编码、译码及数码显示电路显示出该组参赛者的组号。

(3) 若同时有两组或两组以上抢答,则所有的抢答信号无效,显示器显示"0"。

2. 三路智力抢答器仿真设计

(1) 原理框图

由设计要求"若同时有两组或两组以上抢答,则所有的抢答信号无效,显示器显示0字符",所以抢答信号处理须使用触发器。为此,用1块四D触发器74LS175(上升沿触发)、2个三3输入**与非**门74LS10N,一个三3输入**与**门74LS11N、1块555定时器电路、1块共阴七段数码显示器和若干按钮开关、电阻器、电容器等器件设计制作一个可容纳[1]、[2]、[3]三个组别参加的三路智力抢答器(+5 V电源另配),设计原理框图如图5.3.6所示。

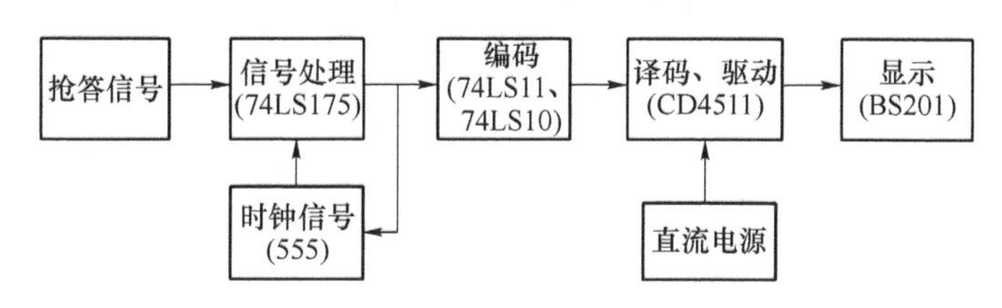

图5.3.6 三路智力抢答器设计原理框图

(2) 逻辑赋值、原理图

将图5.3.6所示的原理框图设计细化,有三路智力抢答器原理图,如图5.3.7所示。图5.3.7中,[X]为主持人清零信号,低电平有效,清零后,显示器清零;然后,单击开关控制键[X],接入高电平,抢答开始;[1]、[2]、[3]分别为三个参赛组的组别符号,每组有一个抢答按钮,抢答高电平有效;抢答时,第一时间抢答成功者的组别符号被显示器显示。

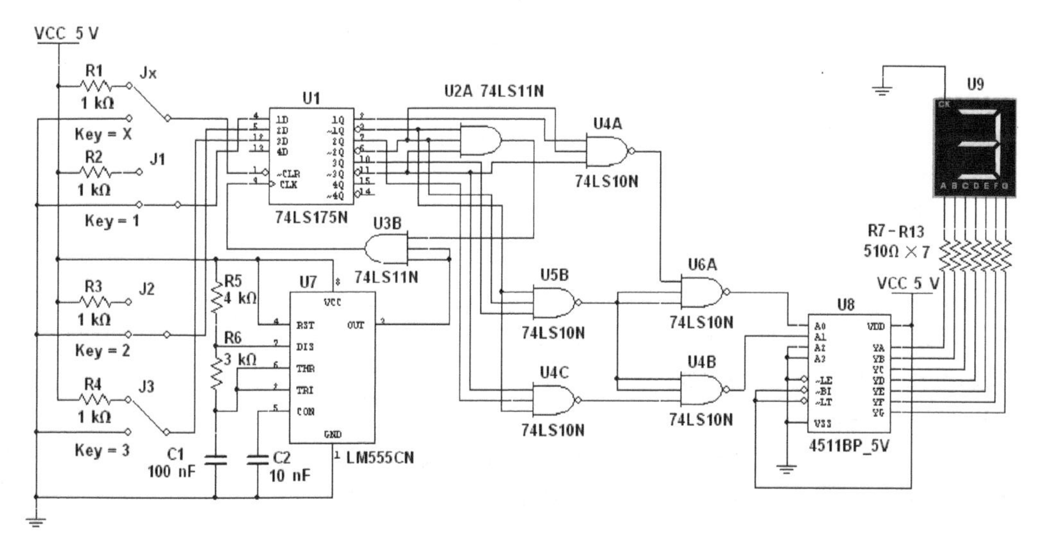

图5.3.7 三路智力抢答器

(3) 设计说明

当主持人按下清零按钮后,四D触发器U_1的$\overline{CLR}=0$,U_1被清零,$Q_1=Q_2=Q_3=\mathbf{0}$,$\overline{Q}_1=\overline{Q}_2=\overline{Q}_3=\mathbf{1}$,显示器$U_9$显示0字符,所有的抢答无效。

第一抢答信号的鉴别和锁存功能由四D触发器(74LS175)U_1,3输入**与**门(74LS11)U_{2A}、U_{3B}和一个用1块555定时器电路U_7构成的多谐振荡器组合完成。

为保证参赛者在按抢答按钮的瞬间,时钟脉冲信号能适时地到达,由U_7LM555CN构成的多谐振荡器的振荡周期$T\approx 0.7(R_5+2R_6)C_1=0.7\times(4+2\times 3)\times 10^3\times 10^{-7}\ \text{s}\approx 0.7\ \text{ms}$,

约为 1.4 kHz,远高于参赛选手的抢答频率。

当主持人命令开始抢答后,U_1 的 $\overline{CLR}=\mathbf{1}$。此时,抢答有效,设第一组参赛者在第一时间按下了抢答器按钮[1],U_1 的 $\overline{Q}_1=\mathbf{0}$,3 输入**与**门 U_{2A} 的输出为 **0**,U_{3B} 的输出为 **0**,即 U_1(74LS175)的时钟脉冲信号 CLK(上升沿有效)为 **0**,被封锁,从而使其后的抢答信号无效。

按要求,七段数码显示器译码/驱动电路 U_8(CD4511)对应的译码表如表 5.3.2 所示。

表 5.3.2 七段译码显示电路的译码表

四 D 触发器 74LS175 输出			译码/驱动电路 CD4511 输入				显示器对应显示
Q_3	Q_2	Q_1	D	C	B	A	
0	**0**	**0**	**0**	**0**	**0**	**0**	0
0	**0**	**1**	**0**	**0**	**0**	**1**	1
0	**1**	**0**	**0**	**0**	**1**	**0**	2
0	**1**	**1**	**0**	**0**	**0**	**0**	0
1	**0**	**0**	**0**	**0**	**1**	**1**	3
1	**0**	**1**	**0**	**0**	**0**	**0**	0
1	**1**	**0**	**0**	**0**	**0**	**0**	0
1	**1**	**1**	**0**	**0**	**0**	**0**	0

由表 5.3.2 可写出七段数码显示器译码/驱动电路 CD4511 输入端 D、C、B、A 对应的逻辑表达式:

$$A=\overline{Q}_3\overline{Q}_2Q_1+Q_3\overline{Q}_2\overline{Q}=\overline{\overline{\overline{Q}_3\overline{Q}_2Q_1}\cdot\overline{Q_3\overline{Q}_2\overline{Q}_1}}$$

$$B=\overline{Q}_3Q_2\overline{Q}_1+Q_3\overline{Q}_2\overline{Q}=\overline{\overline{\overline{Q}_3Q_2\overline{Q}_1}\cdot\overline{Q_3\overline{Q}_2\overline{Q}_1}}$$

$$C=D=\mathbf{0}$$

根据上述逻辑表达式,可用 U_{4A}、U_{4B}、U_{4C}、U_{5B} 和 U_{6A} 构成编码电路,如图 5.3.7 电路中的对应部分所示。

3. 仿真分析

按设计要求进行仿真实验、分析,验证设计功能要求。工作时,主持人需先将抢答器的清零按钮[X]接低电平后,再接高电平(发出"开始抢答"的指令),则第一时间抢答成功的参赛者的组别符号被显示器显示,此时,其后的抢答信号应无效;若同时有两组或两组以上抢答,则所有的抢答信号无效,显示器显示 0 字符。

4. 电路扩展训练

试设计一个将上述实例中的编码电路由一个 3 线-8 线译码器 74LS138 和一个三 3 输入**与非**门 74LS10N 构成,并有限时显示功能的三路智力抢答器。

5.4 交通灯信号控制器仿真设计

城市十字交叉路口为确保车辆、行人安全有序地通过,都设有指挥信号灯。交通信号灯的出现,使交通得以有效管制,对于疏导交通流量、提高道路通行能力、减少交通事故有明显效果。因此,如何采用合适的方法,使交通信号灯的控制与交通疏导有机结合,最大限度缓解主干道与匝道、城区同周边地区的交通拥堵状况,越来越成为交通运输管理和城市规划部门亟待解决的主要问题。以下就一个简单的交通灯控制系统的电路原理、设计和仿真测试等问题来进行具体分析讨论。

1. 功能要求

(1) 设计一个十字路口的交通灯控制电路,要求东西方向车道和南北方向车道两条交叉道路上的车辆交替运行,每次通行时间都设为 45 s。时间可设置修改。

(2) 在绿灯转为红灯时,要求黄灯先亮 5 s,才能变换运行车道。

(3) 黄灯亮时,要求每秒闪亮一次。

(4) 东西方向、南北方向车道除了有红、黄、绿灯指示外,每一种灯亮的时间都用显示器进行显示(采用倒计时的方法)。

(5) 假定+5 V 电源给定。

2. 总体方案设计

依据功能要求,交通灯控制系统应主要由秒脉冲信号发生器、倒计时计数电路和信号灯转换器组成,原理框图如图 5.4.1 所示。秒脉冲信号发生器是该系统中倒计时计数电路和黄灯闪烁控制电路的标准时钟信号源。倒计时计数器输出两组驱动信号 T_5 和 T_0,分别为黄灯闪烁和变换为红灯的控制信号,这两个信号经信号灯转换器控制信号灯工作。倒计时计数电路是系统的主要部分,由它控制信号灯转换器的工作。

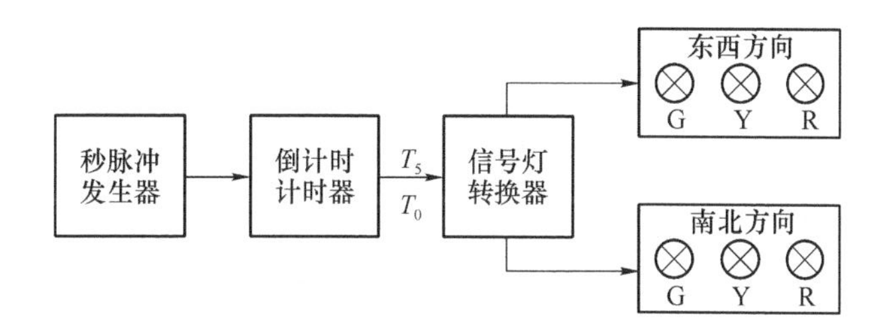

图 5.4.1　交通灯控制系统原理框图

3. 单元电路设计

(1) 信号灯转换器

信号灯状态与车道运行状态如下:

- S_0:东西方向车道的绿灯亮,车道通行;南北方向车道的红灯亮,车道禁止通行;
- S_1:东西方向车道的黄灯亮,车道缓行;南北方向车道的红灯亮,车道禁止通行;
- S_2:东西方向车道的红灯亮,车道禁止通行;南北方向车道的绿灯亮,车道通行;
- S_3:东西方向车道的红灯亮,车道禁止通行;南北方向车道的黄灯亮,车道缓行。

用以下 6 个符号来分别代表东西(A)、南北(B)方向上各灯的状态:

- $G_A=\mathbf{1}$:东西方向车道绿灯亮;
- $Y_A=\mathbf{1}$:东西方向车道黄灯亮;
- $R_A=\mathbf{1}$:东西方向车道红灯亮;
- $G_B=\mathbf{1}$:南北方向车道绿灯亮;
- $Y_B=\mathbf{1}$:南北方向车道黄灯亮;
- $R_B=\mathbf{1}$:南北方向车道红灯亮。

实现信号灯的转换有多种方法,现采用比较典型的两种方法来进行设计,比较其优劣后可以找到一种较简单、更实用的电路来实现信号灯的转换工作。

方案一:采用计数器 74163 实现

74163 是一个具有同步清零、同步置数、可保持状态不变的 4 位二进制同步加法计数器。其功能表如表 5.4.1 所示。

表 5.4.1　74163 的功能表

$\overline{CLR}$	$\overline{LOAD}$	ENP	ENT	CLK	$A\ B\ C\ D$	$Q_A\ Q_B\ Q_C\ Q_D$
0	×	×	×	↑	××××	**0 0 0 0**
1	**0**	×	×	↑	××××	$A\ B\ C\ D$
1	**1**	**1**	**1**	↑	××××	计数
1	**1**	**1**	**0**	×	××××	**0 0 0 0**
1	**1**	**0**	**1**	×	××××	**0 0 0 0**

若选用集成计数器 74163 来实现，则其输出状态编码与车道状态的对应关系为 $S_0=$**0000**，$S_1=$**0001**，$S_2=$**0010**，$S_3=$**0011**（输出的编码从左至右分别为 Q_D、Q_C、Q_B、Q_A）。通过信号灯与车道状态的关系可以进一步得到，计数器输出状态编码与信号灯状态的对应关系如表 5.4.2 所示。

表 5.4.2　状态编码与信号灯状态关系表

$Q_D\ Q_C\ Q_B\ Q_A$	G_A	Y_A	R_A	G_B	Y_B	R_B
0 0 0 0	**1**	**0**	**0**	**0**	**0**	**1**
0 0 0 1	**0**	**1**	**0**	**0**	**0**	**1**
0 0 1 0	**0**	**0**	**1**	**1**	**0**	**0**
0 0 1 1	**0**	**0**	**1**	**0**	**1**	**0**

由表 5.4.2 可以得出信号灯状态的逻辑表达式：

$$G_A=\overline{Q}_A\overline{Q}_B\overline{Q}_C\overline{Q}_D \qquad Y_A=Q_A\overline{Q}_B\overline{Q}_C\overline{Q}_D \qquad R_A=Q_B$$

$$G_B=\overline{Q}_A Q_B\overline{Q}_C\overline{Q}_D \qquad Y_B=\overline{Q}_A\overline{Q}_B\overline{Q}_C\overline{Q}_D \qquad R_B=\overline{Q}_B$$

车道状态由 S_0—S_1—S_2—S_3 的逐步变换实际上就是计数器 74163 一个加法计数的过程。74163 的输出由 **0000** 开始加法计数，加至 **0011** 后又返回 **0000** 重新计数。因此观察 74163 的功能表，只要在计数时给 CLR 高电平，计满 **0011** 后给 CLR 一个低电平，这样就可以实现上述变化。因此，只需将 74163 的输出端 Q_A、Q_B 用一**与非**门连接后接在 CLR 端即可。同时，74163 的引脚 LOAD、ENP、ENT 置高电平，CLK 输入时钟脉冲（暂时由时钟信号源替代），引脚 A、B、C、D、RCO 悬空。按此方法连接后的电路如图 5.4.2 所示。

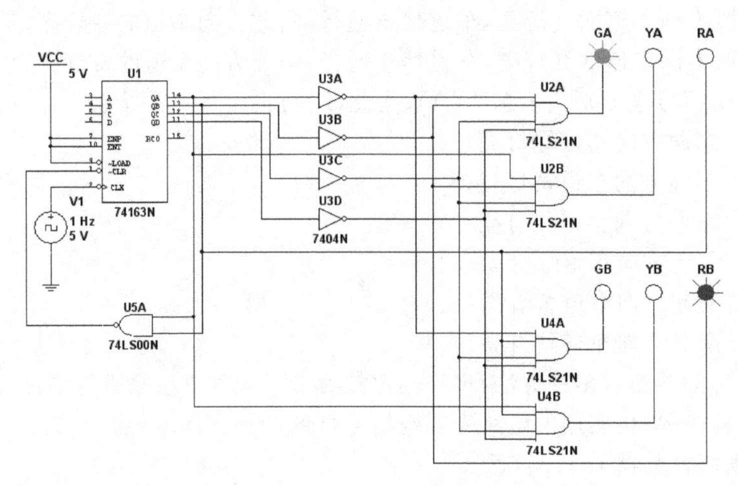

图 5.4.2　74163 构成的信号转换器

方案二:采用 JK 触发器实现

若选用 JK 触发器,设状态编码为 $S_0=\mathbf{00}$,$S_1=\mathbf{01}$,$S_2=\mathbf{11}$,$S_3=\mathbf{10}$,其输出为 Q_1、Q_0,则其与信号灯状态关系如表 5.4.3 所示。

表 5.4.3　状态编码与信号灯关系表

现态		次态		输出					
Q_1^n	Q_0^n	Q_1^{n+1}	Q_0^{n+1}	G_A	Y_A	R_A	G_B	Y_B	R_B
0	0	0	1	1	0	0	0	0	1
0	1	1	1	0	1	0	0	0	1
1	1	1	0	0	0	1	1	0	0
1	0	0	0	0	0	1	0	1	0

由表 5.4.3 可以得出信号灯状态的逻辑表达式:

$$G_A=\overline{Q_1^n}\,\overline{Q_0^n}\qquad Y_A=\overline{Q_1^n}Q_0^n\qquad R_A=Q_1^n$$

$$G_B=Q_1^nQ_0^n\qquad Y_B=Q_1^n\overline{Q_0^n}\qquad R_B=\overline{Q_1^n}$$

JK 触发器的输出状态是与 J 输入端的状态相同的,同时分析表 5.4.3,触发器 0 的现态与触发器 1 的次态相同,触发器 1 的现态与触发器 0 的次态相反,因此可以将触发器 0 的输出端 Q、$\overline{Q}$(现态)分别接触发器 1 的 J、K 输入端(次态),触发器 1 的输出端 Q、$\overline{Q}$(现态)分别接触发器 0 的 K、J 端(次态),取触发器 0 为 U_{1A}、触发器 1 为 U_{1B},连接后的电路如图 5.4.3 所示。

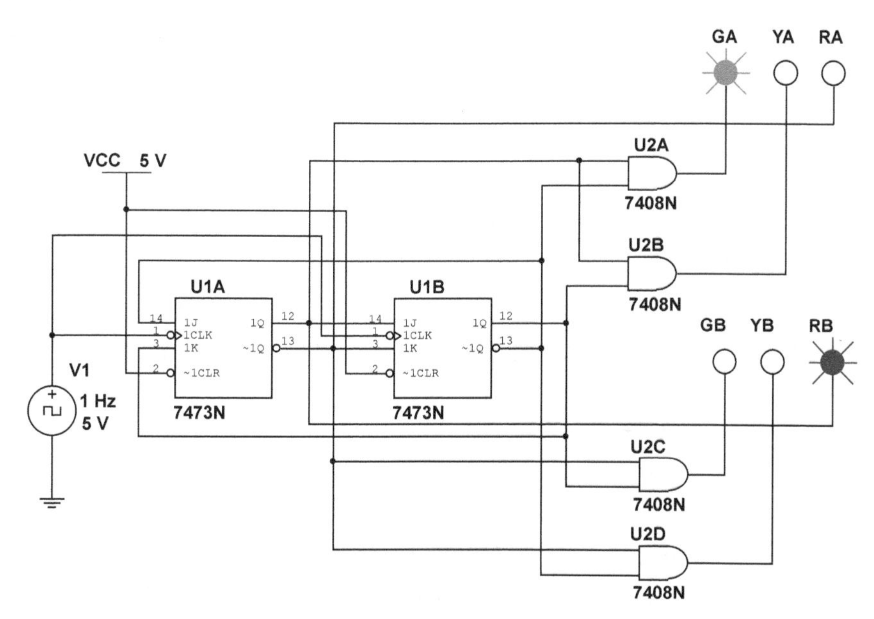

图 5.4.3　JK 触发器构成的信号转换器

对方案一和方案二进行比较,发现方案二无论是从原理还是从接法画线上,都是比较简单易懂的,工作效率高,而且不容易出错。故信号灯转换器选择方案二的接法,即用 JK 触发器进行信号灯的转换。

(2) 倒计时计数器

十字路口要有数字显示作为倒计时提示，以便人们更直观地把握时间。具体工作方式为：当某方向绿灯亮时，置显示器为某值，然后以每秒减 1，计数方式工作，直至减到数为“5”和“0”，十字路口绿、黄、红灯变换，一次工作循环结束，而进入下一步某方向的工作循环。在倒计时过程中计数器还向信号灯转换器提供模 5 的定时信号 T_5 和模 0 的定时信号 T_0，用以控制黄灯的闪烁和黄灯向红灯的变换。

倒计时显示采用七段数码管作为显示，它由计数器驱动并显示计数器的输出值。

计数器选用集成电路 74190 进行设计较简便。74190 是十进制同步可逆计数器，它具有异步并行置数功能、保持功能。74190 没有专用的清零输入端，但可以借助 Q_D、Q_C、Q_B、Q_A 的输出数据间接实现清零功能。功能如表 5.4.4 所示。

表 5.4.4　74190 的功能表

$\overline{\text{CTEN}}$	D/U	CLK	$\overline{\text{LOAD}}$	$A\ B\ C\ D$	$Q_A\ \ Q_B\ \ Q_C\ \ Q_D$
×	×	×	**0**	××××	$A\ \ B\ \ C\ \ D$
0	**1**	↑	**1**	××××	减计数
0	**0**	↑	**1**	××××	加计数
1	×	×	**1**	××××	**0　0　0　0**

要实现 45 s 的倒计时，需选用两个 74190 芯片级联成一个从 99 倒计到 00 的计数器，其中作为个位数的 74190 芯片的 CLK 接秒脉冲发生器(频率为 1)，再把个位数 74190 芯片输出端的 Q_A、Q_D 用一个与门连起来，再接在十位数 74190 芯片的 CLK 端。当个位数减到 0 时，再减 1 就会变成 9，0(**0000**)和 9(**1001**)之间的 Q_A、Q_D 同时由 **0** 变为 **1**，把 Q_A、Q_D **与**起来接在十位数的 CLK 端，此时会给十位数 74190 芯片一个脉冲数字减 1，相当于借位。

预置数(即车的通行时间)功能：用 8 个开关分别接十位数 74190 芯片的 D、C、B、A 端和个位数 74190 芯片的 D、C、B、A 端。预置数的范围为 1～99。假如把通行时间设为 45 s，就像图 5.4.4 的接法，A 接 **0**，B 接 **1**，C 接 **0**，D 接 **0**，E 接 **0**，F 接 **1**，G 接 **0**，H 接 **1**。接电源相当于接 **1**，悬空相当于接 **0**。

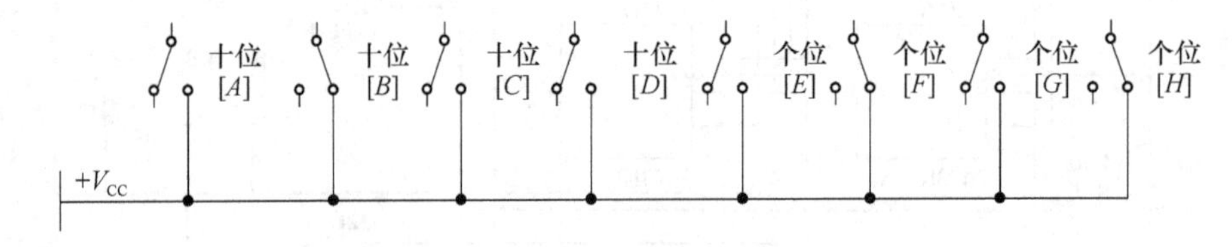

图 5.4.4　预置数连接方法

按照 74190 的功能表，CTEN 端接低电平，加/减计数控制端 D/U 接高电平实现减计数。预置端 LOAD 接高电平时计数，接低电平时预置数。因此，工作开始时，LOAD 为 **0**，计数器预置数，置完数后，LOAD 变为 **1**，计数器开始倒计时，当倒计时减到数 **00** 时，LOAD 又变为 **0**，计数器又预置数，之后又倒计时，如此循环下去。这可以借助两片 74190 的 8 个输出端来实现，用**或**门将 8 个输出端连起来，再接在预置端 LOAD 上。但由于没有 8 输入的**或**门，所以需要改用两个 4 输入的**或非**门连接，然后再用一个**与非**门连接来完成此功能。

连接后的电路图如图 5.4.5 所示。

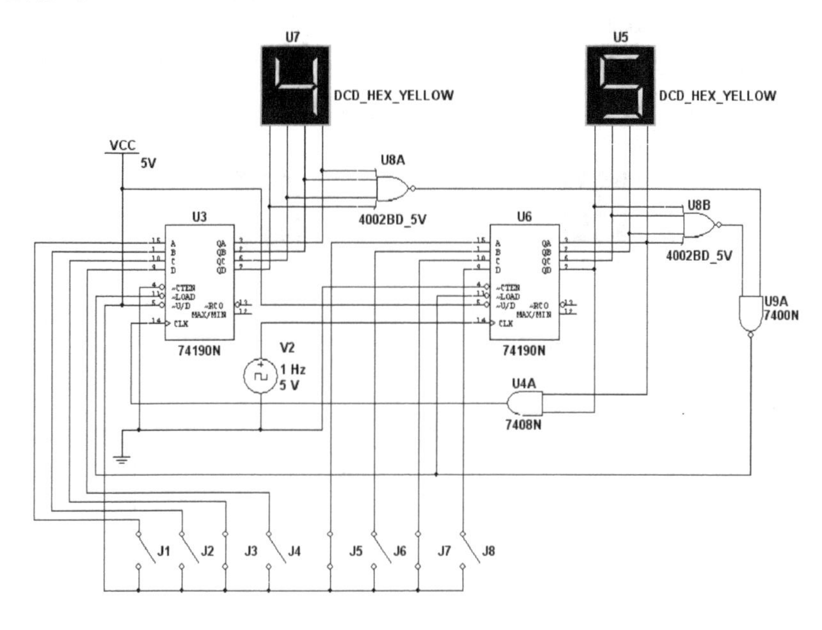

图 5.4.5　倒计时计数器电路

(3)倒计时计数器与信号灯转换器的连接

倒计时计数器向信号灯转换器提供定时信号 T_5 和定时信号 T_0 以实现信号灯的转换。T_0 表示倒计时减到数“00”时(即绿灯的预置时间,因为到“00”时,计数器重新置数),此时给信号灯转换器一个脉冲,使信号灯发生转换,一个方向的绿灯亮,另一个方向的红灯亮。接法为:把个位、十位计数器的输出端 Q_A、Q_B、Q_C、Q_D 分别用一个 4 输入**或非**门连起来,再把这两个 4 输入**或非**门的输出用一个**与**门连起来。T_5 表示倒计时减到数“05”时,给信号灯转换器一个脉冲,使信号灯发生转换,绿灯的变为黄灯,红灯的不变。接法为:当减到数为“05”(**0000 0101**)时,把十位计数器的输出端 Q_A、Q_B、Q_C、Q_D 用一个 4 输入**或非**门连起来,个位计数器的输出端 Q_B、Q_D 用一个两输入**或非**门连起来,再把这两个**或非**门与个位计数器的输出端 Q_A、Q_C 用一个 4 输入**与**门连接起来。最后将 T_5 和 T_0 两个定时信号用**或**门连接接入信号灯转换器的时钟端。连接后的电路如图 5.4.6 所示。

(4) 黄灯闪烁控制

要求黄灯每秒闪一次,即黄灯 0.5 s 秒亮,0.5 s 灭,故用一个频率为 1 Hz 的脉冲与控制黄灯的输出信号用一个**与**门连接至黄灯。整个交通灯信号控制器的电路如图 5.4.6 所示。

(5) 秒脉冲产生电路

秒脉冲产生电路的功能是产生标准秒脉冲信号,主要由振荡器和分频器组成。振荡器是计时器的核心,振荡器的稳定度和频率的精准度决定了计时器的准确度,可由石英晶体振荡电路或 555 定时器与 RC 组成的多谐振荡器构成。一般来说,振荡器的频率越高,计时的精度就越高,但耗电量将增大,故在设计时,一定根据需要设计出最佳电路。石英晶体振荡器具有频率准确、振荡稳定、温度系数小的特点,但如果精度要求不高的时候可以采用 555 构成的多谐振荡器。此部分电路的设计可参照第 4 章。

振荡器产生的时间信号通常频率很高,要使它变成“秒”信号,需要用分频器来完成。其功能主要是产生标准的秒脉冲信号,即每秒产生一个时钟上升沿,频率为 1 Hz。分频器的级数和每级的分频次数要根据振荡频率及时基频率来决定。若选用的时基频率为1 kHz,可采用三级 74160 做分频器。74160 是一个十进制加法计数器,其功能表如表 5.4.5 所示。

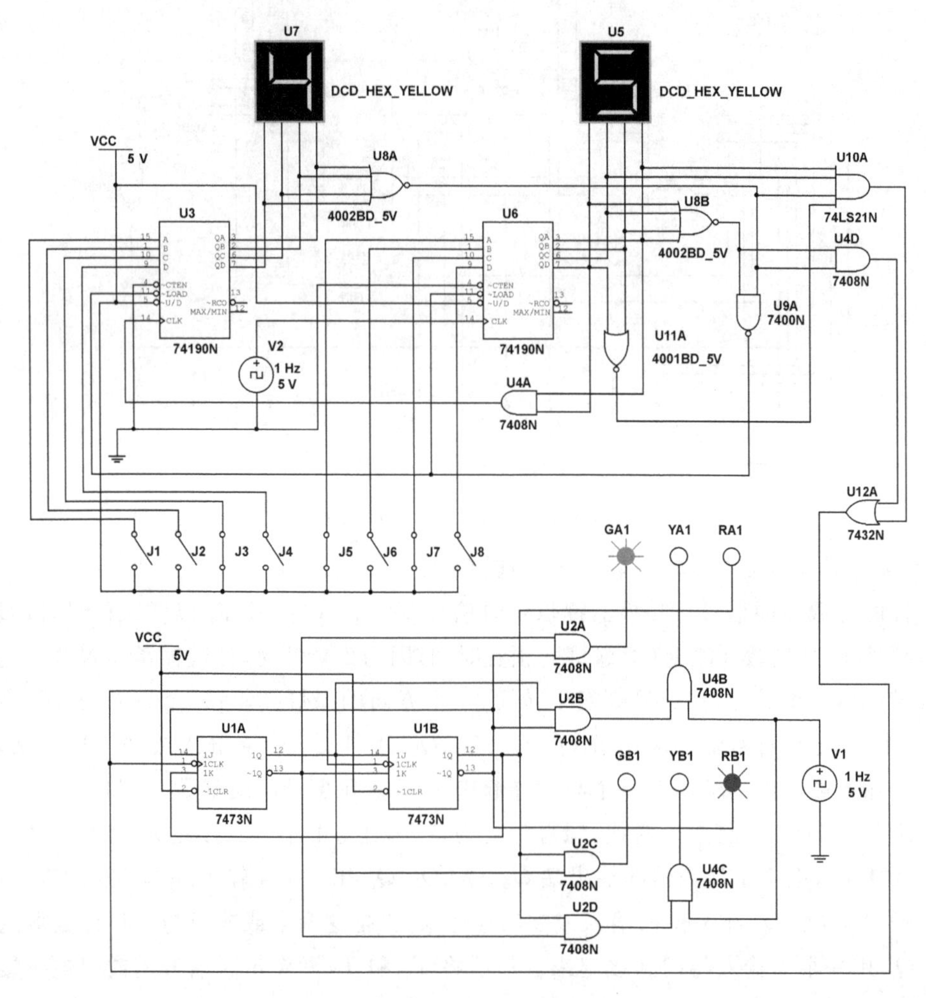

图 5.4.6　交通灯信号控制器电路图

表 5.4.5　74160 的功能表

$\overline{CLR}$	$\overline{LOAD}$	ENP	ENT	CLK	$A\ B\ C\ D$	$Q_A\ \ Q_B\ \ Q_C\ \ Q_D$
0	×	×	×	×	××××	**0　0　0　0**
1	**0**	×	×	↑	××××	$A\ \ B\ \ C\ \ D$
1	**1**	**1**	**1**	↑	××××	计数

此例的秒脉冲产生电路主要由一个 555 定时器和三个十进制计数器 74160 构成。其中,555 定时器与 RC 组成多谐振荡器,三个计数器 74160 组成分频器。电路如图 5.4.7 所示。

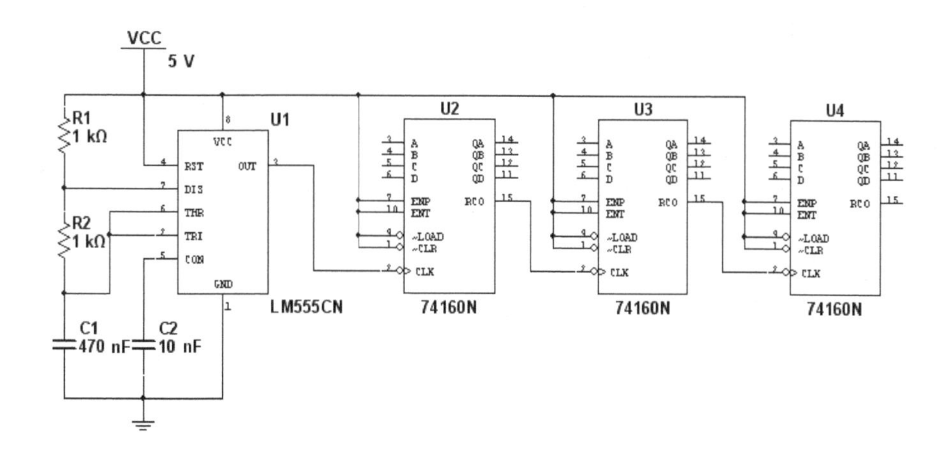

图 5.4.7　秒脉冲产生电路图

电路中多谐振荡器输出的是 1 kHz 脉冲信号，此信号作为第一级计数器的时钟信号。计数器的 4 个使能端 ENP、ENT、LOAD、CLR 均接高电平。由于 74160 是十进制计数器，因此计数器每计数满 10 次有一个进位信号，此信号即为经第一级计数器分频后得到的 100 Hz脉冲信号，将这个信号接在下一级计数器的时钟信号端 CLK 则可实现继续分频，经两个 74160 逐级分频后依次得到 10 Hz 和 1 Hz 的脉冲信号。用一个四通道的示波器可以清楚地看到四个脉冲信号的波形如图 5.4.8 所示。

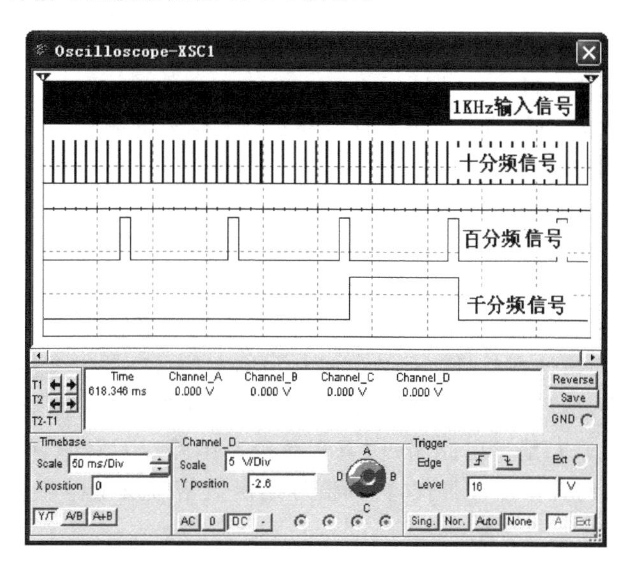

图 5.4.8　千分频秒脉冲信号仿真波形

第三个计数器输出的进位信号即为 1 Hz 的秒脉冲信号，将此信号接入交通灯信号控制器，作为倒计时计数器的时钟信号，即可形成一个完整的交通灯信号控制器作品。

4. 电路测试与仿真

(1) 单击启动按钮，便可以进行交通信号灯控制系统的仿真，电路默认把通行时间设为 45 s，打开开关，东西方向车道的绿灯亮，南北方向车道的红灯亮。时间显示器从预置的 45 s，以每秒减 1，减到数“5”时，东西方向车道的绿灯转换为黄灯，而且黄灯每秒闪一次，南北方向车道的红灯都不变。减到数“0”时，1 s 后显示器又转换成预置的 45 s，东西方向车道的黄灯转换为红灯，南北方向车道的红灯转换为绿灯。减到数“5”时，南北方向车道的绿灯转换为黄灯，而且黄灯每秒闪一次，东西方向车道的红灯不变。如此循环下去。

（2）通过拨动预置时间的开关，可以把通车时间修改为其他的值再进行仿真（时间范围为 1～99 s），效果同（1）一样，总开关一打开，东西方向车道的绿灯亮，时间倒计数 5，车灯进行一次转换，到 0 s 时又进行转换，而且时间重置为预置的数值，如此循环。

5. 电路扩展训练

（1）在功能扩展上，可以考虑增加人行道的指示灯。人行道的红绿灯应该与车道的红绿灯是同步的，因此人行道信号灯的控制信号同样可以来自倒计时计数电路。

（2）电路进一步扩展可以考虑使两条车道不一样，分为主干道和匝道，两条车道允许通行时间不一样，这就需两个倒计时电路来完成，同时需再增加两个数码管来显示通行时间。

5.5　数字频率计仿真设计

数字频率计是直接用十进制数字来显示被测信号频率的一种测量装置。它不仅可以测量正弦波、方波、三角波和尖脉冲信号的频率，而且还可以测量它们的周期。经过改装，在电路中增加传感器，还可以做成数字脉搏计、电子秤、计价器等。因此，数字频率计在测量物理量方面应用广泛。

1. 功能要求

（1）频率测量范围：1 Hz～10 kHz。

（2）数字显示位数：四位静态十进制计数显示被测信号的频率。

2. 总体方案设计

数字频率计一般由振荡器、分频器、放大整形电路、控制电路、计数译码显示电路等部分组成。由振荡器的振荡电路产生一标准频率信号，经分频器分频得到控制脉冲。控制脉冲经过控制器中的门电路分别产生选通脉冲、锁存信号和清零信号。待测信号经过限幅、运放的放大、施密特整形之后，输出一个与待测信号同频率的矩形脉冲信号，该信号在检测门经过与选通信号合成，产生计数信号。计数信号并与锁存信号和清零复位信号共同控制计数、锁存和清零三个状态，然后通过数码显示器件显示。此实例主要分析频率计的工作原理，因此对振荡器、分频器、放大整形电路略过，着重对控制电路以及计数译码显示电路的设计。其中的控制脉冲采用时钟信号源替代，待测信号用函数信号发生器产生。数字频率计的原理框图如图 5.5.1 所示。

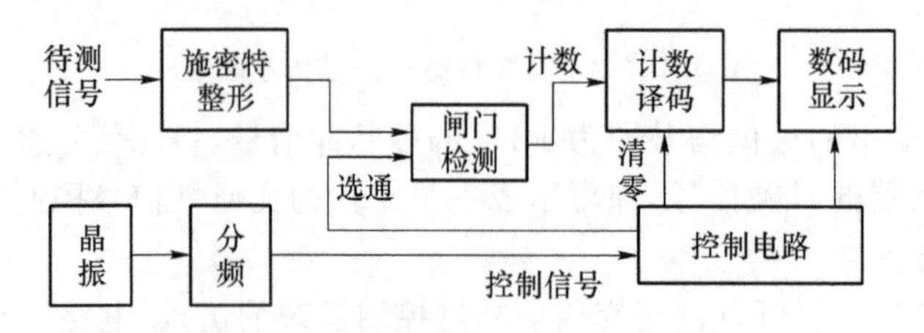

图 5.5.1　数字频率计的原理框图

3. 单元电路设计

(1) 计数译码显示电路

为了方便，可以选用带译码器的集成十进制计数芯片 CD40110，该芯片有锁存控制端，可对计数进行锁存。计数部分只显示锁存后的数据，每锁定一次，计数部分跳动一次，更新数据，如此往复。由于仿真时受元器件的限制，这里仅使用计数芯片 74160，且要求显示四位，因此使用了 4 组 74160 和数码管。74160 的功能表详见本书 5.5 节。

将各计数器的 LOAD、ENP、ENT 分别接高电平，个位的 CLK 端外接计数信号，低位的进位端接高位的 CLK 端，各芯片的 CLR 端连接起来外接清零信号，4 个输出端接数码管，以此实现一个能显示 4 位十进制数的计数器。连接后的电路如图 5.5.2 所示。

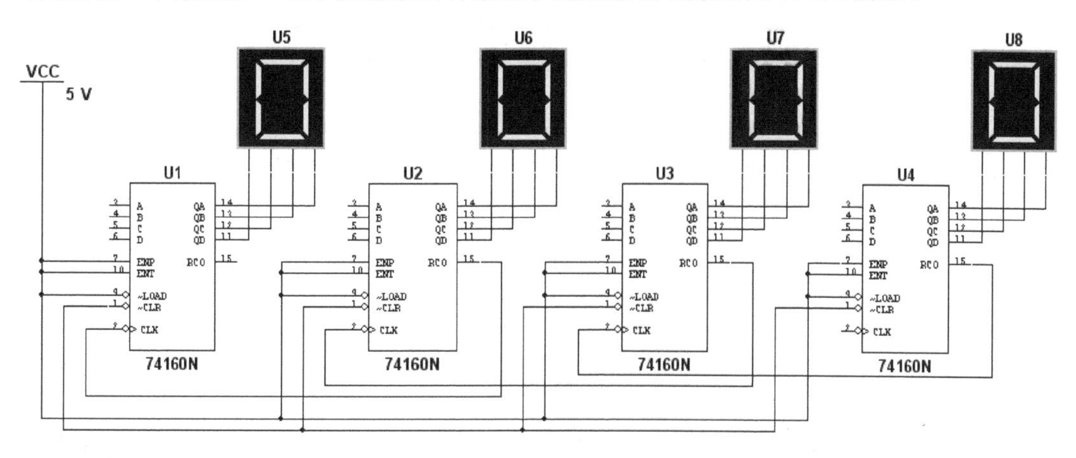

图 5.5.2　计数译码显示电路

(2) 控制电路

控制电路是整个数字频率计正常工作的核心部分，需仔细分析各种频率信号(计数、选通、锁存、清零)的时序关系，以最终控制计数译码显示电路的工作状态。由于功能要求识别的最小频率是 1 Hz，因此将选通信号的高电平时间定为 1 s，在这个时间段内允许待测信号输入进行计数，锁存和清零信号的输出均为高电平。在选通信号为低电平时关闭闸门，计数停止，处于数据锁存的时间段，此时的锁存信号为低电平，清零信号仍为高电平，直到选通信号的下一个高电平到来前(开始下一个计数)，清零信号端输出一个低电平实现数码管显示的清零，准备进入下一个计数周期。如此往复，以实现待测信号频率的反复测量。这几个信号的工作时序如图 5.5.3 所示。

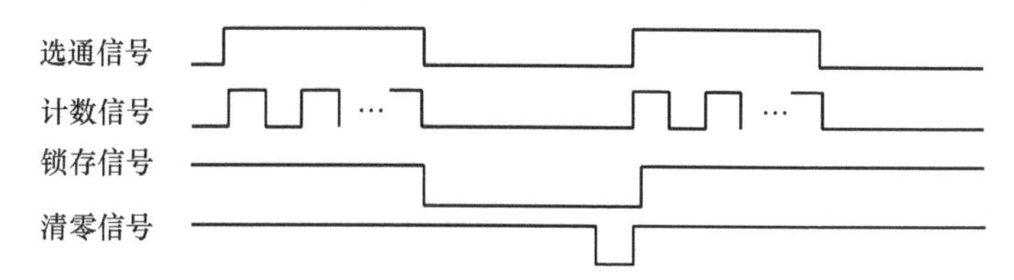

图 5.5.3　控制电路各频率信号时序关系

现采用比较典型的两种方案来设计这部分电路，分析比较可以得出它们的优劣。

方案一：采用 CD4017 计数芯片

CD4017 是一个十进制的计数器，脉冲分配器，其工作时序图如图 5.5.4 所示。将秒脉冲信号(电路见本章图 5.5.7，这里用时钟信号源替代)加到 CD4017 的 CP 输入端，作为时序控制信号。在 CP 端第一个高电平脉冲信号到来时，这个脉冲使得 CD4017 的 Q_1 输出端由低电平变为高电平，Q_1 一直保持高电平直至第二个时钟脉冲的到来。第二个脉冲到来时，Q_1 端从高电平变为低电平，Q_2 端由低电平转为高电平。如此下去，CD4017 的每个输出端逐次出现高电平。

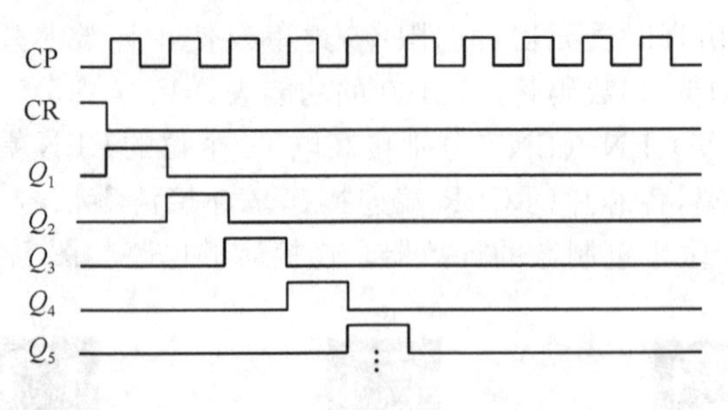

图 5.5.4 CD4017 工作时序图

创建如图 5.5.5 所示的电路。利用 CD4017 的这个性质，可以把 Q_1、Q_2、Q_3 分别作为控制电路的选通信号、锁存信号、清零信号。将 Q_3 输出端与 CD4017 的 CR 清零端相连，Q_3 的高电平信号可以使 CD4017 清零，同时 Q_1、Q_2、Q_3 端全变为低电平。从电路的工作原理来看，假设时钟脉冲的周期为 1 s，那么选通周期、锁存时间和清零信号的保持时间都为 1 s，然后又重新开始选通、锁存、清零的循环。如果觉得锁存时间不够，可以将 Q_3 输出端与 CR 端断开，使 Q_4 与 CR 清零端相连，这样锁存时间就变为 2 s。

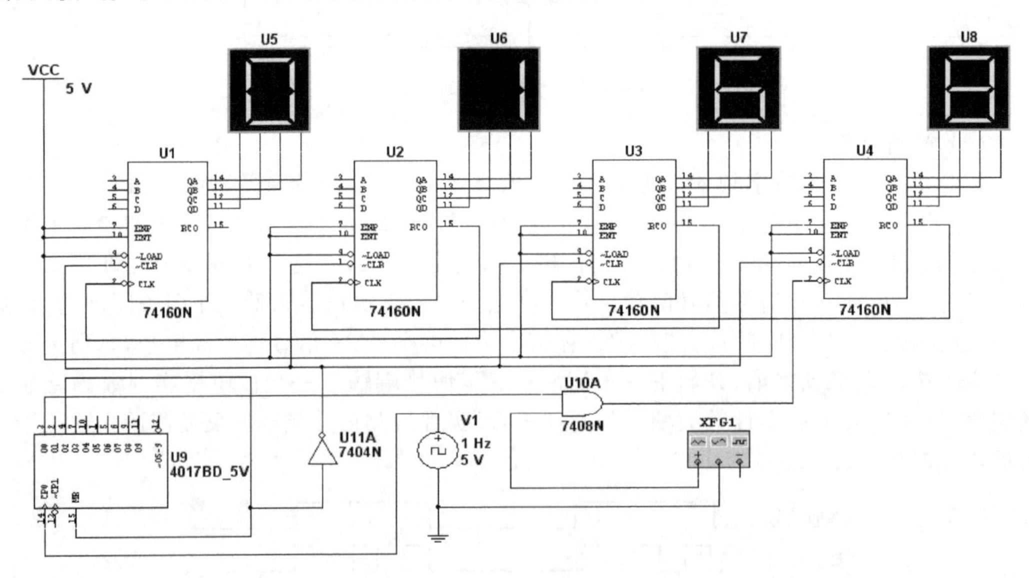

图 5.5.5 CD4017 构成的数字频率计电路原理图

将 Q_3 端的清零信号通过反相器加到计数译码显示电路的 CLR 端以实现数据锁存后的清零，Q_1 端的选通信号与函数发生器输出的待测信号通过**与**门构成计数信号输入到计数译码电路的低位时钟输入端。当选通的高电平信号到来时，**与**门打开，允许待测信号输入开始计数，选通信号为低电平将关闭**与**门，进入数据锁存（数码管显示保持）阶段，当清零信号到来后进入清零保持阶段。

方案二：采用 JK 触发器

当 JK 触发器的 J、K 端同时接高电平时，输出端的状态会随着每输入一个脉冲改变一次。因此 JK 触发器输入端的频率是输出端的两倍，这就是通常认为的二分频。将输出端加到下一个 JK 触发器的时钟端又可实现频率的再次二分频，以此类推可实现频率的逐次分频。电路连接和工作时序如图 5.5.6 所示。

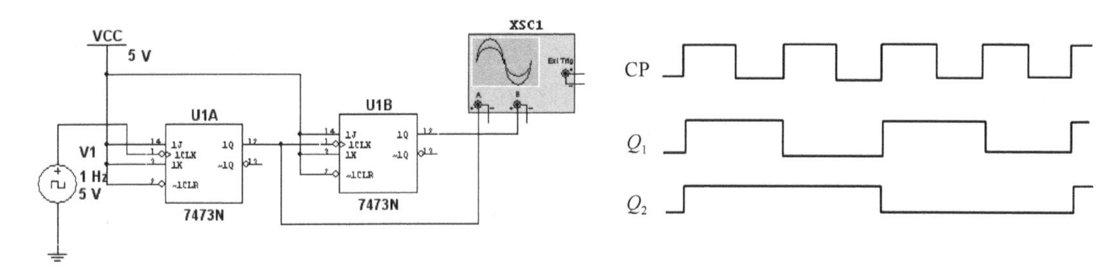

图 5.5.6　JK 触发器分频电路和工作时序图

创建如图 5.5.7 所示的电路。根据控制电路各信号时序分析得知，选通信号的周期应大于等于锁存信号和清零信号，因此选用上述电路的 Q_2 端作为选通信号的输出端。假定选通信号的高电平时间为 1 s，那 Q_2 端的频率应为 0.5 Hz，由此可推出 CP 端和 Q_1 端的信号频率分别为 2 Hz 和 1 Hz。在 Q_2 端的选通信号为高电平时，允许计数，频率计开始工作。当 Q_2 端进入低电平段，频率计转为锁存阶段，直至下一个 Q_2 端高电平到来前需要一个清零信号。观察图 5.5.6 的工作时序可知，在 Q_2 端的第二个高电平到来前，CP、Q_1、Q_2 端均为低电平，可以考虑用一个 3 输入的**或**门将这三个端口连接，输出一个低电平作为清零信号，加到计数译码显示电路的 CLR 端。由此得到选通信号周期为 2 s，计数时间为 1 s，锁存时间为 0.75 s，清零时间为 0.25 s。如果对上述时间不满意，还可通过改变 JK 触发器的输入时钟频率或者用不同的门电路连接 CP、Q_1、Q_2 端来构成计数、锁存和清零信号，构建过程中只要把握好 CP、Q_1、Q_2 三者的时序关系即可。

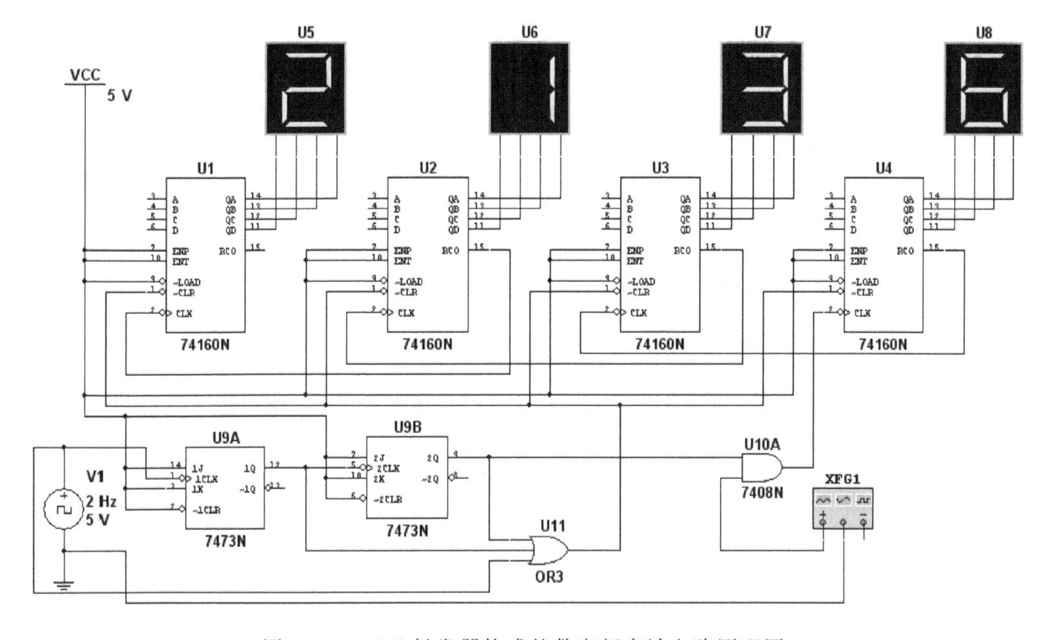

图 5.5.7　JK 触发器构成的数字频率计电路原理图

比较两种方案可知，CD4017 计数器构成的数字频率计时序关系相对比较简单、固定，控制电路中的各信号频率的可调节性较小，控制电路的控制脉冲必须是 1 Hz，由此来固定选通信号的周期，唯一可以变化的是延长锁存和清零保持的时间。采用 *JK* 触发器构成的数字频率计虽然时序关系稍微复杂一点，但其最大的优势在于控制电路中的各信号频率的可调节性较大，通过门电路的使用可以改变锁存和清零的时间。实际当中，只需选通信号为 1 s，并不需要太长的锁存时间和清零时间。因此，在对锁存和清零时间较为严格时，宜采用以 *JK* 触发器为核心控制电路的数字频率计。

4. 电路测试与仿真

(1) CD4017 计数器构成的数字频率计仿真。接入 1 Hz 的时钟信号源作为控制电路的时钟脉冲，同时在待测信号端接上函数信号发生器。任意设定函数信号发生器的波形(正弦波、方波、三角波)，并改变每种波形的频率(9 Hz、99 Hz、999 Hz、9 999 Hz)，启动仿真开关进行仿真，可以看到无论何种波形下都能准确地显示函数信号发生器的频率。

(2) *JK* 触发器构成的数字频率计仿真。接入 2 Hz 的时钟信号源作为控制电路的时钟脉冲，同时在待测信号端接上函数信号发生器。重复上述的仿真步骤，仍然正确无误。

5. 电路扩展训练

(1) 虽然在仿真时能正确、毫无偏差地显示待测波形的频率，但此例用到的是理想的函数信号发生器，在实际电路的应用中，仍然需要加上放大整形电路来调整待测信号的波形。

(2) 此例设计的频率计的最小分辨率为 1 Hz，实际应用中可以考虑增加小数位显示，改变电路以实现更高的分辨率(注意此时的选通信号频率不再是 1 Hz)。

(3) 可以尝试对现有控制电路中输出的锁存信号和清零信号时间提出更精确的要求，通过使用不同的门电路来构建。

5.6 数字时钟仿真设计

数字时钟是用数字集成电路构成的、用数码显示的一种现代计时器，与传统机械表相比，它具有走时准确、显示直观、无机械传动装置等特点，因而广泛应用于车站、码头、机场、商店等公共场所。在控制系统中，数字时钟也常用来做定时控制的时钟源。

1. 功能要求

(1) 设计一个具有时、分、秒的十进制数字显示的计时器。

(2) 具有手动校时、校分的功能。

(3) 通过开关能实现小时的十二进制和二十四进制转换。

(4) 具有整点报时的功能，应该是每个整点完成相应点数的报时，如 3 点钟响 5 声。

2. 总体方案设计

数字时钟由振荡器、分频器、计数器、译码显示、报时等电路组成。其中，振荡器和分频器组成标准秒信号发生器，直接决定计时系统的精度。由不同进制的计数器、译码器和显示器组成计时系统。将标准秒信号送入采用六十进制的“秒计数器”，每累计 60 s 就发出一个“分脉冲”信号，该信号将作为“分计数器”的时钟脉冲。“分计数器”也采用六十进制计数器，每累计 60 min，发出一个“时脉冲”信号，该信号将被送到“时计数器”。“时计数器”采用二十四或十二进制计时器，可实现对一天 24 h 或 12 h 的累计。译码显示电路将“时”、“分”、“秒”计数器的输出状态通过六位七段译码显示器显示出来，可进行整点报时，计时出现误差时，可以用校时电路校时、校分。数字时钟的原理框图如图 5.6.1 所示。

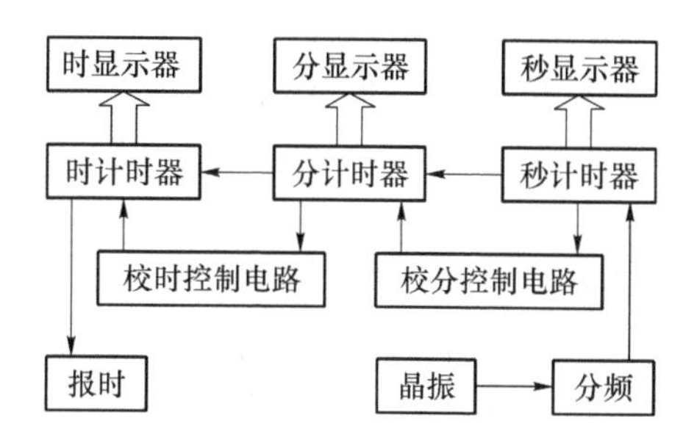

图 5.6.1　数字时钟的原理框图

3. 单元电路设计

此例的设计引入一种新的设计方法——层次电路设计法。层次电路的设计方法主要分为自上而下(先设计总电路再设计各子电路)和自下而上(先设计各子电路再设计总电路)两种，这里用到的是自下而上的方法。

(1) 秒脉冲产生电路

秒脉冲产生电路在此例中的主要功能有两个：一是产生标准秒脉冲信号，二是可提供整点报时所需要的频率信号。此部分电路的设计详见本章 5.4 节。这里为了简化电路，秒脉冲产生电路用一个 1 Hz 的秒脉冲时钟信号源替代。

(2) 计数器电路

根据数字时钟的原理框图 5.6.1 可知，整个计数器电路由秒计数器、分计数器和时计数器串接而成。秒脉冲信号经过 6 级计数器，分别得到秒个位、秒十位、分个位、分十位以及时个位、时十位的计时。显示 6 位的“时”、“分”、“秒”需要 6 片中规模的计数器。其中，秒计数器和分计数器都是六十进制，时计数器为二十四/十二进制，都选用 74160 来实现(74160 的功能表见表 5.4.5)。实现的方法采用反馈清零法。

① 六十进制计数电路

秒计数器和分计数器各由一个十进制计数器(个位)和一个六进制计数器(十位)串接组成，形成两个六十进制计数器，其中个位计数器接成十进制形式。十位计数器选择 Q_B 与 Q_C 端做反馈端，经**与非**门输出至控制清零端 CLR，接成六进制计数形式(计数至 **0110** 时清零)。个位与十位计数器之间采用同步级联复位方式，将个位计数器的进位输出端 RCO 接至十位计数器的时钟信号输入端 CLK，完成个位对十位计数器的进位控制。将十位计数器的反馈清零信号经**非**门输出，作为六十进制的进位输出脉冲信号，即当计数器计数至 60 时，反馈清零的低电平信号输入 CLR 端，同时经**非**门变为高电平，在同步级联方式下，控制高位计数器的计数。

创建如图 5.6.2 所示的电路，I_{O1}～I_{O4} 是个位数码管的显示输出端，I_{O5}～I_{O8} 是十位数码管的显示输出端，I_{O9} 接电源，给两个芯片的使能端提供高电平，I_{O10} 在此电路作为秒计数电路时接秒信号产生电路，作为分计数电路时接秒计数电路提供过来的进位信号(即接至秒计数器的 CLR 端)。I_{O11} 作为低位计数器的进位输出，与高位计数器的时钟信号端相连。

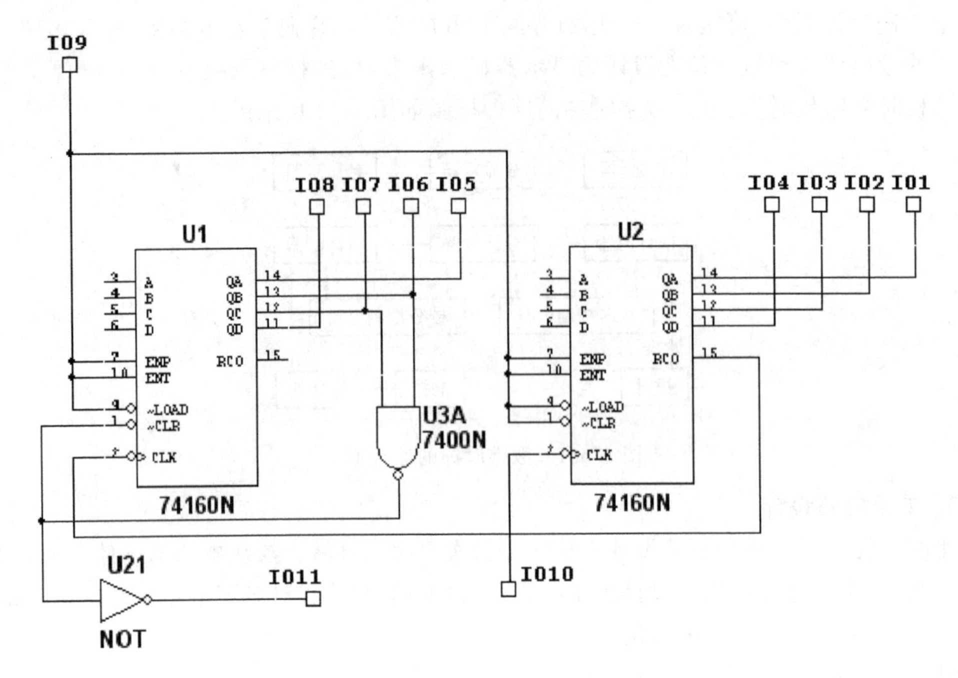

图 5.6.2　六十进制(min and sec)计数器子电路

② 二十四/十二进制计数电路

创建如图 5.6.3 所示的电路，$I_{O1}\sim I_{O4}$ 是个位数码管的显示输出端，$I_{O5}\sim I_{O8}$ 是十位数码管的显示输出端，I_{O9} 接电源，给两个芯片的使能端提供高电平，I_{O10} 接分计数电路提供过来的进位信号(即接至分计数器的 CLR 端)。I_{O11} 连接了两个计数器的清零端，因此可以通过双向开关接 I_{O12} 和 I_{O13} 以实现对**与非**门的选择，从而完成进制的转换。

分计数器需要的是一个二十四/十二进制转换的递增计数电路。个位和十位计数器均连接成十进制计数形式，采用同步级联复位方式。将个位计数器的进位输出端 RCO 接至十位计数器的时钟信号输入端 CLK，完成个位对十位计数器的进位控制。若选择二十四进制，十位计数器的输出端 Q_B 和个位计数器的输出端 Q_C 通过**与非**门控制两片计数器的清零端 CLR，当计数器的输出状态为 **00100100** 时，立即反馈清零，从而实现二十四进制递增计数。若选择十二进制，十位计数器的输出端 Q_A 和个位计数器的输出端 Q_B 通过**与非**门控制两片计数器的清零端 CLR，当计数器的输出状态为 **00010010** 时，立即反馈清零，从而实现十二进制递增计数。两个**与非**门通过一个双向开关接至两片计数器的清零端 CLR，单击开关就可选择**与非**门的输出，实现二十四进制或十二进制递增计数的转换。

(3) 校时、校分电路

校对时间一般在选定的标准时间到来之前进行，可分为 4 个步骤：首先把时计数器置到所需的数字；然后再将分计数器置到所需的数字；与此同时或之后应将秒计数器清零，时钟暂停计数，处于等待启动阶段；当选定的标准时刻到达的瞬间，按启动按钮，电路则从所预置时间开始计数。由此可知，校时、校分电路应具有预置小时、预置分、等待启动、计时 4 个阶段。在设计电路时既要方便可靠地实现校时校分的功能，又不能影响时钟的正常计时，通常采用逻辑门切换。当 $Q=\mathbf{1}$ 时，输入的预置信号可以传到时计数器的 CLK 端，进行校时工作，而分进位信号被封锁。例如，校时电路原理示意图如图 5.6.4 所示。当 $Q=\mathbf{0}$ 时，分进位信号可以传到时计数器的 CLK 端，进行计时工作，而输入的预置信号分进位信号被封锁。

校分电路也仿照此进行。

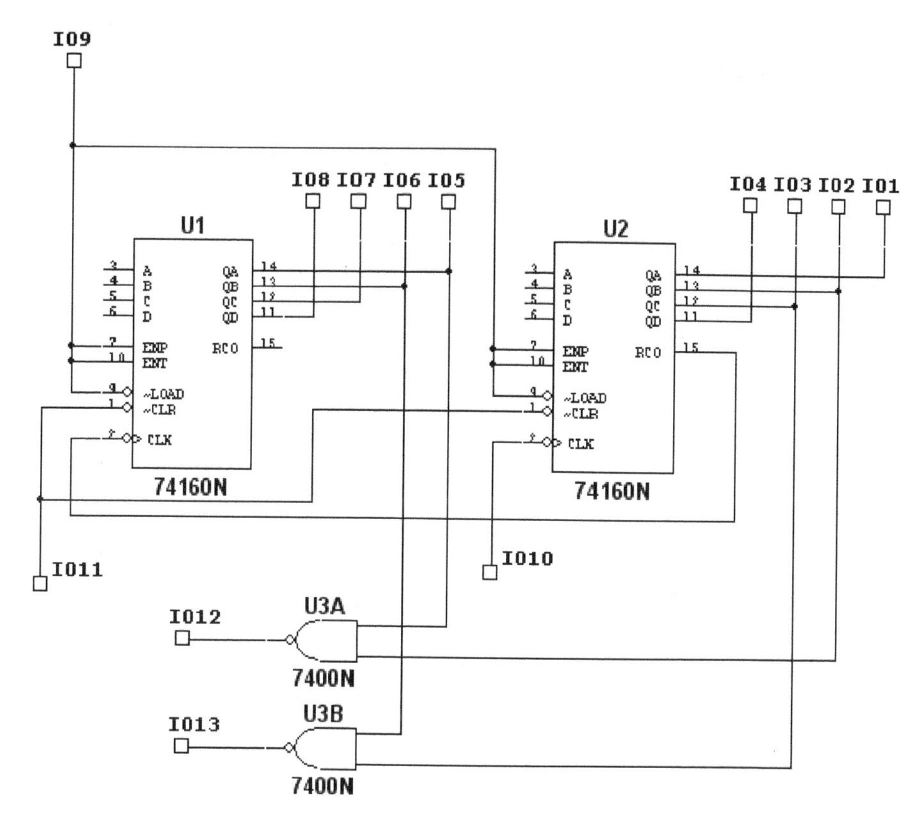

图5.6.3　二十四/十二进制(hour)计数器子电路

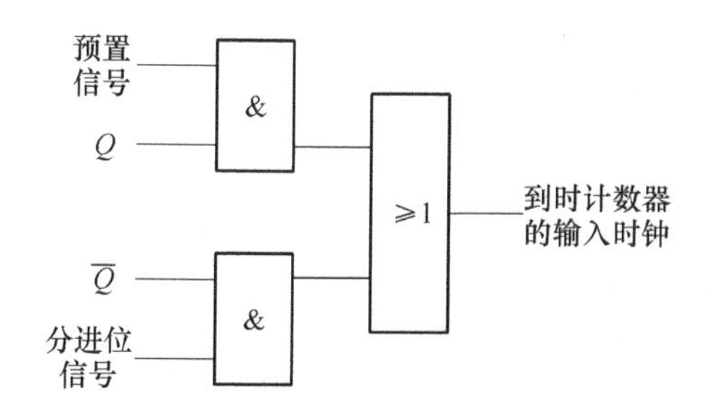

图5.6.4　校时电路原理示意图

当然上述方法比较精确，也较复杂，在精度要求不高时，也可以采用另一种方法。只需使用两个双向选择开关将秒脉冲直接引入时计数器和分计数器即可实现功能。此时，低位计数器的进位信号输出端需通过双向选择开关的其中一选择端接至高位计数器的时钟信号端，开关的另一选择端接秒脉冲信号。当日常显示时间时，开关拨向低位计数器的进位信号输出端；调时调分时拨向秒脉冲信号，这样可使计数器自动跳至所需要校对的时间。

(4) 报时电路

实现报时电路的方法很多，在下面两种设计方案中可以看到它们各自的优劣。

方案一：

经过分析，要实现整点自动报时，应当在产生分进位信号(整点到)时，响第一声，但究竟响几下，则要由时计数的状态来决定。由于时计数器为二十四/十二进制，所以需要一个计数器来计响声的次数，由分进位信号来控制报时的开始，每响一次让响声计数器计一个数，将小时计数器与响声计数器的状态进行比较，当它们的状态相同时，比较电路则发出停止报时的信号。自动报时电路的工作原理图如图 5.6.5 所示。

自动报时的原理可以用如图 5.6.6 所示的波形来加以说明。例如，当时钟计数器计到 2 点整时，应发出两声报时。从波形可以看出，当分进位信号产生负脉冲时，触发器被置为 **1** 状态，$Q=\mathbf{1}$，在 V_K 的控制下，响一秒、停一秒。由于此时的小时计数器的状态为"2"，当响了第二声之后，响声计数器也计到"2"的状态，经电路比较后，输出一个负脉冲信号加至 RS 触发器的控制端，使 RS 触发器变为 **0** 状态，即 $Q=\mathbf{0}$，停止报时。

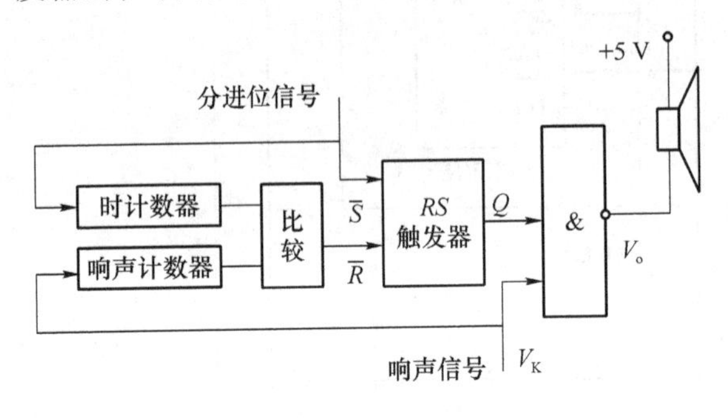

图 5.6.5 自动报时工作原理图

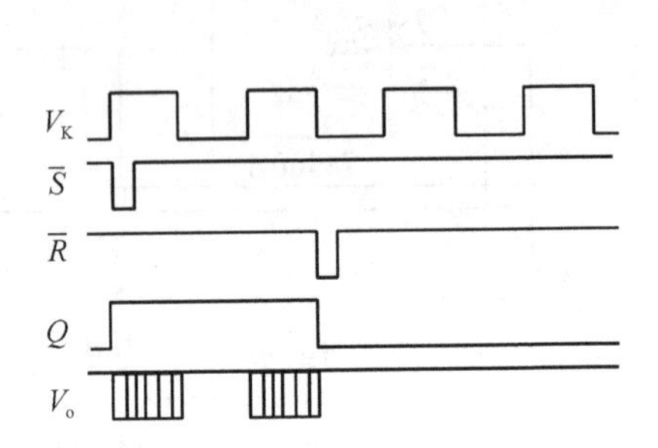

图 5.6.6 自动报时工作波形图

方案二：

此报时电路由报时计数电路、停止报时控制电路和蜂鸣器三部分电路组成。其中，报时计数电路由两个可逆十进制计数器 74192 组成(74192 的功能见表 5.6.1 所示)，在分进位信号触发下，从计时电路保持当前小时数，并开始递减计数，一直减到 0 为止，停止计数控制电路经过逻辑电路判断给出低电平，封锁**与**门，阻止蜂鸣器工作，停止报时。

表 5.6.1 74192 的功能表

UP	DOWN	CLR	$\overline{LOAD}$	$A\ B\ C\ D$	$Q_A\ \ Q_B\ \ Q_C\ \ Q_D$
×	×	**0**	**0**	××××	$A\ \ B\ \ C\ \ D$
1	↑	**0**	**1**	××××	减计数
↑	**1**	**0**	**1**	××××	加计数
×	×	**1**	×	××××	**0 0 0 0**

创建如图 5.6.7 所示的电路，两个计数器采用同步级联方式连接，即将个位报时计数器的借位端 BO 接至十位报时计数器的减计数控制端 DOWN。$I_{O1}\sim I_{O4}$ 将时计数器的个位输出引入作为报时计数器个位的预置数，$I_{O5}\sim I_{O8}$ 将时计数器的十位输出引入作为报时计数器十位的预置数。同时根据 74192 的功能表，I_{O9} 接电源，给两个芯片的加计数控制端提供高电平。I_{O10} 接地，给两个芯片的清零控制端提供低电平。I_{O11} 连接分计数器的分进位信号输出端。两片报时计数器的输出通过一个 8 输入**或**门输出一个信号给输出端口 I_{O12}，当两计数器都减为 0 时，可以向外输出低电平以关闭使蜂鸣器工作的**与**门。**与**门的输出反馈给端口 I_{O13}，给报时计数电路提供计数脉冲，从而实现蜂鸣器每响一次报时计数器正好减 1，完

成整点点数的报时。

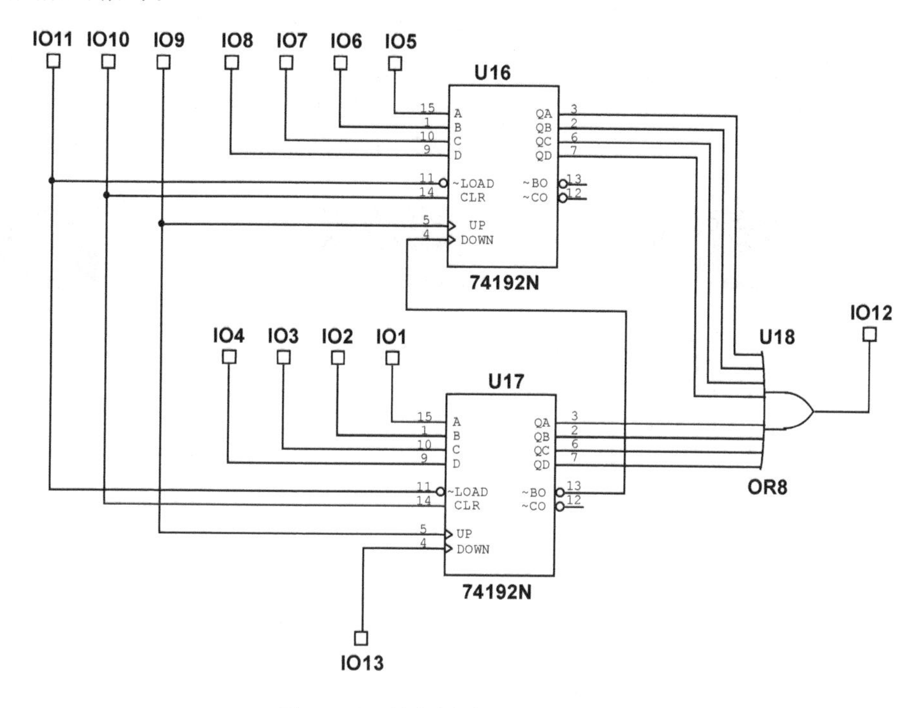

图 5.6.7　整点报时(baoshi)子电路

两种设计方案比较后得知，方案一电路复杂、精度更高；方案二电路较简单，但精度相对较低。此例没有对精度有太多的功能要求，因此选用方案二来实现。

(5) 总电路

上述子电路创建完成后，最后则是建立一个总电路，步骤如下。

① 新建一个空白的电路设计界面，作为总电路。

② 将已经创建的子电路生成模块放入总电路中。具体做法：执行主菜单"Place"下的"Hierarchical Block from File…"命令，选择要创建的模块电路图，如图 5.6.8 所示。

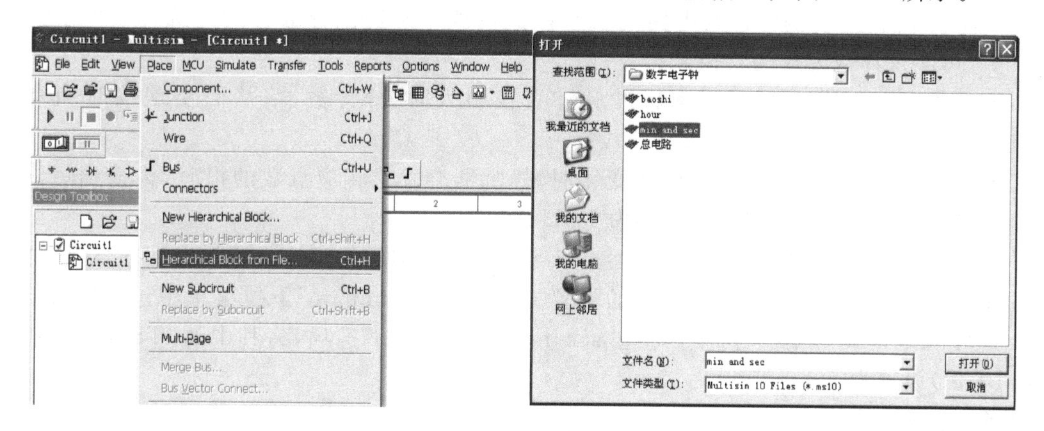

图 5.6.8　生成子电路模块设置

③ 将有一个子模块符号进入总电路图中，在模块符号上单击右键，在菜单中选择“Edit Symbol/Title Block”可以进入模块符号的属性设置界面。修改完成后保存退出。

④ 按上述方法依次创建分和秒的六十进制计数电路、二十四/十二进制的时计数电路、报时电路 4 个模块符号，并且加入 6 个数码管、3 个双向开关、1 个秒脉冲时钟信号源(V_1:1 Hz)、1 个**与**门、1 个蜂鸣器及电源和地，完成总电路的连接，得到的总电路如图 5.6.9 所示。

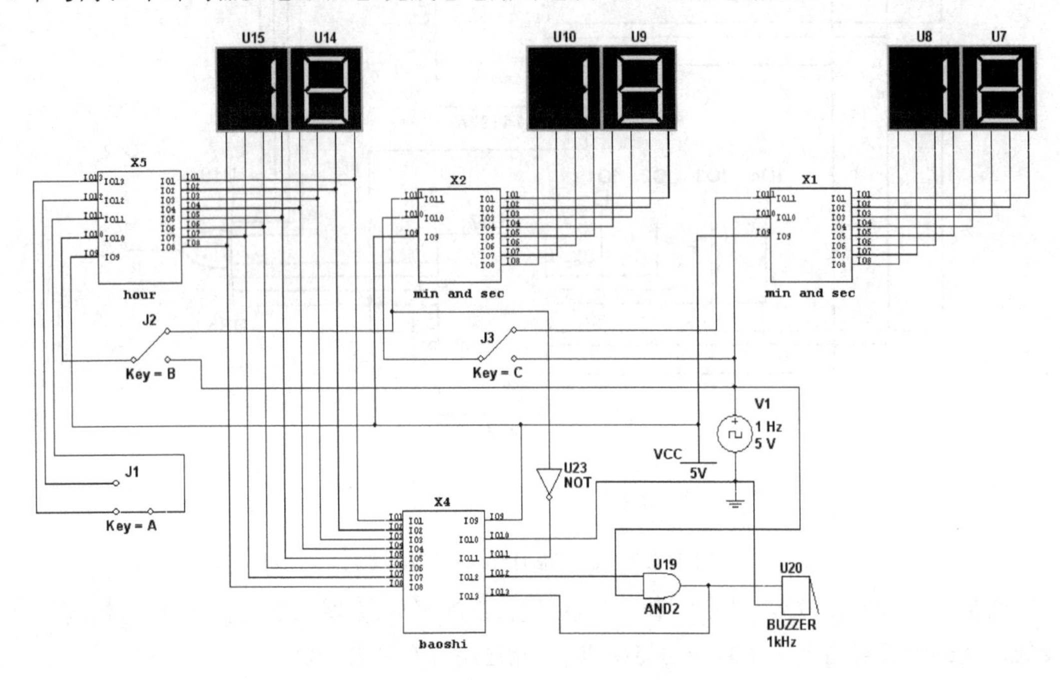

图 5.6.9 数字时钟电路图

4. 电路测试与仿真

(1) 启动仿真电路，可观察到数字时钟的秒位开始计时，计数到 60 后复位为 0，并进位到分计时电路。

(2) 观察到数字时钟的分位开始计时，计数到 60 后复位为 0，并进位到时计时电路。

(3) 开关 J_1 可控制时计时电路的二十四进制或十二进制计数方式的选择。单击控制键“A”，可实现计数方式的转换。

(4) 控制键“B”、“C”可控制将秒脉冲直接引入时、分计数器，从而实现校时和校分功能。

(5) 出现整点，即时计数器出现变化时，蜂鸣器会发出相应点数的报时(为得到短促响亮的声响，一般将蜂鸣器的频率设置为 1 kHz)。

注：由于软件仿真的时间步长远远小于 1 s，为达到实际的时钟运行效果，因此建议仿真时先将仿真的步长设置为 1 s。具体的设置方法为：在“simulate”下拉菜单中选择“Interactive Simulation Settings…”选项，勾选“set initial time step”选项，将其中的“TSTEP”(初始时间步长)设置为 1 s。

5. 电路扩展训练

(1) 此例的单元电路设计中涉及多种方案，但此例中只选用了一些较简单的方案进行电路构建和仿真，在掌握本例的基础上可以对这些方案进行一一仿真，验证其可行性，同时达到改善电路的目的。

（2）本例选择了自下而上的层次电路设计方法，可以考虑试着用自上而下的层次电路设计方法去重新设计。

（3）秒表和时钟都是以计数器为核心，因此可以在时钟设计的基础上扩展其功能，增加秒表功能，通过选择开关进行时钟和秒表的功能切换。

5.7　温度控制报警电路仿真设计

在现实生活中，常有一种控制技术，即带有自动温度补偿的设备，在规定温度内正常工作。但是为设备安全，需设定工作的上限温度，万一温控补偿失效，设备温度一旦超出上限温度时，便立即切断电源并报警，而待设备修复后再投入使用。

1. 功能要求

设计一个温度控制报警器：

（1）当温度正常时，数码管按 0→1→2→3→4→5 的顺序循环显示；

（2）当温度超过设定值时，数码管按 0→1→2→3→4→5→6→7 的顺序循环显示，同时绿色发光二极管点亮；

（3）当温度继续上升到一定值时，数码管不显示，同时红色发光二极管点亮。

2. 总体方案设计

温度控制报警电路的工作原理框图如图 5.7.1 所示，包括 555 振荡电路、计数电路、译码显示电路和温度控制电路。其中，温度控制电路是本电路的核心。555 振荡电路给计数电路提供计数时钟脉冲，当温度正常时，温度控制电路给计数电路提供一个信号，使其按设定的要求计数，并通过译码显示电路在数码管上显示。当温度超过设定值时，温度控制电路应给计数电路提供信号，使其按要求进行报警状态下的计数，并同时点亮绿色发光二极管报警。当温度继续上升，温度控制电路应直接给译码电路提供信号，使其停止工作，数码管不显示，并点亮红色发光二极管报警。由此可见，整个计数、译码显示电路的主要控制信号均来自温度控制电路。温度的改变促使温度控制电路提供 3 个不同的控制信号，最终通过计数、译码显示电路显现出来。

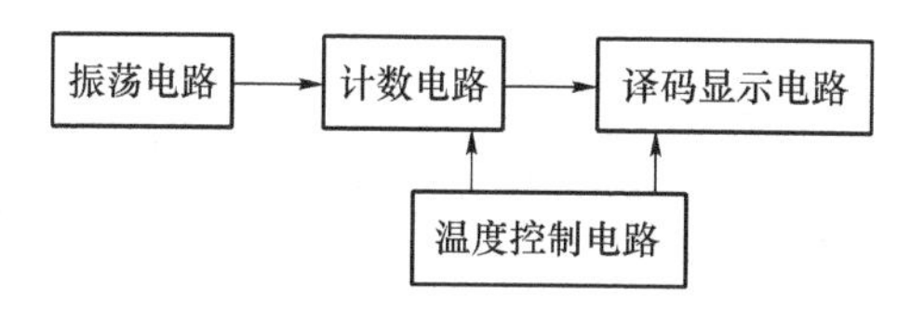

图 5.7.1　温度控制报警电路工作原理框图

3. 单元电路设计

（1）555 振荡电路

555 振荡电路由 555 定时器和 *RC* 组成的多谐振荡器构成。详细的设计方法参见第 4 章，此例由 100 Hz 的时钟信号源替代。

（2）计数、译码显示电路

译码显示电路由译码芯片 CD4511 通过限流电阻连接数码管构成，关键是注意译码器 CD4511 与数码管各引脚间不要遗忘加限流电阻，具体的设计以及限流电阻的计算请参考本章智力抢答器的译码显示电路，这里不再详述。

由于此例中数码管是按加 1 计数的顺序进行显示，因此在译码显示电路前可以加上计数电路。如果显示的数字无规则，则还需加上编码电路。此例的计数电路采用 CD4518 做计数器，CD4518 是双 BCD 加法计数器，其功能表如表 5.7.1 所示，工作时序波形如图 5.7.2所示。

表 5.7.1　CD4518 计数器功能表

输入			输出
CP	CR	EN	
↑	0	1	加计数
0	0	↓	加计数
↓	0	×	保持
×	0	↑	
↑	0	0	
1	0	↓	
×	1	×	全部为 0

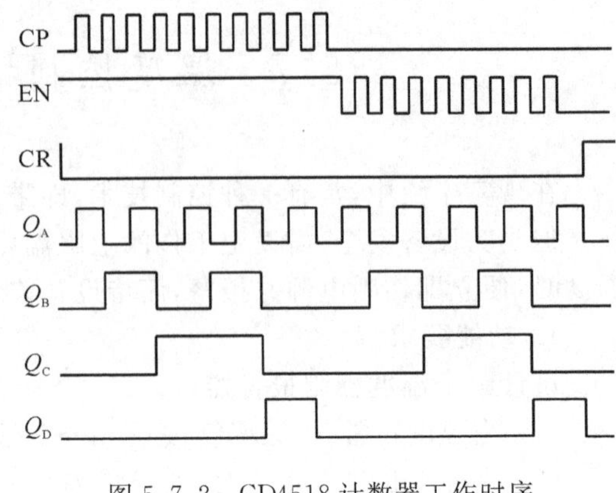

图 5.7.2　CD4518 计数器工作时序

按照设计要求，CD4511 必须工作在计数、消隐两种状态下。查看 CD4511 的功能表(表 5.5.1)可知，CD4511 的 BI 端接低电平时消隐，接高电平时正常；LT 端接低电平时输出显示“8”，接高电平时计数；LE 端接高电平时锁存信号，接低电平时计数。同时根据表 5.7.1知，CD4518 的 CP 端接时钟脉冲，EN 端应接高电平，CR 端接低电平来满足加计数。通过输出的反馈置高电平给 CR 端清零。

因此，依据上述分析可创建如图 5.7.3 所示的温度控制报警电路的计数、译码显示子电路。CD4511 的 LT 端接电源，LE 端接地，BI 端接来自温度控制电路的信号(此处做计数测试先接电源)，CD4518 的 EN 端接电源，CP 端接 1 kHz 的时钟信号源，CR 端接计数器输出过来的反馈清零信号。当按 0→1→2→3→4→5 的顺序循环计数时，只需将输出的中间两位通过一个**与**门给 CR 端提供清零信号，即计数至 **0110** 时清零。当按 0→1→2→3→4→5→6→7 的顺序循环计数时，只需将输出的最高位送给 CR 端提供清零信号，即计数至 **1000** 时清零。

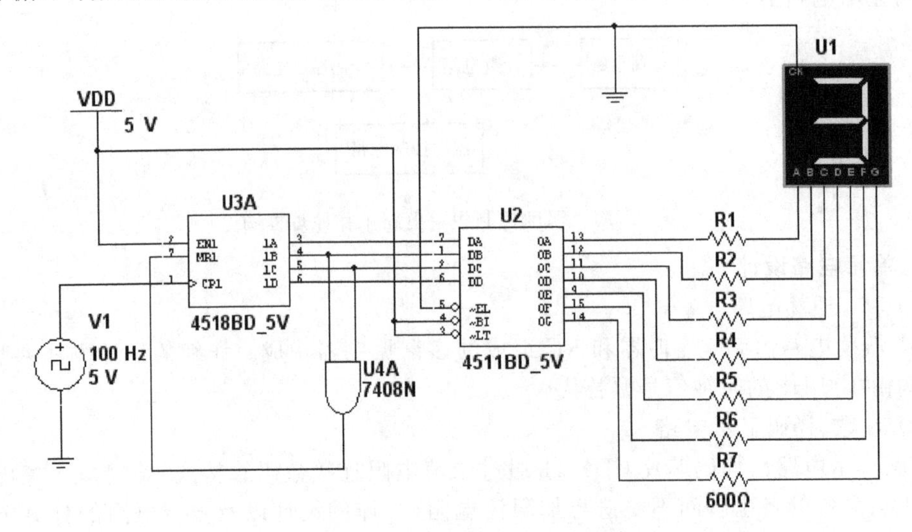

图 5.7.3　计数、译码显示子电路

(3) 温度控制电路

温度控制电路的主要功能是用温度的变化来控制电路的输出变化，给计数、译码电路提供状态变换的控制信号。本例采用 10 kΩ 的可调电阻来代替具有正温度系数特性的热敏电阻，温度升高，电阻阻值增大。随着温度的变化，温度控制报警电路工作在三种状态下，要实现三种状态在无触点环境下的切换，最理想的元件是继电器。此电路宜采用直流型的继电器，通过三极管的开关作用在其输入端加上一定的控制信号，控制输出端的通与断，同时需注意常开和常闭两种继电器在电路中的使用。通过调节可调电阻来代替温度的改变，必会有一个电压量输出，将此电压量与设定电压值经电压比较器比较可以输出电平以驱动三极管的导通与截止，从而控制继电器的通断，完成整个电路的状态转换。

按此分析创建如图 5.7.4 所示的电路。假定电压的设定值为 8 V，上限值为 10 V，采用 12 V 的电源，因此电源经过两个电阻分压，分别给两个电压比较器的反相输入端加上 8 V 和 10 V 的电压，经计算得 8 V 电压需要的电阻为 5 kΩ 和 10 kΩ，10 V 电压需要的电阻为 2 kΩ和 10 kΩ。可调电阻的分压端分别接在两个电压比较器的同相输入端。电压比较器的输出端接三极管的基极，以驱动三极管的导通和截止。三极管的集电极接在继电器的输入端，三极管的导通和截止直接控制继电器输出端的通与断。继电器的输出端接向计数、译码显示电路的控制信号端，以最终实现不同状态的转换。

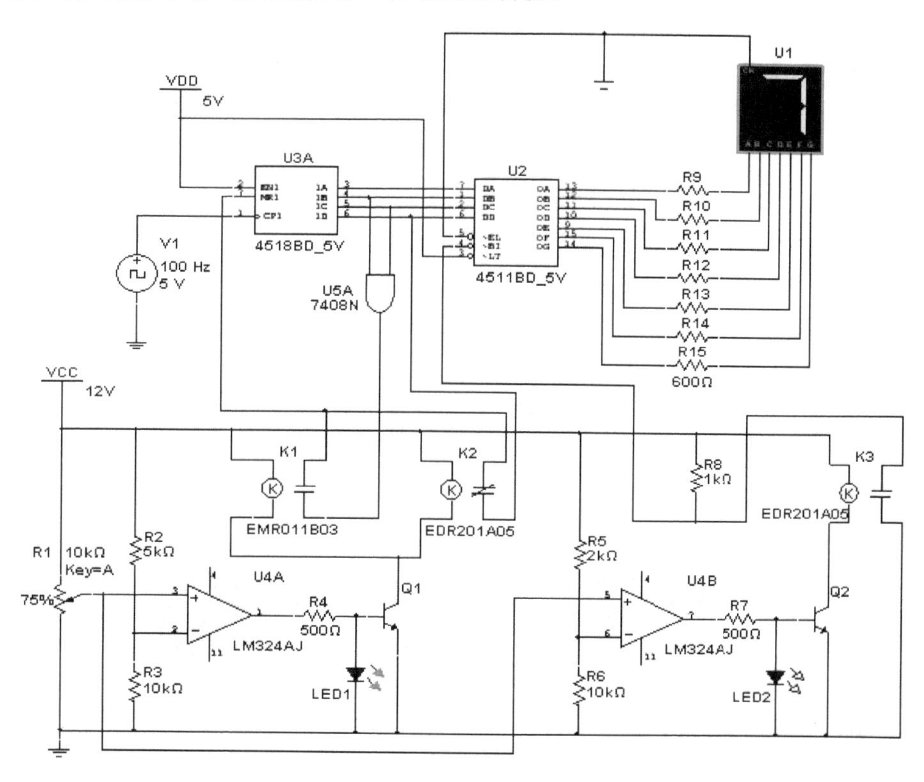

图 5.7.4 温度控制报警电路

① 当温度在规定范围内，相当于可调电阻比例比较小时，U_{4A}同相端电压较低，使 $V_+<V_-$（同相端电压低于反相端电压），U_{4A}输出低电平，U_{4B}输出也为低电平，三极管 Q_1、Q_2 的基极电流为 0，三极管截止，集电极也无电流，继电器的线圈无电流通过，但此时数码管应按 0→1

→2→3→4→5 的顺序循环显示，所以这里应用“常闭”的继电器(即无电流通过时继电器闭合)。计数电路中与门输出的反馈信号经继电器 K_1 接计数器的复位端，实现循环显示。

② 当温度升高时，即电位器比例增大到一定程度(67%)时，此时 U_{4A} 的电压 $V_+ > V_- = 8$ V(同相端电压高于反相端电压)，比较器翻转，输出高电平，三极管 Q_1 有基极电流，三极管饱和导通，“常闭”继电器 K_1 有电流通过，常闭点断开，而“常开”继电器(即无电流通过时继电器断开)K_2 有电流通过时常开点吸合。K_2 用于将计数电路最高位的信号经继电器 K_2 接计数器的复位端，实现按 0→1→2→3→4→5→6→7 的顺序循环显示，同时接在 Q_1 基极与地之间的绿色发光二极管点亮。此时对于 U_{4B} 来说，仍然是 $V_+ < V_-$，三极管 Q_2 截止，“常开”继电器 K_3 无电流通过，CD4511 的 BI 端通过电阻接电源仍为高电平，数码管正常显示。

③ 当温度继续升高时，即电位器比例增大到一定程度(81%)时，U_{4A} 仍处于同相端电压高于反相端电压，而 U_{4B} 的同相端电压 $V_+ > V_- = 10$ V，比较器的输出发生变化输出高电平，三极管 Q_2 饱和导通，继电器 K_3 有电流通过，常开点吸合，使得 CD4511 的 BI 端通过继电器 K_3 接地，此时数码管消隐，无显示，同时接在 Q_2 基极与地之间的红色发光二极管点亮。

④ 如果温度降低，即减小电位器的比例，电路又将恢复正常状态。

4. 电路测试与仿真

(1) 启动电路仿真，可调电阻比例控制在小于 66%，此时数码管的显示按 0→1→2→3→4→5 的顺序循环显示。

(2) 将可调电阻比例控制在 66%～80%之间，此时数码管的显示按 0→1→2→3→4→5→6→7 的顺序循环显示，同时绿色发光二极管点亮。

(3) 将可调电阻比例控制在 80%以上，此时数码管消隐，同时红色发光二极管点亮。

(4) 将可调电阻减小至 66%以下，数码管的显示又恢复初态。

5. 电路扩展训练

(1) 在功能上可以增加声响报警电路。

(2) 为保证电路的真实实用，不采用可调电阻代替温度的变化，取而代之以热敏元件去感受外界温度的变化。

5.8 电子电路设计课题范例

一、温度测量与控制电路设计

在工农业生产和科学研究中，经常需要对某一系统的温度进行测量，并能自动地控制、调节该系统的温度。

1. 设计要求

(1) 被测温度和控制温度均可用数字显示。

(2) 测量温度为 0～120 ℃，精度为±0.5 ℃。

(3) 控制温度连续可调,精度±1 ℃。

(4) 温度超过额定值时,产生声、光报警信号。

2. 设计思路

(1) 对温度进行测量、控制并显示,首先必须将温度的度数(非电量)转换成电量,然后采用电子电路实现题目要求。可采用温度传感器,将温度变化转换成相应的电信号,并通过放大、滤波后送 A/D 转换器变成数字信号,然后进行译码显示。

(2) 恒温控制:将要控制的温度所对应的电压值作为基准电压,用实际测量值与基准电压进行比较,比较结果(输出状态)自动地控制、调节系统温度。

(3) 报警部分:设定被控温度对应的最大允许值,当系统实际温度达到此最大值时,发生报警信号。

(4) 温度显示部分采用转换开关控制,可分别显示系统温度,控制温度对应值,报警温度对应值。

二、篮球比赛记分牌电路

1. 设计要求

(1) 自选器件设计篮球记分牌电路,要求甲乙双方各显示为 3 位数(可显示至百位)。

(2) 分别用 3 个按钮,给记分牌加 1、2、3 分。

(3) 用一个开关实现加减控制。

(4) 每次篮球比赛记分后用一个开关给系统清零,使系统复位,准备下一次比赛实验。

2. 设计思路

(1) 用加减计数器实现记分电路。

(2) 用 LED 数码管显示记分值。

(3) 用 D 触发器实现加分控制。

三、数控直流稳压电源设计

设计并制作有一定输出电压调节范围和功能的数控直流稳压电源。

1. 设计要求

(1) 输出直流电压调节范围 5～15 V,纹波小于 10 mV。

(2) 输出电流为 500 mA。

(3) 稳压系数小于 0.2。

(4) 输出电压值用 LED 数码管显示。

(5) 输出直流电压能步进调节,步进值为 1 V。

(6) 由“+”、“-”两键分别控制输出电压的步进增减。

(7) 自制电路工作所需的直流稳压电源,输出电压为±15 V、+5 V。

2. 设计思路

(1) 用可预置的加减计数器和 D/A 实现电压预置和电压步进控制。

(2) 用集成运放实现功率扩展或用三端集成稳压电源。

(3) 可用电压比较器实现过流控制。

四、八路竞赛抢答器

设计一个可容纳 8 组参赛者的数字式抢答器，要求通过数字显示及音响等多种警告指示出第一抢答者，同时具备记分、犯规和奖惩记录等多种功能。设计要求如下。

(1) 每组设置一个抢答按钮和一个记分显示器。

(2) 具有第一抢答信号的鉴别和锁存功能。在主持人将系统清零并发出抢答指令后，组别显示器显示第一抢答者的组别符号，蜂鸣器发出 2～3 s 的警示声，该组记分显示器抢答成功指示灯亮。此时，电路应具备自锁功能，使其他组的抢答无效。

(3) 每组的记分显示器开始时预置 100 分，抢答后由主持人加、减分，每次 10 分。

(4) 出现超时答题和提前抢答情况时，该组的显示器会发出警示信号，由主持人对该组裁减分值。

(5) 用七段显示器显示警示信号。

五、转速表电路

1. 设计要求

(1) 自选器件设计转速表电路，要求测速范围为 0～9 999 转/分。

(2) 具有 LED 数码管四位测速值显示。

2. 设计思路

(1) 设计一个标准“分”闸门电路来控制计数脉冲通过。

(2) 用连续脉冲来模拟转速(一个脉冲为一转)。

(3) 用计数器实现转速记录。

(4) 用 LED 数码管显示转速值。

六、数字电子秤

设计一个数字电子秤。仿真设计时，重量传感器可用可调直流电源代替。设计要求如下。

(1) 测量范围：0～0.99 kg，1～1.99 kg。

(2) 重量传感器(可调直流电源)输出的微弱信号经精密放大并由模数转换器(A/D)转换成数字量后，由数字显示电路显示出来。

七、简易公用电话计时器

用中、小规模集成电路设计一个公用计时系统。设计要求：

(1) 每 3 min 计时一次；

(2) 显示通话次数，最多为 99 次；

(3) 每次定时误差小于 1 s；

(4) 具有手动复位功能；

(5) 具有声响提醒功能。

八、拔河游戏机的设计

设计要求：

(1) 拔河游戏机需用 15 个(或 9 个)发光二极管排列成一行，开机后只有中间一个点亮，以此作为拔河的中心线，游戏双方各持一个按键，迅速、不断地按动产生脉冲，谁按得快，亮点移动一次。移到任一方终端二极管点亮，这一方就得胜，此时双方按键均无作用，输出保持，只有经复位后才使亮点恢复到中心线；

(2) 显示器显示胜者的盘数。

九、模拟乒乓球比赛电路

1. 设计要求

(1) 用 6 只发光二极管来模拟乒乓球运行，移动速度可以调节。

(2) 用开关电路实现比赛双方的击、发球功能。

(3) 发光二极管的起始运行，应保证与发球方相同。

(4) 双方边界由移位寄存器的第一位和最后一位来控制。

(5) 根据乒乓球击球规则，击球有效位是紧靠边界的点(球必须过网落案后方可击球)，如果球过网后，在非规定点击球，对方得分。

(6) 一方失分，清移位寄存器。

(7) 计数器实现自动记分功能，任何一方先计满 11 分(显示 00)就获胜。

(8) 比赛一局结束后自动进入下一局的比赛。

(9) 手动总清零。

2. 设计思路

(1) 用可预置双向移位寄存器实现模拟发光二极管的左右移位控制，以及发球方发球可调的要求。

(2) 采用 D 触发器实现比赛双方的击、发球功能控制，实现一方发球而另一方接球的逻辑关系，同时满足模拟发光二极管的移位要求。

(3) 用计数器实现自动计分功能。

(4) 用开关使系统复位，准备下一次比赛实验。

参 考 文 献

[1] 华成英. 模拟电子技术基础.第4版.北京:高等教育出版社,2006.
[2] 康华光.电子技术基础.第5版.北京:高等教育出版社,2006.
[3] 谢嘉奎.电子线路.第4版.北京:高等教育出版社,1999.
[4] 秦曾煌.电工学.第6版.北京:高等教育出版社,2004.
[5] 陈大钦.模拟电子技术基础.北京:机械工业出版社,2006.
[6] 胡宴如.模拟电子技术.第2版.北京:高等教育出版社,2004.
[7] 邱关源.电路.第4版.北京:高等教育出版社,2003.
[8] 李瀚荪.简明电路分析基础.北京:高等教育出版社,2002.
[9] 王连英.模拟电子技术.北京:高等教育出版社,2008.
[10] 王连英.Multisim 7 仿真设计.南昌:江西高校出版社,2007.
[11] 王冠华,等.Multisim 8 电路设计及应用. 北京:国防工业出版社,2006.
[12] 劳五一.模拟电子电路分析、设计与仿真.北京:清华大学出版社,2007.
[13] 李良荣.EWB9 电子设计技术.北京:机械工业出版社,2007.
[14] 熊伟,等.Multisim 7 电路设计及仿真应用.北京:清华大学出版社,2005.
[15] 路而红.虚拟电子实验室——Multisim 7 & Ultiboard 7.北京:人民邮电出版社,2005.
[16] 蒋卓勤,邓玉元. Multisim 2001 及其在电子设计中的应用.西安:西安电子科技大学出版社,2003.
[17] 李忠波.电子设计与仿真技术.北京:机械工业出版社,2004.
[18] 黄智伟.基于 Multisim 2001 的电子电路计算机仿真设计与分析.北京:电子工业出版社,2004.
[19] 郭锁利,刘艳飞,李琪,等. 基于 Multisim 9 的电子系统设计、仿真与综合应用.北京:人民邮电出版社,2008.
[20] 黄培根. Multisim 10 虚拟仿真和业余制版实用技术.北京:电子工业出版社,2008.
[21] 唐赣. Multisim 10& Ultiboard 10 原理图与 PCB 设计. 北京:电子工业出版社,2008.
[22] 谢自美.电子线路设计·实验·测试.第2版.武汉:华中科技大学出版社,2000.
[23] 侯睿,朱漱玉.电子技术实训教程.西安:西北工业大学出版社,2007.
[24] 施金鸿,陈光明.电子技术基础实验与综合实践教程.北京:北京航空航天大学出版社,2006.
[25] 高吉祥.电子技术基础实验与课程设计.第2版.北京:电子工业出版社,2005.
[26] 黄智伟.全国大学生电子设计竞赛训练教程.北京:电子工业出版社,2005.
[27] 黄仁欣.电子技术实践与训练.北京:清华大学出版社,2004.
[28] 姚福安.电子电路设计与实践.济南:山东科技大学出版社,2001.
[29] 柳春锋.电子设计自动化(EDA)教程.北京:北京理工大学出版社,2005.